普通高等教育工程管理和工程造价专业系列教材

工程项目合同管理
原理与案例

主　编　杨高升　　杨志勇

副主编　舒　欢　　周申蓓

参　编　王韵雨　　张梦雨　　高　艺　　罗秋实　　张晓丽
　　　　杨丰潞　　褚召强　　宋瑞洋　　陈佳智　　王巧玲
　　　　冯　静　　陈佳玲　　俞　蕾　　梁伟婷　　庄　鸿

机械工业出版社

本书主要介绍了工程项目合同管理的基本原理与实际应用,主要内容包括:绪论、工程合同的法律基础、工程合同策划、工程招投标与合同签订、工程合同范本、工程合同分析与交底、工程施工合同履行与监督、工程总承包合同履行与监督、工程合同风险管理、工程变更与索赔、工程合同争议与解决、国际工程合同管理。书中每一章都安排了一定数量的案例分析,以帮助读者加深对相关理论的理解和应用。

本书除可以作为高等院校土木工程、工程管理及相关专业本科生的教材外,还可供从事工程项目管理的有关人员,如政府建设主管部门人员、建设单位人员,以及工程设计单位、总承包单位、施工单位、咨询单位的有关人员参考。

图书在版编目(CIP)数据

工程项目合同管理原理与案例/杨高升,杨志勇主编.—北京:机械工业出版社,2021.9
普通高等教育工程管理和工程造价专业系列教材
ISBN 978-7-111-69287-4

Ⅰ.①工… Ⅱ.①杨… ②杨… Ⅲ.①建筑工程—经济合同—管理—高等学校—教材 Ⅳ.①TU723.1

中国版本图书馆 CIP 数据核字(2021)第 201573 号

机械工业出版社(北京市百万庄大街 22 号 邮政编码 100037)
策划编辑:林 辉 责任编辑:林 辉 於 薇
责任校对:王 欣 封面设计:张 静
责任印制:李 昂
北京中兴印刷有限公司印刷
2022 年 1 月第 1 版第 1 次印刷
184mm×260mm·20.25 印张·499 千字
标准书号:ISBN 978-7-111-69287-4
定价:65.00 元

电话服务 网络服务
客服电话:010-88361066 机 工 官 网:www.cmpbook.com
010-88379833 机 工 官 博:weibo.com/cmp1952
010-68326294 金 书 网:www.golden-book.com
封底无防伪标均为盗版 机工教育服务网:www.cmpedu.com

普通高等教育工程管理和工程造价专业系列教材

编审委员会

顾　问：

成　虎（东南大学）　　　　　　　　王建平（中国矿业大学）

主任委员：

王卓甫（河海大学）

副主任委员：

王文顺（中国矿业大学）　　　　　　李德智（东南大学）

段宗志（安徽建筑大学）

委　员：

陈德鹏（安徽工业大学）　　　　　　冯小平（江南大学）

郭献芳（常州工学院）　　　　　　　顾红春（江苏科技大学）

胡灿阳（南京审计大学）　　　　　　洪伟民（南通大学）

黄有亮（东南大学）　　　　　　　　贾宏俊（山东科技大学）

姜　慧（徐州工程学院）　　　　　　李　洁（南京林业大学）

刘宏伟（盐城工学院）　　　　　　　倪国栋（中国矿业大学）

孙少楠（华北水利水电大学）　　　　苏振民（南京工业大学）

汪　霄（南京工业大学）　　　　　　陶　阳（扬州大学）

肖跃军（中国矿业大学）　　　　　　汪和平（安徽工业大学）

杨高升（河海大学）　　　　　　　　王书明（金陵科技学院）

殷为民（扬州大学）　　　　　　　　严　斌（扬州大学）

赵吉坤（南京农业大学）　　　　　　殷和平（铜陵学院）

赵庆华（扬州大学）　　　　　　　　袁汝华（河海大学）

周建亮（中国矿业大学）　　　　　　赵　敏（河海大学）

祝连波（苏州科技大学）　　　　　　赵全振（嘉兴学院）

　　　　　　　　　　　　　　　　　赵　利（中国矿业大学）

序

　　住房和城乡建设部高等学校工程管理和工程造价学科专业指导委员会（简称教指委）组织编制了《高等学校工程管理本科指导性专业规范（2014）》和《高等学校工程造价本科指导性专业规范（2015）》（简称《专业规范》）。两个《专业规范》自发布以来，受到相关高等学校的广泛关注，促进学校根据自身的特点和定位，进一步改革培养目标和培养方案，积极探索课程教学体系、教材体系改革的路径，以培养具有各校特色、满足社会需要的工程建设高级管理人才。

　　2017年9月，江苏、安徽等省的高校中一些承担工程管理、工程造价专业课程教学任务的教师在南京召开了具有区域特色的教学研讨会，就不同类型学校的工程管理和工程造价这两个专业的本科专业人才培养目标、培养方案以及课程教学与教材体系建设展开研讨。其中，教材建设得到了机械工业出版社的大力支持。机械工业出版社认真领会教指委的精神，结合研讨会的研讨成果和高等学校教学实际，制订了普通高等教育工程管理和工程造价专业系列教材的编写计划，成立了本系列教材编审委员会。经相关各方共同努力，本系列教材将先后出版，与读者见面。

　　普通高等教育工程管理和工程造价专业系列教材的特点有：

　　1）系统性与创新性。根据两个《专业规范》的要求，编审委员会研讨并确定了该系列教材中各教材的名称和内容，既保证了各教材之间的独立性，又满足了它们之间的相关性；根据工程技术、信息技术和工程建设管理的最新发展成果，完善教材内容，创新教材展现方式。

　　2）实践性和应用性。在教材编写过程中，始终强调将工程建设实践成果写进教材，并将教学实践中收获的经验、体会在教材中充分体现；始终强调基本概念、基础理论要与工程应用有机结合，通过引入适当的案例，深化学生对基础理论的认识。

　　3）符合当代大学生的学习习惯。针对当代大学生信息获取渠道多且便捷、学习习惯在发生变化的特点，本系列教材始终强调在基本概念、基本原理描述清楚、完整的同时，给学生留有较多空间去获得相关知识。

　　期望本系列教材的出版，有助于促进高等学校工程管理和工程造价专业本科教育教学质量的提升，进而促进这两个专业教育教学的创新和人才培养水平的提高。

王卓甫

2018年9月

前　言

合同关系是建设工程项目中最基本的关系。从决策阶段的咨询合同、准备阶段的设计合同到实施阶段的施工合同、设备采购与安装合同等，一个工程的完成，少则需要几个合同，多则需要几十个，甚至几百个、上千个合同。从某种意义上讲，一个工程项目建设起始于合同管理，也终结于合同管理。这充分说明合同管理对于工程项目建设的重要性。

本书主要从工程合同的策划与履行两个方面来介绍工程项目合同管理的基本原理，并用大量案例来说明理论方法的实际应用。合同的策划，即合同的诞生阶段，需要合同双方通过要约与承诺使合同得以成立和生效。这时的工程合同策划，需要通过业主来确定发包模式和发包内容，选择合适的合同范本和合同形式、招标与评标方法，以及承包商的响应来完成。合同的履行，即通过合同的分析与交底以及过程控制使合同得以顺利履行。对于工程合同的履行，需要合同双方认真分析合同中确定的各自的权利、义务和风险，组建合同管理与实施的班子，在组织内部由管理者向操作者进行交底并督促其按要求完成。由于工程合同的履行是一个相对较长的过程，其不确定性和变化较多，而工程实施是不可逆的，只能成功不能失败，因此就需要在合同履行的全过程中进行动态控制，定期进行诊断与纠偏，以使合同顺利履行。

理顺工程建设的合同关系、建立合同体系、明确合同管理任务、掌握合同管理方法是做好工程合同管理的前提，因此本书第1章围绕工程合同的内涵、作用，以及不同发包模式下的合同种类和管理任务与方法进行介绍。了解合同生效的法律基础是合同策划的前提，第2章重点介绍了我国现行法律框架下一般合同的形成与履行原则。在工程交易中业主占主导地位，因此本书第3章主要是从业主的视角来介绍工程合同策划，包括工程建设发包模式的策划、工程合同类型的选择、合同内容的拟定、工程招标方式和激励机制设计等。招标是工程合同订立的关键，第4章围绕招标组织、评标和签约三个环节来介绍招标阶段的合同管理。工程合同涉及面广、履约周期长、技术复杂、环境变化大，因此工程合同通常采用各种合同范本，熟悉掌握合同范本是合同管理的前提，本书第5章重点介绍常见工程合同范本的内容和特点。分析是合同履行的前提，工程合同分析分签约前、履约前和履约中三个阶段，签约前的分析有利于合同的完善，履约前的分析是合同交底的前提，履行中的纠纷解决也需要特定的合同分析，故第6章安排工程合同分析与交底的内容。本书第7章和第8章以工程施工合同、工程总承包合同为例，介绍合同履行与监督的内容，主要有工程质量、合同工期的保证计划与动态监控，工程或工作计量与支付管理等。环境变化、市场波动以及政策变化都会给工程合同履行带来风险，第9章从风险识别、评估和应对三个方面介绍施工合同和总承包合同履行的风险管理。工程合同履行过程经常会碰到变更与索赔，而变更与索赔能否得到恰当处理是事关合同履行效率的大事，历来受到合同双方的高度重视，本书第10章采用理论介绍与案例分析相结合的方法介绍不同情境下的变更与索赔管理。同样，工程合同履行过程中纠纷（争议）也是难免的，第11章从产生争议的原因、争议常见的内容和解决争议的方式三方面来介绍工程合同纠纷管理。随着我国社会经济的快速发展，对外开放的力度日益加大，国际工程承包在工程建设中占比增大，国际工程合同管理也显得越来越重要，本书第12章从国际工程特点、国际工程合同特征和国际工程合同管理内容三方面阐述国际工程合同管理。

本书第1章、第3章、第8章、第9章和第10章主要由杨高升编写，第2章、第4章、第5章和第7章主要由杨志勇编写，第6章和第11章主要由舒欢编写，第12章主要由周申蓓编写。冯静参与了第1章1.1节与1.2节的编写，陈佳玲参与了第1章1.3节与第8章的编写，罗秋实参与了第2章、第9章9.2节与9.3节的编写，王韵雨参与了第3章3.1节与3.2节的编写，俞蕾参与了第3章3.3节与第5章5.2节的编写，褚召强参与了第3章3.4节、3.5节与3.6节的编写，王巧玲参与了第4章4.1节的编写，张晓丽参与了第4章4.2节的编写，陈佳智参与了第5章5.1节与5.3节、第10章与第12章的编写，宋瑞洋参与了第5章5.4节的编写，梁伟婷参与了第6章6.1节、6.2节与6.3节的编写，庄鸿参与了第6章6.4节与6.5节的编写，杨丰潞参与了第7章的编写，张梦雨参与了第9章9.1节的编写，高艺参与了第11章的编写。本书在编写过程中参考了许多学者的有关论文、论著，也借用了一些工程项目的实际资料。在此，谨对相关专家表示深深的谢意。由于我们的学术见识有限，书中难免有所疏漏，敬请各位读者、同行批评指正，对此不胜感激。

杨高升

目　录

第1章

绪　论

学习目标

　　熟悉合同与工程合同的概念、特点和作用；掌握不同工程发包方式下的工程合同类型及其特点；了解建设工程合同管理的任务和方法。

　　工程项目的实施常常是投资者（业主）以工程合同的形式委托给承包商来完成，工程合同关系是建设工程项目中最基本的关系。工程合同管理可分为两个阶段：一是工程合同的策划阶段，即工程合同的诞生阶段，需要合同双方通过要约与承诺使合同得以成立和生效；二是工程合同的履行阶段，通过工程合同的分析与交底以及过程控制，使工程合同得以完全履行。在工程合同的策划阶段，需要通过发包模式和发包内容的确定、合同范本的选择以及合同条款拟定、招标方式的选择、招标公告（要约邀请）、投标（要约）、评标定标和发中标通知（承诺）、签约等环节的策划工作，促使工程合同成立和生效。在工程合同的履行阶段，需要合同双方认真分析工程合同中确定的各自的权利、义务和风险，组建工程合同管理与实施的班子，在组织内部由管理者向操作者进行交底。由于工程合同的履行是一个相对较长的过程，而工程实施是不可逆的，因此需要全过程的动态控制，以使工程合同得以最大限度地履行。

1.1　合同与工程合同概述

1.1.1　合同的概念

　　合同一词有广义和狭义之分。广义的合同，泛指一切确立权利义务关系的协议；狭义的合同则仅指民法上的合同，又称民事合同。我们这里所讲的就是指狭义上的合同。《中华人民共和国民法典》（以下简称《民法典》）第三篇第四百六十四条规定："合同是民事主体之间设立、变更、终止民事法律关系的协议。"按照该条规定，凡民事主体之间设立、变更、终止民事权利义务关系的协议都是合同。

　　而广义的合同还应包括婚姻、收养、监护等有关身份关系的协议，适用《民法典》有关该身份关系的法律。

　　合同有以下几个特征：

　　1）合同是一种民事法律行为。民事法律行为是指以意思表示为要件，依其意思表示的内容而引起民事法律关系设立、变更和终止的行为。合同是合同当事人意思表示的结果，是以设立、变更、终止财产性的民事权利义务为目的，且合同的内容（合同当事人之间的权利义务）是由意思表示的内容来确定的。因此，合同是一种民事法律行为。

　　2）合同是平等的主体间的一种协议。平等主体是指当事人在合同关系中的法律地位平等，彼此之间不存在隶属或从属关系，平等地享受合同权利并承担合同义务。这种平等主体包括自然人、法人和其他组织。双方订立的合同即使是协商一致的，也不能违反法律、行政法规，否则合同就是无效的。

3）合同是以在当事人之间设立、变更和终止民事权利义务关系为目的的协议。所谓民事权利义务关系，属于民事法律关系，既包括债权债务关系的合同，又包括非债权债务关系的合同，如抵押合同、质押合同等，还包括非纯粹债权债务关系的合同，如联营合同等。

1.1.2 工程合同的概念

工程合同，又称工程承包合同，是指承包商进行工程建设、业主支付价款的合同。依据不同的发包模式有不同的表现形式。例如，采用项目总承包发包的，有交钥匙合同（Turnkey 合同）、设计-采购-施工合同（EPC 合同）和设计-施工合同（DB 合同）等。若采用设计、招标和施工相分离的发包模式（DBB 模式）的，则有勘察合同、设计合同、施工合同、监理合同等。

工程合同的标的是基本建设工程。基本建设工程具有建设周期长、规模大、单一性、施工流动性等特点，要求承包商必须具有相当高的建设能力，业主与参与业主之间的权利、义务和责任明确，相互密切配合。工程合同明确了各方当事人的权利和义务，通过法律形式保证建设工程的顺利完成。因此，工程合同在我国的经济建设和社会发展中有着十分重要的地位和作用。

工程合同除了具有一般合同的共同特征外，还具有其自身的法律特征。

1. 合同主体的特殊性

工程合同的主体一般应为法人单位，这不同于承揽合同。承揽合同对主体没有限制，可以是公民个人，也可以是法人或其他组织。而工程合同对合同主体是有限制的，工程合同的承包商必须是法人或其他经济组织，公民个人不得作为工程合同的承包商。

业主只能是经过批准建设工程的法人，承包商也只能是具有从事勘察、设计、施工任务资格的法人。作为业主，一般必须持有已经批准的基建计划、工程设计文件、技术资料，已落实资金及做好基建应有的场地、交通、水电等准备工作。而承包商必须持有有效的相应资质证书和营业执照。工程合同的标的是工程项目，当事人之间权利义务关系复杂，工程进度和质量又十分重要，因此，工程合同主体双方在履行合同的过程中必须密切配合、通力协作。

2. 合同标的物的特殊性

工程合同的标的物是特定的建筑产品，不同于其他一般商品。建筑产品具有固定性、单件性、体积庞大等特点，这也是建筑产品区别于其他商品的根本特点。而且工程合同的标的物只能是属于基本建设的工程而不能是其他的事物，这也是工程合同与承揽合同主要的不同之处。为完成不能构成基本建设的一般工程的建设项目而订立的合同，不属于工程建设合同，而应属于承揽合同。例如，个人为建造自己的住房而与其他公民或建筑队订立的合同，就是承揽合同，而不属于工程合同。

3. 合同形式的严格性

由于工程的建设，尤其是大型工程的建设需要大量的资金，建设周期较长，对质量的要求也很高，而且在建设过程中，经常会发生各种各样的事件影响合同的履行，当事人之间也经常会有争议，如果没有书面合同，就会给争议的解决带来不必要的困难。因此，《民法典》第七百八十九条规定："建设工程合同应当采用书面形式。"不采用书面形式的建设工程合同不能有效成立。工程合同一般由双方当事人就合同经过协商一致而写成书面协议，就主要条款协商一致后，由法定代表人或其授权的委托代理人签名，再加盖单位公章或合同专用章。

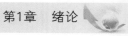

4. 合同内容的复杂性

虽然工程合同的当事人只有两方，但涉及的主体却有很多。与大多数合同相比，工程合同的履行期限长、标的金额大、涉及的法律关系（包括劳动合同关系、保险关系等）具有多样性和复杂性。因此，工程合同除了应当具备合同的一般内容外，还应对不可抗力、工程变更、索赔、安全施工等内容做出规定，这就决定了工程合同内容的复杂性。

5. 合同履行的特殊性

工程建设规模大、周期长、消耗资源量多，使得工期一般都比较长；而且在工程施工过程中，还可能因为不可抗力、工程变更、材料供应不及时等原因而导致工期延误；另外，合同履行期限肯定要长于完成合同约定内容时间，如设计时间、施工工期，这就决定了工程合同的履行期限的长期性。

工程建设需要遵循一定的建设程序，一般可分为7个阶段：项目建议书、可行性研究、设计工作、施工准备、建设实施、竣工验收和后评价。这就要求合同的履行必须按照规定的程序进行，具有一定的特殊性。

6. 合同监督的严格性

由于工程合同的标的物为不动产，它具有不可移动性，而且长期存在并发挥效用，事关国计民生，因此，国家要实行严格的监督和管理。建设工程的合同主体一般只能是法人单位，国家通过严格的资质管理对合同主体实行监督。另外，在工程合同履行的过程中，除了工程合同当事人应对工程合同进行严格管理外，工程合同的主管机关（工商行政管理机构）、金融机构、建设行政主管机关等都要对工程合同的履行进行严格的监督。

1.1.3 工程合同的作用

在工程建设中，工程合同的主要作用有以下几方面。

1）工程合同管理贯穿于工程项目建设管理的全过程。整个建设过程中的每一个阶段都贯穿了工程合同管理工作。对业主和受委托的项目管理咨询人而言，工程合同管理工作既包括工程合同签订前的工程合同策划、招标、评标和定标，也包括工程合同订立后的履行以及监督管理工程合同的实施等；对承包商（设计、施工、总承包等）而言，工程合同管理工作包括工程合同分析、投标和工程合同订立后的合同实施等。只有做好工程合同策划与分析工作，才能有一个好的工程合同，才能对今后的工程实施起到规范、控制和指导作用；只有做好招标工作，才能选择一个好的承包商，为工程合同的全面履行打下良好的基础；只有做好工程合同实施监督管理工作，才能使工程合同得到全面、正确的履行，实现工程合同目标，顺利完成工程项目建设任务。从某种意义上讲，一个工程项目建设起始于工程合同管理，也终结于工程合同管理。

2）工程合同确定了工程建设和管理的目标。工程合同主要围绕时间、质量、安全、环境和费用等目标展开描述。在工期和建设地点方面，建设地点和施工场地、工程开始和结束的日期、工程中主要活动的延续时间等，都是由工程合同、工程进度计划所决定的。在工程规模、范围和质量方面，包括工程的类型和尺寸，工程要达到的功能，设计、施工、材料等方面的质量标准和规范等，是由工程合同条款、规范、各种图样、工程量清单等决定的。在价格和报酬方面，工程总造价、各分项工程的单价和合价，设计、服务费用和报酬等，是由工程合同、中标函、工程量清单等决定的。在安全施工方面，安全施工措施、专项施工方案、施工安全标准，都通过合同专用条款进行约定。在环境保护方面，环境保护标准、措施、环境污染侵权损害赔偿责任在合同专用条款中约定。在文明施工方面，文明施工具体措施、安全生产管理及组织管理、安全文明施工费等，是由合同专用条款约定的。

3）工程合同给出了工程建设过程中甲乙双方的活动准则。工程建设中，双方的一切活动都是为了履行工程合同，必须按工程合同执行，全面履行工程合同所规定的权利和义务以及承担所分配风险的责任。双方的行为都要受工程合同约束，一旦违约，就要承担相应的违约责任。

4）工程合同是工程建设过程中双方纠纷解决的依据。在建设过程中，因工程合同实施环境的变化、双方对工程合同理解的不一致、工程合同本身有模糊不确定之处等引起纠纷是难免的。在这方面工程合同有两个决定性的作用：一是要以工程合同条款作为判定纠纷的依据，即确定纠纷的责任人以及所应承担的责任；二是必须按照工程合同所规定的解决方式和程序处理纠纷，如选择仲裁或是诉讼。

5）工程合同是协调并统一各建设参与单位行动的重要手段。一个工程建设，往往有较多的参与单位，有业主、勘测设计单位、施工单位、咨询监理单位，有设备和物资供应、运输、加工单位，有银行、保险公司等金融单位，还有政府部门、群众组织等。每一参与单位均有其自身目标和利益追求，并为之活动。要使各参与单位的活动协调统一，为工程总目标服务，必须依靠工程合同。项目管理者要通过与各单位签订的工程合同，将各工程合同规定的活动在内容上、技术上、组织上、时间上协调一致，形成一个完整、周密、有序的体系，以保证工程有序地按计划进行，顺利地实现工程总目标。

1.2 工程项目的发包方式与工程合同的类型

一个工程项目从策划到建成运行，通常有多方参与，如工程项目投资单位、工程项目业主/法人、设计单位及施工单位等。这些参与单位可以分为两大阵营，第一阵营为业主方阵营，由工程项目投资单位、工程项目业主/法人、代建方、受聘的项目管理公司等组成；第二阵营为承包方阵营，由勘测单位、设计单位、施工单位、材料或设备供应单位和项目总承包单位组成。另外，由于工程项目多为广大民众使用，涉及公共安全，需要政府作为第三方进行监督。两大阵营依靠工程合同确立相互之间的关系（见图1-1），但依据不同的发包方式，有不同的合同表现形式。

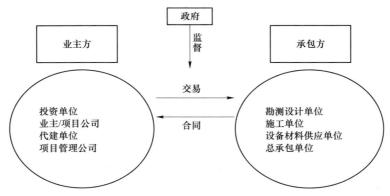

图 1-1　业主方与承包方的关系

1.2.1 工程项目的发包方式

工程项目发包是指业主遵循公开、公正、公平的原则，采用公告或邀请书等方式提出项目内容及其条件和要求，邀请有兴趣参与竞争的单位按规定条件提出实施计划、方案和价格等，再采用一定的评价方法择优选定承包单位，最后以合同形式委托其完成指定工作的活动。不同的发包方式适应不同的项目特性，所反映出的合同关系和各参建单位之间的职责也不同。

1. DBB 发包方式

DBB 发包方式，即工程项目设计-招标-建造方式（Design-Bid-Build，DBB），是国际上最早应用的工程项目发包方式之一。

采用 DBB 方式的业主，一般首先组织工程项目的可行性研究，然后在可行性研究决策的基础上，委托设计单位进行工程设计，与设计单位签订委托设计合同。在初步设计完成并通过审查后，业主根据工程特点，按子项工程、专业工程或工程设备，组织工程分标；在各工程标的设计满足招标条件的情况下，业主以公开或邀请招标的方式，分期分批组织施工和采购等招标。各中标签约的承包商进场施工或组织设备制造，他们直接对业主负责，并接受工程师/监理工程师的监督和管理。在工程合同规定的条件下，各承包商可以将非主体工程的部分施工内容或部分工程设备进行分包。

2. 工程项目总承包发包方式

工程项目总承包是指工程总承包商（企业）受业主委托，按照工程合同约定对工程项目的勘察、设计、采购、施工、试运行（竣工验收）等实行全过程或若干阶段的承包。工程总承包商按照工程合同约定对工程项目的质量、工期、造价等向业主负责。工程总承包商可依法将所承包工程中的非主体工程的部分工作发包给具有相应资质的分包商；分包商按照分包合同的约定对总承包商负责。

工程项目总承包主要有如下几种方式：

1）设计-施工总承包（Design Build，DB）。设计-施工总承包是指工程总承包商按照工程合同约定，承担工程项目设计和施工，对承包工程的质量、安全、工期、造价全面负责。

2）设计、采购、施工（Engineering，Procurement and Construction，EPC）/交钥匙（Turnkey）总承包。EPC 是指工程总承包商按照工程合同约定，承担工程项目的设计、采购、施工、试运行服务等工作，对承包工程的质量、安全、工期、造价全面负责。Turnkey 是 EPC 业务和责任的延伸，最终是向业主提交一个满足使用功能、具备使用条件的工程项目。

3）设计、采购总承包（Engineering and Procurement，EP）。EP 是指工程总承包商按照工程合同约定，承担工程项目的设计、采购等工作，对工程的设计和采购全面负责。

1.2.2 工程合同的类型

1. DBB 发包方式下的工程合同类型

DBB 发包方式下常见的工程合同有建设工程勘察设计合同、建设工程施工合同、建设工程物资采购合同、建设工程监理合同等，如图 1-2 所示。

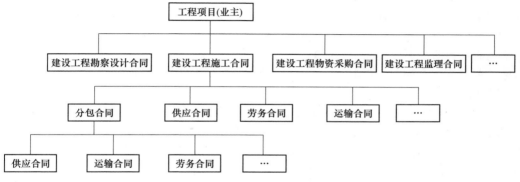

图 1-2 DBB 发包方式下的工程项目合同体系

（1）建设工程勘察设计合同　建设工程勘察设计合同分为建设工程勘察合同和建设工程设计合同。建设工程勘察合同是指根据建设工程的要求，查明、分析、评价建设场地的地质地理环境特征和岩土工程条件，编制建设工程勘察文件的协议。建设工程设计合同是指根据建设工程的要求，对建设工程所需的技术、经济、资源、环境等条件进行综合分析、论证，编制建设工程设计文件的协议。业主一般通过招标方式与选择的中标人就委托的勘察、设计任务签订合同。订立合同委托勘察、设计任务是业主和承包商的自主市场行为，但必须遵守《中华人民共和国招标投标法》《中华人民共和国民法典》《中华人民共和国建筑法》《建设工程勘察设计管理条例》《建设工程勘察设计市场管理规定》等法律、法规和规章的要求。为了保证勘察设计合同的内容完备、责任明确、风险责任分担合理，住房城乡建设部和国家工商行政管理总局，在 2015 年颁布了《建设工程设计合同示范文本（房屋建筑工程）》（GF—2015—0209）和《建设工程设计合同示范文本（专业建设工程）》（GF—2015—0210），在 2016 年颁布了《建设工程勘察合同（示范文本）》（GF—2016—0203）。

（2）建设工程施工合同　建设工程施工合同是业主与承包商就完成具体工程项目的建筑施工、设备安装、设备调试、工程保修等工作内容，确定双方权利和义务的协议。建设工程施工合同是建设工程合同的一种，它与其他建设工程合同一样是双务有偿合同，在订立时应遵守自愿、公平、诚实信用等原则。建设工程施工合同是建设工程的主要合同之一，其标的是将设计图变为能够满足使用要求和业主投资预期的建筑产品。建设工程施工合同还具有以下特点：

1）合同标的的特殊性。建设工程施工合同的标的是各类建筑产品。建筑产品是不动产，其建造过程中往往受到自然条件、地质水文条件、社会条件、人为条件等因素的影响。这就决定了每个施工合同的标的物不同于工厂批量生产的产品，具有单件性的特点。所谓"单件性"，是指不同地点建造的相同类型和级别的建筑，施工过程中所遇到的情况不尽相同，在一个工程施工中遇到的困难在另一个工程中不一定发生，而在这个工程施工中可能出现前一个工程没有发生过的问题，相互间具有不可替代性。

2）合同履行期限的长期性。与一般工业产品的生产相比，建筑物的结构复杂、体积大、建筑材料类型多，故其施工工期较长。在较长的合同期内，双方履行义务往往会受到不可抗力、履行过程中法律法规政策的变化、市场价格的浮动等因素的影响，这必然导致合同的内容约定和履行管理都较为复杂。

3）合同内容的复杂性。虽然施工合同的当事人只有两方，但履行过程中涉及的主体却有许多种，内容的约定还需与其他相关合同相协调，如勘察设计合同、物资采购合同、本工程的其他施工合同等。为了建设工程施工合同的内容完备、责任明确、风险责任分担合理，2007 年 11 月国家九部委联合颁布了适用于一定规模以上，且设计和施工不是由同一承包商承担的工程施工招标的《标准施工招标文件》，其中包括的合同条款与格式简称"标准施工合同"。九部委在 2012 年颁布了适用于工期不超过 12 个月、技术相对简单且设计和施工不是由同一承包商承担的小型项目施工招标的《简明标准施工招标文件》，其中包括的合同条款及格式简称"简明施工合同"。在国际上，工程合同通常采用 FIDIC 合同条件、NEC 合同条件和 AIA 合同条件等。

（3）建设工程物资采购合同　建设工程物资采购合同，是指平等主体的自然人、法人、其他组织之间，为实现建设工程物资买卖，设立、变更、终止相互权利义务关系的协议。2017 年 9 月 4 日，九部委发布了《中华人民共和国标准材料采购招标文件》（2017 年版）和《中华人民共和国标准设备采购招标文件》（2017 年版），其中，包含有合同条款及格式。建设工程物资采购合同属于买卖合同，具有买卖合同的一般特点：

1）出卖人与买受人订立买卖合同，以转移财产所有权为目的。

2）买卖合同的买受人取得财产所有权，必须支付相应的价款；出卖人转移财产所有权。

3）买卖合同是双务、有偿合同。所谓双务、有偿，是指合同双方互负一定义务，出卖人应当保质、保量、按期交付合同订购的物资、设备，买受人应当按合同约定的条件接收货物并及时支付货款。

4）买卖合同是诺成合同。除了法律有特殊规定的情况外，当事人之间意思表示一致，买卖合同即可成立，并不以实物的交付为合同成立的条件。

建设工程物资采购合同与工程项目的建设密切相关，其特点主要表现为：

1）建设工程物资采购合同的当事人。建设工程物资采购合同的买受人即采购人，可以是业主，也可以是承包商，依据施工合同的承包方式来确定。永久工程的大型设备一般情况下由业主采购。施工中使用的建筑材料采购责任，按照施工合同专用条款的约定执行。通常分为业主负责采购供应和承包商负责采购两种方式。承包商负责采购，即包工包料承包。采购合同的出卖人即供货人，可以是生产厂家，也可以是从事物资流转业务的供应商。

2）物资采购合同的标的。建设工程物资采购合同的标的品种繁多，供货条件差异较大。

3）物资采购合同的内容。建设工程物资采购合同视标的的特点，涉及条款的繁简程度差异较大。建筑材料采购合同的条款一般限于物资交货阶段，主要涉及交接程序、检验方式和质量要求、合同价款的支付等。大型设备的采购，除了交货阶段的工作外，往往还需包括设备生产阶段、设备安装调试阶段、设备试运行阶段、设备性能达标检验和保修等方面的条款约定。

4）货物供应的时间。建设工程物资采购供应合同与施工进度密切相关，出卖人必须严格按照合同约定的时间交付订购的货物。延误交货将导致工程施工的停工待料，使建设项目不能及时发挥效益。提前交货通常买受人也不同意接受，一方面，货物将占用施工现场有限的场地影响施工；另一方面则增加了买受人的仓储保管费用。如出卖人提前将订购的水泥发运到施工现场，而买受人仓库已满，只好露天存放，为了防潮则需要投入更多物资进行维护保管。

（4）建设工程监理合同 建设工程监理合同简称监理合同，是指委托方与监理单位就委托的工程项目管理内容签订的明确双方权利、义务的协议。监理合同可采用住建部和国家工商行政管理总局发布的《建设工程监理合同（示范文本）》（GF—2012—0202）。另外，2017年，九部委发布的《标准监理招标文件》（2017年版）中也明确了监理合同条款及格式。监理合同是委托合同的一种，除具有委托合同的共同特点外，还具有以下特点：

1）监理合同的当事人双方应当是具有民事权利能力和民事行为能力、取得法人资格的企事业单位、其他社会组织，个人在法律允许的范围内也可以成为合同当事人。委托人必须是落实了国家批准建设项目投资计划的企事业单位、其他社会组织及个人。受托人必须是依法成立的具有法人资格的监理企业，并且所承担的工程监理业务应与企业资质等级和业务范围相符合。

2）监理合同委托的工作内容必须符合工程项目建设程序，遵守有关法律和行政法规。监理合同是以对建设工程项目实施控制和管理为主要内容，因此监理合同必须符合建设工程项目的程序，符合国家和建设行政主管部门颁发的有关建设工程的法律、行政法规、部门规章和各种标准、规范要求。

3）监理合同的标的是服务，建设工程实施阶段所签订的其他合同，如勘察设计合同、施工承包合同、物资采购合同、加工承揽合同的标的是产生新的物质成果或信息成果，而监理合同的标的是服务，即监理工程师凭据自己的知识、经验、技能，受业主委托为其所签订的其他合同的履行实施监督和管理。

2. 项目总承包发包方式下的合同类型

（1）DB总承包下的合同　DB方式是指由单一承包商负责项目的设计与建造工作。采用DB方式的业主一般首先选择一家工程咨询/设计公司进行初步设计，这种设计的工作量相当于完成工程总设计工作量的25%~30%，设计深度以满足DB方式的招标为原则。然后，通过竞争性招标来选择DB承包商。DB承包商对设计、施工阶段工程的质量、进度和费用负责，由本公司的专业人员自行完成工程建设主体任务，其他可以招标方式选择分包商完成。其合同关系如图1-3所示。

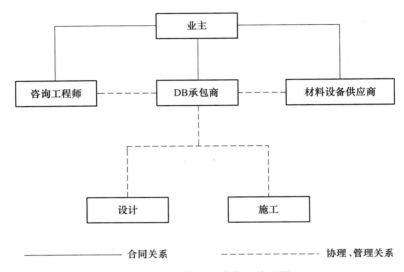

图1-3　DB模式下的合同关系图

DB合同是工程合同的一种，除具有工程合同的共同特点外，还具有以下特点：

1）单一责任制。与DBB模式相比，DB模式下DB承包商负责工程的设计和施工，当工程出现质量等问题时，责任更容易明确，有利于减少业主管理的工作量，降低工程交易费用。

2）工期缩短。设计和施工紧密结合，有利于控制进度，缩短整个工程的建设工期，使工程项目可以较早投入使用。

3）有利于投资控制，能够降低工程总造价。采用DB模式建设时，DB承包商在工程设计时会主动采取限额设计、优化设计方案等措施，并对工程的设计、施工统筹考虑，从而降低建设成本。

（2）EPC总承包下的合同　"设计-采购-施工"（Engineering，Procurement and Construction，EPC）总承包是最典型和最全面的总承包方式，其合同关系如图1-4所示。承包商负责一个完整工程的设计、施工、设备供应等工作。由于合同工程规定的工作范围较大，而工程项目的实施和管理工作都由EPC承包商负责，故承包商可以在合同允许的条件下将工程范围内的部分设计、施工、供应工作分包出去。通常，业主委托咨询单位负责业主的决策咨询工作，如起草招标文件，对承包商的设计和承包商文件进行审查，对工程的实施进行监督、质量验收、竣工检验等。

EPC总承包方式的工程合同特点有：

1）总价固定。EPC合同一般采用固定总价合同，业主可以把工程建设过程中的绝大部分风险转移给总承包商，从而使工程项目的投资具有较大的确定性。

2）建设成本降低。采用EPC模式建设时，总承包商在进行工程设计时会主动采取限额设

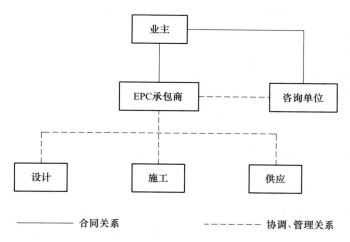

图 1-4 EPC 合同关系图

计、优化设计方案等措施，并对工程的设计、采购、施工进行统筹考虑，从而降低建设成本。在各种类型的建设费用中，除了风险费用较高以外，其他费用一般均比传统的 DBB 模式要低。

3）工期缩短。EPC 总承包商可以将设计、采购、施工工作进行合理、有序交叉，从而大大缩短建设工期。

4）业主的管理责任单一。EPC 总承包商负责整个工程项目的设计、采购、施工以及内部协调管理，业主只需派业主代表对总承包商进行管理。这样减少了业主参与建设管理的工作，降低了业主管理的费用，从而使该模式下的交易成本降低。

DB 和 EPC 总承包模式下的合同条件可采用九部委颁布的《标准设计施工总承包招标文件》（2012 年版），其中包括的合同条款及格式简称"设计施工总承包合同"。国际上常采用 FIDIC《设计采购施工（EPC）/交钥匙工程合同条件》（*Conditions of Contract for EPC/ Turnkey Projects*，又称"银皮书"，1999 年第 1 版，2017 年第 2 版）。

1.3 工程合同管理的任务与方法

1.3.1 工程合同管理的任务

1. 发展和完善工程建设市场

随着市场经济机制的发育和完善，要求政府管理部门打破传统观念束缚，转变政府职能，更多地应用法律、法规和经济手段调节和管理市场，而不是用行政命令干预市场；承包商作为建筑市场的主体，进行建筑生产与管理活动，必须按照市场规律要求，健全和完善内部各项管理制度，其中合同管理制度是其管理制度的关键内容之一。依法加强建设工程合同管理，可以保障工程建设市场的资金、材料、技术、信息、劳动力的管理，发展和完善工程建设市场。

2. 推进工程建设领域的改革

我国在建设领域推行项目法人责任制、招标投标制、工程监理制和合同管理制。在这些改革制度中，核心内容是合同管理制度。因为项目法人责任制是要建立能够独立承担民事责任的主体制度，而市场经济中的民事责任主要是基于合同义务的合同责任。招标投标制实际上是要确立一种公平、公正、公开的合同订立制度。工程监理法律关系也是依靠合同来规范业主、承包商、监理单位之间的关系。因此，建设领域的各项改革实际上是互相推进的，建设工程合同管理的健全和完善无疑有助于推进建设领域的其他各项改革。

3. 提高工程建设的管理水平

工程建设管理水平的提高体现在工程质量、进度和费用的三大控制目标上，这三大控制目标的管理主要是体现在合同中。在合同中规定三大控制目标后，要求合同当事人在工程管理中细化这些内容，在工程建设过程中严格执行这些规定。同时，如果能够严格按照合同的要求管理，工程的质量就能够有效地得到保障，进度和费用的控制目标也能够实现。因此，建设工程合同管理能够有效地提高工程建设的管理水平。

4. 避免工程建设领域的经济违法和犯罪

工程建设领域是我国经济犯罪的高发领域，因此更需要加强建设工程的合同管理，有效地做到公开、公正、公平，特别是要健全重要的建设工程合同的订立方式——招标投标，从而将建筑市场的交易行为置于公开的环境之中，约束权力滥用行为，有效地避免建设领域的行贿受贿行为。另外，加强建设工程合同履行的管理也有助于政府行政管理部门对合同的监督，避免建设领域的经济违法和犯罪。

5. 构建合作共赢机制，做好全过程合同管理

合同管理应改变传统的"零和"博弈观念，项目参建各单位应在尊重并关照彼此需求、期望和利益的基础上整合、确立项目的共同目标，通过参建各单位积极合作与协调，发挥各方的资源优势，减少各种形式的内耗与浪费，提高项目效率。参建各单位相互保持透明，欢迎相互检查、相互提醒，一旦发现问题，应准确定性、快速处理、及时反馈。例如，英国 NEC 合同的 ECC 合同核心条款之一（总则中的第一条）即提出业主、承包商、业主方和工程师在工作中相互信任、相互合作的工作原则。以建立早期警告（Early Warning）和补偿事件（Compensation Events）为特征的合作机制，让项目各单位致力于提高整个工程项目的管理水平，在合作共赢机制下做好全过程合同管理。

前期合同策划与招标阶段的管理任务主要是：开展建设工程项目特点分析与发包方式选择、做好招标采购的总体策划，编制招标文件，拟定合同条件，明确合同界面管理，选择适合建设工程特点的合同计价方式等。

合同履行阶段的管理任务主要是：做好合同分析工作，制订合同管理制度、编制合同管理计划，落实并细化合同交底工作，进行合同履行跟踪、诊断和纠偏，规范合同变更、科学应对索赔和争议等。

1.3.2 工程合同管理方法

1. 严格执行建设工程合同管理法律法规

应当说，随着《民法典》《招标投标法》《建筑法》的颁布，建设工程合同管理法律基本健全。但是在实践中，这些法律的执行还存在着不少的问题，其中既有勘察、设计、施工单位转包、违法分包，不认真执行工程建设强制性标准、偷工减料、忽视工程质量的问题，又有监理单位监理不到位以及业主不认真履行合同、拖欠工程款等问题。在市场经济条件下，要求我们在管理建设工程合同时要严格依法进行管理。这样，我们的管理行为才能有效，也才能提高建设工程合同管理水平以及解决建设领域存在的诸多问题。

2. 普及相关法律知识，培养合同管理人才

在市场经济条件下，工程建设领域的从业人员应当增强合同观念和合同意识，这就要求我

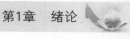

们普及相关法律知识，培养合同管理人才。不论工程设计、施工工程师，还是建设工程合同的当事人，以及涉及有关合同的各类人员，都应当熟悉合同的相关法律知识，养成良好的合同观念和合同意识，努力做好建设工程合同管理工作。

3. 设立合同管理机构，配备合同管理人员

加强建设工程合同管理，应当设立合同管理机构，配备合同管理人员。一方面，建设工程合同管理工作，应当作为建设行政管理部门的管理内容之一；另一方面，建设工程合同当事人内部也要建立合同管理机构，还应当配备合同管理人员，建立合同台账、统计、检查和报告制度，提高建设工程合同管理的水平。

4. 建立合同管理目标制度

合同管理目标，是指合同管理活动应当达到的预期结果和最终目的。建设工程合同管理需要设立管理目标，并且可以分解为各个阶段的管理目标。合同的管理目标应当落到实处。为此，还应当建立建设工程合同管理的评估制度，这样才能有效地督促合同管理人员提高合同管理水平。

5. 推行合同示范文本制度

推行合同示范文本制度，一方面有助于当事人了解和掌握有关法律、法规，使具体实施项目的建设工程合同符合法律法规的要求，避免缺款少项，防止出现显失公平的条款，也有助于当事人熟悉合同的运行；另一方面，有利于行政管理机关对合同的监督，有助于仲裁机构或者人民法院及时裁判纠纷，维护当事人的利益。使用标准化的范本签订合同，对完善建设工程合同管理制度起到推动作用。

思 考 题

1. 合同的广义与狭义的概念分别是什么？
2. 简述建设合同的概念及其特征。
3. 合同在工程建设中的作用主要有哪些？
4. 常用的发包方式有哪些？其相应的合同形式是什么？
5. 在 DBB 发包方式下，建设工程施工合同有什么特点？
6. EPC 总承包方式的工程合同有什么特点？
7. 建设工程合同管理的主要任务有哪些？
8. 建设工程合同管理的方法主要有哪些？

第 2 章

工程合同的法律基础

学习目标

熟悉工程合同相关法律体系，合同法律关系的主体、客体和内容。掌握合同签订过程的要约与承诺、合同生效和无效的概念与条件及法律后果。熟悉合同的履行、变更与转让的概念及相关规定，缔约过失责任及解决合同争议的方法。熟悉合同违约责任的概念及承担违约责任的方式，了解可变更和可撤销合同及合同终止的情形。

2.1 工程合同与法律关系

在市场经济中，财产的流转主要依靠合同，特别是工程项目，标的大、履行时间长、协调关系多，合同就尤为重要。因此，建筑市场中的业主、勘察设计单位、施工单位、咨询单位、监理单位、材料设备供应单位等，都要依靠合同确立相互之间的关系。在市场经济条件下，工程建设的管理应当严格按照法律和合同进行。

2.1.1 工程合同的法律有效性

合同必须符合法律规定，这是合同法的基本原则之一。当事人订立和履行合同，应当遵守法律、行政法规、尊重社会公德，不得扰乱社会经济秩序，损害社会公共利益。只有依法订立的合同，才受法律保护，对当事人才具有法律约束力。合同如果违反了法律、行政法规的强制性规定，则此合同无效，且自始就没有法律约束力。合同无效有两种情况，一种是合同部分无效，即合同中某些条款不符合法律规定，则只是这些条款无效，但不影响其他部分的效力，其他部分仍然有效。另一种情况是合同的主要条款违反法律规定而导致整个合同无效，但它不影响合同中独立存在的有关解决争议方法的条款的效力。

2.1.2 工程合同相关法律体系

规范建设工程合同，不但需要完善合同本身，而且需要完善相关法律体系。目前，我国这方面的立法体系也已基本完善。与建设工程合同有直接关系的是《民法典》《中华人民共和国招标投标法》（以下简称《招标投标法》）和《中华人民共和国建筑法》（以下简称《建筑法》）等。

《民法典》是调整平等主体的公民之间、法人之间、公民与法人之间的财产关系和人身关系的基本法律。合同关系也是一种财产（债）关系。因此，《民法典》对规范合同关系做出了规定，建设工程合同的订立和履行也要遵守其基本规定。在建设工程合同的履行过程中，由于会涉及大量的其他合同，如买卖合同等，因此也要遵守《民法典》的规定。

招标投标是通过竞争择优确定承包商的主要方式，《招标投标法》是规范建筑市场竞争的主要法律，能够有效地实现建筑市场的公开、公平、公正竞争。有些建设项目必须通过招标投标确定承包商；而对于其他项目，国家则鼓励通过招标投标确定承包商。

　　《建筑法》是规范建筑活动的基本法律，建设工程合同的订立和履行也是一种建筑活动，合同的内容也必须遵守《建筑法》的规定。

　　另外，建设工程合同的订立和履行还涉及其他一些法律关系，也需要遵守相应的法律规定。在建设工程合同的订立和履行中需要提供担保的，应当遵守《中华人民共和国担保法》（以下简称《担保法》）的规定；在建设工程合同的订立和履行中需要投保的，应当遵守《中华人民共和国保险法》（以下简称《保险法》）的规定；在建设工程合同的订立和履行中需要建立劳动关系的，应当遵守《中华人民共和国劳动法》（以下简称《劳动法》）的规定。在合同的订立和履行过程中，如果要涉及合同的公证、鉴证等活动，则应当遵守国家对公证、鉴证等的规定。如果合同在履行过程中发生了争议，双方订有仲裁协议（或者争议发生后双方达成仲裁协议的），应按照《中华人民共和国仲裁法》（以下简称《仲裁法》）的规定进行仲裁；如果双方没有仲裁协议（争议发生后双方也没有达成仲裁协议的），应以《中华人民共和国民事诉讼法》（以下简称《民事诉讼法》）的规定决定争议的最终解决方式。

　　此外，除了以上所提及的《民法典》《建筑法》《招标投标法》《仲裁法》《担保法》《保险法》《劳动法》等由全国人民代表大会及其常务委员会审议通过后颁布的法律外，与工程合同管理相关的法律体系还包括各种行政法规和地方法规，如由国务院依据法律制定和颁布的《建设工程质量管理条例》《建设工程安全生产管理条例》等；以及由住建部、水利部或国务院其他主管部门依据法律制定和颁布的各种规章。

2.2　工程合同法律关系

2.2.1　工程合同法律关系的构成

1. 工程合同法律关系的概念

　　法律关系是一定的社会关系在相应的法律规范的调整下形成的权利义务关系。法律关系的实质是法律关系主体之间存在的特定权利义务关系。合同法律关系是一种重要的法律关系。

　　合同法律关系是指由合同法律规范所调整的、在民事流转过程中所产生的权利义务关系。合同法律关系包括合同法律关系主体、合同法律关系客体、合同法律关系内容三个要素。这三要素构成了合同法律关系，缺少其中任何一个要素都不能构成合同法律关系，改变其中任何一个要素就改变了原来设定的法律关系。

2. 工程合同法律关系主体

　　合同法律关系主体是参加合同法律关系，享有相应权利、承担相应义务的自然人、法人和非法人组织，为合同当事人。

　　（1）自然人　自然人是指基于出生而成为民事法律关系主体的有生命的人。作为合同法律关系主体的自然人必须具备相应的民事权利能力和民事行为能力。民事权利能力是民事主体依法享有民事权利和承担民事义务的资格。自然人从出生时起到死亡时止，具有民事权利能力，依法享有民事权利，承担民事义务。民事行为能力是民事主体通过自己的行为取得民事权利和履行民事义务的资格。根据自然人的年龄和精神健康状况，可以将自然人分为完全民事行为能力人、限制民事行为能力人和无民事行为能力人。十八周岁以上的自然人为成年人。不满十八周岁的自然人为未成年人。成年人为完全民事行为能力人，可以独立实施民事法律行为。十六周岁以上的未成年人，以自己的劳动收入为主要生活来源的，视为完全民事行为能力人。八周岁以上的未成年人为限制民事行为能力人，实施民事法律行为由其法定代理人代理或者经其法定代理人同意、追认，但是可以独立实施纯获利益的民事法律行为或者与其年龄、智力相适应的民事法律行为。不满八周岁的未成年人为无民事行为能力人，由其法定代理人代理实施民事法律行为。不能辨认自己行为的成年人为无民事行为能力人，由其法定代理人代理实施民事法律行为。

（2）法人　法人是具有民事权利能力和民事行为能力，依法独立享有民事权利和承担民事义务的组织。法人是与自然人相对应的概念，是法律赋予社会组织具有人格的一项制度。这一制度为确立社会组织的权利、义务，便于社会组织独立承担责任提供了基础。法人的民事权利能力和民事行为能力，从法人成立时产生，到法人终止时消灭。法人以其全部财产独立承担民事责任。法人应当依法成立。法人应当有自己的名称、组织机构、住所、财产或者经费。法人成立的具体条件和程序依照法律、行政法规的规定。设立法人，法律、行政法规规定须经有关机关批准的，依照其规定。依照法律或者法人章程的规定，代表法人从事民事活动的负责人，为法人的法定代表人。法定代表人以法人名义从事的民事活动，其法律后果由法人承受。法人章程或者法人权力机构对法定代表人代表权的限制，不得对抗善意相对人。法定代表人因执行职务造成他人损害的，由法人承担民事责任。法人承担民事责任后，依照法律或者法人章程的规定，可以向有过错的法定代表人追偿。《民法典》将法人分为营利法人、非营利法人和特别法人。以取得利润并分配给股东等出资人为目的成立的法人，为营利法人。营利法人包括有限责任公司、股份有限公司和其他企业法人等。营利法人经依法登记成立。为公益目的或者其他非营利目的成立，不向出资人、设立人或者会员分配所取得利润的法人，为非营利法人。非营利法人包括事业单位、社会团体、基金会、社会服务机构等。机关法人、农村集体经济组织法人、城镇农村的合作经济组织法人、基层群众性自治组织法人，为特别法人。

（3）非法人组织　非法人组织是不具有法人资格，但是能够依法以自己的名义从事民事活动的组织。非法人组织包括个人独资企业、合伙企业、不具有法人资格的专业服务机构等。非法人组织应当依照法律的规定登记。设立非法人组织，法律、行政法规规定须经有关机关批准的，依照其规定。非法人组织的财产不足以清偿债务的，其出资人或者设立人承担无限责任。法律另有规定的，依照其规定。

3. 工程合同法律关系的客体

合同法律关系客体，是指参加合同法律关系的主体享有的权利和承担的义务所共同指向的对象。合同法律关系的客体主要包括物、行为、智力成果。

（1）物　法律意义上的物是指可为人们控制并具有经济价值的生产资料和消费资料，可以分为动产和不动产、流通物与限制流通物、特定物与种类物等。例如，建筑材料、建筑设备、建筑物等，都可能成为合同法律关系的客体。货币作为一般等价物也是法律意义上的物，可以作为合同法律关系的客体，如借款合同等。

（2）行为　法律意义上的行为是指人的有意识的活动。在合同法律关系中，行为多表现为完成一定的工作，如勘察设计、施工安装等，这些行为都可以成为合同法律关系的客体。行为也可以表现为提供一定的劳务，如绑扎钢筋、土方开挖、抹灰等。

（3）智力成果　智力成果是通过人的智力活动所创造出的精神成果，包括知识产权、技术秘密及在特定情况下的公知技术，如专利权、工程设计等，都有可能成为合同法律关系的客体。

案例 2-1 某装修工程合同纠纷案

[案情简介]

2010年，柏某在装修被告张某所经营的火锅城期间，与杨某达成口头协议，约定向杨某购买石材，并由杨某负责加工和安装。达成协议后，杨某按照约定向被告柏某交付了工作成果。2011年5月4日，经双方结算，柏某总共应当向杨某支付报酬（含材料款和人工工资）1.1424万元，但柏某仅向杨某支付了定金300元，至今仍欠1.1124万元。为此，杨某向法院提起诉讼，请求柏某和张某支付剩余款项。

[争议]

本案在审理过程中，出现了两种不同意见：第一种意见认为，装修火锅城属于建设工程施工，根据《最高人民法院关于审理建设工程施工合同纠纷案件适用法律问题的解释》第26条第2款之规定，"业主只在欠付工程价款范围内对实际施工人承担责任"，故被告张某对被告柏某尚未向原告支付的款项应当承担责任。

第二种意见认为，装修火锅城虽属于建设工程施工，但因双方当事人不属于建设工程施工合同的适格主体，故不能适用《最高人民法院关于审理建设工程施工会同纠纷案件适用法律问题的解释》第26条第2款之规定，原告与被告是在承揽合同关系下进行火锅城装修，原告杨某向被告张某提出支付石材款和承揽报酬的评讼请求不能得到法院支持。

[分析思路]

1. 本案中装修火锅城行为属于建设工程施工

《最高人民法院关于装修装饰工程款是否享有合同法第二百八十六条规定的优先受偿权的函复》明确提出"装修装饰工程属于建设工程"；国务院发布施行的《建设工程质量管理条例》第2条第2款也明确规定"本条例所称建设工程，是指土木工程、建筑工程、线路管道和设备安装工程及装修工程"。因此，本案中装修火锅城之行为应被认定属于建设工程施工。

2. 本案被告张某与柏某法律关系仅为一般承揽合同关系，而非建设工程施工合同关系

建设工程施工合同中的业主应具有工程发包主体资格，其只能是经过批准的建设工程的开发单位，一般是法人；承包商应具有工程施工承包主体资格，只能是具有从事勘察、设计、建筑、安装经营资格的法人。因此，不具有工程发包主体资格的被告张某并非作为建设工程业主要求他人对火锅城进行装修，与此对应的是被告柏某也不具有工程施工承包主体资格。因本案装修工程投资额在30万元以下，根据我国《建筑工程施工许可管理办法》第2条第2款规定，"工程投资额在30万元以下或者建筑面积在300平方米以下的建筑工程，可以不申请办理施工许可证"，故被告张某与被告柏某无须作为建设工程的业主与承包商，亦无须办理施工许可证，通过订立一般承揽合同即可对火锅城进行装修，而原告杨某与被告柏某之间仅为就火锅城装修工程中的石材安装承揽合同关系。因此，原告无权要求被告张某支付工程款。

3. 因合同相对性原理，原告杨某向被告张某提出的诉讼请求不能得到支持

由于被告张某与被告柏某、被告柏某与原告杨某之间各为一般承揽合同关系，原告杨某与被告柏某之间对装修所用石材还有买卖合同关系，根据合同相对性原理，债权债务只及于合同当事人，即原告杨某仅能向被告柏某要求支付石材款和承揽报酬，故原告杨某向被告张某提出支付石材款和承揽报酬的诉讼请求不能得到法院支持。

结论：建设工程是指土木工程、建筑工程、线路管道和设备安装工程及装修工程。在建设工程施工合同中的业主应具有工程发包主体资格，其只能是经过批准的建设工程的开发单位，一般是法人；承包商应具有工程施工承包主体资格，只能是具有从事勘察、设计、建筑、安装经营资格的法人。因此，不具有工程发包主体资格和不具有工程施工承包主体资格的当事人无权依据《最高人民法院关于审理建设工程施工合同纠纷案件适用法律问题的解释》第26条第2款之规定主张权利。

4. 工程合同法律关系的内容

合同法律关系的内容是指合同约定和法律规定的权利和义务。合同法律关系的内容是合同的具体要求，决定了合同法律关系的性质，它是连接主体的纽带。

（1）权利　权利是指合同法律关系主体在法定范围内，按照合同的约定，有权按照自己的意志做出某种行为。权利主体也可以要求义务主体做出一定的行为或不做出一定的行为，以实现自己的有关权利。当权利受到侵害时，有权得到法律保护。

（2）义务　义务是指合同法律关系主体必须按法律规定或约定承担应负的责任。义务和权利是相互对应的，相应主体应自觉履行相对应的义务。否则，义务人应承担相应的法律责任。

2.2.2　工程合同法律关系的产生、变更与消灭

合同法律关系并不是由建设法律规范本身产生的，只有在一定的情况和条件下才能产生、变更和消灭。能够引起合同法律关系产生、变更和消灭的客观现象和事实，就是法律事实。法律事实包括行为和事件。

1. 行为

行为是指法律关系主体有意识的活动，能够引起法律关系发生、变更和消灭的行为，包括作为和不作为两种表现形式。

行为还可分为合法行为和违法行为。凡符合国家法律规定或为国家法律所认可的行为是合法行为。例如，在建设活动中，当事人订立合法有效的合同，会产生建设工程合同关系；建设行政管理部门依法对建设活动进行的管理活动，会产生建设行政管理关系。凡违反国家法律规定的行为是违法行为。例如，建设工程合同当事人违约，会导致建设工程合同关系的变更或者消灭。

此外，行政行为和发生法律效力的法院判决、裁定以及仲裁机构发生法律效力的裁决等，也是一种法律事实，也能引起法律关系的发生、变更、消灭。

2. 事件

事件是指不以合同法律关系主体的主观意志为转移而发生的，能够引起合同法律关系产生、变更、消灭的客观现象。这些客观事件的出现与否，是当事人无法预见和控制的。事件可分为自然事件和社会事件两种。自然事件是指由于自然现象所引起的客观事实，如地震、台风等。社会事件是指由于社会上发生了不以个人意志为转移的、难以预料的重大事件所形成的客观事实，如战争、罢工、禁运等。无论自然事件还是社会事件，其发生都能引起一定的法律后果，即导致合同法律关系的产生或者迫使已经存在的合同法律关系发生变化。

2.3　工程合同的形式、内容和订立程序

2.3.1　工程合同的形式和内容

1. 工程合同的形式

（1）合同形式的概念和分类　合同形式是当事人意思表示一致的外在表现形式。《民法典》

第四百六十九条规定："当事人订立合同，可以采用书面形式、口头形式或者其他形式"，故合同的形式可分为口头形式、书面形式和其他形式。

1）口头形式是以口头语言形式表现合同内容的合同，其意思表示都是用口头语言的形式表示的，没有用书面语言记录下来。当事人直接运用语言对话的形式确定合同内容，订立的合同是口头合同。口头形式优点在于方便快捷，缺点在于发生合同纠纷时难以取证，不易分清责任。口头形式适用于能即时清结的合同关系。

2）书面形式是指合同书、信件和数据电文（包括电报、电传、传真、电子数据交换和电子邮件）等可以有形地表现所载内容的形式。书面形式的合同能够准确地固定合同双方当事人的权利义务，在发生纠纷时有据可查、便于处理，因此法律要求凡是比较重要复杂的合同，都应当采用书面形式订立合同。

3）合同的其他形式有以下两种：一种是当事人未以书面形式或者口头形式订立合同，但从双方从事的民事行为能够推定双方有订立合同意愿的，可以认定是合同的其他形式；另一种是法律另有规定或者当事人约定采用公证形式、鉴证形式订立的合同。

如果以合同形式的产生依据划分，合同形式可分为法定形式和约定形式。合同的法定形式是指法律直接规定合同应当采取的形式。例如，《民法典》第七百八十八条规定"建设工程合同是承包商进行工程建设，业主支付价款的合同。建设工程合同包括工程勘察、设计、施工合同"，《民法典》第七百八十九条规定："建设工程合同应当采用书面形式"。因此工程勘察、设计、施工等合同都应当采用书面形式，当事人不能对这类合同的形式加以选择。合同的约定形式是指法律没有对合同形式做出要求，当事人可以约定合同采用的形式。

（2）合同形式的原则 《民法典》在一般情况下对合同形式并无要求，只有在法律、行政法规有规定和当事人有约定的情况下采用书面形式。可以认为，《民法典》在合同形式上的要求是以"不要式"为原则的。当然，这种合同形式的"不要式"原则并不排除对于一些特殊的合同，法律要求应当采用规定的形式（这种规定形式往往是书面形式），如建设工程合同。《民法典》采用合同形式的"不要式"原则有以下理由：

1）合同本质对合同形式不做要求。奴隶社会和封建社会的合同法律，普遍对合同形式有严格要求，这是由于当时的交易安全是人们所最关注的。在现代市场经济中，合同自由原则成为合同一切制度的核心，反映在合同订立形式上便是不再要求具有严格的形式。从合同的本质上看，合同是一种合意，这已为大陆法系国家和英美法系国家所共同接受。合同内容及法律效力的确定应当以当事人内在的真实意思为准，不能以其表现于外部的意志为准。

2）市场经济要求不应对合同形式进行限制。现代市场交易活动要求商品的流转迅速、方便，而"要式原则"无法做到这一点。例如，书面合同的要求将使分处两地的当事人无法通过电话订立合同（也不能通过电话办理委托）；标准合同形式或者要求书面签字盖章的合同无法通过电报、电传等方式订立。特别是通过竞争性方式订立的合同，"要式原则"更有无法克服的困难，如拍卖，在合同实质成立之前并无任何书面的形式。

3）国际公约要求不应对合同形式进行限制。立法应当与市场经济的国际惯例一致，这已成为各国的共识。虽然目前许多国家对合同形式有"要式"要求，但大多数国家并未改变"不要式为主"的状况，"要式"仅是对"不要式"合同的一种例外要求。在国际公约中也存在着"不要式为主"的原则，如《联合国国际货物销售合同公约》。虽然我国对国际公约的这方面的规定声明保留意见，但从有利于国际贸易的角度考虑，我国也应建立起合同形式以"不要式"为主的立法体系。

4）电子技术对合同形式的影响。电子数据交换（Electronic Data Interchange）和电子邮件（E-mail）等电子技术的发展，使信息交流更为快捷，订货和履约更为迅速。并且电子技术实现了订立合同无纸化，在这种形势下对合同形式的严格要求无疑将极大地阻碍新技术的发展和应用。

（3）合同形式欠缺的法律后果　《民法典》规定的合同形式的"不要式"原则的一个重要体现还在于：即使法律、行政法规规定或当事人约定采用书面形式订立合同，当事人未采用书面形式，但一方已经履行了主要义务，对方接受的，该合同也成立。采用书面形式订立合同的，在签字盖章之前，当事人一方已经履行主要义务，对方接受的，该合同成立。因为合同的形式只是当事人意思的载体，从本质上说，法律、行政法规在合同形式上的要求也是为了保障交易安全。如果在形式上不符合要求，但当事人已经有了交易事实，再强调合同形式就失去了意义。当然，在没有履行行为之前，合同的形式不符合要求，则合同未成立。这一规定对于建设工程合同具有重要的意义。例如，某施工合同，在施工任务完成后由于业主拖欠工程款而发生纠纷，但双方一直没有签订书面合同，此时是否应当认定合同已经成立？答案应当是肯定的。又如，在施工合同履行中，如果工程师发布口头指令，最后没有以书面形式确认，但承包商有证据证明工程师确实发布过口头指令（当然，需要经过一定的程序），那么一样可以认定口头指令构成合同的组成部分。

2. 工程合同的内容

《民法典》第四百七十条做了一般性规定："合同的内容由当事人约定，一般包括下列条款：当事人的名称或者姓名和住所，标的，数量，质量，价款或者报酬，履行期限、地点和方式，违约责任，解决争议的方法。当事人可以参照各类合同的示范文本订立合同"。建设工程合同的主要内容及解释见表2-1。

表 2-1　建设工程合同的主要内容及解释

合同内容	具体含义
当事人的名称或者姓名和住所	合同主体包括自然人、法人、其他组织
标的	标的是合同当事人双方权利和义务共同指向的对象
数量	数量是衡量合同标的多少的尺度，以数字和计量单位表示
质量	质量是标的的内在品质和外观形态的综合指标
价款或者报酬	价款或者报酬是当事人一方向交付标的的另一方支付的货币价款或者报酬，在勘察、设计合同中表现为勘察、设计费，在监理合同中则体现为监理费，在施工合同中则体现为工程款
履行的期限、地点和方式	履行的期限是当事人各方依照合同规定全面完成各自义务的时间。履行的地点是指当事人交付标的和支付价款或酬金的地点
违约责任	违约责任是任何一方当事人不履行或者不适当履行合同规定的义务而应当承担的法律责任
解决争议的方法	为使争议发生后能够有一个双方都能接受的解决办法，应当在合同条款中对此做出规定

《民法典》第七百九十四条规定，"勘察、设计合同的内容一般包括提交有关基础资料和概预算等文件的期限、质量要求、费用以及其他协作条件等条款"。

《民法典》第七百九十五条规定，"施工合同的内容一般包括工程范围、建设工期、中间交工工程的开工和竣工时间、工程质量、工程造价、技术资料交付时间、材料和设备供应责任、拨款和结算、竣工验收、质量保修范围和质量保证期、相互协作等条款"。

国家相关部委颁布了一系列适用于建设工程领域的标准合同范本，对建设工程合同的内容进行了详细规范，其具体内容见第 5 章。

2.3.2 工程合同的订立程序

《民法典》第四百七十一条规定"当事人订立合同，采用要约、承诺方式或者其他方式"。合同的成立一般需要经过要约和承诺两个阶段，这是民法学界的共识，也是国际合同公约和世界各国合同立法的通行做法。建设工程合同的订立同样需要通过要约、承诺。

1. 要约邀请

《民法典》第四百七十三条规定，"要约邀请是希望他人向自己发出要约的意思表示。拍卖公告、招标公告、招股说明书、债券募集办法、基金招募说明书、商业广告和宣传、寄送的价目表等为要约邀请。商业广告和宣传的内容符合要约条件的，构成要约"。要约邀请并不是合同成立过程中的必经过程，它是当事人订立合同的预备行为，在法律上无须承担责任。这种意思表示的内容往往不确定，不含有合同得以成立的主要内容，也不含相对人同意后受其约束的表示。

2. 要约

（1）要约的概念和条件 要约是希望和他人订立合同的意思表示。提出要约的一方为要约人，接受要约的一方为被要约人。要约应当具有以下条件：①内容具体确定；②表明经受要约人承诺，要约人即受该意思表示约束。具体地讲，要约必须是特定人的意思表示，必须是以缔结合同为目的。要约必须是对相对人发出的行为，必须由相对人承诺，即使相对人的人数可能为不特定的多数人。另外，要约必须具备合同的一般条款。

（2）要约的撤回、撤销与失效

1）要约撤回，是指要约在发生法律效力之前，欲使其不发生法律效力而取消要约的意思表示。要约人可以撤回要约，撤回要约的通知应当在要约到达受要约人之前或同时到达受要约人。

2）要约撤销，是要约在发生法律效力之后，要约人欲使其丧失法律效力而取消该项要约的意思表示。要约可以撤销，撤销要约的通知应当在受要约人发出承诺通知之前到达受要约人。但有下列情形之一的，要约不得撤销：第一，要约人确定承诺期限或者以其他形式明示要约不可撤销；第二，受要约人有理由认为要约是不可撤销的，并已经为履行合同做了准备工作。可以认为，要约的撤销是一种特殊的情况，且必须在受要约人发出承诺通知之前到达受要约人。撤销要约的意思表示以对话方式做出的，该意思表示的内容应当在受要约人做出承诺之前为受要约人所知道；撤销要约的意思表示以非对话方式做出的，应当在受要约人做出承诺之前到达受要约人。

3）要约失效。有下列情形之一的，要约失效：

① 要约被拒绝。

② 要约被依法撤销。

③ 承诺期限届满，受要约人未做出承诺。

④ 受要约人对要约的内容做出实质性变更。

3. 承诺

（1）承诺的概念和条件 承诺是受要约人做出的同意要约的意思表示。承诺具有以下条件：

1）承诺必须由受要约人或者其代理人做出。非受要约人向要约人做出的接受要约的意思表示是一种要约，而非承诺。

2）承诺只能向要约人做出。非要约对象向要约人做出的完全接受要约意思的表示也不是承诺，因为要约人根本没有与其订立合同的愿意。

3）承诺的内容应当与要约的内容一致。但是近年来，国际上出现了允许受要约人对要约内容进行非实质性变更的趋势。受要约人对要约的内容做出实质性变更的，视为新要约。有关合同标的，数量，质量，价款和报酬，履行期限、地点、方式，违约责任和解决争议方法等的变更，是对要约内容的实质性变更。承诺对要约的内容做出非实质性变更的，除要约人及时反对或者要约表明不得对要约内容做任何变更以外，该承诺有效，合同以承诺的内容为准。

4）承诺必须在承诺期限内发出。超过期限，除要约人及时通知受要约人该承诺有效外，还要更新要约。在建设工程合同的订立过程中，招标人发出中标通知书的行为是承诺。因此，中标通知书必须由招标人向投标人发出，并且其内容应当与招标文件、投标文件的内容一致。

（2）承诺的期限　承诺必须以明示的方式，在要约规定的期限内做出。要约没有规定承诺期限的，视要约的方式而定：要约以对话方式做出的，应当即时做出承诺；要约以非对话方式做出的，承诺应当在合理期限内到达。这样的规定主要是表明承诺的期限应当与要约相对应。"合理期限"要根据要约发出的客观情况和交易习惯确定，应当注意双方的利益平衡。要约以信件或者电报做出的，承诺期限自信件载明的日期或者电报交发之日开始计算。信件未载明日期的，自投寄该信件的邮戳日期开始计算。要约以电话、传真等快速通信方式做出的，承诺期限自要约到达受要约人时开始计算。受要约人在承诺期限内发出承诺，按照通常情形能够及时到达要约人，但因其他原因承诺到达要约人时超过承诺期限的，除要约人及时通知受要约人因承诺超过期限不接受该承诺的以外，该承诺有效。

案例 2-2　宏光工程材料公司与华联房地产公司购销建材合同案

宏光工程材料公司与华联房地产公司签订一购销建材合同。合同规定：宏光工程材料公司每月向华联房地产公司提供该厂生产的昆仑牌 PVC 管材 2 000 根，每根管材单价为 118 元，并于每月的第一个星期一交货，一个月一结账，合同期限为 1 年。开始合同履行得很好，到了下半年，管材需求强度增加，华联房地产公司发传真给宏光工程材料公司，提出每月的管材需求量增加为 5 000 根，价格可否再降低一些。宏光工程材料公司回复"完全同意"。到了月底结账时，宏光工程材料公司以结账现金短缺为由找到华联房地产公司，华联房地产公司则称宏光工程材料公司同意变更合同，对所欠现金不负责任。宏光工程材料公司则认为只是同意变更合同，但对每根管材的单价降为 110 元并没有进行意思表示。双方争议不决，遂诉至法院。

本案争议的焦点在于宏光工程材料公司回复的"完全同意"并不明确。尽管双方都同意变更合同，增加管材的月订购量，但对变更合同后的单价的规定并不明确，故应推定为未变更。双方应继续履行原合同，或再重新协商明确变更合同的具体内容。明确变更合同的内容有利于保护合同当事人的经济利益，维护市场经济秩序。

（3）迟到的承诺　超过承诺期限到达要约人的承诺，按照迟到的原因不同，《民法典》对承诺的有效性做出了不同的区分。

1）受要约人超过承诺期限发出的承诺。除非要约人及时通知受要约人该承诺有效，否则该超期的承诺视为新要约，对要约人不具备法律效力。

2）因非受要约人责任原因延误到达的承诺。受要约人在承诺期限内发出承诺，按照通常情况能够及时到达要约人，但因其他原因承诺到达要约人时超过了承诺期限。对于这种情况，除非要约人及时通知受要约人因承诺超过期限不接受该承诺，否则承诺有效。

（4）承诺的撤回　承诺的撤回是承诺人阻止或者消灭承诺发生法律效力的意思表示。承诺可以撤回。撤回承诺的通知应当在承诺通知到达要约人之前或者与承诺通知同时到达要约人。

4. 要约和承诺的生效

对于要约和承诺的生效，世界各国有不同的规定，但主要有投邮主义、到达主义和了解主义。对于投邮主义，在现代信息交流方式中可做广义的理解：要约和承诺发出以后，只要要约和承诺已处于要约人和受承诺人控制范围之外，要约、承诺即生效。到达主义则要求要约、承诺达到受要约人、要约人时生效。了解主义不但要求对方收到要约、承诺的意思表示，而且要求真正了解其内容时，该意思表示才生效。目前，世界上大部分国家和《联合国国际货物销售合同公约》都采用了到达主义。我国也采用了到达主义。要约、承诺的生效与合同成立的许多规定都有关联性，如只有到达主义可以允许承诺撤回，而投邮主义则不可能撤回承诺。

《民法典》第一百三十七条规定，"以对话方式做出的意思表示，相对人知道其内容时生效。以非对话方式做出的意思表示，到达相对人时生效。以非对话方式做出的采用数据电文形式的意思表示，相对人指定特定系统接收数据电文的，该数据电文进入该特定系统时生效；未指定特定系统的，相对人知道或者应当知道该数据电文进入其系统时生效。当事人对采用数据电文形式的意思表示的生效时间另有约定的，按照其约定。"

要约和以通知方式做出的承诺的生效时间适用上述规定。承诺不需要通知的，根据交易习惯或者要约的要求做出承诺的行为时生效。

5. 合同的成立

合同成立的时间是双方当事人的磋商过程的结束，达成共同意思表示的时间界限。合同成立的时间标志是承诺生效。

（1）"不要式"合同的成立　合同成立是指合同当事人对合同的标的、数量等内容协商一致。如果法律法规、当事人对合同的形式、程序没有特殊的要求，则承诺生效时合同成立，因为承诺生效即意味着当事人对合同的内容达成了一致，对当事人产生了约束力。在一般情况下，要约生效的地点为合同成立的地点。采用数据电文形式订立合同的，收件人的主营业地为合同成立的地点；没有主营业地的其经常居住地为合同处理的地点。当事人另有约定的，按照其约定。

（2）要式合同的成立　《民法典》第四百九十条规定"当事人采用合同书形式订立合同的，自当事人均签名、盖章或者按指印时合同成立。"当事人采用合同书形式订立合同的，最后签字、盖章或者按指印的地点为合同成立的地点。在建设工程施工合同履行中，有合法授权的一方代表签字确认的内容也可以作为合同的内容，就是这一法律规定在建设工程中的延伸。当事人采用信件、数据电文等形式订立合同的，可以在合同成立之前要求签订确认书。签订确认书时，合同成立。

2.3.3 格式条款

格式条款是指当事人为了重复使用而预先拟定，并在订立合同时未与对方协商即采用的条款。格式条款又被称为标准条款，提供格式条款的相对人只能在接受格式条款和拒签合同两者之间进行选择。格式条款既可以是合同的部分条款为格式条款，也可以是合同的所有条款为格式条款。在现代经济生活中，格式条款适应了社会化大生产的需要，提高了交易效率，在日常工作和生活中随处可见。但这类合同的格式条款提供人往往利用自己的有利地位，加入一些不公平、不合理的内容。因此，各国立法都对格式条款提供人进行一定的限制。

提供格式条款的一方应当遵循公平的原则确定当事人之间的权利义务关系，并采取合理的方式提请对方注意免除或限制其责任的条款，按照对方的要求，对该条款予以说明。提供格式条款一方免除其责任、加重对方责任、排除对方主要权利的，该条款无效。

对格式条款的理解发生争议的，应当按照通常的理解予以解释，对格式条款有两种以上解释的，应当做出不利于提供格式条款的一方的解释。在格式条款与非格式条款不一致时，应当采用非格式条款。

2.3.4 缔约过失责任

1. 缔约过失责任的概念

缔约过失责任，是指在合同缔结过程中，当事人一方或双方因自己的过失而致合同不成立、无效或被撤销，应对信赖其合同为有效成立的相对人赔偿基于此项信赖而发生的损害。缔约过失责任既不同于违约责任，又有别于侵权责任，是一种独立的责任。现实生活中确实存在由于过失给当事人造成损失但合同尚未成立的情况。缔约过失责任的规定能够解决这种情况的责任承担问题。

2. 缔约过失责任的构成

缔约过失责任是针对合同尚未成立应当承担的责任，其成立必须具备一定的要件，否则将极大地损害当事人协商订立合同的积极性。

（1）缔约一方受到损失　损害事实是构成民事赔偿责任的首要条件，如果没有损害事实的存在，也就不存在损害赔偿责任。缔约过失责任的损失是一种信赖利益的损失，即缔约人信赖合同有效成立，但因法定事由发生，致使合同不成立、无效或被撤销等而造成的损失。

（2）缔约当事人有过错　承担缔约过失责任一方应当有过错，包括故意行为和过失行为导致的后果责任。这种过错主要表现为违反先合同义务。所谓"先合同义务"，是指自缔约人双方为签订合同而互相接触磋商开始但合同尚未成立，逐渐产生的注意义务（或称附随义务），包括协助、通知、照顾、保护、保密等义务，它自要约生效开始产生。

（3）合同尚未成立　这是缔约过失责任有别于违约责任的最重要原因。合同一旦成立，当事人应当承担的是违约责任或者合同无效的法律责任。

（4）缔约当事人的过错行为与该损失之间有因果关系　缔约当事人的过错行为与该损失之间有因果关系，即该损失是由违反先合同义务引起的。

3. 承担缔约过失的情形

（1）假借订立合同，恶意进行磋商　恶意磋商，是指一方没有订立合同的诚意，假借订立合同与对方磋商而导致另一方遭受损失的行为。例如，甲施工企业知悉自己的竞争对手在协商与乙企业联合投标，为了与对手竞争，甲施工企业遂与乙企业谈判联合投标事宜，在谈判中故意拖延时间，使竞争对手失去与乙企业联合的机会，之后宣布谈判终止，致使乙企业遭受重大损失。

（2）故意隐瞒与订立合同有关的重要事实或提供虚假情况　故意隐瞒重要事实或者提供虚假情况，是指以涉及合同成立与否的事实予以隐瞒或者提供与事实不符的情况而引诱对方订立合同的行为。例如，代理人隐瞒无权代理这一事实而与相对人进行磋商；施工企业不具有相应的资质等级而谎称具有；没有得到进（出）口许可而谎称获得；故意隐瞒标的物的瑕疵等。

（3）有其他违背诚实信用原则的行为　其他违背诚实信用原则的行为主要是指当事人一方对附随义务的违反，即未履行通知、保护、说明等义务。

（4）违反缔约中的保密义务　当事人在订立合同过程中知悉的商业秘密，无论合同是否成立，均不得泄露或者不正当使用。泄露或者不正当使用该商业秘密给对方造成损失的，应当承担损害赔偿责任。例如，业主在建设工程招标投标中或者合同谈判中知悉对方的商业秘密，如果泄露或者不正当使用，给承包商造成损失的，应当承担损害赔偿责任。

2.4　工程合同的效力与履行

2.4.1　工程合同的生效

1. 合同生效应当具备的条件

合同生效是指合同对双方当事人的法律约束力的开始。合同成立后，必须具备相应的法律条件才能生效，否则合同是无效的。合同生效应当具备下列条件：

（1）当事人具有相应的民事权利能力和民事行为能力　订立合同的人必须具备一定的独立表达自己的意思和理解自己的行为的性质和后果的能力，即合同当事人应当具有相应的民事权利能力和民事行为能力。对于自然人而言，民事权利能力始于出生，完全民事行为能力人可以订立一切法律允许自然人作为合同主体的合同。法人和其他组织的权利能力就是它们的经营、活动范围，民事行为能力则与它们的权利能力相一致。在建设工程合同中，合同当事人一般都应当具有法人资格，并且承包商还应当具备相应的资质等级，否则，当事人就不具有相应的民事权利能力和民事行为能力，订立的建设工程合同无效。

（2）意思表示真实　合同是当事人意思表示一致的结果，因此，当事人的意思表示必须真实。但是，意思表示真实是合同的生效条件而非合同的成立条件。意思表示不真实包括意思与表示不一致、不自由的意思表示两种。含有意思表示不真实的合同是不能取得法律效力的。如建设工程合同的订立，一方采用欺诈、胁迫的手段订立的合同，就是意思表示不真实的合同，这样的合同就欠缺生效的条件。

（3）不违反法律或者社会公共利益　不违反法律或者社会公共利益，是合同有效的重要条件。所谓不违反法律或者社会公共利益，是就合同的目的和内容而言的。合同的目的，是指当事人订立合同的直接内心原因；合同的内容，是指合同中的权利义务及其指向的对象。不违反法律或者社会公共利益，实际是对合同自由的限制。

2. 合同的生效时间

（1）合同生效时间的一般规定　一般说来，依法成立的合同，自成立时生效。依照法律、行政法规的规定，合同应当办理批准等手续的，依照其规定。未办理批准等手续影响合同生效的，不影响合同中履行报批等义务条款以及相关条款的效力。应当办理申请批准等手续的当事人未履行义务的，对方可以请求其承担违反该义务的责任。法律规定应当采用书面形式的合同，当事人虽然未采用书面形式但已经履行全部或者主要义务的，可以视为合同有效。合同中有违反法律或社会公共利益的条款的，当事人取消或改正后，不影响合同其他条款的效力。法律、行政法规规定应当办理批准、登记等手续生效的，依照其规定。

（2）附条件和期限合同的生效时间　当事人可以对合同生效约定附条件或者约定附期限。附条件的合同，包括附生效条件的合同和附解除条件的合同两类。附生效条件的合同，自条件成就时生效；附解除条件的合同，自条件成就时失效。当事人为了自己的利益不正当阻止条件成就的，视为条件已经成就；不正当促成条件成就的，视为条件不成就。附生效期限的合同，自期限界至时生效；附终止期限合同，自期限届满时失效。附条件合同的成立与生效不是同一时间，合同成立后虽然并未开始履行，但任何一方不得撤销要约和承诺，否则应承担缔约过失责任，赔偿对方因此而受到的损失；合同生效后，当事人双方必须忠实履行合同约定的义务；如果不履行或未正确履行义务，应按违约责任条款的约定追究责任。一方不正当地阻止条件成就，视为合同已生效，同样要追究其违约责任。

3. 合同效力与仲裁条款

合同成立后，合同中的仲裁条款是独立存在的，合同的无效、变更、解除、终止，不影响仲裁协议的效力。如果当事人在施工合同中约定通过仲裁解决争议，不能认为合同无效将导致仲裁条款无效。若因一方的违约行为，另一方按约定的程序终止合同而发生了争议，仍然应当由双方选定的仲裁委员会裁定施工合同是否有效及对争议如何处理。

4. 效力待定的合同

有些合同的效力较为复杂，不能直接判断是否生效，而与合同的一些后续行为有关，这类合同即为效力待定的合同。

（1）限制民事行为能力人订立的合同　无民事行为能力人不能订立合同，限制行为能力人一般情况下也不能独立订立合同。限制民事行为能力人订立的合同，经法定代理人追认以后，合同有效。限制民事行为能力人的监护人是其法定代理人。相对人可以催告法定代理人在1个月内予以追认，法定代理人未作表示的，视为拒绝追认。合同被追认之前，善意相对人有撤销的权利。撤销应当以通知的方式做出。

（2）无代理权人订立的合同　行为人没有代理权、超越代理权或者代理权终止后以被代理人的名义订立的合同，未经被代理人追认，对被代理人不发生效力，由行为人承担责任。相对人可以催告被代理人在1个月内予以追认。被代理人未作表示的，视为拒绝追认。合同被追认之前，善意相对人有撤销的权利。撤销应当以通知的方式做出。行为人没有代理权、超越代理权或者代理权终止后以被代理人的名义订立的合同，相对人有理由相信行为人有代理权的，该代理行为有效。

（3）表见代理人订立的合同　"表见代理"是善意相对人通过被代理人的行为足以相信无权代理人具有代理权的代理。基于此项信赖，该代理行为有效。善意第三人与无权代理人进行的交易行为（订立合同），其后果由被代理人承担。表见代理的规定，其目的是保护善意的第三人。在现实生活中，较为常见的表见代理是采购员或者推销员拿着盖有单位公章的空白合同文本，超越授权范围与其他单位订立合同。此时，其他单位如果不知采购员或者推销员的授权范围，即为善意第三人。此时订立的合同有效。表见代理一般应当具备以下条件：

① 表见代理人并未获得被代理人的书面明确授权，是无权代理。

② 客观上存在让相对人相信行为人具备代理权的理由。

③ 相对人善意且无过失。

（4）法定代表人、负责人越权订立的合同　法人或其他组织的法定代表人、负责人超越权限订立的合同，除相对人知道或应当知道其超越权限以外，该代表行为有效。

（5）无处分权人处分他人财产订立的合同　无处分权人处分他人财产订立的合同，一般情况下是无效的。但是，在下列两种情况下，合同有效：无处分权人处分他人财产，经权利人追认，订立的合同有效；无处分权人通过订立合同取得处分权的合同有效。例如，在房地产开发项目的施工中，施工企业对房地产是没有处分权的，如果施工企业将施工的商品房卖给他人，则该买卖合同无效。但是，如果房地产开发商追认该买卖行为，则买卖合同有效；或者事后施工企业与房地产开发商达成该商品房折抵工程款，则该买卖合同也有效。

2.4.2　工程合同的无效

1. 合同的无效概述

合同严重欠缺有效要件，绝对不许按当事人合意的内容赋予法律效果，即为合同无效。当事人违反了法律规定的条件而订立的，国家不承认其效力，不给予法律保护的合同。无效合同从订立之时起就没有法律效力，不论合同履行到什么阶段，合同被确认无效后，这种无效的确认要溯及合同订立时。《民法典》以鼓励交易、尊重当事人意思自治为目标，把无效合同限定在违反法律和行政法规的强制性规定以及损害国家利益和社会公共利益的范围内。

2. 合同无效的情形

（1）无效合同

1）一方以欺诈、胁迫的手段订立，损害国家利益的合同。"欺诈"是指一方当事人故意告知对方虚假情况，或者故意隐瞒真实情况，诱使对方当事人做出错误意思表示的行为。例如，施工企业伪造资质等级证书与业主签订施工合同。"胁迫"是以给自然人及其亲友的生命健康、荣誉、名誉、财产等造成损害或者以给法人的荣誉、名誉、财产等造成损害为要挟，迫使对方做出违背真实意思表示的行为。例如，材料供应商以败坏施工企业名誉为要挟，迫使施工企业与其订立材料买卖合同。以欺诈、胁迫的手段订立合同，如果损害国家利益，则合同无效。

2）恶意串通，损害国家、集体或第三人利益的合同。这种情况在建设工程领域中较为常见的是投标人串通投标或者招标人与投标人串通，损害国家、集体或第三人利益，投标人、招标人通过这样的方式订立的合同是无效的。

3）以合法形式掩盖非法目的的合同。如果合同要达到的目的是非法的，即使其以合法的形式作掩护，也是无效的。例如，企业之间为了达到借款的非法目的，即使设计了合法的形式也属于无效合同。

4）损害社会公共利益。如果合同违反公共秩序和善良风俗（即公序良俗），就损害了社会公共利益，这样的合同也是无效的。例如，施工单位在劳动合同中规定雇员应当接受搜身检查的条款，或者在施工合同的履行中规定以债务人的人身作为担保的约定，都属于无效的合同条款。

5）违反法律、行政法规的强制性规定的合同。违反法律、行政法规的强制性规定的合同也是无效的。例如，建设工程的质量标准是《标准化法》《建筑法》规定的强制性标准，如果建设工程合同当事人约定的质量标准低于国家标准，那么该合同就是无效的。

（2）无效的合同免责条款　合同免责条款，是指当事人约定免除或者限制其未来责任的合同条款。当然，并不是所有的免责条款都无效，只有合同中的下列免责条款无效：造成对方人身伤害的；因故意或者重大过失造成对方财产损失的。上述两种免责条款具有一定的社会危害性，双方即使没有合同关系也可追究对方的侵权责任。因此，这两种免责条款无效。

3. 无效合同的确认

无效合同的确认权归人民法院或者仲裁机构，合同当事人或其他任何机构均无权认定合同无效。

4. 无效合同的法律后果

合同被确认无效后，合同规定的权利义务即为无效。履行中的合同应当终止履行，尚未履行的不得继续履行。对因履行无效合同而产生的财产后果应当依法进行处理。

（1）返还财产　由于无效合同自始至终没有法律约束力，因此，返回财产是处理无效合同的主要方式。合同被确认无效后，当事人依据该合同所取得的财产应当返还给对方；不能返还的，应当作价补偿。建设工程合同如果无效一般都无法返还财产，因为无论是勘察设计成果还是工程施工，承包商的付出都是无法返还的，因此，一般应当采用作价补偿的方法处理。

（2）赔偿损失　合同被确认无效后，有过错的一方应赔偿对方因此而受到的损失。如果双方都有过错，应当根据过错的大小各自承担相应的责任。

（3）追缴财产，收归国有　双方恶意串通，损害国家或者第三人利益的，国家采取强制性措施将双方取得的财产收归国库或者返还第三人。无效合同不影响善意第三人取得合法权益。

案例 2-3　美兰公司与大华建设工程施工合同纠纷案

2004 年 8 月 10 日，业主美兰公司与承包商大华公司签订《建设工程施工合同》，约定由大华公司承建美兰商厦的土建、水、电、暖及外墙装修工程。工期为 2004 年 9 月 1 日起至 2005 年 10 月 30 日止，合同工期总日历天数 240 天（扣除冬歇期），合同价款暂约定 6 000 万元。合同约定，承包商必须按照协议书约定的竣工日期或工程师同意顺延的工期竣工。因承包商原因不能按照协议书约定的竣工日期或工程师同意顺延的工期竣工的，承包商承担违约责任。

美兰公司如期交付施工图，大华公司 2004 年 9 月 1 日进场施工。美兰公司在取得预售许可证后，于 2005 年 5 月与购房者签订房屋买卖合同，约定 2005 年 12 月 31 日交付房屋，逾期须按日支付违约金。

大华公司在施工过程存在劳力投入不足，窝工，有时因自身的原因出现返工、工程被整改，曾经因使用无合格证的钢筋被暂停施工。2005 年 7 月 26 日大华公司出具承诺书，承诺在美兰公司拨付 80 万元后，保证如期完工。7 月 27 日，美兰公司给付大华公司 80 万元。

2006 年 5 月 30 日，大华公司以美兰公司未足额支付工程进度款为由向美兰公司送达"终止合同通知书"。美兰商厦只完成主体框架。美兰公司已向购房者支付逾期交房违约金 465 万元。

大华公司起诉至法院，请求：判令美兰公司支付工程款 1 377 万元，并终止施工合同；承担迟延支付工程款利息及违约金 60 万元；美兰公司辩称已按施工进度足额支付工程款。

一审法院认为，根据中华人民共和国招标投标法第三条、《工程建设项目招标范围和规模标准规定》第七条第（一）项之规定，涉案工程应进行招投标而没有进行，《建设工程施工合同》无效。关于大华公司主张工程款，美兰公司已足额支付工程进度款，后续工程款因美兰公司自认还有 595 万元未支付，法院予以采信。美兰公司辩称工程未经验收合格，大华公司无权要求支付剩余工程款。一审法院认为，大华公司施工未完工程已经交付给美兰公司，且美兰公司并未提出异议，现没有证据证明美兰公司申请竣工验收，故其关于大华公司施工工程未经竣工验收拒付剩余工程款主张属于恶意抗辩，不予支持。

一审法院判决：一、确认建设工程施工合同无效；二、美兰公司给付大华公司工程款 595 万元及利息；三、驳回大华公司其他诉讼请求。

美兰公司与大华公司均未提起上诉，一审判决生效。

2006 年 10 月 1 日，美兰公司另行向法院提起诉讼，主张大华公司因延误工期过错，赔偿其已向购房者支付的逾期交房违约金损失 465 万元。

一审法院认为，美兰公司与第三方签订的《房屋买卖合同》违约损失，不属于无效合同赔偿范围，判决驳回美兰公司诉讼请求。

美兰公司不服一审判决，提起上诉称，大华公司提出解除合同时尚未完工，单方停止施工后，为避免损失扩大，又委托其他施工队伍进行施工，直到 2006 年 8 月才竣工。另外，在施工过程中，大华公司从未递交工程延期报告，且存在现场作业面劳力投入不足、窝工、返工、工程被整改，大华公司曾经因使用无合格证的钢筋被暂停施工等情况。大华公司应对其过错行为承担相应的赔偿责任，故请求判令大华公司赔偿实际损失 465 万元。

二审法院认为，双方签订的建设工程施工合同已被生效判决认定无效，《合同法》第五十八条规定，合同无效或者被撤销后，有过错的一方应赔偿对方因此受到的损失，双方都有过错的，应当各自承担相应的责任。本案中，双方对于合同无效均有过错。大华公司如依诚实信用原则施工，工程按期交付，美兰公司向实际购房户支付的465万元逾期交房违约金可以避免。大华公司施工过程中存在现场作业面劳力投入不足、窝工、返工、工程被整改，曾经因使用无合格证的钢筋被暂停施工等情况；出具承诺书后，未按承诺完成约定工程量，大华公司应承担过错责任。对于因无效合同美兰公司实际赔偿购房户违约金465万元应纳入无效合同过错赔偿范围，由于本案不易计算过错与损失之间数额，综合衡量，根据合同法第五十八条规定，酌情裁量大华公司赔偿美兰公司实际损失465万元的30%。

2.4.3　工程合同的履行

1. 合同履行的概念

合同履行，是指合同各方当事人按照合同的规定，全面履行各自的义务，实现各自的权利，使各方的目的得以实现的行为。合同依法成立，当事人就应当按照合同的约定全部履行自己的义务。签订合同的目的在于履行，通过合同的履行而取得某种权益。合同的履行以有效的合同为前提和依据，因为无效合同从订立之时起就没有法律效力，所以不存在合同履行的问题。合同履行是该合同具有法律约束力的首要表现。建设工程合同的目的也是履行，因此，合同订立后同样应当严格履行各自的义务。

2. 合同履行的原则

（1）全面履行的原则　当事人应当按照约定全面履行自己的义务，即按合同约定的标的、价款、数量、质量、地点、期限、方式等全面履行各自的义务。按照约定履行自己的义务，既包括全面履行义务，又包括正确适当地履行合同义务。建设工程合同订立后，双方应当严格履行各自的义务，不按期支付预付款、工程款，不按照约定时间开工、竣工，都是违约行为。合同有明确约定的，应当依约定履行。但是，合同约定不明确并不意味着合同无须全面履行或约定不明确部分可以不履行。合同生效后，当事人就质量、价款或者报酬、履行地点等内容没有约定或者约定不明的，可以协议补充。不能达成补充协议的，按照合同有关条款或者交易习惯确定。按照合同有关条款或者交易习惯确定，一般只能适用于部分常见条款欠缺或者不明确的情况，因为只有这些内容才能形成一定的交易习惯。如果按照上述办法仍不能确定合同如何履行的，则根据《民法典》第五百一十一条，适用下列规定：

1）质量要求不明确的，按照强制性国家标准履行；没有强制性国家标准的，按照推荐性国家标准履行；没有推荐性国家标准的，按照行业标准履行；没有国家标准、行业标准的，按照通常标准或者符合合同目的的特定标准履行。

2）价款或者报酬不明确的，按照订立合同时履行地的市场价格履行；依法应当执行政府定价或者政府指导价的，依照规定履行。

3）履行地点不明确，给付货币的，在接受货币一方所在地履行；交付不动产的，在不动产所在地履行；其他标的，在履行义务一方所在地履行。

4）履行期限不明确的，债务人可以随时履行，债权人也可以随时请求履行，但是应当给对方必要的准备时间。

5）履行方式不明确的，按照有利于实现合同目的的方式履行。

6）履行费用的负担不明确的，由履行义务一方负担；因债权人原因增加的履行费用，由债权人负担。

合同在履行中既可能是按照市场行情约定价格，也可能执行政府定价或政府指导价。如果是按照市场行情约定价格履行，则市场行情的波动不应影响合同价，合同仍执行原价格。如果执行政府定价或政府指导价的，在合同约定的交付期限内政府价格调整时，按照交付时的价格计价。逾期交付标的物的，遇价格上涨时按照原价格执行；遇价格下降时，按新价格执行。逾期提取标的物或者逾期付款的，遇价格上涨时，按新价格执行；价格下降时，按原价格执行。

（2）诚实信用原则　当事人应当遵循诚实信用原则，根据合同性质、目的和交易习惯履行通知、协助和保密的义务。当事人首先要保证自己全面履行合同约定的义务，并为对方履行义务创造必要的条件。当事人双方应关心合同履行情况，发现问题应及时协商解决。一方当事人在履行过程中发生困难，另一方当事人应在法律允许的范围内给予帮助。在合同履行过程中应信守商业道德，保守商业秘密。

3. 合同履行中的抗辩权

抗辩权是指在双务合同的履行中，双方都应当履行自己的债务，一方不履行或者有可能不履行时，另一方可以据此拒绝对方的履行要求。

（1）同时履行抗辩权　当事人互负债务，没有先后履行顺序的，应当同时履行。同时履行抗辩权包括：一方在对方履行之前有权拒绝其履行请求；一方在对方履行债务不符合约定时，有权拒绝其相应的履行请求。例如，施工合同中期付款时，对承包商施工质量不合格部分，业主有权拒付该部分的工程款；如果业主拖欠工程款，则承包商可以放慢施工进度，甚至停止施工，产生的后果由违约方承担。同时履行抗辩权的适用条件是：

1）由同一双务合同产生互负的对价给付债务。

2）合同中未约定履行的顺序。

3）对方当事人没有履行债务或者没有正确履行债务。

4）对方的对价给付是可能履行的义务。所谓对价给付是指一方履行的义务和对方履行的义务之间具有互为条件、互为牵连的关系，并且在价格上基本相等。

（2）后履行抗辩权　后履行抗辩权也包括两种情况：当事人互负债务，有先后履行顺序的，应当先履行的一方未履行时，后履行的一方有权拒绝其对本方的履行请求；应当先履行的一方履行债务不符合规定的，后履行的一方也有权拒绝其相应的履行请求。例如，材料供应合同按照约定应由供货方先行交付订购的材料后，采购方再行付款结算。若合同履行过程中供货方交付的材料质量不符合约定的标准，采购方有权拒付货款。后履行抗辩权应满足的条件为：

1）由同一双务合同产生互负的对价给付债务。

2）合同中约定了履行的顺序。

3）应当先履行的合同当事人没有履行债务或者没有正确履行债务。

4）应当先履行的对价给付是可能履行的义务。

（3）先履行抗辩权　先履行抗辩权，又称不安抗辩权，是指合同中约定了履行的顺序，合同成立后发生了应当后履行合同一方财务状况恶化的情况，应当先履行合同一方在对方未履行或者提供担保前有权拒绝先为履行。设立不安抗辩权的目的在于，预防合同成立后情况发生变化而损害合同另一方的利益。应当先履行合同的一方有确切证据证明对方有下列情形之一的，可以中止履行：

1）经营状况严重恶化。

2）转移财产、抽逃资金，以逃避债务的。

3）丧失商业信誉。

4）有丧失或者可能丧失履行债务能力的其他情形。

当事人中止履行合同的，应当及时通知对方。对方提供适当的担保时应当恢复履行。中止履行后，对方在合理的期限内未恢复履行能力并且未提供适当的担保，中止履行一方可以解除合同。当事人没有确切证据就中止履行合同的应承担违约责任。

4. 合同不当履行的处理

（1）因债权人致使债务人履行困难的处理　合同生效后，当事人不得因姓名、名称的变更或法定代表人、负责人、承办人的变动而不履行合同义务。债权人分立、合并或者变更住所应当通知债务人。如果没有通知债务人，会使债务人不知向谁履行债务或者不知在何地履行债务，致使履行债务发生困难。出现这些情况，债务人可以中止履行或是将标的物提存。中止履行是指债务人暂时停止合同的履行或者延期履行合同。提存是指由于债权人的原因致使债务人无法向其交付标的物，债务人可以将标的物交给有关机关保存以此消灭合同的制度。

（2）提前或者部分履行的处理　提前履行是指债务人在合同规定的履行期限到来之前就开始履行自己的义务。部分履行是指债务人没有按照合同约定履行全部义务而只履行了自己的一部分义务。提前或者部分履行会给债权人行使权利带来困难或者增加费用。债权人可以拒绝债务人提前或部分履行债务，由此增加的费用由债务人承担。但不损害债权人利益且债权人同意的情况除外。

（3）合同不当履行中的保全措施　保全措施是指为防止因债务人的财产不当减少而给债权人带来危害时，允许债权人为确保其债权的实现而采取的法律措施。这些措施包括代位权和撤销权两种。

1）代位权。代位权是指因债务人怠于行使其到期债权，对债权人造成损害，债权人可以向人民法院请求以自己的名义代位行使债务人的债权。但该债权专属于债务人时不能行使代位权。代位权的行使范围以债权人的债权为限，其发生的费用由债务人承担。

2）撤销权。撤销权是指因债务人放弃其到期债权或者无偿转让财产，对债权人造成损害的，债权人可以请求人民法院撤销债务人的行为。债务人以明显不合理低价转让财产，对债权人造成损害的，并且受让人知道该情形的，债权人可以请求人民法院撤销债务人的行为。撤销权的行使范围以债权人的债权为限，其发生的费用由债务人承担。撤销权自债权人知道或者应当知道撤销事由之日起1年内行使。自债务人的行为发生之日起5年内没有行使撤销权的，该撤销权消灭。

5. 情势变更原则

《民法典》第五百三十三条规定，"合同成立后，合同的基础条件发生了当事人在订立合同时无法预见的、不属于商业风险的重大变化，继续履行合同对于当事人一方明显不公平的，受不利影响的当事人可以与对方重新协商；在合理期限内协商不成的，当事人可以请求人民法院或者仲裁机构变更或者解除合同。人民法院或者仲裁机构应当结合案件的实际情况，根据公平原则变更或者解除合同"。

情势变更原则，是指在合同成立后，订立合同的基础条件发生了当事人在订立合同时无法预见的、不属于商业风险的重大变化，仍然维持合同效力履行合同对于当事人一方明显不公平的情势，受不利影响的当事人可以请求对方重新协商，变更或解除合同并免除责任的合同效力规则。

在合同领域，对情势变更原则的适用条件的规定是相当严格的，应当具备的条件有：

① 须有应变更或解除合同的情势，即订立合同时合同行为的基础条件发生了变动，在履行时成为一种新的情势，与当事人的主观意思无关。

② 变更的情势须发生在合同成立后至消灭前。

③ 情势变更的发生不可归责于双方当事人，当事人对于情势变更的发生没有主观过错。

④ 情势变更须未为当事人所预料且不能预料，而且不属于商业风险。

⑤ 继续维持合同效力将会产生显失公平的结果。

情势变更原则适用的法律效力是：

① 当事人重新协商，即再协商，再协商达成协议的，按照协商达成的协议确定双方当事人的权利义务关系。

② 再协商达不成协议的，可以变更或解除合同并免除当事人责任。人民法院或者仲裁机构应当结合案件的实际情况，根据公平原则确定变更或者解除合同。

情势变更原则发生两次效力。第一次效力是维持原法律关系，只变更某些内容。第一次效力多用于履行困难的情况，变更方式包括增减给付、延期或分期给付、变更给付标的或者拒绝先为给付。第一次效力不足以消除显失公平的结果时，发生第二次效力，即采取消灭原法律关系的方法以恢复公平，表现为终止合同、解除合同、免除责任或者拒绝履行。

2.4.4 工程合同的变更

合同变更是指当事人对已经发生法律效力，但尚未履行或者尚未完全履行的合同，进行修改或补充所达成的协议。《民法典》规定，当事人协商一致可以变更合同。我们在这里讲的合同变更是狭义的，仅指合同内容的变更，不包括合同主体的变更。

合同变更必须针对有效的合同，协商一致是合同变更的必要条件，任何一方都不得擅自变更合同。由于合同签订的特殊性，有些合同需要有关部门的批准或登记，此类合同的变更需要重新登记或审批。合同的变更一般不涉及已履行的内容。

有效的合同变更必须要有明确的合同内容的变更。如果当事人对合同的变更约定不明确，视为没有变更。合同变更后原合同债权消灭，产生新的合同债权。因此，合同变更后，当事人不得再按原合同履行，而须按变更后的合同履行。

2.4.5 合同终止与解除

1. 合同终止

合同权利义务的终止也称合同终止，是指当事人之间根据合同确定的权利义务在客观上不复存在，合同不再对双方具有约束力。合同终止是随着一定法律事实发生而发生的，与合同中止不同之处在于，合同中止只是在法定的特殊情况下，当事人暂时停止履行合同，当这种特殊情况消失以后，当事人仍然承担继续履行的义务；而合同终止是合同关系的消灭，不可能恢复。按照《民法典》的规定，有下列情形之一的，合同的权利义务终止：债务已经按照约定履行；合同解除；债务相互抵消；债务人依法将标的物提存；债权人免除债务；债权债务同归于一人；法律规定或者当事人约定终止的其他情形。

2. 合同解除

（1）合同解除的概念　合同解除，是指对已经发生法律效力、但尚未履行或者尚未完全履行的合同，因当事人一方的意思表示或者双方的协议而使债权债务关系提前归于消灭的行为。合同解除可分为约定解除和法定解除两类。合同一经成立即具有法律约束力，任何一方都不得擅自解除合同。但是，当事人在订立合同后，由于主观和客观情况的变化，有时会发生原合同的全部履行或部分履行成为不必要或不可能的情况，需要解除合同，以减少不必要的经济损失或收到更好的经济效益，从而有利于稳定和维护正常的社会主义市场经济秩序。因此，在符合法定条件下，允许当事人依照法定程序解除合同。合同解除后，尚未履行的，终止履行。合同解除可以溯及既往的消灭基于合同的债权债务关系，如果已经履行的，根据履行情况和合同性质，当事人可以请求恢复原状、采取其他补救措施，并有权要求赔偿损失。

1）约定解除。约定解除是当事人通过行使约定的解除权或者双方协商决定而进行的合同解除。当事人协商一致可以解除合同，即合同的协商解除。当事人也可以约定一方解除合同的条件，解除合同条件成就时，解除权人可以解除合同，即合同约定解除权的解除。合同的这两种约定解除有很大的不同。合同的协商解除一般是合同已开始履行后进行的约定，且必然导致合同的解除；而合同约定解除权的解除则是合同履行前的约定，它不一定导致合同的真正解除，因为解除合同的条件不一定成熟。

2）法定解除。法定解除是解除条件直接由法律规定的合同解除。当具备法律规定的解除条件时，当事人可以解除合同。它与合同约定解除权的解除都是具备一定解除条件时，由一方行使解除权；区别则在于解除条件的来源不同。

有下列情形之一的，当事人可以解除合同：

① 因不可抗力致使不能实现合同目的的。

② 在履行期限届满之前，当事人一方明确表示或者以自己的行为表明不履行主要债务。

③ 当事人一方延迟履行主要债务，经催告后在合理的期限内仍未履行。

④ 当事人一方延迟履行债务或者有其他违法行为，致使不能实现合同目的的。

⑤ 法律规定的其他情形。

（2）合同解除的法律后果　当事人一方依照法定解除的规定主张解除合同的，应当通知对方。合同自通知到达对方时解除。对方有异议的，可以请求人民法院或者仲裁机构确认解除合同的效力。法律、行政法规规定解除合同应当办理批准、登记等手续的，则应当在办理完相应手续后解除。合同解除后，尚未履行的，终止履行；已经履行的，根据履行情况和合同性质，当事人可以要求恢复原状、采取其他补救措施，并有权要求赔偿损失。合同的权利义务终止，不影响合同中结算和清理条款的效力。

案例 2-4　承包商因业主默示毁约而行使合同解除权——先锋公司诉正康公司建设工程设计施工合同纠纷案

[案情简介]

上诉人（原审被告、反诉原告）：正康公司

被上诉人（原审原告、反诉被告）：先锋公司

2005 年 10 月 10 日，先锋公司与正康公司签订"上海市家庭居室装饰装修施工示范合同"一份，约定由先锋公司为正康公司的工程进行设计并装饰施工，施工面积约 3 500m²，承包方式为包工包料，总价款约为人民币 200 万元，最终以结算为准；本工程由先锋公司设计，提供施工图一式三份；合同签订后施工前，一方如要终止合同，应以书面形式提出，并按合同总价款 10% 支付违约金，办理终止合同手续。当日双方还签订了"装饰附加合同书"一份，对付款方式及工期进行了约定。合同签订后，正康公司经先锋公司发函催促，至今未通知先锋公司进场施工，遂成讼。

另查明，合同签订前，先锋公司向正康公司提供了装潢的设计图、平面图及效果图等，这些图纸由先锋公司委托案外人和平公司完成，双方于 2005 年 5 月签订"委托设计合同"一份，内容为先锋公司委托和平公司对该房屋进行装饰设计，使用面积 3 500m²，设计费为 68 000 元。设计图包括平面布置图、顶面布置图、家具设计图、部分装饰立面图；大厅、门厅、

室外门面两侧、卧室、走道等效果图；彩色三维效果图；计算机全套软盘。至今，先锋公司向和平公司支付了设计费64 000元。

先锋公司认为，合同签订后，正康公司却迟迟未通知先锋公司开工，事后先锋公司发现正康公司已将上述房屋另委托他人装修，且完全是根据先锋公司的设计图进行的施工。正康公司的行为已构成违约，故诉至法院，要求解除双方签订的装饰装修施工合同，并根据合同约定由正康公司向先锋公司支付工程总造价10%的违约金，即20万元。

正康公司认为，合同签订后，正康公司发现提供的图不符合设计及施工图的要求，故正康公司无法将房屋交由先锋公司施工，因而提起反诉，要求解除双方间的装饰装修施工合同，先锋公司赔偿正康公司租金损失18万元。

针对正康公司的反诉，先锋公司认为，正康公司完全是根据先锋公司的设计图进行施工的，先锋公司不存在欺诈，故不同意正康公司的反诉请求。

[法院判决]

一审法院审理后认为，先锋公司与正康公司签订的"上海市家庭居室装饰装修施工示范合同"是当事人的真实意思表示，不违反相关法律规定，应属有效合同。正康公司在合同订立后未将该工程项目交于先锋公司承建，构成违约，因此先锋公司要求解除合同可予支持。正康公司收取了先锋公司提供的装修设计图，且该图经正康公司确认（正康公司对设计图认可后方与先锋公司签订了合同），同时正康公司也未能提供证据证明该图不符合设计规范，故正康公司应将设计费支付给先锋公司。该设计费以先锋公司与和平公司约定的设计费68 000元计（虽然现先锋公司仅向和平公司支付了64 000元，但和平公司仍有权向先锋公司追索4 000元余款，故设计费仍应以约定的68 000元计）。因正康公司构成违约，故先锋公司要求正康公司支付违约金20万元的诉讼请求，予以支持。因正康公司违约，故其要求先锋公司支付自2005年6月起计3个月因无法施工给其造成的租金损失，不予支持。

一审判决后，正康公司不服，提出上诉称：被上诉人与案外人和平公司签订的委托设计合同未经双方当事人质证，原审采纳该证据显属不当。被上诉人向上诉人提交的设计图只是效果图，不是符合规范的设计图，被上诉人有责任举证证明该图是符合规范的设计图。因被上诉人未提供符合要求的设计图，导致上诉人装修工程的目的落空，故被上诉人应当赔偿上诉人的租金损失。原审判决认定事实不清，适用法律错误，故提起上诉，请求撤销原判，改判驳回被上诉人的原审诉讼请求，支持上诉人的反诉请求。

被上诉人先锋公司辩称：双方当事人是先设计后签订合同，即上诉人是在收到并认可了被上诉人的设计图后才订立合同的，上诉人施工时用的就是被上诉人提供的设计图。被上诉人与案外人和平公司是委托设计关系，被上诉人为履行本案系争合同花费的款项不止68 000元。上诉人不存在租金损失，也未提供足够证据证明。故不同意上诉人的上诉请求，请求驳回上诉，维持原判。

二审法院审理后认为，双方当事人之间订立的合同属有效合同，双方当事人均应依约履行。现正康公司擅自将该工程交于他人施工，显属毁约，故应承担相应的违约责任，先锋公司要求解除合同，应予支持。因正康公司在订立合同之时认可并接受了先锋公司委托案外人设计的图，且正康公司未能提供足够证据证明其没有利用先锋公司的设计图进行装修，因此正康公司应当对先锋公司提供的设计图进行补偿。由于先锋公司为该图与案外人订立了委托设计合同并支付了设计费68 000元，正康公司未提供证据否定先锋公司与案外人的委托设计合同以及支付设计费的事实，故原审据此判令正康公司向先锋公司支付设计费68 000元，并无不当。关于正康公司提出的租金损失，因正康公司提供的证据不足，且正康公司已于2005年6月将系争工程发包给案外人施工，故对于正康公司要求先锋公司赔偿自2005年6月起3个月的租金损失，原审判决不予支持，亦无不当。

一审判决：①解除先锋公司与正康公司签订的"上海市家庭居室装饰装修施工示范合同"；②正康公司于判决生效之日起10日内支付先锋公司设计费68 000元；③正康公司于判决生效之日起10日内支付先锋公司违约金20万元；④驳回正康公司的反诉请求。

二审判决：驳回上诉，维持原判。

[评析]

这是一起典型的因当事人预期违约而导致另一方当事人行使合同解除权的诉讼案件。所谓预期违约，又称为毁约，是指在履行期限届满之前，当事人一方明确表示或者以自己的行为表明不履行主要债务，其中前一种情形称为明示毁约，后一种情形称为默示毁约。因债务人预期违约而导致债权人有权解除合同，必须是债务人的预期违约是重大违约、根本性违约，即债务人将不履行合同的主要义务，致使债权人的合同目的不能实现。主要义务一般指合同中的主给付义务，如交付货物、支付价款。

本案中，正康公司的主要合同义务是将工程交于先锋公司承建，并支付工程款，然而正康公司却擅自将该工程交于他人施工，显属默示毁约，且违反的是合同的主要义务，因而构成了根本性违约，故先锋公司要求解除合同，并要求正康公司承担违约责任，应当予以支持。至于正康公司的租金损失，一方面无证据证明，另一方面也是因其自身的违约行为所造成的，故不予支持。

2.5 违约责任

2.5.1 承担违约责任的条件和原则

1. 承担违约责任的条件

当事人承担违约责任的条件，是指当事人承担违约责任应当具备的要件。承担违约责任的条件采用严格责任原则，只要当事人有违约行为，即当事人不履行合同或者履行合同不符合约定的条件，就应当承担违约责任。

合同当事人承担违约责任的条件包括以下两种：①当事人一方不履行合同义务或者履行合同义务不符合约定的，应当承担继续履行、采取补救措施或者赔偿损失等违约责任；②当事人一方明确表示或者以自己的行为表明不履行合同义务的，对方可以在履行期限届满之前要求其承担违约责任。

严格责任原则还包括，当事人一方因第三人的原因造成违约时，应当向对方承担违约责任。第三方造成的违约行为虽然不是当事人的过错，但客观上导致了违约行为，只要不是不可抗力原因造成的，就应属于当事人可能预见的情况。为了严格合同责任，故就签订的合同而言，归于当事人应承担的违约责任范围。承担违约责任后，与第三人之间的纠纷再按照法律或当事人与第三人之间的约定解决。如施工过程中，承包商因业主委托设计单位提供的设计图错误而导致损失后，业主应首先给承包商以相应损失的补偿，然后再依据设计合同追究设计承包商的违约责任。

当然，违反合同而承担的违约责任，是以合同有效为前提的。无效合同从订立之时起就没有法律效力，因此谈不上违约责任问题。但对部分无效合同中有效条款的不履行，仍应承担违约责任。因此，当事人承担违约责任的前提，必须是违反了有效的合同或合同条款的有效部分。

2. 承担违约责任的原则

《民法典》规定的承担违约责任是以补偿性为原则的。补偿性是指违约责任旨在弥补或者补偿因违约行为造成的损失。对于财产损失的赔偿范围，《民法典》规定，赔偿损失额应当相当于因违约行为所造成的损失，包括合同履行后可获得的利益。

但是，违约责任在有些情况下也具有惩罚性。例如，合同约定了违约金，违约行为为没有造成损失或者损失小于约定的违约金；约定了定金，违约行为没有造成损失或者损失小于约定的定金等。

2.5.2 承担违约责任的方式

1. 继续履行

继续履行是指违反合同的当事人不论是否承担了赔偿金或者承担了其他形式的违约责任，都必须根据对方的要求，在自己能够履行的条件下，对合同未履行的部分继续履行。因为订立合同的目的就是通过履行合同实现当事人的目的，从立法的角度，应当鼓励和要求合同的实际履行。承担赔偿金或者违约金责任不能免除当事人的履约责任。

特别是金钱债务，违约方必须继续履行，因为金钱是一般等价物，没有别的方式可以替代履行。因此，当事人一方未支付价款或者报酬的，对方可以要求其支付价款或者报酬。

当事人一方不履行非金钱债务或者履行非金钱债务不符合约定的，对方也可以要求继续履行。但有下列情形之一的除外：

1）法律上或者事实上不能履行。

2）债务的标的不适于强制履行或者履行费用过高。

3）债权人在合理期限内未要求履行。

当事人就迟延履行约定违约金的，违约方支付违约金后，还应当履行债务。这也是承担继续履行违约责任的方式。例如，施工合同中约定了延期竣工的违约金，承包商没有按照约定期限完成施工任务，承包商应当支付延期竣工的违约金，但业主仍然有权要求承包商继续施工。

2. 采取补救措施

所谓的补救措施主要是指在当事人违反合同的事实发生后，为防止损失发生或者扩大，而由违反合同一方依照法律规定或者约定采取的修理、更换、重新制作、退货、减少价格或者报酬等措施，以给权利人弥补或者挽回损失的责任形式。采取补救措施的责任形式，主要发生在质量不符合约定的情况下。在建设工程合同中，采取补救措施是施工单位承担违约责任常用的方法。

采取补救措施的违约责任，在应用时应把握以下问题：第一，对于质量不合格的违约责任，有约定的，从其约定；没有约定或约定不明的，双方当事人可再协商确定；如果不能通过协商达成违约责任的补充协议的，则按照合同有关条款或者交易习惯确定。以上方法都不能确定违约责任时，可适用《民法典》的规定，即质量要求不明确的，按照国家标准、行业标准履行；没有国家标准、行业标准的，按照通常标准或者符合合同目的的特定标准履行。但是，由于建设工程中的质量标准往往都是强制性的，因此当事人不能约定低于国家标准、行业标准的质量标准。第二，在确定具体的补救措施时，应根据建设项目的性质以及损失的大小，选择适当的补救方式。

3. 赔偿损失

当事人一方不履行合同义务或者履行合同义务不符合约定的，给对方造成损失的，应当赔偿对方的损失。损失赔偿额应当相当于因违约所造成的损失，包括合同履行后可以获得的利益，但不得超过违反合同一方订立合同时预见或应当预见的因违反合同可能造成的损失。这种方式是承担违约责任的主要方式。由于违约一般都会给当事人造成损失，因此赔偿损失是守约者避免损失的有效方式。

当事人一方不履行合同义务或履行合同义务不符合约定的，在履行义务或采取补救措施后，对方还有其他损失的，应承担赔偿责任。当事人一方违约后，对方应当采取适当措施防止损失的扩大，没有采取措施致使损失扩大的，不得就扩大的损失请求赔偿，当事人因防止损失扩大而支出的合理费用，由违约方承担。

4. 支付违约金

当事人可以约定一方违约时应当根据违约情况向对方支付一定数额的违约金，也可以约定因违约产生的损失额的赔偿办法。约定违约金低于造成损失的，当事人可以请求人民法院或仲裁机构予以增加；约定违约金过分高于造成损失的，当事人可以请求人民法院或仲裁机构予以适当减少。

违约金与赔偿损失不能同时采用。如果当事人约定了违约金，则应当按照支付违约金承担违约责任。

5. 定金罚则

当事人可以约定一方向对方给付定金作为债权的担保。债务人履行债务后定金应当抵作价款或收回。给付定金的一方不履行约定债务的，无权要求返还定金；收受定金的一方不履行约定债务的，应当双倍返还定金。

当事人既约定违约金，又约定定金的，一方违约时，对方可以选择适用违约金或定金条款。但是，这两种违约责任不能合并使用。

思　考　题

1. 如何理解合同法的本质与地位？
2. 合同的法律特征有哪些？
3. 要约与要约邀请有哪些区别？
4. 格式合同解释规则有哪些内容？
5. 哪些情况下合同可以被撤销？
6. 简述合同因不可抗力的原因造成违约时，合同责任的承担。
7. 试述鼓励交易原则在我国合同法中的具体体现。
8. 什么是不安抗辩权？在什么情况下，合同的一方当事人可以行使不安抗辩权？
9. 合同的主要条款有哪些？

第3章

工程合同策划

学习目标

了解工程合同策划的概念、范围和作用。掌握工程发包模式的选择和合同分标策划等工程合同总体策划方法。掌握不同工程合同计价类型特点及其适用范围，以及合同核心内容确定原则方法。了解交易费用理论和激励理论在工程合同策划中的应用。

工程合同作为约束工程项目各参与单位行为的法律性文件，是工程项目各参与单位的最高行为准则。它不仅明确了合同双方的权利和义务，还是双方围绕合同工程进行各种经济活动的基础，而且是合同双方解决争议的依据。但在工程项目的实施过程中，由于合同本身缺陷所引起的纠纷和索赔时常发生，这不仅造成交易成本的上升，还会影响合同履行的效率、降低合同目标实现的概率，因此需加强前期的工程合同策划，以保证工程项目目标的顺利实现。

3.1 工程合同策划的相关概念

3.1.1 工程合同策划的概念

工程合同策划包含宏观和微观两个方面。宏观的工程合同策划，即工程项目建设合同的总体策划，是指根据工程项目的建设条件、项目特点和业主管理状态，基于高效管理的原则选择最佳的工程合同结构体系，这大致有以下两方面的问题需要回答：

1）工程项目建设的内容广泛，有勘察设计、设备物资采购、建筑安装、咨询服务等，业主是希望将这些服务内容打包给一家总承包商来完成，还是希望分别发包给多家承包商来完成，即工程项目发包模式的选择，这是工程合同策划必须首要回答的问题。

2）对于大型工程或复杂工程的施工，有时会因专业差异很大需要分标，有时因进度要求需要分标，那么有关分标的问题需要回答，如分标原则、分标数量、各分标之间的关系等。

微观的工程合同策划，即工程合同的具体策划，是指某一具体工程合同的内容确定，如设计合同、施工合同、监理合同或 EPC 合同、DB 合同等，主要是指从合同类型的选择、合同条款的拟定、技术标准的选择、风险的识别与分配以及交易方式的选择来体现合同双方权利义务的安排。

总之，工程合同策划的目标是通过宏观层面的合同结构设计和微观层面的合同内容安排来发包工程项目任务，以保证工程项目目标的实现。它应该反映业主的建设工程项目战略、经营指导方针和根本利益，因此，工程合同的策划应确定具有根本性和方向性的，并对整个工程、整个合同的签订和实施有重大影响的问题。

在工程项目建设中，业主是通过合同策划确定管理模式、分解项目目标、委托项目任务，通

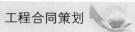

过合同管理对项目实施进行控制，这对整个项目的顺利完成起着重要的作用，主要体现在以下几个方面：

1）合同总体策划决定项目的组织结构及管理体制。

2）合同总体策划明确了合同各方的权利、义务和责任。

3）合同总体策划是起草招标文件和合同文件的依据。

4）通过合同总体策划确定并协调工程中各方的重大关系。

5）合同总体策划保证并促使各合同的完善与协调，实现工程项目的整体目标。

3.1.2　工程合同策划的内容

工程合同策划的内容，从本质上来说就是为了顺利完成工程项目，在合同双方之间公平合理地安排相应的权利义务。工程合同的策划主要有以下几方面的内容：

1）工程项目发包模式的选择。目前主要是指采用设计与施工相结合的项目总承包模式，还是采用设计与施工相分离的分别承包模式。

2）工程项目分标方案的选择。一个复杂的工程会碰到专业性质差异很大的施工内容，需要选择是分别承包还是总承包，如土建施工和电器设备安装。对线性工程来说，因工期要求，需要考虑应分成几段来施工才最有利于工期目标的实现。例如，一条高速公路的建设或一条输水渠道的建设，一般都需要分段建设。

3）工程合同计价类型的选择。以计价方式来划分，合同有总价合同、单价合同和成本合同三大类，需根据具体情况合理选择。

4）工程合同重要条款的确定。合同重要条款主要是指围绕项目建设目标，为确保项目圆满完成对合同双方的权利义务进行划分的相关条款。由于工程合同要划分的权利义务很多，约定责任众多，工程界及法律界的专家专门拟定了合同范本来确定基本内容，如 FIDIC 合同范本、NEC 合同范本、《建设工程施工合同（示范文本）》。这需要在工程合同策划时选择合同范本和拟定能够满足个性化要求的专用条款。

5）各工程合同之间的界面管理约定。对一个工程项目来说，各工程合同都是为完成该项目服务的，它们在内容、时间、组织、技术等方面可能有衔接、交叉甚至矛盾，这需要在工程合同策划时就给予考虑，并制订相应的协调解决方案。

6）有关工程招标问题的决策等，如招标方式的选择、招标文件的编制、评标原则、潜在投标人的甄别等。

对这些问题的研究、决策就是工程合同策划的工作。在建设工程项目的开始阶段，业主必须就这些重大合同问题做出决策。在工程承包市场上，业主处于主导地位，其工程合同总体策划对整个工程有导向作用，同时也会直接影响承包商的工程合同策划。业主在进行工程合同策划时要有理性思维，应理性地决定工期、质量、费用、安全等目标间的关系，不可盲目追求某一目标而牺牲其他目标的实现，如过分追求节约成本而忽视质量是不可取的，应保持目标间的动态平衡。

工程合同策划应符合《民法典》中第三编合同部分的相关基本原则，不仅要保证合法、公正、平等、自愿、诚信等原则，还要促使各方的互利合作，以确保高效率地完成项目、实现目标。

《民法典》规定，当事人在订立合同过程中有下列情形之一，造成对方损失的，应当承担赔偿责任：假借订立合同，恶意进行磋商；故意隐瞒与订立合同有关的重要事实或者提供虚假情况；有其他违背诚信原则的行为。

当事人在订立合同过程中知悉的商业秘密或者其他应当保密的信息，无论合同是否成立，均不得泄露或者不正当地使用；泄露、不正当地使用该商业秘密或者信息，造成对方损失的，应当承担赔偿责任。

合同当事人就有关合同内容约定不明确且不能达成补充协议的，适用下列规定：

1）质量要求不明确的，按照强制性国家标准履行；没有强制性国家标准的，按照推荐性国家标准履行；没有推荐性国家标准的，按照行业标准履行；没有国家标准、行业标准的，按照通常标准或者符合合同目的的特定标准履行。

2）价款或者报酬不明确的，按照订立合同时履行地的市场价格履行；依法应当执行政府定价或者政府指导价的，依照规定履行。

3）履行地点不明确，给付货币的，在接受货币一方所在地履行；交付不动产的，在不动产所在地履行；其他标的，在履行义务一方所在地履行。

4）履行期限不明确的，债务人可以随时履行，债权人也可以随时请求履行，但是应当给对方必要的准备时间。

5）履行方式不明确的，按照有利于实现合同目的的方式履行。

6）履行费用的负担不明确的，由履行义务一方负担；因债权人原因增加的履行费用，由债权人负担。

3.1.3   工程合同策划的依据

1）工程方面：工程规模、特点，工程技术难度，工程设计深度，工程质量要求和工程范围的确定性、计划程度，招标时间和工期的限制，项目的经济属性，工程风险程度，工程资源（如资金、材料、设备等）供应及限制条件等。

2）业主方面：业主的资信、资金供应能力、管理风格、管理水平和具有的管理力量，业主的目标以及目标的确定性，业主的实施策略，业主的融资模式和管理模式，业主期望对工程管理的介入深度，业主对工程师和承包商的信任程度等。

3）环境方面：工程建设条件，建筑市场竞争激烈程度，物价的稳定性，建设政策、法规的完善程度，资源供应市场的稳定性，工程的市场方式（即流行的工程承发包模式和交易习惯），工程惯例（如标准合同文本）等。

以上几方面是考虑和确定工程合同策划问题的基本要点和依据。

3.2   工程合同的总体策划

工程合同的总体策划主要解决发包方式的选择和如何分标两个问题。发包方式的选择应结合工程项目本身的特点、业主的管理能力和各种发包方式的特点，综合考虑、合理选择。工程项目的分标，主要从工程施工的专业角度出发，结合工程项目的空间特性和建设需要，合理分解。

3.2.1   基于特性分析的工程建设发包方式策划

根据工程设计与施工是否搭接，可将工程发包方式分为设计施工相分离的发包方式和设计施工相搭接的发包方式两类，而每类又有若干种衍生方式，各种发包方式具有不同的特点，见表3-1和表3-2。

对于一个工程项目，业主在选择发包方式时一般应考虑项目的规模和性质、建筑市场状况、业主的协调管理能力以及设计的深度与详细程度等。

表 3-1　设计施工相分离发包方式

序号	工程发包方式	特　点
1	DBB：施工分项发包	工程设计完成后，业主将工程分成多个标段分别发包
2	DBB：施工总发包	工程设计完成后，业主将整个工程整合为一个标发包

表 3-2　设计施工相搭接发包方式

序号	工程发包方式	特　点
1	DB（Design-Build）	设计、施工搭接进行；业主单独与 DB 承包商签订合同
2	EPC（设计、采购和施工总承包）	设计、采购、施工统筹考虑、搭接进行，有时设计还包括项目前期的论证工作；业主单独与 EPC 承包商签订合同
3	Turnkey（交钥匙承包）	承包工作范围向前延伸到项目论证，设计、采购、施工统筹考虑、搭接进行，向后延伸到项目的交付使用；业主单独与 Turnkey 承包商签订合同
4	CM-No Agency（非代理型 CM 方式）	设计、施工搭接进行；业主与设计、CM 承包商签订合同；在工程设计阶段，CM 承包商就介入工程建设，并不断协调设计与施工的关系。CM 承包商一般将施工任务分包，主要负责施工管理
5	PMC（项目管理承包型）	项目管理公司与业主签订合同，代表业主管理项目，包括进行工程的整体规划、项目定义、工程招标，选择设计、施工、供应承包商，并对设计、采购、施工过程进行全面管理

1）当项目的规模大且技术复杂，对承包商的资金、信誉和技术管理能力要求高时，考虑到有能力承包此类工程的承包商数量和市场竞争的激烈程度，业主可以考虑采用分项发包方式，或将项目划分为几个部分，在各个部分分别采用不同的发包方式。

2）对于高新技术项目或智能型建筑或业主凭借自身的资源和能力难以完成的项目，业主可以考虑采用 CM 方式、PMC 项目管理方式和设计施工总包方式。

3）如果业主想要对项目有所控制，可以采取咨询型的 CM 方式或项目管理方式。

4）对于设计图比较详细，能够比较准确地计算出工程量和造价的项目，业主可以考虑采用施工总包方式。反之，对于设计深度不够的项目应尽量避免采用施工总包方式。

案例 3-1　工程项目建设施工承包方式策划——基于方式特性分析

建设工程施工任务委托的方式（又称作施工承发包方式）反映了建设工程项目发包方和施工任务承包方之间、承包方与分包方等相互之间的合同关系。大量建设工程的项目管理实践证明，一个项目的建设能否成功，能否进行有效的投资控制、进度控制、质量控制、合同管理及组织协调，很大程度上取决于承发包方式的选择，因此应该慎重考虑和选择。常见的施工任务委托方式主要有以下几种：

1）施工总承包：发包方委托一个施工单位或由多个施工单位组成的施工联合体或施工合作体作为施工总承包单位，施工总承包单位视需要再委托其他施工单位作为分包单位配合施工。

2）施工总承包管理：发包方委托一个施工单位或由多个施工单位组成的施工联合体或施工合作体作为施工总承包管理单位，发包方另委托其他施工单位作为分包单位进行施工。

3）平行承包：发包方不委托施工总承包单位，而平行委托多个施工单位进行施工。

1. 不同承发包方式的特点分析比较

实行不同承发包方式对建设工程项目的费用、进度、质量等目标控制以及合同管理和组织与协调等的影响不同，具体分析见表3-3。

表3-3　不同承发包方式的特点分析比较表

序号	方式与特点	施工平行承发包	施工总承包	施工总承包管理
1	费用控制	1）对每一部分工程施工任务的发包，都以施工图设计为基础，投标人进行投标报价较有依据。工程的不确定性程度降低，合同双方的风险也相对降低 2）每一部分工程的施工，业主都可以通过招标选择最好的施工单位承包，对降低工程造价有利 3）对业主来说，要等最后一份合同签订后才知道整个工程的总造价，对投资的早期控制不利	1）在通过招标选择施工总承包单位时，一般都以施工图设计作为投标报价的基础 2）在开工前就有较明确的合同价，有利于业主对总造价的控制 3）若在施工过程中发生设计变更，则可能发生索赔	1）施工图完成后进行施工招标，分包合同的投标报价较有依据 2）业主都可以通过招标选择最好的施工单位承包，获得最低的报价，对降低工程造价有利 3）在进行施工总承包管理单位的招标时，只确定总承包管理费，没有合同总造价，是业主承担的风险之一 4）多数情况下，由业主方与分包人直接签约，因而加大了业主方的风险
2	进度控制	1）某一部分施工图完成后，即可开始这部分工程的招标，开工日期提前，可以边设计边施工，缩短建设周期 2）由于要进行多次招标，业主用于招标的时间较多 3）工程总进度计划和控制由业主负责；由不同单位承包的各部分工程之间的进度计划及其实施的协调由业主负责（业主直接抓控制力度大，但矛盾集中，业主风险大）	一般要等施工图设计全部结束后，才能进行施工总承包单位的招标，开工日期较迟，建设周期势必较长，对进度控制不利。这是施工总承包方式的最大缺点，限制了其在建设周期紧迫的工程项目中的应用	对施工总承包管理单位的招标不依赖于施工图设计，可以提前到初步设计阶段进行。而对分包单位的招标依据的是该部分工程的施工图，与施工总承包方式相比也可以提前，从而可以提前开工，缩短建设周期 施工总进度计划的编制、控制和协调由施工总承包管理单位负责；而项目总进度计划的编制、控制和协调，以及设计、施工、供货之间的进度计划协调，由业主负责
3	质量控制	1）对某些工作而言，符合质量控制上的"他人控制"原则，不同分包单位之间能够形成一定的控制和制约机制，对业主的质量控制有利 2）合同交互界面比较多，应重视各合同之间界面的定义，否则对项目的质量控制不利	项目质量的好坏很大程度上取决于施工总承包单位的选择，还取决于施工总承包单位的管理水平和技术水平。业主对施工总承包单位的依赖较强	1）对分包单位的质量控制主要由施工总承包管理单位进行 2）对分包单位来说，也有来自其他分包单位的横向控制。符合质量控制上的"他人控制"原则，对质量控制有利 3）各分包合同交界面的定义由施工总承包管理单位负责，减少了业主方的工作量

（续）

序号	方式与特点	施工平行承发包	施工总承包	施工总承包管理
4	合同管理	1）业主要负责所有施工承包合同的招标、合同谈判、签约，招标工作量大，对业主不利 2）业主在每个合同中都会有相应的责任和义务，签订的合同越多，业主的责任和义务就越多 3）业主要负责对多个施工承包合同的跟踪管理，合同管理工作量较大	业主只需要进行一次招标，与一个施工总承包单位签约，招标及合同管理工作量因而大大减少，对业主有利 在我国的很多工程实践中，业主为了早日开工，在未完成施工图设计的情况下就进行招标，选择施工总承包单位。采用所谓的"费率招标"，实际上是"开口合同"，对业主方的合同管理和投资控制十分不利	一般情况下，所有分包合同的招投标、合同谈判、签约工作均由业主负责，业主方的招标及合同管理工作量大，对业主十分不利 对分包单位工程款的支付又可分为总承包管理单位支付和业主直接支付两种形式，前者对于加大总承包管理单位对分包单位管理的力度更有利
5	组织与协调	1）业主直接控制所有工程的发包，可决定所有工程承包商的选择 2）业主要负责对所有承包商的组织与协调，承担类似于总承包管理的责任，工作量大，对业主不利（业主的对立面多，各个合同之间的界面多，关系复杂，矛盾集中，业主的管理风险大） 3）业主方可能需要配备较多的人力和精力进行管理，管理成本高	业主只负责对施工总承包单位的管理及组织协调，工作量大大减少，对业主比较有利	由施工总承包管理单位负责对所有分包单位的管理及组织协调，大大减轻了业主的工作。这是施工总承包管理方式的基本出发点 与分包单位的合同一般由业主签订。一定程度上削弱了施工总承包管理单位对分包单位管理的力度

2. 施工平行承发包的应用

在以下情况下可以考虑施工平行承发包方式：

1）项目规模很大，不可能选择一个施工单位进行施工总承包或施工总承包管理，也没有一个施工单位能够进行施工总承包或施工总承包管理。

2）项目建设的时间要求紧迫，业主急于开工，等不及所有的施工图全部出齐，只有边设计、边施工。

3）业主有足够的经验和能力应对多家施工单位。

4）将工程分解发包，业主可以尽可能多地照顾各种关系。

对施工任务的平行发包，发包方可以根据建设项目的结构进行分解发包，也可以根据建设项目施工的不同专业系统进行分解发包。

3. 施工总承包管理方式与施工总承包方式的工作开展顺序比较

施工总承包管理方式下，招标可以不依赖完整的施工图，可以提前到项目尚处于设计阶段进行。另外，工程实体可以按专业或空间适当分解，分别进行招标，即每完成一部分工程的施工图就招标一部分，从而使该部分工程的施工提前到整个项目设计阶段尚未完全结束之前进行，如图 3-1a 所示。施工总承包管理方式可以在很大程度上缩短建设周期。

施工总承包方式下一般是先进行项目的设计，待施工图设计结束后再进行施工总承包的招投标，然后再进行工程施工，如图 3-1b 所示。对许多大型工程项目来说，要等到设计图全部出齐后再进行工程招标显然是很困难的。

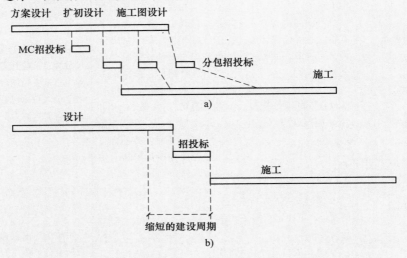

图 3-1　施工总承包管理方式与施工总承包方式下的项目开展顺序

a) 施工总承包管理方式下的项目开展顺序　b) 施工总承包方式下的项目开展顺序

施工总承包管理方式与施工总承包方式相比具有以下优点：

1) 合同总价不是一次确定，某一部分施工图设计完成以后。再进行该部分工程的施工招标，确定该部分工程的合同价。因此，整个项目的合同总额的确定较有依据。

2) 所有分包合同和分供货合同的发包都通过招标获得有竞争力的投标报价，对业主节约投资有利。

3) 施工总承包管理单位只收取总包管理费，不赚总包与分包之间的差价。

4) 每完成一部分施工图设计，就可以进行该部分工程的施工招标，可以边设计边施工；还可以提前开工，缩短建设周期，有利于进度控制。

施工总承包管理方式与施工总承包方式也有许多相同之处，如承担的责任和义务，以及对分包单位的管理和服务。二者要承担相同的管理责任，对施工管理目标负责，负责对现场施工的总体管理和协调，负责向分包人提供相应的服务。

3.2.2　基于交易费用分析的发包方式策划

发包方式的选择，在一定程度上可以依赖于定性的各种方式特点的分析比较来决定，也可以从交易理论的角度出发，通过分析不同方式下的交易费用来对不同发包方式做出取舍。

为使分析更简单明了，此处对工程发包方式中差异比较大的 DBB（分项直接发包）发包方式和 EPC（交钥匙承包）发包方式进行比较。比较的内容是工程交易的总费用与工程发包方式的关系，并将交易的总费用分为生产费用和交易费用，其中，生产费用为合同中确定的建筑安装工程的费用，即常规的直接费用和间接费用。

1. 生产费用比较

将工程技术难度 i 作为变量，并假设：①DBB 和 EPC 对同一工程交易；②两种不同发包方式采用相同技术；③工程有一定规模。

设 EPC 发包方式下的生产费用为 C_E；DBB 发包方式下的生产费用为 C_D，则 EPC 发包方式下的生产费用与 DBB 发包方式下的生产费用之差 ΔC 为

$$\Delta C = C_E - C_D \tag{3-1}$$

图 3-2 所示描述了 ΔC 随技术难度 i 变化的关系，即 $\Delta C = f(i)$。

图 3-2 表明：

1）总存在 $\Delta C > 0$，即 $C_E > C_D$，这说明采用 EPC 发包方式的生产费用比采用 DBB 发包方式的生产费用高。这可解释为 DBB 发包方式的市场竞争刺激力强，而 EPC 发包方式竞争性受到较多的限制，承包商在投标报价时也更多地考虑了风险的因素。

2）ΔC 是随 i 的增大而递减的函数。

3）当 $i \to \infty$ 时，$\Delta C \to 0$，即 i 很大时，两种不同发包方式的生产费用的差异将消失，当工程技术难度很大时，对采用 DBB 发包方式或是 EPC 发包方式，对生产费用是没有区别的。这可解释为，此时两种不同发包方式的竞争性均受到较多的限制，并均在考虑风险的因素。

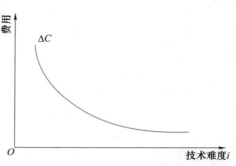

图 3-2 生产费用比较

2. 交易费用比较

设 EPC 发包方式下的交易费用为 G_E；DBB 发包方式下的交易费用为 G_D，则 EPC 发包方式下的交易费用与 DBB 发包方式下的交易费用之差 ΔG 为

$$\Delta G = G_E - G_D \tag{3-2}$$

如图 3-3 所示，当存在两个函数 G_E 和 G_D，其中：

1）G_E 随 i 变化，当采用 EPC 发包方式，即使工程技术难度最低，交易费用也不会为 0，当 i 值增加时，G_E 平缓地上升。

2）G_D 也随 i 而变化，不同的是，即使技术难度很低，工程也需通过招标选择承包商，需要交易费用，而且在 DBB 发包方式下需经过多次招标。显然，DBB 发包方式的招标费用总比 EPC 发包方式的招标费用高。此外，G_D 是 i 的增函数，即当生产的技术难度增加时，DBB 发包方式的交易费用在上升，这主要是技术难度增加时，需要较多的协调费用，以及处理工程变更和索赔、处理合同争端所需的费用也会大幅上升。令

$$\Delta G = G_E - G_D \tag{3-3}$$

显然，有 $\Delta G < 0$，而且 ΔG 是 i 的递减函数。

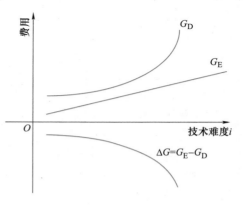

图 3-3 交易费用比较

3. 交易的总费用的综合分析

设 $\Delta R = \Delta G + \Delta C$，则图 3-4 中的 ΔR 曲线是由 ΔG 和 ΔC 曲线叠加而成，其即为交易的总费用曲线。所谓优化，即是讨论交易总费用的最优。

根据图 3-4 可做如下分析：

1）当 $i < i^*$ 时，$\Delta G + \Delta C > 0$，即 $G_E + C_E > G_D + C_D$，在工程技术难度较低时，EPC 发包方式损失了市场竞争刺激带来的效益，交易费用的节约抵消不了市场竞争刺激带来的效益。因此，采用 DBB 发包方式更经济合理。

2）当 $i = i^*$ 时，即 $\Delta R = \Delta G + \Delta C = G_E + C_E - (G_D + C_D) = 0$，即 $G_E + C_E = G_D + C_D$ 时，在工程技术难度为 i^* 时，两种发包方式的交易费用相等。因此，i^* 点被称为不同发包方式的无差异点。

3）当 $i > i^*$ 时，有 $G_E + C_E < G_D + C_D$，即当工程技术难度足够大时，市场竞争的刺激效益已不那么明显了，而另一方面 $G_E \ll G_D$。因此，选择 EPC 发包方式更加合理。

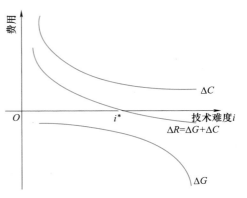

图 3-4　总费用比较

案例 3-2　工程项目建设合同总体策划——港珠澳大桥主体工程

港珠澳大桥主体工程规模大、参与主体多，为便于组织实施，根据工程的区域分布和阶段特点，将整个工程划分成若干项目，分别招标选择施工单位和监理单位。港珠澳大桥主体工程的分标情况见表 3-4。

表 3-4　港珠澳大桥主体工程分标情况

项目内容	施工承包单位	监理单位
岛隧工程	中国交通建设股份有限公司 中交公路规划设计院有限公司 艾奕康有限公司 丹麦科威国际咨询公司 上海城建（集团）公司 上海市隧道工程轨道交通设计研究院 中交第四航务工程勘察设计院有限公司	中铁武汉大桥工程咨询监理有限公司 广州港工程监管有限公司 广州市市政工程监理有限公司
桥梁工程土建工程	中交第一航务工程局有限公司 中交第二公路工程局有限公司 广东省长大公路工程有限公司 中铁大桥局集团有限公司	铁四院（湖北）工程监理咨询有限公司 广州南华工程管理有限公司 西安方舟工程咨询有限责任公司 中国船级社实业有限公司
桥梁工程桥面铺装工程	重庆市智翔铺道技术工程有限公司 广东省长大公路工程有限公司	西安方舟工程咨询有限责任公司
桥梁钢箱梁制造	中国船级社实业公司	武汉桥梁建筑工程监理有限公司
交通工程	中国铁建电气化集团有限公司 中国铁建电气化局集团第一工程有限公司	重庆中宇工程咨询监理有限责任公司 珠海电力工程监理有限公司
房建工程	湖南省建筑工程集团总公司	广东重工建设监理有限公司

注：资料来源于港珠澳大桥管理局官方网站。

采用分标方式，有利于业主多方组织强大的施工力量、按专业选择优秀的施工企业；完善的计划安排还有利于缩短整个建设周期。但是，由于分标，招标次数增多、合同数多、业主直接面对的承包商数量多，因此对业主来说，管理跨度大、协调工作多、合同争执也较多、索赔较多，管理工作繁重而且复杂，要求业主具备较强大的管理能力或委托得力的监理工程师。

总包（或交钥匙工程）则是将项目的设计、施工、供应，甚至项目的前期工作和后期运营等全都包给一个承包商，承包商向业主承担全部责任。当然，承包商可将部分项目分包出去。其特点是：业主的管理工作量较小，仅需招标一次，合同争执及索赔较少，协调工作容易，现场管理较简便。但是总包对于承包商的要求甚高，业主必须选择既有强大的各专业工程施工能力、供应能力，又有强大的勘设能力；既有管理能力，又有良好的资信，甚至很强的融资能力的承包商。总包对业主来说，承包商资信风险很大，须加强对承包商的宏观控制。例如，业主可以采用联合体投标承包形式，按法律规定联合体成员之间的连带责任，降低风险。

3.3　工程合同类型的策划

在确定了工程的发包方式后，工程合同策划的下一项工作就是工程合同类型策划。不同类型的合同有着不同的应用条件、不同的权利和责任分配以及付款方式；同时，对于合同各方也有着不同的风险。因此，工程实践中应当根据具体情况选择合同类型，以减少工程合同中可能发生的纠纷与工程风险发生的概率，更好地实现工程目标。

3.3.1　工程合同类型

工程合同类型按计价方式主要分为基于价格的工程合同和基于成本的工程合同两大类，每类合同又分若干种，见表3-5和表3-6。

表3-5　基于价格的工程合同

序号	合同类型	结算方式
1	单价合同：估计工程量单价合同	单价固定，工程量按实际发生计量；当工程量变化超过一定幅度时，则超出部分可调整单价
2	单价合同：纯单价合同	不管工程量是否变动，工程结算所用的单价不变
3	总价合同：固定总价合同	工程量和工程单价在合同实施过程中均不能调整的合同
4	总价合同：调值总价合同	在合同实施中工程量不允许调整，但当基础单价（人、材、机单价）发生变化时，可以调整工程单价的合同
5	总价合同：固定工程量总价合同	由业主或其咨询单位将发包工程按施工图和规定、规范分解成若干分项工程量，由承包商据以标出分项工程单价，然后将分项工程单价与分项工程量相乘，得出分项工程总价，再将各个分项工程总价相加，即构成合同总价

表3-6　基于成本的工程合同

序号	合同类型	结算方式
1	实际成本加固定费用合同	工程结算价 C = 工程成本 + 固定费用
2	目标价格激励合同	工程结算价 C = 目标成本 + (实际成本 − 目标成本) × (最高利润 − 最低利润) ÷ (最高成本 − 最低成本)

（续）

序号	合同类型	结算方式
3	限定最高价格合同	1）实际成本<目标成本 工程结算价 C＝目标成本－（实际成本－目标成本）×（最高利润－目标利润）÷（最高成本－目标成本） 2）实际成本>目标成本 工程结算价 C＝目标成本＋（实际成本－目标成本）×（目标利润－最低利润）÷（封顶成本（价格）－目标成本）

综合表3-5和表3-6，合同类型按其计价方式主要分为单价合同、总价合同和成本加酬金合同。

1. 单价合同

1）招标前，业主无须对工程做出完整、详尽的设计，因而可以缩短招标时间。

2）能鼓励承包商提高工作效率，节约工程成本，增加承包商利润。

3）支付时，只需按已定的单价乘以支付工程量即可求得支付费用，计算程序较简便且可以减少工程项目的意外开支。

4）合同管理工作难度及工作量较大，不易控制造价。

由此可见，单价合同适用于招标时尚无详细设计图或设计内容尚不十分明确，工程量尚不够准确的工程。例如，水利水电工程的主体工程项目宜采用单价合同。单价合同中承包商承担单价的风险，而业主则承担着工程量的风险，符合风险管理原则且较公平合理。

2. 总价合同

1）业主的管理和合同结算比较简单，基本可以在投标竞争状态下将工程造价固定下来。

2）承包商要承担单价和工程量的双重风险，由于承包商的风险较大，因此报价一般都较高。

这种合同适用于设计深度满足精确计算工程量的要求，设计图和规定、规范中对工程做出了详尽的描述，工程范围明确，施工条件稳定，结构不甚复杂，规模不大，工期较短且对最终产品要求很明确，而业主也愿意以较大优惠的价格发包的工程项目。

3. 成本加酬金合同

1）能在设计资料不完整时使项目尽早开工，并且可以采用CM模式，在完成阶段设计后，可以阶段发包，从而使项目早日完工，节约时间，尽早收回投资。

2）合同价格在签订合同时不能确定。工程费用实报实销，业主承担着全部工程量和价格的风险。而承包商不承担风险，一般获利较小，但能确保获利。

3）业主对总造价无法进行有效控制，而承包商并不主动进行成本控制，反而期望通过提高成本增加自己的经济效益。

成本加酬金合同的应用受到很大的限制，主要适用于以下情况：

1）开工前工程内容不十分确定，如设计尚未全部完成即要求开工，或工程内容估计有很大变化，工程量及人工、材料用量有较大出入。

2）质量要求高或采用新技术、新工艺，事先无法确定价格的工程。

3）时间紧急的抢险、救灾工程。

4）带有研究、开发性质的工程。对于这种合同，业主应加强对工程的控制，合同中应规定成本开支范围，规定业主有权对成本开支进行决策、监督和审查。

综上所述，合同类型的选择，应考虑下列因素：业主的意愿；工程设计的深度；工程项目的规模及其复杂程度；工程项目的技术先进性；承包商的意愿和能力；工程进度的紧迫程度；市场情况；业主的管理能力；外部因素或风险，如政治局势、通货膨胀、恶劣气候等。

采用何种类型的合同并不是固定不变的，有时一个项目中的各不同工程部分或不同阶段，可能采用不同类型的合同，业主必须根据实际情况，全面、反复地权衡利弊，选定最佳的合同类型。

3.3.2 合同类型的交易费用分析

在对合同类型定性分析的基础上，采用交易费用的理论更深入定量地对工程合同类型做出决策分析。

工程合同类型的选择一般与工程设计的深度密切相关。工程设计深入，即工程设计十分详细，如已出了工程施工图，宜采用总价类合同。在总价合同中，工程产品功能、结构和质量要求等已在合同中有明确的描述，因此，业主方在工程质量监控、遏制承包商机会主义行为和处理合同争端方面的成本/费用均会较低。反之，如果工程设计较浅而采用总价类合同，业主方在工程质量监控、遏制承包商机会主义行为和处理合同争端方面的成本/费用均会增加，而且增加的梯度可能会较大。

当工程项目设计不深，如仅完成工程的初步设计就拟发包，一般只能采用基于成本类的合同。然而，成本类合同在工程成本核算、酬金或费用补偿等方面可能会有较多的分歧，在工程质量监控方面可能会有较高的成本，因而会出现较高的交易成本。随着设计深度的增加，其交易成本虽有所降低，但其降低速度相对比较缓慢。

单价类合同交易成本的变化趋势介于总价类合同和成本类合同之间。

引入工程产品的模糊度 m 这一概念来描述工程设计的深度。工程设计深度加大时，m 减小；反之，m 增大。对同一工程，采用不同类合同，工程交易成本/费用随 m 的变化关系如图3-5所示。当 $m=0$ 时，表示控制机制的建立成本/费用。

图3-5表明，对同一工程，当工程设计较具体、深度较大，即 $m<m_1$ 时，采用总价类合同所对应的交易成本/费用较低，$m=m_1$ 为总价类合同与单价类合同交易成本/费用的无区别点；当工程设计深度一般，即 $m_1<m<m_2$ 时，采用单价类合同所对

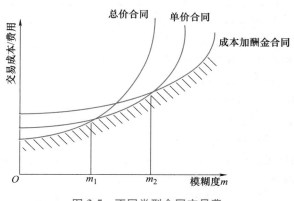

图3-5 不同类型合同交易费

应的交易成本/费用较低；$m=m_2$ 为单价类合同与成本类合同交易成本/费用的无区别点；当工程设计深度较浅，即 $m>m_2$ 时，采用成本类合同所对应的交易成本/费用较低。

3.3.3 不同类型合同的应用

1. 单价合同的运用

当发包工程的内容和工程量一时尚不能明确、具体地予以规定时，可以采用单价类合同，即根据计划工程内容和估算工程量，在合同中明确每项工程内容的单位价格（如每米、每平方米或者每立方米的价格），实际支付时则根据实际完成的工程量乘以合同单价计算应付的工程款。

因此，单价合同也称单价不变合同。

单价合同又分为固定单价合同和变动单价合同。

（1）固定单价合同　固定单价合同条件下，承包商根据业主提出的要求与工程范围等内容进行报价，而不对工程量进行规定，合同单价也是一次性包死，无论发生哪些影响价格的情况，都不对单价进行调整，因而对承包商而言就存在一定的风险。固定单价合同适用于设计或其他建设条件还不太落实的、工期较短、工程量变化幅度不会太大的项目。

（2）变动单价合同　当采用变动单价合同时，合同双方可以约定一个估计的工程量；当实际工程量发生较大变化时可以对单价进行调整，同时还应该约定如何对单价进行调整；当然也可以约定，当通货膨胀达到一定水平或者国家政策发生变化时，可以对哪些工程内容的单价进行调控以及如何调整等。因此，承包商的风险就相对较小。变动单价合同适用于设计图不全且工期较长、不确定因素较多的工程项目。

单价合同的特点是单价优先。例如，在FIDIC土木工程施工合同中，业主给出的工程量清单中的数字是参考数字，而实际工程款则按实际完成的工程量和承包商投标时所报的单价计算。虽然在投标报价、评标以及签订合同中，人们常常注重总价格，但在工程款结算中单价优先。对于投标书中明显的数字计算错误，业主有权利先做修改再评标，当总价和单价的计算结果不一致时，以单价为准调整总价。例如，某单价合同的投标报价单中，投标人报价见表3-7。

表3-7　投标人报价表

序号	工程分项	数量/m³	单价/(元/m³)	合价（元）
1	钢筋混凝土	1000	300	30 000
…	…	…	…	…
总报价				8 100 000

根据投标人的投标单价，钢筋混凝土的合价应该是300 000元，而实际只写了30 000元，在评标时应根据单价优先原则对总报价进行修正，所以正确的报价应该是8 100 000元+300 000元－30 000元=8 370 000元。

在实际施工时，如果实际工程量是1100m³，则钢筋混凝土工程的价款金额应该是300元/m³×1100m³=330 000元。

由于单价合同允许随工程量变化而调整工程总价，业主和承包商都不存在工程量方面的风险，因此对合同双方都比较公平。另外，在招标前，发包单位无须对工程范围做出完整的、详尽的规定，从而可以缩短招标准备时间，投标人也只需对所列工程内容报出自己的单价，从而缩短投标时间。

采用单价合同对业主的不足之处是，业主需要安排专门力量来核实已经完成的工程量，需要在施工过程中花费不少精力，协调工作量大。另外，用于计算应付工程款的实际工程量可能超过预测的工程量，即实际投资容易超过计划投资，对投资控制不利。

在工程实践中，采用单价合同有时也会根据估算的工程量计算一个初步的合同总价，作为投标报价和签订合同之用。但是，当上述初步的合同总价与各项单价乘以实际完成的工程量之和发生矛盾时，则肯定以后者为准，即单价优先，实际工程款的支付也将以实际完成工程量乘以合同单价进行计算。

2. 总价合同的运用

总价合同也称作总价包干合同，即根据施工招标时的要求和条件，当施工内容和有关条件不发生变化时，业主付给承包商的价款总额就不会发生变化。如果由于承包商的失误导致投标

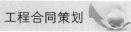

报价计算错误，合同总价格也不予调整。

总价合同又分固定总价合同和变动总价合同两种。

（1）固定总价合同　固定总价合同的价格计算是以设计图及规定、规范为基础，工程任务和内容明确，业主的要求和条件清楚，合同总价一次包死，固定不变，即不再因为环境的变化和工程量的增减而变化。在这类合同中，承包商承担了全部的工作量和价格的风险，因此，承包商在报价时对一切费用的价格变动因素以及不可预见因素都做了充分估计，并将其包含在合同价格之中。在国际上，这种合同被广泛接受和采用，因为有比较成熟的法规和先例的经验；对业主而言，在合同签订时就可以基本确定项目的总投资额，对投资控制有利；在双方都无法预测风险的条件下和可能有工程变更的情况下，承包商承担了较大的风险，业主的风险较小。但是，工程变更和不可预见的困难也常常引起合同双方的纠纷或者诉讼，最终导致其他费用的增加。当然，在固定总价合同中还可以约定，在发生重大工程变更、累计工程变更超过一定幅度或者其他特殊条件下，可以对合同价格进行调整。因此，需要定义重大工程变更的含义、累计工程变更的幅度以及什么样的特殊条件才能调整合同价格，以及如何调整合同价格等。采用固定总价合同，双方结算比较简单，但是由于承包商承担了较大的风险，因此报价中不可避免地要增加一笔较高的不可预见风险费。承包商的风险主要有两个方面：一是价格风险，二是工作量风险。价格风险有报价计算错误、漏报项目、物价和人工费上涨等；工程量风险有工程量计算错误、工程范围不确定、工程变更或者由于设计深度不够所造成的误差等。固定总价合同适用于以下情况：

1）工程量小、工期短，估计在施工过程中环境因素变化小，工程条件稳定并合理。

2）工程设计详细，设计图完整、清楚，工程任务和范围明确。

3）工程结构和技术简单，风险小。

4）投标期相对宽裕，承包商可以有充足的时间详细考察现场，复核工程量，分析招标文件，拟订施工计划。

5）合同条件中双方的权利和义务十分清楚，合同条件完备。

（2）变动总价合同　变动总价合同又称为可调总价合同。合同价格是以设计图及规定、规范为基础，按照时价进行计算，得到包括全部工程任务和内容的暂定合同价格。它是一种相对固定的价格，在合同执行过程中，由于通货膨胀等原因而使所使用的工、料成本增加时，可以按照合同约定对合同总价进行相应的调整。当然，一般由于设计变更、工程量变化或其他工程条件变化所引起的费用变化也可以进行调整。因此，通货膨胀等不可预见因素的风险由业主承担，对承包商而言，其风险相对较小；但对业主而言，不利于其进行投资控制，突破投资的风险就增大了。根据《建设工程施工合同（示范文本）》（GF—2017—0201），合同双方需在专用条款内约定风险范围以外的合同价格的调整方法。

显然，采用总价合同时，对发包工程的内容及其各种条件都应基本清楚、明确，否则，承发包双方都有蒙受损失的风险。因此，一般是在施工图设计完成，施工任务和范围比较明确，业主的目标、要求和条件都清楚的情况下才采用总价合同。对业主来说，由于设计花费时间长，因而开工时间较晚，开工后的变更容易带来索赔，而且在设计过程中也难以吸收承包商的建议。总价合同的特点是：

1）发包单位可以在报价竞争状态下确定项目的总造价，可以较早地确定或者预测工程成本。

2）业主的风险较小，承包商将承担较多的风险。

3）评标时易于迅速确定最低报价的投标人。

4）在施工进度上能极大地调动承包商的积极性。

5）发包单位能更容易、更有把握地对项目进行控制。

6）必须完整而明确地规定承包商的工作。

7）必须将设计和施工方面的变化控制在最小限度内。

总价合同与单价合同有时在形式很相似，例如，在有的总价合同的招标文件中也有工程量表，也要求承包商提出各分项工程的报价，但两者在性质上是完全不同的。总价合同是总价优先，承包商报总价，双方商讨并确定合同总价，最终也按总价结算。

3. 成本加酬金合同的运用

成本加酬金合同也称为成本补偿合同，这是与固定总价合同正好相反的合同，工程施工的最终合同价格将按照工程的实际成本再加上一定的酬金进行计算。在签订合同时，工程实际成本往往不能确定，只能确定酬金的取值比例或者计算原则。

采用这种合同，承包商不承担任何价格变化或工程量变化的风险，这些风险主要由业主承担，对业主的投资控制很不利。而承包商则往往缺乏控制成本的积极性，常常不愿意控制成本，甚至还会期望提高成本以提高自己的经济效益，因此这种合同容易被那些不道德或不称职的承包商滥用，从而损害工程的整体效益。因此，成本加酬金合同的使用应当受到严格限制。

成本加酬金合同主要有成本加固定费用合同、成本加固定比例费用合同、成本加奖金合同、最大成本加费用合同四种形式。

（1）成本加固定费用合同　根据双方讨论同意的工程规模、估计工期、技术要求、工作性质及复杂性、涉及风险等来考虑确定一笔固定数目的报酬金额作为管理费及利润，对人工、材料、机械台班等直接成本则实报实销。如果设计变更或增加新项目，当直接成本超过原估算成本的一定比例（如10%）时，固定的报酬也要增加。在工程总成本一开始估计不准，可能变化不大的情况下可采用此合同形式，有时可分几个阶段商谈付给的固定报酬。这种方式虽然不能鼓励承包商降低成本，但为了尽快得到酬金，承包商会尽力缩短工期。有时也可在固定费用之外根据工程质量、工期和节约成本等因素，给承包商另加奖金，以鼓励承包商积极工作。成本加固定费用合同通常适用于勘察设计和项目管理合同方面。

（2）成本加固定比例费用合同　工程成本中直接加一定比例的报酬费，报酬部分的比例在签订合同时由双方确定。这种方式的报酬费用总额随工程项目成本加大而增加，使得总造价难以控制，不利于缩短工期和降低成本。一般在工程初期很难描述工作范围和性质，或工期紧迫，无法按常规编制招标文件招标时采用。

（3）成本加奖金合同　奖金是根据报价书中的成本估算指标制订的，在合同中对这个估算指标规定一个底点和顶点，分别为工程成本估算的60%～75%和110%～135%。承包商在估算指标的顶点以下完成工程，则可得到奖金，超过顶点则要对超出部分支付罚款。如果成本在底点之下，则可加大酬金值或酬金百分比。采用这种方式通常规定，当实际成本超过顶点而对承包商罚款时，最大罚款限额不得超过原先商定的最高酬金值。成本加奖金合同适用于招标阶段设计图、规范等准备不充分，无法确定合同价格，而只能指定估算指标的工程项目。

（4）最大成本加费用合同　在工程成本总价基础上加固定酬金费用的方式，即当设计深度达到可以报总价的深度，投标人报一个工程成本总价和一个固定的酬金（包括各项管理费、风险费和利润）。如果实际成本超过合同中规定的工程成本总价，由承包商承担所有额外费用；若实施过程中节约了成本，则节约的部分归业主，或由业主与承包商分享，但在合同中要确定节约分成比例。在非代理型（风险型）CM模式的合同中就采用这种方式。最大成本加费用合同适用于项目设计和工程量等资料还处于粗估阶段且工程项目的上限未能确定、希望通过奖励制度控制并降低总造价的工程项目。

当实行施工总承包管理模式或 CM 模式时，业主与施工总承包管理单位或 CM 单位的合同一般采用成本加酬金合同。在国际上，许多项目管理合同、咨询服务合同等也多采用成本加酬金合同方式。

在施工承包合同中采用成本加酬金计价方式时，业主与承包商应该注意以下问题：

1）必须有一个明确的如何向承包商支付酬金的条款，包括支付时间和金额百分比。如果发生变更或其他变化，酬金支付如何调整。

2）应该列出工程费用清单，要规定一套详细的与工程现场有关的数据记录、信息存储甚至记账的格式和方法，以便对工地实际发生的人工、机械和材料消耗等数据认真而及时地记录。应该保留有关工程实际成本的发票或付款的账单、表明款额已经支付的记录或证明等，以便业主进行审核和结算。

成本加酬金合同通常用于如下情况：

1）工程特别复杂，工程技术、结构方案不能预先确定；或者尽管可以确定工程技术和结构方案，但是不可能进行竞争性的招标活动并以总价合同或单价合同的形式确定承包商，如研究开发性质的工程项目。

2）时间特别紧迫，如抢险、救灾工程，来不及进行详细计划和商谈的工程项目。

对业主而言，这种合同形式也有以下优点：

1）可以通过分段施工缩短工期，而不必等待所有施工图完成才开始招标和施工。

2）可以减少承包商的对立情绪，承包商对工程变更和不可预见条件的反应会比较积极和快速。

3）可以利用承包商的施工技术专家，帮助改进或弥补设计中的不足。

4）业主可以根据自身力量和需要，较深入地介入和控制工程施工和管理。

5）也可以通过确定最大保证价格来约束工程成本不超过某一限值，从而转移一部分风险。

对承包商来说，这种合同比固定总价合同的风险低，利润比较有保证，因而比较有积极性。其缺点是合同的不确定性大，由于设计未完成，无法准确确定合同的工程内容、工程量以及合同的终止时间，因此有时难以对工程计划进行合理安排。

4. 三种合同计价方式的选择

不同的合同计价方式具有不同的特点、应用范围，对设计深度的要求也是不同的，其比较见表 3-8。

表 3-8　三种合同计价方式的比较

合同类型	总价合同	单价合同	成本加酬金合同
应用范围	广泛	工程量暂不确定的工程	紧急工程、保密工程等
业主的投资控制工作	容易	工作量较大	难度大
业主的风险	较小	较大	很大
承包商的风险	大	较小	无
设计深度要求	施工图设计	初步设计或施工图设计	各设计阶段

3.4　工程合同主要内容的策划

3.4.1　工程合同内容策划的一般内容

工程合同的主要内容，通过工程合同的主要条款来反映。工程合同除了标的、数量、质量、价款或报酬、履行期限、地点和方式、违约责任、争议解决方法等《民法典》所规定的一般条款外，以建设工程施工合同为例，还必须约定以下主要条款：

1. 合同文件的组成部分

在这一条款中，应明确建设工程合同除合同本身外，还包括磋商、变更、明确双方权利义务的备忘录、纪要和协议。中标通知书、招标文件、工程量清单或确定工程造价的工程预算书和设计及施工图以及有关的技术资料和技术要求也都是合同的组成部分，同时还应明确组成合同的各个文件的解释顺序。

2. 建设工程项目的概况

这一条款应明确写出工程的名称、详细地址、工程内容、承包范围和方式、建筑面积、建设工期、质量等级等内容。在表述这些内容时应尽可能确切，以建设工程中的开工日期为例，不能出现"大约""左右"之类的词语，如签订合同时确切的开工时间无法确定，则应明确如何确定开工日期，如可表示为"以甲方下达书面开工令载明的日期为正式开工日期"等。同时，明确提前竣工、延误工期的奖惩办法。

3. 建设工程合同当事人的责任

这一条款包含两部分内容：

1）甲、乙双方驻工地代表的职权范围。这一条款直接关系到工程建设过程中签证的有效性问题。一般应在合同中明确甲、乙双方驻工地代表的姓名及其授权范围，还可以在合同中明确驻工地代表签证的限额，这样有利于发生问题后能够按双方约定的职权范围及时解决，不至于因权限不明、互相推诿而影响工程工期。

2）甲、乙双方的职责。这一条款应尽量制订得详细，明确划分双方的职责范围，使双方能各司其职，从而顺利完成建设工程。一旦发生任何一方不履行合同规定的义务情况，也可以按合同规定的方式处理。

4. 建设工程合同价格与支付

这一条款中应写明约定工程造价的依据、确定工程造价的方式（是按甲、乙双方审定的工程预算还是按招标工程的决标金额等）、约定工程造价的调价方式（是实行固定价格还是可调价格，如为可调价格，还应明确可调因素，如工程量增减、甲方认可的设计变更、材料价格调整等）。同时，应约定调整工程造价的方法、程序和时间。这一点，无论对于哪一方都是非常重要的。

5. 竣工与结算

这一条款对承包商的利益有较大的关系，直接影响到承包商工程款的取得。在实践中，因为这一条款约定不明确产生纠纷的情况很多。尤其是在大量的边设计、边修改、边施工情况下的"三边工程"履约过程中，由于合同造价的不确定，又没有事先约定确定造价的程序、期限和方式，往往在工程最终结算时引起矛盾，造成纠纷。因此，在本条款中应约定最后结算的含义，即明确是以经甲方认可的乙方提交的结算报告书为准，还是以审价单位的结果为准；同时还应明确双方解决决算价格争议的方式、时间，明确由审价单位进行审价的程序和方法以及审价的约束力。

除了上述条款外，建设工程合同还有其他重要的条款，如违约责任条款、变更和解除合同条款、工程保险条款等。

3.4.2 几种常见发包模式下的工程合同内容策划特点

不同的工程发包模式，对工程合同的主要内容的要求不同、侧重点也不同。现以几种常见的发包模式为例，介绍其对应的合同主要内容。

1. DBB 合同内容策划

DBB 合同，即"设计-招标-建造"合同，是指业主在设计全部完成或在设计阶段的后期进行施工招标，以选择施工承包商来完成整个工程建设任务而分别与设计和施工分包商签订的所有合同文件的总称。

（1）DBB 合同文件的组成　对承发包双方具有约束力的合同文件主要有：合同协议书、中标函、投标书、专用条款、通用条款、规范、施工图、工程量清单以及组成合同的其他文件。当文件中出现模糊不清或发现不一致的情况，按以上文件的顺序作为解释的优先顺序。

（2）DBB 合同当事人的风险责任

1）业主承担的主要风险有：

① 因外部社会和人为事件导致的且不在保险公司承保范围内的事件造成损害的风险责任。例如，战争、叛乱、非承包商（包括其分包商）人员造成的罢工等混乱、军火及放射性造成的离子辐射或污染等造成的威胁、飞行物造成的压力波等 5 类事件引起的风险。

② 业主占有或使用部分永久工程（合同明文规定的除外）。

③ 业主方负责的工程设计。

④ 一个有经验的承包商也无法合理预见并采取措施来防范自然力的作用。

2）承包商承担的主要风险有：

① 投标文件的缺陷，即由于对招标文件的错误理解，或者踏勘现场时的疏忽，或者投标中的漏项等造成投标文件有缺陷而引起的损失或成本的增加。

② 对业主提供的水文、气象、地质等原始资料分析运用不当而造成的损失和损坏。

③ 由于施工措施失误、技术不当、管理不善、控制不严等造成施工中的损失和损坏。

④ 分包商工作失误造成的损失和损坏。

（3）DBB 合同价格与支付　DBB 合同通常采用单价合同的形式，合同价格可以通过单价与实际完成工程量的乘积来确定，加上包干项，并要按照合同规定进行调整。承包商应支付合同中要求其支付的一切税费，但此类税费已包含在合同的价格中，只有当相关立法变更而导致税费变化时，才可以调整合同价格。如果专用条款对合同价格另有规定，则以专用条款的规定为准。另外，需要说明的是，工程量表或其他数据表中列出的工程量只是估算工程量，不是要求承包商实际完成的工程量，不能作为估价使用的正确工程量。

由于工程耗资大，在项目的启动阶段，为了改善承包商前期的现金流，业主在收到承包商的预付款担保后，应向承包商支付一笔无息预付款，并在投标函附录中规定清楚预付款的额度；分期支付的次数、支付时间以及支付的货币和货币比例。随着工程的执行，承包商应在合同规定的时间按工程师批准的格式向工程师提交报表和证明文件，经工程师审核同意后，由工程师开具支付证书，再交由业主批准并在合同规定的时间内予以支付。

2. DB 合同内容策划

DB 合同，即"设计-施工"合同，是指业主把工程建设的设计与建设任务交给一个承包商，由承包商按照业主要求完成工程建设，业主验收合格后支付全部费用（分期支付），这一过程中所形成的所有合同文件的总称。

（1）DB 合同文件的组成　对承发包双方具有约束力的合同文件主要有：协议书、专用条款、通用条款、业主要求，投标书以及构成合同组成部分的其他文件 5 大部分。当有矛盾或存在分歧时，按以上排列顺序作为解释的优先顺序。其中，标题为"业主要求"的文件，写明了业主对项目设计的要求、工程的功能要求、工作范围和质量标准等，相当于 FIDIC《施工合同条件》中规范的作用，是承包商投标报价的基础，也是合同管理的依据。

（2）DB合同当事人的风险责任　业主主要承担因外部社会和人为事件导致的且不在保险公司承保范围内的事件造成损害的风险责任。由于DB总承包商承担了整个工程项目的设计、施工以及内部协调管理的工作，与DBB模式相比，大大减少了业主参与建设管理的工作，业主承担的风险相对较小。DB承包商与DBB承包商相比，不仅要承担着施工风险，还需承担设计方面的风险。同时，因为DB合同通常采用固定总价合同，即承包商在投标书中声明已经取得与风险、意外事件相关的资料，在签订合同时就接受了承担"应当预见的困难和费用"的全部责任，所以DB承包商还承担固定总价风险。

（3）DB合同价格与支付　DB合同的价格类型通常属于不调价的总价合同。在履行期间，除了因法律法规变化影响工程成本外，其他情况都不影响合同的价格。但若施工期长，也允许在专用条款中约定物价调整以代替通用条款的规定。DB合同的工程预付款支付，需在合同的专用条款中约定以下内容：预付款数额，分期付款次数和时间安排计划，扣还比例等。工程进度款支付，可按合同专用条款的约定按月支付或按阶段支付，并约定好时间和金额。例如，按工期平均分配合同额；开工期多付的递减支付；延期支付等方式。对于一些技术和工种相对简单，进度相对稳定的工程，可以采用较简单的按"付款计划表"支付工程款的支付方式。由承包商按时向业主递交期中付款申请的"支付报表"，工程师或业主代表按期审核报表，并检查实际工程进度是否与付款吻合，无误则支付，若有误则承包商修改后重报、重审。申请工程进度款支付证书的主要内容及竣工与结算的形式，由双方协商决定。

（4）工程变更　DB总承包商承担着工程设计与施工的任务，工作范围较大，能统筹考虑设计、施工、采购、设备安装等各个方面，可以减少一些不可预见的矛盾，相对可减少变更因素。但是，仍可能存在变更。例如，业主出于对工程的预期功能、提高部分工程的标准和因法律法规政策的调整等方面的考虑而提出变更。承包商在实施过程中，也可能提出变更原来计划的建议，经业主同意也可以变更。在DB合同的通用条款中，对变更有如下明确规定：

1）不允许业主以变更方式删减部分工作，而将删减部分的工作交由其他承包商完成。

2）承包商变更工作开始前，必须编制和提交变更计划书，实施中做好变更工作的各项费用记录。

3）业主接到承包商延长工期的要求，应对照以前的决定进行审查，合同工期可以增加，但对约定的总工期或已批准延长的总工期不得减少。

4）对待工程变更必须持严肃和谨慎态度，业主不得随意提高质量标准和增加工程内容，而承包商也应认真对待"建议变更"，不可轻易提出变更建议。任何一方提出的变更必须对工程建设、工程质量、施工工期和工程成本控制有利。

5）按合同约定做好工程变更索赔。

3. EPC合同内容策划

EPC合同，即"设计-采购-施工"合同，实质上是DB合同的一种，它包括了一般的设计和施工任务以及永久生产设备的采购和安装工作，直至工程项目可以正式投入生产运营的整个过程中业主与EPC总承包商签订的所有合同文件的总称。与DB合同的内容相类似。

（1）EPC合同文件的组成　它包括的合同文件有：合同协议书、合同条件、业主的要求、投标书、合同协议书列出的其他文件。与DBB合同相比，上述的合同文件没有包括"中标函""工程量清单"等内容。这大概考虑了EPC合同比较特殊，一般采用邀请招标，因此需要更灵活的签订合同的程序。当合同内容发生矛盾时，按合同协议书、专用合同条件、通用合同条件、业主的要求、投标书以及构成合同的其他文件作为优先解释的顺序。在EPC合同中，合同协议书是最重要的一份文件，这与 DBB 合同有着本质的区别。在 DBB 合同模式下，一般承包商收到中标函后，合同即告成立，而不一定需要合同协议书，虽然按照习惯，在承包商收到中标函后需要与业主签订合同协议书，即构成 DBB 合同协议书的实质性文件是投标书和中标函。而 EPC 合同不存在中标函，它的成立只是依据构成合同的核心文件"合同协议书"。合同在合同协议书中规定的日期生效。

（2）EPC 合同当事人的风险责任 EPC 合同当事人的风险责任与 DB 合同的规定基本相同。EPC 合同虽属于 DB 合同一类，但它具有不少独特之处。EPC 合同主要适用于大型基础设施工程，一般除土木建筑工程外，还包括机械及电气设备的采购和安装工作；而且机电设备造价往往在整个合同金额中占有相当大的比重。EPC 合同的实施通常涉及某些专业的技术专利或技术秘密，承包商在完成工程项目建设的同时，还需承担业主人员的技术培训和操作指导，直至业主的运行人员能独立进行生产设备的运行管理，这也是 EPC 承包商比 DB 承包商多承担的风险内容。

（3）EPC 合同价格与支付 EPC 合同价格指在合同协议书中商订的金额，覆盖的工作内容为设计、施工以及修复缺陷，这笔金额包括根据合同进行的调整。合同价格已经包括了税费，承包商应自己支付有关税费，业主对此费用一概不再补偿。

在 EPC 合同中由业主和业主代表直接管理合同，没有工程师的角色。因此，EPC 合同的支付与 DBB 合同的支付有着很大的不同。承包商在合同规定的时间直接向业主提出支付申请报表，业主若同意则在合同规定的时间内予以支付，若不同意则给出理由并通知承包商重改、重审。

3.5 工程招标策划

3.5.1 工程招标的法律法规

工程的招标策划即确定工程承发包的交易方式。建设工程的承发包是指发包方通过合同委托承包方为完成某一建设工程的全部或其中一部分工作的交易行为。为了规范工程招标策划，国家陆续出台了《中华人民共和国招标投标法》（2017 年 12 月修订）（以下简称《招标投标法》）和根据工程的类别颁布的行业招标投标管理规定等与工程招标相关的法律法规，对工程的招标策划进行了详细说明。

依据《中华人民共和国建筑法》的规定，建设工程的承发包方式有两种：招标投标和直接发包。

1. 直接发包

《招标投标法》及相关法规规定，需要审批的工程建设项目，有下列情形之一的，可以不进行施工招标而直接发包：

1）涉及国家安全、国家秘密或者抢险救灾而不适宜招标的。

2）属于利用扶贫资金实行以工代赈需要使用农民工的。

3）施工主要技术采用特定的专利或者专有技术的。

4）施工企业自建自用的工程，且该施工企业资质等级符合工程要求的。

5）在建工程追加的附属小型工程或者主体加层工程，原中标人仍具备承包能力的。

6）法律、行政法规规定的其他情形。

我国法律法规提倡招投标方式，对于直接发包加以了限制。因为招标投标明显要比直接发包更有利于公平竞争，也更符合市场经济规律的要求。除此之外，我国对于必须采用招标的项目范围也提出了要求。根据《招标投标法》第三条规定，"在中华人民共和国境内进行下列工程建设项目包括项目的勘察、设计、施工、监理以及与工程建设有关的重要设备、材料等的采购，必须进行招标：

1）大型基础设施、公用事业等关系社会公共利益、公众安全的项目。

2）全部或者部分使用国有资金投资或者国家融资的项目。

3）使用国际组织或者外国政府贷款、援助资金的项目。

前述所列项目的具体范围和规模标准，由国务院发展部门会同国务院有关部门制订，报国务院批准。法律或者国务院对必须进行招标的其他项目的范围有规定的，依照其规定。"对于法律中没有进行明确限制的工程项目，也提倡采用招投标的方式。

依据《招标投标法》，招标分为公开招标和邀请招标。

2. 公开招标

公开招标，是指招标人以招标公告的方式邀请不特定的法人或者其他组织投标，具有如下特点：

1）公开招标的最大特点是一切有资格的潜在投标人均可参加投标竞争，招标人有较大的选择范围，可在众多的投标人中选到报价较低、工期较短、技术可靠、资信良好的中标人。

2）公开招标的程序多、时间较长，业主管理工作量大；资格预审、评标、澄清会议、有大量的无效招标等，使得招标费用较高，同时还须防备若干投标者相互勾结、串通投标。

依据《必须招标的工程项目规定》（国家发展和改革委员会令第16号）规定，必须公开招标项目主要有三类：

1）全部或者部分使用国有资金投资或者国家融资的项目包括：使用预算资金200万元人民币以上，并且该资金占投资额10%以上的项目；使用国有企业事业单位资金，并且该资金占控股或者主导地位的项目。

2）使用国际组织或者外国政府贷款、援助资金的项目，包括：使用世界银行、亚洲开发银行等国际组织的贷款、援助资金的项目；使用外国政府及机构贷款、援助资金的项目。

3）不属于前两类规定情形的大型基础设施、公用事业等关系社会公共利益、公众安全的项目。

国际上凡政府筹建的工程或大量采购、大型或技术复杂的工程、利用国际金融机构贷款的工程或采购等，一般都采用公开招标。

3. 邀请招标

邀请招标，是指招标人以投标邀请书的方式邀请特定的法人或者其他组织投标，具有如下特点：

1）邀请招标不需要发布招标通告，不需要进行资格预审，减少了程序，简化了手续，可以节省招标费用和时间。同时，业主对所邀请的投标者较了解，降低了因承包商违约带来的风险。

2）由于被邀请的竞争对手较少，因此可能漏掉了一些技术上、报价上有竞争力的承包商。

邀请招标一般适合以下几种情况：

1）涉及国家安全、国家秘密或者抢险救灾，适宜招标但不宜公开招标的。

2）项目技术复杂或有特殊要求，或者受自然地域环境限制，只有少量潜在投标人可供选择的。

3）采用公开招标方式的费用占项目合同金额的比例过大的。

4）公开招标后无人投标的。

我国《水利工程建设项目招标投标管理规定》规定：应公开招标的项目，符合下列情况经批准后可以采用邀请招标：

1）单项合同估价低于必须进行招标估算价规定的项目。

2）技术复杂或有特殊要求，涉及专利保护，受自然资源或环境限制，新技术或技术规格事先难以确定的项目。

3）工期要求紧迫的度汛项目。

4）其他特殊情况经项目招标投标行政监督部门批准的项目。

3.5.2　工程招标关键问题策划

1. 工程招标的评标方式选择

（1）最低报价中标法　最低报价中标法也称为单目标工程招标，即在招标投标时，报价最低者中标的评标方法。该方法中隐含着这样一种假设：招标结束签订合同后，对业主而言，履行合同过程中的交易费用较少或接近于零。若履行合同过程存在较大的交易费用，在选择中标人的标准中，不仅应该考虑投标人的报价，还要考虑履约过程交易费用的大小。对于工程技术、建设环境不太复杂的简单工程，当工程实施过程中计量、质量控制等方面比较明确，合同履行过程中发生争端的可能性比较小时，采用最低报价中标法显然是可行的。

（2）综合因素评标法　综合因素评标法是指工程业主/招标方不仅仅要考虑投标人的报价，还要考虑保证工程质量的措施、投标人的企业诚信等因素。设计一套科学评价体系，作为选择中标人的标准，即为考虑多个影响因素的多目标工程招标。多目标工程招标所采用的评标方法称为综合因素评标法。多目标工程招标与单目标工程招标相比，本质上的区别在于前者考虑了履行合同过程中的交易费用，而后者没有考虑。

综合因素评标法具体有：

1）综合评分法：是指在满足招标文件实质性要求的条件下，依据招标文件中规定的各项因素进行综合评审，以评审总得分最高的投标人作为中标（候选）人的评标方法。

2）综合评议法：是指在满足招标文件实质性要求的条件下，评委依据招标文件规定的评审因素进行定性评议，从而确定中标（候选）人的评审方法。

3）经评审的最低投标价法：是指在满足招标文件实质性要求的条件下，评委对投标报价以外的价值因素进行量化并折算成相应的价格，再与报价合并计算得到折算投标价，从中确定折算投标价最低的投标人作为中标（候选）人的评审方法。

4）最低评标价法：是指在满足招标文件实质性要求的条件下，评委对投标报价以外的商务因素、技术因素进行量化并折算成相应的价格，再与报价合并计算得到评标价，从中确定评标价最低的投标人作为中标（候选）人的评审方法。

对于工程结构简单、工期短、投资小的工程，其实施风险小、承包市场发育充分、竞争激烈，降低工程价格是业主方招标的根本目的。这时的招标大都选择最低报价中标法，即在投标人资质等级、信用水平和技术条件等满足要求的前提下，投标人的报价是招标方考虑的唯一因素。

但对大型复杂工程，其实施风险大，若仅以投标人的报价作为确定中标人的唯一依据，可能会给业主带来较大的风险。这主要在于，一方面工程质量等目标具有模糊性，为承包方的机会主义行为留下了空间；另一方面，作为"经济人"的承包方，以追求利润最大化为目标，总会想方设法地在合同履行过程中偷工减料、钻合同漏洞、设置"陷阱"进行恶意索赔等，这时宜采用综合因素评标法。

多目标工程招标的评标的基本问题有：建立评标指标体系、确定不同指标的权重、选择适当的评价方法。

1）多目标工程招标的评标指标体系。单目标工程招标的评标决标方法很简单，即选择最低报价投标者中标，或选择不低于工程成本价的最低投标报价的投标人中标。而对于多目标工程招标，其评标与决标就必须依据多个目标的影响因素，即多目标工程招标的评标与决标要建立一个评标的指标体系。该指标体系应根据工程的特点、业主方对工程的要求等方面来设计。

2）评标指标体系权重的设计。与评标指标体系一样，评标指标权重的设计也与工程的特点及业主方对工程的要求紧密相关。例如，工程较简单，合同履行过程中交易费用较低，投标人工程报价这一指标就应设置较高的权重，其他评价指标则采用较低的权重，反之亦然。

3）评价方法。目前，针对多目标工程招标的评标方法较多，如综合计分法、层次分析法、模糊综合评价法和 BP 神经网络法等。

2. 工程招标中的逆向选择问题及其防范

工程招标过程中，由于信息不对称，拥有信息优势的投标人为了中标会隐藏不利于自己的信息。同时，由于招标人不易获得这种信息或是获取成本过高，因而无法了解到这种对工程质量或工期有影响的信息，这会导致招标失灵。如果没有对投标人资格的审查限制，就会出现鱼目混珠的局面，即信誉差或是使用劣质建筑材料的投标人可能报低价，而信誉好或是全部采用优质建筑材料的投标人可能会实事求是地报出高价。招标人在缺乏信息的条件下无法全面了解各投标人的信用、实力情况，难以甄别投标人报价的真实性，结果可能是选择信誉差、报价低的投标人中标，给工程建设带来巨大的潜在风险。

由于信誉好的承包商在实际生产过程中生产出优质工程的成本要高于信誉差的承包商生产出劣质工程的成本，使得信誉好的承包商在投标竞争中处于不利的地位。长期的结果是，信誉好、有实力的承包商揽不到工程任务，失去投标的积极性，导致建设市场的招标机制失灵，这就是工程招标中的逆向选择问题。其常见的应对措施如下：

1）加强对投标人的资格审查，严格审查投标人的资质、技术水平、工程经验、财务能力和信用水平，以降低信息不对称的程度，从源头上治理逆向选择的问题。

2）适当控制最低报价中标法的应用范围。对简单的工程，在履行合同过程中业主方的监管成本低，或承包商隐藏对自己有利而损害业主方利益的一些行动的空间小，因而可采用；对复杂的工程，合同履行过程中业主方的监管成本高，承包商隐藏对自己有利而损害业主方利益的行动的机会也多，此时，业主方面临的道德风险就较大，因此应采用综合评标法。

3）积极推行招标代理制，充分利用招标代理掌握的市场信息，为业主方提供高质量的服务。

4）建立和完善市场信用体系，为业主方提供相应的信息支持。

5）完善承包企业的资质管理制度，使投标人拥有的企业资质等级能准确反映投标人的能力、信用等情况，以降低招标人甄别信息的成本。

3. 工程招标中的围标串标问题及其防范

（1）串标　串标是指在招投标过程中，招标人与投标人之间或者投标人之间采用不正当手段，对招标项目进行串通，以排挤竞争对手或者损害其他投标人为手段，试图从中获取更多利益的行为。串标分为投标人与招标人之间的串标和投标人之间的串标两种。

1）投标人与招标人之间的串标行为主要表现为：

① 招标人在开标前开启已投标的文件，并将投标情况告知有关投标人，或者协助投标人撤换投标文件，更改报价。

② 招标人向投标人泄露标底。

③ 招标人与投标人商定，投标时压低或抬高标价，中标后再给投标人或招标人额外补偿。

④ 招标人预先内定中标人。

⑤ 招标人为某一特定的投标人量身定做招标文件，排斥其他投标人。

2）投标人之间的串标行为，也称围标。投标人之间的串标行为主要表现为：

① 投标人之间相互约定抬高投标报价。

② 投标人之间相互约定，在投标中分别以高、中、低价位报价。

③ 投标人之间先进行内部竞价，内定中标人，然后再参加投标。

④ 投标人之间的其他串通投标报价行为。

（2）围标 围标按照"围"的程度分为不完全围标和完全围标两种。不完全围标，针对某一个招标工程项目，同一个投标人以两个以上不同企业的名义投标，但工程的投标至少存在两个以上真正的投标人。完全围标，针对某一个工程项目的招标，表面上是多个不同企业参加竞标，但实际上只有一个真正的投标人，不管评标结果如何，不管哪一个"投标人"中标，最后的中标者都总是同一个企业，甚至是同一个个体户。围标的组织者是围标人，参加围标的其他人是陪标人。围标是一种具有隐蔽性和欺骗性的违法行为。通常情况下，围标的结果都是招标人以较高的工程价格发包工程。围标离不开挂靠、转让和出借资质证书、营业执照等。围标在表面上存在多个不同的投标主体，但背后却是极少数的幕后操纵者。在招标过程中，围标人实质上在操纵工程报价，严重扰乱了建设市场的正常秩序，损害了招标人和其他投标人的权益。

（3）串标与围标的关系 就事件的参与主体而言，串标可能涉及一个或者若干个投标人、招标人；围标仅是在若干个投标人之间，从这一角度看串标包含了围标。就发生的后果而言，串标与围标都损害了业主方或国家的利益，扰乱了建设市场秩序，均属于违法行为。就发生的动机而言，串标与围标均是投标人存在机会主义动机，希望通过投机取巧而获得利润。因此，串标围标应一并治理。串标围标不仅损害业主/招标方的利益，而且还会扰乱建设市场秩序，危害极大。为了保证工程招投标制度的正常实施，净化建设市场，有必要积极应对围标和串标。具体措施有：

1）完善工程招标资格预审制度，严格把好招标市场的入围门槛。

2）加强工程建设市场信用体系建设，从源头上预防串标围标现象的发生。

3）加大对串标围标行为的打击力度，完善相关的处罚法规，降低围标的预期收益。

4）科学设计招标机制，大力推行无标底招标；条件具备时，积极采用最低报价中标法，从机制上遏制串标围标行为的发生。

5）加强建设企业资质管理，建立企业退出市场制度。

6）提高工程招标过程的透明度，减少暗箱操作，增强工程招标过程中的监督力度。

3.6 合同激励与激励合同设计

在建设工程合同中，激励有着举足轻重的作用。近年来，越来越多的工程管理者开始强调在实践中尽可能地运用激励原理，以优化工程建设各参与单位的关系，更好地完成项目目标。

3.6.1 合同激励

1. 建立合同激励机制的必要性

1）建设工程合同的不完备性，要求工程合同建立激励机制。在标准化合同条件中，对承发包双方的责任和义务已有了明确的规定，但这种规定是建立在工程项目业主已经掌握信息的基础上的，而工程合同管理的实践表明这些是不够的。工程项目业主在履行合同时也经常发现已签订的合同条款中有遗漏，或规定得不够具体，即不够完备。事实上，这是必然的。其中一个重要原因是，合同在签订过程中具有信息不对称的特点。由于信息非对称性，承包商的行为不能被业主完全了解，因此承包商也不承担行为的全部后果，这是需要建立激励机制的核心。工程项目业主与承包商之间，工程承发包合同或咨询合同具有不完备的特性。这在于：一方面，合同在履行过程中存在大量不确定因素的影响；另一方面，业主对于承包商如何去实施所承包的工程项目，以及会得到何种质量和水平的工程等方面难以把握，即业主所取得的信息和承包商相比是不对称的。因此，在签订工程项目合同时，不可能对工程项目实施中的各种问题做出十分明确的规定。反之，虽然信息对称，业主将合同规定得很细，但这样合同管理的工作量会很大，履行合同的成本就会很高。因此，有必要在工程项目合同管理中引进激励机制，从而诱使工程承包商从自身的利益出发选择对其最有利的行动。

2）建设工程合同的风险性，要求工程合同建立激励机制。工程项目具有一次性和单件性的特点，在工程项目实施过程中还会遇到自然的、社会的各种不利因素的干扰。克服或排除这些干扰，一方面需要时间，另一方面势必会导致成本的增加。在标准化合同条件中，一般对风险的分配做了明确的规定，但这些是针对较为明显且可以分析计算的风险。对那些不明显或不能分析计算的风险一般在合同条件中不能反映，然而它们可能还经常会发生。当那些风险发生后，首当其冲承受损害的必然是承包商。当承包商承受不了这些风险时，其必然会想到将风险转嫁给项目业主，经常表现为工程质量的低劣和工程进度的滞后。因此，从这一角度看，当不能在合同中反映的风险发生后，承包商成本的增加理应得到适当的补偿。工程项目合同中的激励正是适度补偿承包商风险成本的一种形式。

3）优质优价原则要求建立合同激励机制。由工程项目质量理论可知，高质量一般需要高成本，而且工程质量达到一定水平后，成本的增长速度会很快。在工程项目承包合同中，对工程单价或总价已一次包死。因此，在达到合同规定的合格质量要求后，当再提高工程质量时，成本必然会超过预期。这种预期外的成本若得不到额外的补偿，势必会影响到承包商的积极性。而采用以工程质量为核心的激励措施后，可大大提高承包商为质量而努力的积极性。从业主的角度看，提高工程质量意味着工程效率的提高或工程寿命的延长。一般而言，可提高工程的性价比。

2. 工程合同激励的对象、范围

工程合同激励的对象十分明确，即业主对承包商进行激励。

工程合同激励的范围，一般应以工程项目目标为中心，并在合同中有明确条件规定的标准之外。但应注意，当承包商达不到合同规定标准，业主需要采取措施制约；当承包商超过合同标准，但对工程意义不大时，不属于合同激励的范围。

因此，工程合同激励的范围应包括：工程中的某些内容对实现工程目标的影响很大；工程建设中所追求的，但要达到什么结果在工程合同中不能做过细规定，或者做详细规定后合同管理成本很高；在工程施工中不允许有这类详细的规定等。

3.6.2 激励合同

一个项目的建设过程参与单位众多，以业主与承包商签订的施工合同为例，它主要包含了3种主要功能。

1）工作信息传递：业主在合同中规定了该项目承包商要完成的工作。

2）风险信息传递：业主通过起草招标文件，确定合同类型，制订风险分配策略。

3）项目目标传递：给合同双方当事人灌输项目最终目标，理想情况下，该目标应与承包商自身的目标相匹配。

合同的激励形式通常在实质上是积极的，但是会有各种积极或消极的表现形式。在已有的合同类型中，固定价格合同和成本加酬金合同都包含了激励条款。激励合同的目标是让业主和

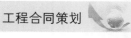

承包商共同分担风险。图 3-6 和图 3-7 所示分别表示在两种激励合同下，工程实际成本与承包商利润的关系。

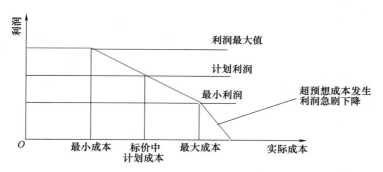

图 3-6 固定价格合同下工程实际成本与承包商利润关系

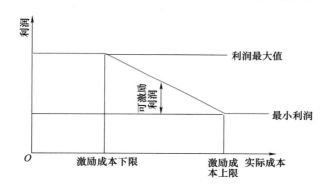

图 3-7 成本加酬金合同下工程实际成本与承包商利润关系

由图 3-6 和图 3-7 可以看出，固定价格合同下，当建设成本超过某一范围后，承包商承担的风险比业主大；而采用成本加酬金合同，业主会承担所有的超支风险，而承包商还会获得固定的利润额。因此，成本加酬金合同将使得承发包双方的矛盾关系转化成一种合作关系，承包商节省建设成本的同时可以获得更多的利润收益，而业主达到了节省开支的目的。

3.6.3 激励合同设计

对于一个建设项目，不论业主在合同条款中做何规定，承包商都会从合同明确规定的条款出发，首先考虑自身利益最大化，其次决定如何去做，而不可能将业主期望达到的目标作为其预期目标和行动指南。因此，业主需要借助工程合同激励机制，调动承包商努力工作的积极性，诱使承包商选择业主期望的行动方案。

按照信息经济学的观点，业主与承包商的关系符合委托-代理理论的基本思想。根据上一节的分析，业主作为委托人大多属于风险中立者，承包商作为代理人大多属于风险规避者。因此，业主在设计激励合同时会受到来自承包商的两个约束：第一个约束是参与约束，承包商从接受合同中得到的期望效用不能小于不接受合同时能得到的最大期望效用；第二个约束是承包商的激励相容约束，因为业主不能观测到承包商的行动和自然状态，在任何的激励合同下，承包商总是选择使自己的期望效用最大化的行动，因此，任何业主希望的行动都只能通过承包商的效用最大化行为实现。

1. 激励合同的设计原则

在上述总原则的指导下，业主在设计激励方案时，要符合下列基本原则。

1）明确激励范围，给承包商明确的奋斗目标。

2）工程合同激励的数量界限应该反映实际成本的增加。在确定物质激励数量界限时，应以成本为基础进行分析、预测，并确定奖励的上限和下限方案。

3）设计激励方案时要从工程项目的整体出发。

4）激励达到的效果要大于激励的成本。激励成本包括建立激励机制、开展激励活动和向承包商兑现约定的物质奖励等发生的成本。

5）激励的兑现应经过严格考核。通过考核，一方面可检验激励机制的有效性，另一方面可促进承包商为实现激励目标而努力工作的积极性。

6）激励和惩罚应对称。

2. 激励机制的分类

（1）显性激励机制 业主选取要委托的多任务目标（安全、质量、进度和投资等），形成可观测的综合多任务衡量指标体系，来衡量承包商全面完成多任务目标的绩效，并根据承包商的行动结果进行奖惩。这种承发包双方均能观察到的激励政策即为显性激励机制，合同设计上可采用激励报酬方式。

（2）隐性激励机制 隐性激励机制是业主利用承包商市场的信誉效应对承包商行为进行约束的机制。这一机制使承包商在面临市场供求关系的条件下，通过现期的努力对终期业绩的影响来改进市场对自己能力的判断。对业主来说，一方面可根据承包商执行显性激励合同的绩效水平，使其成为业主的合作伙伴；另一方面，通过在外部市场对承包商执行合同绩效的披露，潜在增加或降低其在外部市场的声誉及获取交易合同的机会，抑制其"偷懒"的倾向。

3. 激励合同设计方案

（1）建设工程合同激励的范围 确定工程合同激励机制的范围应主要围绕工程质量这个目标，建立以工程质量为核心的激励机制。

（2）规定激励的标准 该标准要注意能否调动承包商的积极性，以诱使其为实现工程项目的目标而去努力。例如，在广东省东深供水改造工程项目上，在承发包合同中明确规定，将安排额度为合同价3%以内的资金作为工程质量、安全和文明施工的奖励基金。

（3）建立严格的考核评价体系 该评价体系的起点应是合同规定的基本要求，然后才是被激励的范围。例如，对工程质量，若以分项（或单元）工程质量优良品率来考核，则分项（或单元）工程全部合格是工程合同的基本要求。达到这一基本条件后，才能根据优良品率的大小进行奖励。

（4）激励方式设计 对于大中型建设工程项目，经常采用平行发包的模式，即有多个承发包合同。此时，基本的激励方式有两种：一种是在考核评价的基础上，根据承包商的绝对业绩进行奖励；另一种是在考核评价的基础上，根据业绩得到承包商的一个排名，然后依次进行奖励。工程项目追求的是整体质量，而不只是局部的工程质量。因此，在工程项目合同管理的激励中，采用后者较为适当。后者是"相对业绩比较"的特殊形式——竞赛制，这一形式可剔除更多的不确定因素，而对承包商努力水平的判断更为准确，业主也可以充分利用承包商的可观测变量信息。在这种制度下，承包商的所得只依赖于他在所有承包商中的排名，而与他的绝对表现无关。这样既可以防止评价发生偏差的风险，又可强化激励机制，鼓励每个承包商为实现项目业主的目标而努力，达到提高整体工程质量水平的目标。

总之，激励合同的设计应是合作而不是对立，业主设置奖惩机制的目的在于统一承包商与己方的目标，使承包商在规避惩罚，努力争取奖励的同时可以让业主取得更大的收益。激励机制的实现在于机制的有效性与奖励实现的可能性。因此业主在设计激励合同时，应合理制订激励数量和激励标准，协调己方与承包商的利益。

案例 3-3 **激励合同在S集团科研设计大楼项目工程建设管理中的应用**

S集团科研设计大楼项目位于南京市建邺区新城科技园，建筑面积约 4.57 万 m²，其中地下 2 层约 1.1 万 m²，地上 23 层约 3.65 万 m²。该项目为S集团自筹资金建设项目，总投资约 30 500 万元。工程建设工期为：2014 年 9 月 30 日开始至 2016 年 12 月 31 日竣工。项目管理期限为：2014 年 5 月 10 日开始至 2017 年 1 月 28 日结束。

本项目建设规模一般，但工期紧张，业主方对使用功能和质量要求很高，工艺和技术较为复杂。项目地处河西长江漫滩，地质较差，建筑高度接近超高层，需要对深基坑、高支模、预应力等专项技术方案进行论证。

1. 项目激励合同报酬机制设计

该项目管理合同的取费模式为：预算投资额×服务费率+投资节约额×分享比例+奖惩费用；由于存在投资节余奖励，因此可视其为激励合同。项目管理公司的报酬总共有三个部分：基本报酬、投资节余奖励、奖惩费用。

该项目采用项目管理服务（PM）模式，由业主S集团委托N项目投资管理有限公司对科研大楼的工程建设实施全过程管理。业主采用招投标方式选择项目管理单位。S集团以预算投资额为基数计算基本管理服务费，设定的投标费率上限（招标控制价）为 3%，最终N公司以 1% 的费率报价中标，即N公司的基本服务费为 305 万元。此部分费用的支付方式为：合同签订后一周内，首次付款 20 万元；自合同约定的项目管理期开始后，每季度末付款 30 万元；工程竣工移交后 10 日内结清尾款。

对于投资节余奖励报酬部分，业主设定的投资节余分享比例（即激励强度）为 10%，投资节余奖励=（预算投资额-实际投资额）×奖励比例 10%，最高投资节余奖励不超过基本管理费的 20%。

2. 项目激励合同激励方式设计

1）如项目管理方提出合理化建议并且确实产生经济效益，经业主审核认可后，将节省费用的 15% 以奖励费的方式支付给项目管理方。支付方式为业主确认后次月单独支付。

2）完成实物工程量并通过业主现场验收（不含备案验收）的时间，每提前一个月奖励 5 万元，提前三个月以上的一次性奖励 20 万元；支付时间为现场验收完成后一个月内。

3）质量达到市优及以上的，由委托方奖励项目管理方 10 万元。支付时间为业主收到证书复印件后一个月内。

4）安全目标达到无人员死亡及重伤或经济损失小于 100 万元的，由委托方奖励项目管理方 10 万元；支付时间为现场验收完成后一个月内。

3. 项目激励合同的效果分析

1）进度目标激励效果良好。合同中对工期目标的要求比较严格，如提前完工，奖励 5 万元/月；而工期延误，则罚款 10 万元/月；由于处罚的金额比奖励的金额还要高，项目管理公司将非常重视工期目标的实现，并且会努力提前完工以获得奖励。

2）质量目标激励效果一般。业主未对质量目标提出特殊要求，创优最高要求仅为市级，奖励金额也较低，项目管理公司努力严控质量的积极性不高。加之工期要求较为严格，且质量和工期之间存在相互影响和约束的关系，项目管理公司可能会为了赶进度而牺牲质量。

3）投资目标激励效果一般。由于本项目的工期紧、技术较为复杂、业主的要求较高，这种情况下，项目管理公司优化投资的空间较大，且效果较明显，应当提供较高的激励强度。而在本案例中，业主设定的奖励系数仅10%，虽然一定程度上会产生对代建单位的激励作用，但是效果不明显。

另一方面，10%的奖励比例以及投资节余奖励最高不超过基本管理费的20%的约定使得激励效果大打折扣。由于基本管理费为305万元，那么投资节余奖励最高为305万元×20%＝61万元，对应的投资节约金额为61万元÷10%＝610万元。这意味着，即使项目管理公司通过努力能够实现800万元甚至1 000万元的投资节约，但由于节约金额超过610万元之后对自己没有任何好处，将放弃继续努力，此时所获的61万元奖励对其来说就达到了自身效用的最大化。

4）安全目标激励效果良好。合同中明确规定了对事故等级、人身伤亡、经济损失的奖惩界限，有利于项目管理公司重视安全管理。

5）合理化建议、免责条款等内容也起到激励效果。由于免责条款剔除了一部分不属于项目管理方的责任风险，使项目管理公司能够主动、自信地参与到全过程的管理服务中，不必有太多后顾之忧；业主给予项目管理公司合理化的建议，也在一定程度上激励项目管理公司更重视设计方案审查、施工方案审查，做好事前控制。

思 考 题

1. 工程合同策划的概念与内容是什么？
2. 业主在选择发包模式时应考虑哪些因素，不同条件下应选择何种发包模式？
3. DBB模式与DB模式下承包商承担风险有什么不同？
4. 工程合同类型有哪些类型？各有什么特点？如何选用？
5. 工程招标的方式有哪些？在什么条件下适用？
6. 工程评标的方法有哪些？在什么条件下适用？
7. 常见发包模式下工程合同内容策划特点如何？
8. 工程合同激励的对象和范围是什么？
9. 设计工程合同激励方案需要做哪些工作？流程是怎样的？

第4章

工程招投标与合同签订

学习目标

　　了解工程招标程序，熟悉资格审查类型、内容和方法，掌握施工招标文件编制方法，了解勘测设计招标、材料设备采购和工程总承包招标文件编制内容，熟悉常见评标方法，熟悉投标程序，掌握施工投标文件编制方法，了解施工合同评标与合同签订。

4.1　工程招标

4.1.1　工程招标程序

1. 施工招标准备

　　施工招标准备工作包括成立招标机构及备案、确定招标方式和发布招标公告（或投标邀请书）。这些准备工作应相互协调、有序实施。

　　（1）成立招标机构及备案　建设工程招标人是提出招标项目，发出招标邀约要求的法人或其他组织。招标人是法人的，应当有必要的财产或者经费，有自己的名称、组织机构和场所，具有民事行为能力，能够依法独立享有民事权利和承担民事义务的机构，包括企业、事业、政府、机关和社会团体法人。

　　1）招标机构资格。招标人如具有与招标项目规模和复杂程度相适应的技术、经济等方面的专业人员，具有编制招标文件和组织评标能力的，可自行组织招标。招标人如不具备自行组织招标的能力条件，应当委托招标代理机构办理招标事宜。《招标投标法》第十三条规定："招标代理机构应当具备下列资格条件：有从事招标代理业务的营业场所和相应资金，有能够编制招标文件和组织评标的相应专业力量。"

　　2）招标备案。招标人向建设行政主管部门办理申请招标手续。招标备案文件应说明：招标工作范围，招标方式，计划工期，对投标人的资质要求，招标项目的前期准备工作的完成情况，自行招标还是委托代理招标等内容。

　　（2）编制招标文件　招标人应根据标准施工招标文件，结合招标项目具体特点和实际需要编制招标文件。招标文件是投标人编制投标文件和报价的依据，因此，应包括招标项目的所有实质性要求和条件。

　　1）施工招标文件包括下列内容：招标公告或投标邀请书，投标人须知，评标办法，合同条款及格式，工程量清单，施工图，技术标准和要求，投标文件格式，投标人须知前附表规定的其他材料。此外，招标人对招标文件的澄清、修改也构成招标文件的组成部分。其中，投标人须知包括前附表、正文和附表格式三部分。

① 前附表针对招标工程列明正文中的具体要求，用于明确新项目的要求、招标程序中主要工作步骤的时间安排、对投标书的编制要求等内容。

② 正文包括：

a. 总则，包括项目概况、资金来源和落实情况、招标范围、计划工期和质量要求、投标人资格要求等内容。

b. 招标文件，包括招标文件的组成、招标文件的澄清与修改等内容。

c. 投标文件，包括投标文件的组成、投标报价、投标有效期、投标保证金和投标文件的编制等内容。

d. 投标，包括投标文件的密封和标识、投标文件的递交和投标文件的修改与撤回等内容。

e. 开标，包括开标时间、地点和开标程序。

f. 评标，包括评标委员会和评标原则等内容。

g. 合同授予。

h. 重新招标和不再招标。

i. 纪律和监督。

j. 需要补充的其他内容。

③ 附表格式是招标过程中用到的标准化格式，包括：开标记录表、问题澄清通知书格式、中标通知书格式和中标结果通知书格式。

2）设计施工总承包招标包括下列内容：招标公告或投标邀请书，投标人须知，评标办法，合同条款及格式，业主要求，业主提供的资料，投标文件格式，投标人须知前附表规定的其他材料。与施工招标文件相比较，投标人须知在设计方面提出了有关设计工作方面的要求：

① 质量标准：包括设计要求的质量标准。

② 投标人资格要求：项目经理应当具备工程设计类或者工程施工类注册执业资格，设计负责人应当具备工程设计类注册执业资格。

③ 设计成果补偿：招标人对符合招标文件规定的未中标人的设计成果进行补偿的，按投标人须知前附表规定给予补偿，并有权免费使用未中标人的设计成果等。

（3）编制工程量清单或标底　工程量清单是载明建设工程分部分项工程项目、措施项目、其他项目的名称和相应数量以及规费、税金项目等内容的明细清单。标底是由招标人组织专门人员为准备招标的工程计算出的一个合理的基本价格。它不等于工程的概（预）算，也不等于合同价格。标底是招标人的绝密资料，在开标前不能向任何无关人员泄露。

（4）发布招标公告或投标邀请书　招标公告或投标邀请书的作用是让潜在投标人获得招标信息，以便进行项目筛选，确定是否参与竞争。招标公告或投标邀请书分别适用于不同的施工招标方式。

1）招标公告。招标公告适用于进行资格预审的公开招标。招标公告内容包括：招标条件、项目概况与招标范围、投标人资格要求、招标文件的获取、投标文件的递交、发布公告的媒体和联系方式等。

2）投标邀请书。投标邀请书适用于进行资格后审的邀请招标。投标邀请书内容包括：招标条件、项目概况与招标范围、投标人资格要求、招标文件的获取，以及投标文件的递交、确认和联系方式等。

2. 组织资格审查

为了保证潜在投标人能够公平地获得投标竞争的机会，确保投标人满足投标项目的资格条件，招标人应当对投标人进行资格审查。根据《招标投标法实施条例》有关规定，资格预审一般按以下程序进行。

（1）编制资格预审文件　对依法必须进行招标的项目，招标人应使用相关部门制定的标准文本，根据招标项目的特点和需要编制资格预审文件。

（2）发布资格预审公告　公开招标的项目，应当发布资格预审公告。对于依法必须进行招标的项目的资格预审公告，应当在国务院发展改革部门依法指定的媒体上发布。

（3）发售资格预审文件　招标人应当按照资格预审公告规定的时间、地点发售资格预审文件。给潜在投标人准备资格预审文件的时间应不少于5日。发售资格预审文件收取的费用应相当于补偿印刷、邮寄的成本支出，不得以营利为目的。申请人对资格预审文件有异议的，应当在递交资格预审申请文件截止时间2日前向招标人提出。招标人应当自收到异议之日起3日内做出答复；做出答复前，应当暂停实施招标投标的下一步程序。

（4）资格预审文件的澄清、修改　招标人可以对已发出的资格预审文件进行必要的澄清或者修改。澄清或者修改的内容可能影响资格预审申请文件编制的，招标人应当在提交资格预审申请文件截止时间至少3日前，以书面形式通知所有获取资格预审文件的潜在投标人；不足3日的，招标人应当顺延提交资格预审申请文件的截止时间。

（5）组建资格审查委员会　国有资金占控股或者主导地位的依法必须进行招标的项目，招标人应当组建资格审查委员会审查资格预审申请文件。资格审查委员会及其他成员应当遵守招标投标法及其实施条例有关评标委员会及其成员的规定，即资格审查委员会由招标人（招标代理机构）熟悉相关业务的代表和不少于成员总数2/3的技术、经济等方面专家组成，成员人数为5人以上单数。其他项目由招标人自行组织资格审查。

（6）潜在投标人递交资格预审申请文件　潜在投标人应严格依据资格预审文件要求的格式和内容，编制、签署、装订、密封、标识资格预审申请文件，按照规定的时间、地点和方式递交。

（7）资格预审审查报告　资格审查委员会应当按照资格预审文件载明的标准和方法，对资格预审申请文件进行审查，确定通过资格预审的申请人名单，并向招标人提交书面资格审查报告。资格审查报告一般包括以下几个内容：基本情况和数据表，资格审查委员会名单，澄清、说明、补正事项纪要等，评分比较一览表的排序，其他需要说明的问题。

（8）确认通过资格预审的申请人　招标人根据资格审查报告确认通过资格预审的申请人，并向其发出投标邀请书。招标人应要求通过资格预审的申请人收到通知后，以书面方式确认是否参加投标。同时，招标人还应向未通过资格预审的申请人发出资格预审结果的书面通知。

3. 发售招标文件及组织现场踏勘

（1）发售招标文件　招标人按照招标公告（未进行资格预审）或投标邀请书（邀请招标）的时间、地点发售招标文件。

（2）组织现场踏勘　现场踏勘是指招标人组织投标人对项目实施现场的经济、地理、地质、气候等客观条件和环境进行现场调查。现场踏勘对于投标人全面了解招标项目情况，减少可能的争议具有重要的意义。招标人在投标人须知中说明的时间统一组织投标人进行施工现场踏勘。《标准施工招标文件》中规定：

1）招标人按招标公告规定的时间、地点组织投标人踏勘项目现场。

2）投标人承担自己踏勘现场发生的费用。

3）除招标人的原因外，投标人自行负责在踏勘现场中所发生的人员伤亡和财产损失。

4）招标人在踏勘现场中介绍工程场地和相关的周边环境情况，供投标人在编制投标文件时参考，招标人不对投标人据此做出的判断和决策负责。

踏勘现场后涉及对招标文件进行澄清修改的，招标人应当在招标文件要求提交投标文件的截止时间至少 15 日前，以书面形式通知所有招标文件收受人。考虑到在踏勘现场后，投标人有可能对招标文件的部分条款进行质疑，组织投标人踏勘现场的时间一般应在投标截止时间 15 日前及投标预备会召开前进行。

（3）投标预备会　投标预备会是招标人组织召开的，目的在于澄清招标文件中的疑问，解答投标人对招标文件和现场踏勘中所提出的疑问或问题的会议。《标准施工招标文件》中规定：

1）招标人按投标人须知说明的时间和地点召开投标预备会，澄清投标人提出的问题。

2）投标人应在招标公告规定的时间前，以书面形式将提出的问题送达招标人，以便招标人在会议期间进行澄清。

3）投标预备会后，招标人在招标公告规定的时间内将对投标人所提问题的澄清，以书面方式通知所有购买招标文件的潜在投标人。该澄清内容为招标文件的组成部分。

考虑到投标预备会后需要将招标文件的澄清、补充和修改书面通知所有潜在投标人，组织投标预备会的时间一般应在投标截止时间 15 日以前进行。

4．开标与评标

（1）接收投标文件　招标人收到投标文件后应当签收，并在招标文件规定开标时间前不得开启。同时为了保护投标人的合法权益，招标人必须履行完备、规范的签收手续。签收人要记录投标文件递交的日期和地点以及密封状况，签收人签名后应妥善保存所有递交的投标文件。

（2）组建评标委员会

1）评标委员会。评标委员会成员名单一般应于开标前确定。评标委员会成员名单在中标结果确定前应当保密。评标委员会由招标人或其委托的招标代理机构熟悉相关业务的代表，以及技术、经济等方面的相关专家组成，成员人数为五人以上单数，其中技术、经济等方面的专家不得少于成员总数的三分之二。评标委员会的专家成员应当从依法组建的专家库中采取随机抽取或者直接确定的方式确定。一般项目，可以采取随机抽取的方式；技术复杂、专业性强或者国家有特殊要求的招标项目，采取随机抽取方式确定的专家难以保证胜任的，可以由招标人直接确定。

2）评标专家应满足的条件。评标专家应从事相关专业领域工作满八年并具有高级职称或者同等专业水平，并且熟悉有关招标投标的法律法规，具有与招标项目相关的实践经验，能够认真、公正、诚实、廉洁地履行职责。

3）专家回避。评标委员会成员有下列情形之一的，应当回避：

① 投标人或者投标人的主要负责人的近亲属。

② 项目主管部门或者行政监督部门的人员。

③ 与投标人有经济利益关系，可能影响投标公正评审的。

④ 曾因在招标、评标以及其他与招标投标有关的活动中有过违法行为而受过行政处罚或刑事处罚的。

（3）开标

1）开标地点。招标人及其招标代理机构应按招标文件规定的时间、地点主持开标，邀请所有投标人的法定代表人或其委托的代理人参加。

2）开标程序。主持人按下列程序进行开标：

① 宣布开标纪律。

② 公布在投标截止时间前递交投标文件的投标人名称，并点名确认投标人是否派人到场了。

③ 宣布开标人、唱标人、记录人、监标人等有关人员姓名。

④ 检查投标文件的密封情况。

⑤ 确定并宣布投标文件的开标顺序。

⑥ 设有标底的，公布标底。

⑦ 按照宣布的开标顺序当众开标，公布投标人名称、标段名称、投标保证金的递交情况、投标报价、质量目标、工期及其他内容，并记录在案。

⑧ 投标人代表、招标人代表、监标人、记录人等有关人员在开标记录上签字确认。

⑨ 开标结束。

招标人应在招标公告中规定开标程序中检查投标文件密封情况以及确定开标顺序的具体做法。开标时，由投标人或者其推选的代表检查投标文件的密封情况，也可以由招标人委托的公证机构检查并公证等；可以按照投标文件递交的先后顺序开标，也可以采用其他方式确定开标顺序。

（4）评标　评标由招标人依法组建的评标委员会负责。评标委员会应当充分熟悉和掌握招标项目的主要特点和需求，认真阅读和研究招标文件及其相关技术资料、评标方法、因素和标准、主要合同条款、技术规范等，并按照工程施工项目的评审步骤对投标文件进行分析、比较和评审。评标完成后，应当向招标人提交书面的评标报告并推荐中标候选人名单。

《标准施工招标文件》规定，评标办法分为经评审的最低投标价法和综合评估法，供招标人根据项目具体特点和实际需要选择使用。

4.1.2　资格审查

1. 标准资格预审文件的组成

《标准资格预审文件》包含封面格式和五章内容，相同序号标示的章、节、条、款、项、目，由招标人依据需要选择其一，形成一份完整的资格预审文件。文件各章规定的内容有：

（1）资格预审公告　资格预审公告包括招标条件、项目概况与招标范围、申请人资格要求、资格预审方法、资格预审文件的获取、资格预审申请文件的递交、发布公告的媒体和联系方式等公告内容。

（2）申请人须知　申请人须知包括申请人须知前附表和正文。申请人须知前附表内招标人根据招标项目具体特点和实际需要编制，用于进一步明确正文中的未尽事宜。正文包括以下9部分内容：

① 总则，包含项目概况、资金来源和落实情况、招标范围、工作计划和质量要求、申请人资格要求、语言文字以及费用承担等内容。

② 资格预审文件，包括资格预审文件的组成、资格预审文件的澄清和修改等内容。

③ 资格预审申请文件的编制，包括资格预审申请文件的组成、资格预审申请文件的编制要求以及资格预审申请文件的装订、签字。

④ 资格预审申请文件的递交，包括资格预审申请文件的密封和标识以及资格预审申请文件的递交两部分。

⑤ 资格预审申请文件的审查，包括审查委员会和资格审查两部分内容。

⑥ 通知和确认。

⑦ 申请人的资格改变。

⑧ 纪律与监督。

⑨ 需要补充的其他内容。

（3）资格审查方法　资格审查分为资格预审和资格后审两种。

1）资格预审。对于公开招标的项目，实行资格预审。资格预审是指招标人在投标前按照有关规定的程序和要求公布资格预审公告和资格预审文件，对获取资格预审文件并递交资格预审申请文件的申请人组织资格审查，确定合格投标人的方法。

2）资格后审。邀请招标的项目，实行资格后审。资格后审是指开标后由评标委员会对投标人资格进行审查的方法。采用资格后审方法的，按规定要求发布招标公告，并根据招标文件中规定的资格审查方法、因素和标准，在评标时审查确认满足投标资格条件的投标人。

资格预审和资格后审不同时使用，二者审查的时间是不同的，审查的内容是一致的。一般情况下，资格预审比较适合于具有单件性特点，且技术难度较大或投标文件编制费用较高，或潜在投标人数量较多的招标项目；资格后审适合于潜在投标人数量不多的通用性、标准化项目。通常情况下，资格预审多用于公开招标，资格后审多用于邀请招标。

（4）**资格审查办法**　资格审查分为合格制和有限数量制两种审查办法，招标人根据项目的具体特点和实际需要选择资格审查办法。每种办法都包括简明说明、评审因素和标准的附表和正文。附表由招标人根据招标项目具体特点和实际需要编制和填写。正文包括以下4部分：

① 审查方法。

② 审查标准，包括初步审查标准、详细审查标准，以及评分标准（有限数量制）。

③ 审查程序，包括初步审查、详细审查、资格预审申请文件的澄清，以及评分（有限数量制）。

④ 审查结果。

（5）**资格预审申请文件**　资格预审申请文件的内容包括法定代表人身份证明或授权委托书、联合体协议书、申请人基本情况表、近年财务状况、近年完成的类似项目情况表、正在施工的和新承接的项目情况表、近年发生的诉讼及仲裁情况、其他资料8个方面的内容要求。

2. 资格预审公告

工程招标资格预审公告适用于公开招标，具有代替招标公告的功能，主要包括以下内容：

（1）**招标条件**　主要是简要介绍项目名称、审批机关、批文、业主、资金来源以及招标人情况。需要注意的是，此处的信息必须与其他地方所公开的信息一致，如项目名称需要与预审文件封面一致，项目业主必须与相关核准文件载明的项目单位一致，招标人也应该与预审文件封面一致。

（2）**项目概况与招标范围**　项目概况简要介绍项目的建设地点、规模、计划工期等内容；招标范围主要针对本次招标的项目内容、标段划分及各标段的内容进行概括性的描述，使潜在投标人能够初步判断是否有兴趣参与投标竞争、是否有实力完成该项目。需要注意的是，标段划分与工程实施技术紧密相连，不可分割的单位工程不得设立标段，也不得以不合理的标段设置或工期限制排斥潜在的投标人。

（3）**对申请人的资格要求**　招标人对申请人的资格要求应当限于招标人审查申请人是否具有独立订立合同的能力，是否具有相应的履约能力等。主要包括4个方面：申请人的资质、业绩、投标联合体要求和标段。需要注意的是，资质要求由招标人根据项目特点和实际需要，明确提出申请人应具有的最低资质。例如，某项目为五层单体建筑，单跨跨度为21m，建筑面积为5000m^2，工程概算为1000万元，按照施工企业总承包资质标准，规定申请人具有总承包资质等级三级即可。另外，对于联合体的要求主要是明确联合体成员在资质、财务、业绩、信誉等方面应满足的最低要求。

（4）**资格预审方法**　资格预审方法分为合格制和有限数量制两种。投标人数过多，申请人的投标成本加大，不符合节约原则；而人数过少又不能形成充分竞争。因此，由招标人结合项目特点和市场情况选择使用合格制和有限数量制。如无特殊情况，鼓励招标人采用合格制。

（5）**资格预审文件的获取**　主要向有意参与资格预审的主体告知与获取文件有关的时间、

地点和费用。需要注意的是，招标人在填写发售时间时应满足不少于5个工作日的要求，预审文件售价应当合理，不得以营利为目的。

（6）资格预审文件的递交　告知提交预审申请文件的截止时间以及预期未提交的后果。需要招标人注意的是，在填写具体的申请截止时间时，应当根据有关法律规定和项目的具体特点合理确定提交时间。

3. 资格审查办法

（1）合格制

1）审查方法。凡符合资格预审文件规定的初步审查标准和详细审查标准的申请人均通过资格预审，取得投标人资格。合格制比较公平公正，有利于招标人获得最优方案；但可能会出现人数多，增加招标成本。

2）审查标准。

① 初步审查标准。初步审查的因素一般包括：申请人的名称；申请函的签字盖章；申请文件的格式；联合体申请人；资格预审申请文件的证明材料以及其他审查因素等。审查标准应当具体明了，具有可操作性。例如，申请人名称应当与营业执照、资质证书以及安全生产许可证等一致；申请函签字盖章应当有法定代表人或其委托代理人签字或加盖单位公章等。招标人应根据项目具体特点和实际需要，进一步删减、补充和细化。

② 详细审查标准。详细审查因素主要包括申请人的营业执照、安全生产许可证、资质、财务、业绩、信誉、项目经理资格以及其他审查因素等。审查标准主要是核对审查因素是否有效、是否与资格预审文件列明的对申请人的要求相一致。例如，申请人的资质等级、财务状况、类似项目业绩、信誉和项目经理资格应当与招标文件中的规定相一致。

3）审查程序。

① 初步审查。审查委员会依据资格预审文件规定的初步审查标准，对资格预审申请文件进行初步审查。只要有一项因素不符合审查标准的，就不能通过资格预审。审查委员会可以要求申请人提交营业执照副本、资质证书副本、安全生产许可证以及有关诉讼、仲裁等法律文书的原件，以便核验。

② 详细审查。审查委员会依据资格预审文件规定的详细评审标准，对通过初步审查的资格预审申请文件进行详细审查。只要有一项因素不符合审查标准的，就不能通过资格预审。通过资格预审的申请人除应满足资格预审文件的初步审查标准和详细审查标准外，还不得存在下列任何一种情形：不按审查委员会的要求提供澄清或说明；为项目前期准备提供设计或咨询服务（设计施工总承包除外）；为招标人不具备独立法人资格的附属机构或为本项目提供招标代理；为本项目的监理单位、代建单位等情形；最近三年内有骗取中标或严重违约或重大工程质量问题；在资格预审过程中弄虚作假、行贿或有其他违法违规行为等。

③ 资格预审申请文件的澄清。在审查过程中，审查委员会可以用书面形式要求申请人对所提交的资格预审申请文件中不明确的内容进行必要的澄清或说明。申请人的澄清或说明应采用书面形式，且不得改变资格预审申请文件的实质性内容。申请人的澄清和说明内容属于资格预审申请文件的组成部分。招标人和审查委员会不接受申请人主动提出的澄清或说明。

4）审查结果。

① 提交审查报告。审查委员会按照规定的程序对资格预审申请文件完成审查后，确定通过资格预审的申请人名单，并向招标人提交书面审查报告。书面报告主要包括：基本情况和数据表；资格审查委员会名单；澄清、说明、补正事项纪要；审查过程、未通过审查的情况说明、通过评审的申请人名单；其他需要说明的问题。

② 重新进行资格预审或招标。通过资格预审详细审查的申请人数量不足 3 个的，招标人应分析具体原因，根据实际情况重新组织资格预审或不再组织资格预审而直接招标。

（2）有限数量制

1）审查方法。审查委员会依据资格预审文件中审查办法（有限数量制度）规定的审查标准和程序，对通过初步审查和详细审查的资格预审申请文件进行量化打分，按得分由高到低的顺序确定通过资格预审的申请人。通过资格预审的申请人数量不得超过资格预审须知说明的数量。

2）审查标准。

① 初步和详细审查标准。有限数量制和合格制的选择，是招标人基于潜在投标人的多少以及是否需要对人数进行限制。因此在审查标准上，二者并无本质或重要区别，都是需要进行初步审查和详细审查。二者的不同就在于有限数量制需要进行打分量化。

② 评分标准。评分因素一般包括财务状况、申请人的类似项目业绩、信誉、认证体系、项目经理的业绩以及其他一些相关因素。审查委员会可以根据实际需要，设定每一项所占的分值及其区间。

3）审查程序。

① 审查及预审文件澄清。有限数量制与合格制在审查程序以及预审文件澄清两方面基本是相同的，初步审查和详细审查的因素、标准以及澄清的要求均可参照本节关于合格制审查办法的有关内容，此处不再赘述。

② 评分。通过详细审查的申请人不少于 3 个且没有超过规定数量的，均通过资格预审，不再进行评分。通过详细审查的申请人数量超过规定数量的，审查委员会依据招标文件中的评分标准进行评分，按得分由高到低的顺序进行排序。

4）审查结果。

① 提交审查报告。审查委员会按照规定的程序对资格预审申请文件完成审查后，确定通过资格预审的申请人名单，并向招标人提交书面审查报告。

② 重新进行资格预审或招标。通过详细审查申请人的数量不足 3 个的，招标人重新组织资格预审或不再组织资格预审而直接招标。

案例 4-1　某工程施工招标资格审查

[问题]

某学校扩建项目，其建安工程投资额 3 000 万元人民币，包括 8 个单体建筑工程，分别为办公楼、1~3 号教学楼、学生食堂、学生公寓、图书馆、10kV 变电所和大门及门卫室等，总建筑面积 126 436m²，占地面积 8 600m²，其中教学楼和学生公寓为地上六层框架结构，学生食堂、图书馆为地上三层框架结构，变电所及门卫室为单层混合结构。招标人拟将整个扩建工程施工作为一个标段，并采用资格预审的办法组织资格审查，但不接受联合体参加资格预审。

[问题]

（1）资格审查有哪几种办法？给出其具体做法。怎样选择其一为一个项目的资格审查办法？确定了审查办法后，有哪几种方法进行资格审查？

（2）施工投标资格审查有哪几方面的内容？这些审查内容怎样进一步分解为审查因素？

（3）针对本项目实际情况，选择资格审查办法和审查方法，并设置资格审查因素和审查标准。

[参考答案]

（1）问题 1

资格审查办法分为资格预审与资格后审。资格预审是在招标文件发售前，招标人通过发售资格预审文件，组织资格审查委员会对资格预审申请人提交的资格申请文件进行审查，进而确定通过资格预审的申请人；资格后审指的是开标后，评标委员会在评标阶段的初步审查程序中，对投标人提交的投标文件中的资格文件进行的审查，进而确定投标人通过初步评审，成为合格投标人。

判断一个工程施工招标项目是否需要采用资格预审，是由满足该项目施工条件的潜在投标人的多少来决定的。潜在投标人过多，造成招标人的成本支出和投标人的投标花费总量大，与招标项目的价值相比不值得时，招标人需要组织资格预审；反之则可以采用资格后审。

采用资格预审的，可以采用两种方法确定通过资格预审的申请人名单：一种是合格制，即符合资格审查标准的申请人均通过资格预审；另一种是有限数量制，即审查委员会对通过资格审查标准的申请文件按照资格预审文件确定的量化标准进行打分，然后按照资格预审文件确定的数量以及各申请人的资格申请文件得分，按由高到低的顺序确定通过资格预审的申请人名单；采用资格后审办法的，只能采用合格制方法确定通过资格审查的投标人名单。

（2）问题2

工程施工投标资格审查应主要审查以下5个方面的内容：

1）具有独立订立施工承包合同的权利。

2）具有履行施工承包合同的能力，包括专业、技术资格和能力，资金、设备和其他物质设施状况，管理能力，经验、信誉和相应的从业人员。

3）没有处于被责令停业，投标资格被取消，财产被接管、冻结，破产的状态。

4）在最近三年内没有骗取中标以及严重违约和重大工程质量问题。

5）法律、行政法规规定的其他资格条件。

上述5个方面，对应以下资格审查因素：

1）分解为：A. 有效营业执照；B. 签订合同的资格证明文件，如合同签署人的资格等。

2）分解为：A. 资质等级证书、安全生产许可证；B. 财务状况；C. 项目经理资格；D. 企业及项目经理类似项目业绩；E. 企业信誉；F. 项目经理部人员职业/执业资格；G. 主要施工机械配备。

3）分解为：A. 投标资格有效，即招标投标违纪公示中，投标资格没有被取消或暂停；B. 企业经营持续有效，即没有处于被责令停业，财产被接管、冻结，破产状态。

4）分解为：A. 近三年投标行为合法，即近三年内没有骗取中标行为；B. 近三年合同履约行为合法，即没有严重违约事件发生；C. 近三年工程质量合格，没有因重大工程质量问题而受到质量监督部门通报。

5）法律、行政法规规定的其他资格条件。

（3）问题3

该项目的特点是单位工程多、场地宽阔，潜在投标人较多且普遍掌握其施工技术。为了降低招标成本，招标人应采用有限数量制方法组织资格预审，择优确定通过资格预审的申请人名单。

采用有限数量制方法的资格审查标准分为初步审查标准、详细审查标准和评分标准三部分内容。

1）初步审查标准见表4-1。

表 4-1　初步审查标准

审查因素	审查标准
申请人名称	与营业执照、资质证书、安全生产许可证一致
申请函	有法定代表人或其委托代理人签字或加盖单位章，委托代理人签字的，其法定代表人授权委托书须由法定代表人签署
申请文件格式	符合资格预审文件对资格申请文件格式的要求
申请唯一性	只能提交一次有效申请，不接受联合体申请；法定代表人为同一个人的两个及两个以上法人、母公司、全资子公司及其控股公司，都不得同时提出资格预审申请
其他	法律法规规定的其他资格条件

2）详细审查标准见表 4-2。

表 4-2　详细审查标准

审查因素		审查标准
营业执照		具备有效的营业执照
安全生产许可证		具备有效的安全生产许可证
资质等级		具备建筑工程施工总承包一级及以上资质
财务状况		财务状况良好
类似项目业绩		近三年完成过同等规模的群体工程一个以上
信誉		近三年获得过工商管理部门"重合同守信用"荣誉称号、建设行政管理部门颁发的文明工地证书和金融机构颁发的 A 级以上信誉证书
项目管理机构	项目经理	具有建筑工程专业一级建造师执业资格，近三年组织过同等建设规模项目的施工，且承诺仅在本项目上担任项目经理
	技术负责人	具有建筑工程相关专业高级工程师资格，近三年组织过同等建设规模的项目施工的技术管理
	其他人员	岗位人员配备齐全，具备相应岗位从业人员职业/执业资格
主要施工机械		满足工程建设需要
投标资格		有效，投标资格没有被取消或暂停
企业经营权		有效，没有处于被责令停业、财产被接管、冻结，破产状态
投标行为		合法，近三年内没有骗取中标行为
合同履约行为		合法，没有严重违约事件发生
工程质量		近三年工程质量合格，没有因重大工程质量问题受到质量监督部门的通报或公示
其他		法律法规规定的其他条件

3）打分标准见表 4-3。

表 4-3　打分标准表

评分因素	评分标准
财务状况	相对比较近三年平均净资产额并从高到低排名，1~5 名得 10 分，6~10 名得 8 分，11~15 名得 6 分，16~20 名得 4 分，20~25 名得 2 分，其余 0 分
类似项目业绩	近 3 年承担过 3 个及以上同等建设规模项目的，25 分；2 个的 15 分；其余 0 分

（续）

评分因素	评分标准
信誉	① 近三年获得过工商管理部门"重合同守信用"荣誉称号 3 个的，10 分；2 个的，5 分；其余 0 分 ② 近三年获得金融机构颁发的 AAA 级证书的，10 分；AA 证书的，6 分；其余 0 分
认证体系	① 通过了 ISO9000 质量管理体系认证的，5 分 ② 通过了环保体系 ISO14001 认证的，3 分 ③ 通过了安全体系《职业健康安全管理体系　要求及使用指南》（GB/T 45001—2020）认证的，2 分
项目经理	① 项目经理承担过 3 个及以上同等建设规模项目经理的，15 分；2 个的，10 分；1 个的，5 分 ② 组织施工的项目获得过 2 个以上文明工地荣誉称号的，10 分；1 个的，5 分；其余 0 分
其他主要人员	岗位专业负责人均具备中级以上技术职称的，10 分；每缺一个扣 2 分，扣完为止

4.1.3　确定评标办法

评标办法是招标人根据项目的特点和要求，参照一定的评标因素和标准，对投标文件进行评价和比较的方法。常用的评标方法分为经评审的最低投标价法（以下简称最低评标价法）和综合评估法两种。

1. 最低评标价法

最低评标价法一般适用于具有通用技术、性能标准或者招标人对其技术、性能标准没有特殊要求的招标项目。根据国家发展改革委第 56 号令的规定，招标人编制施工招标文件时，应不加修改地引用《标准施工招标资格预审文件》和《标准施工招标文件》规定的方法。评标办法前附表由招标人根据招标项目的具体特点和实际需要编制，用于进一步明确未尽事宜，但务必与招标文件中其他章节相衔接，并不得与《标准施工招标资格预审文件》和《标准施工招标文件》的内容相抵触，否则抵触内容无效。评标办法前附表应写明经评审最低评标价法的评审因素与评审标准，主要分为形式评审因素和评审标准、资格评审因素和评审标准、响应性评审因素和评审标准、施工组织设计评分因素和评分标准、项目管理机构评审因素和评审标准、详细评审因素和评审标准等。

（1）评标方法

1）评审比较的原则。最低评标价法是以投标报价为基数，考量其他因素形成评审价格，对投标文件进行评价的一种评标方法。评标委员会对满足招标文件实质要求的投标文件，根据详细评审标准规定的量化因素及量化标准进行价格折算，按照经评审的投标价由低到高的顺序推荐中标候选人或根据招标人授权直接确定中标人，但投标报价低于其成本的除外，并且中标人的投标应当能够满足招标文件的实质性要求。经评审的投标价相同时，投标报价低的优先；投标报价也相等的，由招标人自行确定。

2）最低评标价法的基本步骤。首先按照初步评审标准对投标文件进行初步评审，然后依据详细评审标准对通过初步评审的投标文件进行价格折算，确定其评审价格，再按照由低到高的顺序推荐 1~3 名中标候选人或根据招标人的授权直接确定中标人。

（2）评审标准

1）初步评审标准。根据《标准施工招标文件》的规定，投标初步评审为形式评审、资格评审、响应性评审、施工组织设计和项目管理机构评审标准四个方面。

① 形式评审标准。初步评审的因素一般包括：投标人的名称；投标函的签字盖章；投标文件的格式；联合体投标人；投标报价的唯一性；其他评审因素等。审查、评审标准应当具体明了，具有可操作性。例如，申请人名称应当与营业执照、资质证书以及安全生产许可证等一致；申请函签字盖章应当由法定代表人或其委托代理人签字或加盖单位公章等。对应于前附表中规定的评审因素和评审标准是列举性的，并没有包括所有评审因素和标准，招标人应根据项目具体特点和实际需要进一步删减、补充和细化。

② 资格评审标准。资格评审的因素一般包括营业执照、安全生产许可证、资质等级、财务状况、类似项目业绩、信誉、项目经理、其他要求、联合体投标人等。该部分内容分为以下两种情况：

a. 未进行资格预审的：评审标准需与投标人须知前附表中对投标人资质、财务、业绩、信誉、项目经理的要求以及其他要求一致。招标人要特别注意，在投标人须知中补充和细化的要求应在前附表中体现出来。

b. 已进行资格预审的：评审标准需与资格预审文件资格审查办法详细审查标准保持一致。在递交资格预审申请文件后、投标截止时间前发生的可能影响其资格条件或履约能力的新情况，应按照招标文件中投标人须知的规定提交更新或补充资料。

③ 响应性评审标准。响应性评审的因素一般包括投标内容、工期、工程质量、投标有效期、投标保证金、权利义务、已标价工程量清单、技术标准和要求等。评标办法前附表所列评审因素已经考虑到了与招标文件中投标人须知等内容的衔接。招标人可以依据招标项目的特点补充一些响应性评审因素和标准，如投标人有分包计划的，其分包工作类别及工作量需符合招标文件要求。招标人允许偏离的最大范围和最高项数，应在响应性评审标准中加以规定，作为判定投标是否有效的依据。

④ 施工组织设计和项目管理机构评审标准。施工组织设计和项目管理机构评审的因素一般包括施工方案与技术措施、质量管理体系与措施、安全管理体系与措施、环境保护管理体系与措施、工程进度计划与措施、资源配备计划、技术负责人、其他主要成员、施工设备、试验和检测仪器设备等。

针对不同项目特点，招标人可以对施工组织设计和项目管理机构的评审因素及其标准进行补充、修改和细化，如施工组织设计中可以增加对施工总平面图、施工总承包的管理协调能力等评审指标，项目管理机构中可以增加对项目经理的管理能力，如创优能力、创文明工地能力以及其他一些评审指标等。

2) 详细评审标准和评审因素。详细评审标准和评审因素一般包括单价遗漏、付款条件等。详细评审标准对评标办法规定的量化因素和量化标准是列举性的，并没有包括所有量化因素和标准，招标人应根据项目的具体特点和实际需要，进一步删减、补充或细化。例如，增加算数性错误修正量化因素，即根据招标文件的规定对投标报价进行算数性错误修正。还可以增加投标报价的合理性量化因素，即根据本招标文件的规定，对投标报价的合理性进行评审。除此之外，还可以增加合理化建议量化因素，即技术建议可能带来的实际经济效益，按预定的比例折算后，在投标价内减去该值。

（3）评标程序

1) 初步评审。

① 对于未进行资格预审的，评标委员会可以要求投标人提交规定要求的有关证明以便核验。评标委员会依据上述标准对投标文件进行初步评审，有一项不符合评审标准的，应否决其投标。对于已进行资格预审的，评标委员会依据评标办法中规定的评审标准对投标文件进行初步评审。

有一项不符合评审标准的，应否决其投标。当投标人资格预审申请文件的内容发生重大变化时，评标委员会依据评标办法中规定的标准对其更新资料进行评审。

② 投标报价有算术错误的，评标委员会按以下原则对投标报价进行修正，修正的价格经投标人书面确认后具有约束力。投标人不接受修正价格的，应当否决该投标人的投标。

a. 投标文件中的大写金额与小写金额不一致的，以大写金额为准。

b. 总价金额与依据单价计算出的结果不一致的，以单价金额为准修正总价，但单价金额小数点有明显错误的除外。

2）详细评审。

① 评标委员会依据本评标办法中详细评审标准规定的量化因素和标准进行价格折算，计算出评标价，并编制价格比较一览表。

② 评标委员会发现投标人的报价明显低于其他投标报价，或者在设有标底时明显低于标底，使得其投标报价可能低于其成本的，应当要求该投标人做出书面说明并提供相应的证明材料。投标人不能合理说明或者不能提供相应证明材料的，由评标委员会认定该投标人以低于成本报价竞标，否决其投标。

3）投标文件的澄清和补正。

① 在评标过程中，评标委员会可以书面形式要求投标人对所提交的投标文件中不明确的内容进行书面澄清或说明，或者对细微偏差进行补正。评标委员会不接受投标人主动提出的澄清、说明或补正。

② 澄清、说明和补正不得改变投标文件的实质性内容（算术性错误修正的除外）。投标人的书面澄清、说明和补正属于投标文件的组成部分。

③ 评标委员会对投标人提交的澄清、说明或补正有疑问的，可以要求投标人进一步澄清、说明或补正，直至满足评标委员会的要求。

4）评标结果。

① 除授权评标委员会直接确定中标人外，还可以按照经评审的价格由低到高的顺序推荐中标候选人，但最低价不能低于成本价。

② 评标委员会完成评标后，应当向招标人提交书面评标报告。评标报告应当如实记载以下内容：基本情况和数据表；评标委员会成员名单；开标记录；符合要求的投标一览表；否决投标的情况说明；评标标准、评标方法或者评标因素一览表；经评审的价格一览表；经评审的投标人排序；推荐的中标候选人名单或根据招标人授权确定的中标人名单，签订合同前要处理的事宜；以及需要澄清、说明、补正事项纪要。

案例 4-2　经评审的最低投标价法

　　某污水处理厂项目采用经评审的最低投标价法进行评标。共有 3 个投标人投标且 3 个投标人均通过了初步评审，评标委员会对开标确认的投标报价进行详细评审。

　　评标办法规定，对提前竣工、污水处理成本偏差等因素进行价格折算。价格折算的办法如下：

　　该工程招标工期为：30 个月，承诺工期每提前 1 个月，给招标人带来的预期收益为 50 万元。污水处理成本比招标文件规定的标准高的，每高一个百分点投标报价增加 2%，每低一个百分点投标报价减少 1%。高于 10% 该投标将被否决。

　　投标人 A：投标报价为 4 850 万元，污水处理成本比规定标准高 2 个百分点，承诺的工期为 30 个月。

投标人 B：投标报价为 4 900 万元，污水处理成本比规定标准高 1 个百分点，承诺的工期为 29 个月。

投标人 C：投标报价为 5 000 万元，污水处理成本比规定标准低 2 个百分点，承诺的工期为 28 个月。

污水处理成本偏差因素的评标价格调整：

投标人 A：4 850 万元×2×2%＝194 万元；

投标人 B：4 900 万元×1×2%＝98 万元；

投标人 C：5 000 万元×2×（-1%）＝-100 万元。

提前竣工因素的评标价格调整：

投标人 A：（30-30）×50 万元＝0 元；

投标人 B：（29-30）×50 万元＝-50 万元；

投标人 C：（28-30）×50 万元＝-100 万元。

评标价格比较见表 4-4。

表 4-4　评标价格比较

项目	投标人 A	投标人 B	投标人 C
投标报价（万元）	4 850	4 900	5 000
污水处理成本偏差因素价格调整（万元）	194	98	-100
提前竣工因素导致评标价格调整（万元）	0	-50	-100
最终评标价（万元）	5 044	4 948	4 800
排序	3	2	1

注：投标人 C 是经评审的投标价最低，评标委员会推荐其为中标候选人。

2. 综合评估法

综合评估法是综合衡量价格、商务、技术等各项因素对招标文件的满足程度，按照统一的标准（分值或货币）量化后进行比较的方法。采用综合评估法，可以将这些因素折算为货币、分数或比例系数等，再做比较。综合评估法一般适用于招标人对招标项目的技术、性能有专门要求的招标项目。与最低评标价法要求一样，招标人编制施工招标文件时，应按照标准施工招标文件的规定进行评标。评标办法前附表见综合评估法评审因素与评审标准。综合评估法分为形式评审因素和评审标准、资格评审因素和评审标准、响应性评审因素和评审标准、施工组织设计评分因素和评分标准、项目管理机构评分因素和评分标准、投标报价评分因素和评分标准、其他因素评分标准。

（1）评标方法　评标委员会对满足招标文件实质性要求的投标文件，按照评标办法中所列的分值构成与评分标准规定的评分标准进行打分，并按得分由高到低顺序推荐中标候选人或根据招标人授权直接确定中标人，但投标报价低于其成本的除外。综合评分相等时，以投标报价低的优先；投标报价也相等的，由招标人自行确定。

（2）评审标准

1）初步评审标准。综合评估法与最低评标价法初步评审标准的参考因素与评审标准等方面基本相同，只是综合评估法初步评审标准包含形式评审标准、资格评审标准和响应性评审标准三部分。因此有关因素与标准可以参照，此处不再赘述。二者之间的区别主要在于综合评估法需要在评审的基础上按照一定的标准进行分值或货币量化。

2）分值构成与评分标准。

① 分值构成。评标委员会根据项目实际情况和需要，将施工组织设计、项目管理机构、投标报价及其他评分因素分配一定的权重或分值及区间。例如，以100分为满分，可以考虑施工组织设计分值为25分，项目管理机构10分，投标报价60分，其他评分因素为5分。

② 评标基准价计算。评标基准价的计算方法应在评标办法前附表中明确。招标人可依据招标项目的特点、行业管理规定给出评标基准价的计算方法。需要注意的是，招标人需要在评标办法中明确有效报价的含义以及不可竞争费用的处理。

③ 投标报价的偏差率计算。投标报价的偏差率计算公式为

$$偏差率 = 100\% \times \frac{投标人报价 - 评标基准价}{评标基准价}$$

④ 评分标准。招标人应当明确施工组织设计、项目管理机构、投标报价和其他因素的评分因素、评分标准和各评分因素的权重。例如，某项目招标文件对施工方案与技术措施规定的评分标准为：施工方案及施工方法先进可行，技术措施针对工程质量、工期和施工安全生产有充分保障，11~12分；施工方案先进，方法可行，技术措施对工程质量、工期和施工安全生产有保障，8~10分；施工方案及施工方法可行，技术措施针对工程质量、工期和施工安全生产基本有保障，6~7分；施工方案及施工方法基本可行，技术措施针对工程质量、工期和施工安全生产基本有保障，1~5分。

招标人还可以依据项目特点及行业、地方管理规定，增加一些标准招标文件中已经明确的施工组织设计、项目管理机构及投标报价外的其他评审因素及评分标准，作为补充内容。

（3）评标程序

1）初步评审。

① 评标委员会依据规定的评审标准对投标文件进行初步评审。有一项不符合评审标准的，则该投标应当予以否决。

② 投标报价有算术错误的，评标委员会按以下原则对投标报价进行修正，修正的价格经投标人书面确认后具有约束力。投标人不接受修正价格的，应当否决该投标人的投标。修正错误的原则与最低评标价法相同。

2）详细评审

① 评标委员会按规定的量化因素和分值进行打分，并计算出综合评估得分：

a. 按评标办法规定的评审因素和分值对施工组织设计计算出得分 A。

b. 按评标办法规定的评审因素和分值对项目管理机构计算出得分 B。

c. 按评标办法规定的评审因素和分值对投标报价计算出得分 C。

d. 按评标办法规定的评审因素和分值对其他部分计算出得分 D。

② 评分分值计算保留小数点后两位，小数点后第三位"四舍五入"。

③ 投标人得分 $= A+B+C+D$。

④ 评标委员会发现投标人的报价明显低于其他投标报价或者在设有标底时明显低于标底，使得其投标报价可能低于其成本的，应当要求该投标人做出书面说明并提供相应的证明材料。投标人不能合理说明或者不能提供相应证明材料的，由评标委员会认定该投标人以低于成本报价竞标，应否决其投标。

3）投标文件的澄清和补正。该部分内容与经评审的最低投标价法一致，在此不再赘述。

4）评标结果。该部分内容与经评审的最低投标价法一致，在此不再赘述。

4.1.4 编制招标文件

1. 招标文件的编写要点

（1）体现招标项目特点和需求　招标文件涉及的专业内容比较广泛且每个招标项目均具有一定的个性特点，编写项目招标文件的人员需要具有较强的专业知识和一定的实践经验，必须认真阅读研究有关项目设计与技术文件，并与招标人充分沟通，了解招标项目的特点和需求，包括项目概况、投资性质、审批或核准情况、项目总体实施计划等，并在项目招标方案的基础上细化形成招标文件。

（2）合理划分标段或标包　招标项目需要划分标段或标包的，应该依据工程建设项目管理承包模式、工程设计进度、工程施工组织规划和各种外部条件、工程进度计划和工期要求、各单位工程和分部工程之间的技术管理关联性以及投标竞争状况等因素，综合分析研究，科学、合理地划分标段（或标包），并选择合同计价类型。

（3）依法设定投标资格条件　设定的投标人资质、业绩、信誉、职业人员等资格条件要符合法律法规的规定并应与招标项目的具体特点和实际需要相适应。有关内容详见本书第3章。

（4）使用标准招标文件　为提高招标文件质量，进一步规范招标投标活动，有关招标投标行政监督部门和行业主管部门颁布了标准招标文件，如国家发展和改革委员会（以下简称国家发展改革委）会同财政部等九个部门颁布的《标准施工招标资格预审文件》《标准施工招标文件》《简明标准施工招标文件》和《标准设计施工总承包招标文件》，商务部颁发的《机电产品国际招标标准招标文件（试行）》等。依法必须招标的工程建设项目和机电产品国际招标项目，必须使用上述相应的标准招标文件。

（5）明确实质性要求和否决投标的情形　招标文件必须明确投标人实质性响应的内容和否决投标的情形。投标人应完全按照招标文件的要求编写投标文件。如果投标人没有对招标文件的实质性要求和条件做出响应或者响应不完全，都将导致投标无效。招标文件中需要投标人做出实质性响应的所有内容，如招标内容范围、工期、投标有效期、质量要求、技术标准和要求等，应当具体、清晰、无争议且宜以醒目的方式提示，避免使用原则性的、模糊的或者容易引起歧义的词句。

（6）不得出现违法、歧视性条款　招标文件不得违法，限制、排斥或保护潜在投标人，应当合理划分招标人和投标人之间的权利、义务和风险责任，不得将原本应由招标人承担的义务、责任和风险转嫁给投标人。招标文件规定的各项技术标准应符合国家强制性标准，不得要求或标明某一特定的专利、商标、名称、设计、原产地或生产供应者，不得含有倾向或者排斥潜在投标人的其他内容。如果必须引用某一生产供应者的技术标准才能准确或清楚地说明拟招标项目的技术标准时，则应当在参照后面加上"或相当于"的字样。

（7）语言要规范、简练，内容应前后保持一致　招标文件语言文字要规范、严谨、准确、精练，避免出现歧义。招标文件的商务部分与技术部分应协调一致，避免重复和矛盾。

2. 标准招标文件的应用

依法必须招标项目，招标人应当使用相关标准招标文件；自愿招标项目可参照标准招标文件编制招标文件。

（1）已经颁布的标准招标文件　为规范资格预审文件和招标文件的内容和格式，提高编制质量，国家发展改革委会同财政部等九个部门颁布了《标准施工招标文件》《简明标准施工招标文件》和《标准设计施工总承包招标文件》（以下简称《标准招标文件》）。国家相关部门结合行业特点陆续制定并印发了相关招标的标准文件和示范文本。

（2）标准招标文件的适用 国家发展改革委会同相关部门制定的《标准施工招标文件》（2007 年版）适用于一定规模以上，且设计和施工不是由同一承包商承担的工程施工招标；《简明标准施工招标文件》适用于工期不超过 12 个月、技术相对简单且设计和施工不是由同一承包商承担的小型项目施工招标；《标准设计施工总承包招标文件》适用于设计施工一体化的总承包项目招标。依法必须招标项目中的勘察设计、监理、货物等招标项目以及自愿招标项目，可以参照以上标准文件编写。

根据"《标准施工招标资格预审文件》和《标准施工招标文件》规定""关于做好标准施工招标资格预审文件和标准施工招标文件贯彻实施工作的通知"和"关于印发简明标准施工招标文件和标准设计施工总承包招标文件的通知"等文件对标准文件的适用范围、配套体系和使用要求等做了规定：

1）标准资格预审文件中的申请人须知和资格审查办法正文部分以及标准招标文件中的投标人须知正文、评标办法正文和通用合同条款，均应不加修改地直接引用。

2）国务院有关行业主管部门可根据本行业招标特点和管理需要，对《标准施工招标文件》和《简明标准施工招标文件》中的"专用合同条款""工程量清单""施工图""技术标准和要求"，《标准设计施工总承包招标文件》中的"专用合同条款""业主要求""业主提供的资料和条件"做出具体规定。其中，"专用合同条款"可对"通用合同条款"进行补充、细化，但除"通用合同条款"明确规定可以做出不同约定外，"专用合同条款"补充和细化的内容不得与"通用合同条款"相抵触，否则抵触内容无效。

3）招标人或者招标代理机构应结合招标项目具体特点和实际需要编制填写"投标人须知前附表"和"评标办法前附表"，并可在"专用合同条款"中对"通用合同条款"进行补充、细化和修改。专用合同条款不得违反法律、行政法规的强制性规定，以及平等、自愿、公平和诚实信用原则，否则相关内容无效。

3. 工程招标文件的编制

（1）工程施工招标 编写工程施工招标文件通常采用《简明标准施工招标文件》或《标准施工招标文件》（2007 年版）。《标准施工招标文件》（2007 年版）共包含封面格式和四卷八章的内容，第一卷内容包括招标公告（或投标邀请书）、招标人须知、评标办法、合同条款及格式、工程量清单五章，第二卷内容为第六章图纸，第三卷内容为第七章技术标准和要求，第四卷内容包括第八章投标文件格式。

1）封面格式。《标准施工招标文件》（2007 年版）封面格式包括下列内容：项目名称、标段名称（如有）、标示出"招标文件"这四个字、招标人名称和单位印章、时间。

2）招标公告或投标邀请书。招标公告的内容应与公开媒体刊登的招标公告的内容一致。邀请招标的，投标邀请书应要求投标人在规定的时间前确认是否参加投标，以便投标人数量不足时及时邀请其他投标人。

公开招标进行资格预审的，投标邀请书同时起到资格预审通过通知书的作用。由于已经完成了资格预审，因此其投标邀请书不包括招标条件、项目概况与招标范围以及投标人资格要求等内容。同时为提高招标投标工作效率，招标人在投标邀请书中也增加了在收到投标邀请书后的规定时间内，以传真或快递方式予以确认是否参加投标的要求。

3）投标人须知。工程施工项目应在投标人须知中重点明确招标范围、工期、质量、分包、暂估价工程、计价规范和报价要求等内容，以及不得参加投标的情形。

《标准施工招标文件》（2007 年版）列有投标人须知前附表，将投标人须知中的关键内容和数据摘要列表，起到强调和提醒作用，对投标人须知正文中交由前附表明确的内容给予具体规定，为投标人迅速掌握投标人须知的内容提供方便。当投标人须知正文内容与前附表规定的内容不一致时，以前附表规定的内容为准。

① 总则。投标人须知总则部分明确了项目概况、资金来源及落实情况、招标范围、计划工期和质量标准、投标人资格、保密、踏勘现场、投标预备会、分包和偏离等内容。资金来源和落实情况应说明项目的资金来源、出资比例、资金落实情况等，这是投标人借以了解招标项目合法性及其资信等情况的重要信息。招标人资金落实到位，既是招标必备的条件，也是调动投标人积极性的一个重要因素，同时有利于投标人对合同履行风险进行判断。招标范围应明确边界的划分，包括标段之间的接口、配合、施工顺序等。计划工期由招标人根据项目建设计划分析确定。计划工期对投标人的进度计划、资源计划、成本计划等都有重要的影响。同时，根据计划开工日期和计划竣工日期，投标人可以对这段时期内的自然、气候、社会等方面的形势做出尽可能充分的判断和预测，采取有效措施应对自己所应承担的风险。因此，招标人在投标人须知中要求的计划开工日期应尽可能地科学、客观、合理可行。质量要求是招标人根据招标项目的特点和需要做出的明确要求。招标人在提出质量要求时，应采用国家、行业颁布的建设工程施工质量验收标准和规范编写，并注意不要提出各种质量评奖的强制要求，也要避免使用含糊不清的语句引起双方的歧义。工程施工项目一般都应安排投标人进行现场踏勘。招标项目现场的环境条件会对投标人的报价及其技术管理方案产生影响。通过招标人向投标人介绍工程场地和相关环境的有关情况，以及投标人踏勘项目现场可以直接了解施工现场的地形、地貌、周边环境等自然条件，取得编制投标文件和签署合同所需要的第一手资料，有利于投标人有针对性地编制施工组织设计、核算投标报价等投标文件内容。但投标人踏勘项目现场做出的推论应自行负责。需要注意的是，招标人在组织现场踏勘时，应当采取相应的措施，避免泄露潜在投标人的名称和数量等信息，保证招标投标的公平竞争。招标文件应明确是否允许分包。如果允许分包，应明确可以分包的工程内容、金额、分包的采购方式、分包商的资格条件，以及分包需要经过的程序。偏离的内容应当明确是否允许对技术要求的偏离，以及偏离的限制要求和对偏离的处理。

② 招标文件。应明确招标文件的组成及具体内容。施工招标文件必须包括施工图，有时还应随招标文件提供地质勘察、水文、气象等资料。采用工程量清单计价的还应包括工程量清单。招标文件应明确投标人对招标文件提出疑问、澄清以及异议的程序要求。当投标人对招标文件有疑问时，可以要求招标人对招标文件予以澄清。招标人可以主动对已发出的招标文件进行必要的澄清和修改。对招标文件所做的澄清、修改构成招标文件的组成部分。

③ 投标文件。投标文件应明确投标报价、投标有效期、投标保证金、资格审查资料等要求。投标报价应明确计价规则、采用的计价方式、对工程量清单报价的具体要求等。

④ 投标、开标、评标、定标、签订合同等要求。明确编制、递交投标文件的要求，如投标文件的组成内容以及密封和标识、投标文件的递交时间和地点、投标文件的修改和撤回等规定。

⑤ 附表格式。附表格式包括了招标活动中需要使用的表格文件格式，通常有开标记录表、问题澄清通知、问题的澄清、中标通知书、中标结果通知书、确认通知等。

4）评标办法。招标文件中"评标办法"主要包括选择评标方法、确定评审因素和标准以及确定评标程序三方面的内容：

① 评标方法。评标方法包括经评审的最低投标价法和综合评估法。施工招标常用的评标方法是综合评估法，只有一些工艺简单、标准化程度高、质量可以得到保证的施工项目，才采用经评审的最低投标价法。

② 评审因素和标准。招标文件应针对初步评审和详细评审，分别制订相应的评审因素和标准。

③ 评标程序。评标工作一般包括初步评审、详细评审、投标文件的澄清、说明及评标结果等具体程序。

5）合同条款及格式。《民法典》第七百九十五条规定，施工合同的内容包括工程范围、建设工期、中间交工工程的开工和竣工时间、工程质量、工程造价、技术资料交付时间、材料和设备供应责任、拨款和结算、竣工验收、质量保修范围和质量保证期、相互协作等条款。《标准施工招标文件》（2007年版）的合同条款包括了一般约定，业主义务，有关理单位的约定，有关承包商义务的约定，材料和工程设备，施工设备和临时设施，交通运输，测量、放线，施工安全、治安保卫和环境保护，进度计划，开工和竣工，暂停施工，工程质量，试验和检验，变更与变更的估价原则，价格调整原则，计量与支付，竣工验收，缺陷责任与保修责任，保险，不可抗力，违约，索赔，争议的解决等，共24条。合同附件格式包括了合同协议书格式、履约担保格式、预付款担保格式等。

6）工程量清单。《标准施工招标文件》（2007年版）第五章"工程量清单"包括了四部分内容：工程量清单说明、投标报价说明、其他说明和工程量清单。

7）设计图。设计图是合同文件的重要组成部分，是编制工程量清单以及投标报价的主要依据，也是进行施工及验收的依据。

8）技术标准和要求。技术标准和要求也是合同文件的组成部分。

9）投标文件格式。投标文件格式的主要作用是为投标人编制投标文件提供固定的格式和编排顺序，以规范投标文件的编制，同时便于评标委员会评标。

（2）其他工程合同招标　与施工合同招标文件相比，勘测设计、材料设备和总承包合同招标文件的总体框架相同，在内容上主要有以下差别。

1）勘测设计招标。根据《标准勘察招标文件》和《标准设计招标文件》编制，主要不同是"业主要求"，包含勘察或设计要求、适用规范标准、成果文件要求、业主财产清单、业主提供的便利条件，勘察人或设计人需要自备的工作条件等。

2）材料设备采购招标。招标文件应包括所要求提供的材料的名称、规格、数量及单位、交货期、交货地点、技术性能指标、检验考核要求、技术服务和质保期服务要求等。设备招标供货要求应包括：设备名称、规格、数量及单位、交货期、交货地点、技术性能指标、检验考核要求、技术服务和质保期服务要求等。不仅涉及合同设备的制造、运输，还涉及技术资料、安装、调试、考核、验收、技术服务及质量保证等。

3）工程总承包招标。主要不同体现在业主要求中，包括功能要求、工程范围、工艺安排或要求、时间要求、技术要求、竣工试验、竣工验收、文件要求（包括设计文件及其相关审批、核准、备案要求，沟通计划，风险管理计划，竣工文件和工程的其他记录，操作和维修手册，其他承包商文件等）。

4.2 投标与合同签订

本节以施工投标为例介绍工程投标与合同签订相关内容。

4.2.1 投标程序

1. 研究招标文件

投标单位取得投标资格，获得招标文件之后的首要工作就是认真仔细地研究招标文件，充分了解其内容和要求，以便有针对性地安排投标工作。研究招标文件的重点应放在投标人须知、合同条款、设计图、工程范围及工程量表上，还要研究技术规范要求，看是否有特殊的要求。

投标人应该重点注意招标文件中的以下几个方面问题：

（1）投标人须知　投标人须知是招标人向投标人传递基础信息的文件，包括工程概况、招标内容、招标文件的组成、投标文件的组成、报价的原则、招标投标时间安排等关键的信息。投标人需要注意招标工程的详细内容和范围，避免遗漏或多报；还要特别注意投标文件的组成，避免因提供的资料不全而被作为废标处理。例如，曾经有一家资信良好的著名企业，在投标时因为遗漏资产负债表而失去了本来非常有希望中标的机会。在工程实践中，这方面的先例不在少数。还要注意招标答疑时间、投标截止时间等重要时间安排，避免因遗忘或迟到等原因而失去竞争机会。

（2）投标书附录与合同条件　这是招标文件的重要组成部分，其中可能标明了招标人的特殊要求，即投标人在中标后应享受的权利、所要承担的义务和责任等，投标人在报价时需要考虑这些因素。

（3）技术说明　要研究招标文件中的施工技术说明，熟悉所采用的技术规范，了解技术说明中有无特殊施工技术要求和有无特殊材料设备要求，以及有关选择代用材料、设备的规定，以便根据相应的定额和市场确定价格，计算有特殊要求项目的报价。

（4）永久性工程之外的报价补充文件　永久性工程是指合同的标的物——建设工程项目及其附属设施，但是为了保证工程建设的顺利进行，不同的业主还会对承包商提出额外的要求。这些额外要求可能包括：对既有建筑物和设施的拆除，工程师的现场办公室及其各项开支、模型、广告、工程照片和会议费用等。如果有的话，则需要将其列入工程总价中去，并弄清所有纳入工程总报价的费用方式，以免产生遗漏从而导致损失。

2. 进行各项调查研究

在研究招标文件的同时，投标人需要开展详细的调查研究，即对招标工程的自然、经济和社会条件进行调查，这些都是工程施工的制约因素，必然会影响到工程成本，是投标报价所必须考虑的，因此在报价前必须了解清楚。

（1）市场宏观经济环境调查　应调查工程所在地的经济形势和经济状况，包括与投标工程实施有关的法律法规、劳动力与材料的供应状况、设备市场的租赁状况、专业施工公司的经营状况与价格水平等。

（2）工程现场考察和工程所在地区的环境考察　要认真考察施工现场，认真调查具体工程所在地区的环境，包括一般自然条件、施工条件及环境，如地质地貌、气候、交通、水电等的供应和其他资源情况等。

（3）工程业主方和竞争对手公司的调查　业主、咨询工程师的情况，尤其是业主的项目资金落实情况、参加竞争的其他公司与工程所在地的工程公司的情况，与其他承包商或分包商的关系。参加现场踏勘与标前会议，可以获得更充分的信息。

3. 复核工程量

有的招标文件中提供了工程量清单，尽管如此，投标者还是需要进行复核，因为这会直接影响到投标报价以及中标的机会。例如，当投标人大体上确定了工程总报价以后，可适当采用报价技巧，如不平衡报价法，对某些工程量可能增加的项目提高报价，而对某些工程量可能减少的项目可以降低报价。

对于单价合同，尽管是以实测工程量结算工程款，但投标人仍应根据施工图仔细核算工程量，当发现相差较大时，投标人应向招标人要求澄清。

对于总价固定合同，更要引起特别重视，工程量估算的错误可能带来无法弥补的经济损失，因为总价合同是以总报价为基础进行结算的，如果工程量出现差异，可能对施工方极为不利。对于总价合同，如果业主在投标前对争议工程量不予更正，而且是对投标者不利的情况，投标者在投标时就要附上声明：工程量表中某项工程量有错误，施工结算应按实际完成量计算。

承包商在核算工程量时，还要结合招标文件中的技术规范弄清工程量中每一细目的具体内容，避免计算单位、工程量或价格方面的错误与遗漏。

4. 选择施工方案

施工方案是报价的基础和前提，也是招标人评标时要考虑的重要因素之一。有什么样的方案，就有什么样的人工、机械与材料消耗，就会有相应的报价。因此，必须弄清分项工程的内容、工程量、所包含的相关工作、工程进度计划的各项要求、机械设备状态、劳动与组织状况等关键环节，据此制订施工方案。

施工方案应由投标人的技术负责人主持制订，主要应考虑施工方法、主要施工机具的配置、各工种劳动力的安排及现场施工人员的平衡、施工进度及分批竣工的安排、安全措施等。施工方案的制订应在技术、工期和质量保证等方面对招标人有吸引力，同时又有利于降低施工成本。

1）要根据分类汇总的工程数量和工程进度计划中该类工程的施工周期、合同技术规范要求以及施工条件和其他情况选择和确定每项工程的施工方法，应根据实际情况和自身的施工能力来确定各类工程的施工方法。对各种不同施工方法应当从保证完成计划目标、保证工程质量、节约设备费用、降低劳务成本等多方面综合比较，选定最为适用、经济的施工方案。

2）要根据上述各类工程的施工方法选择相应的机具设备并计算所需数量和使用周期，研究确定采购新设备、租赁当地设备或调动企业现有设备。

3）要研究确定工程分包计划。根据概略指标估算劳务数量，考虑其来源及进场时间安排。注意当地是否有限制外籍劳务的规定。另外，从所需劳务的数量，估算所需管理人员和生活性临时设施的数量和标准等。

4）要用概略指标估算主要的和大宗的建筑材料的需用量，考虑其来源和分批进场的时间安排，从而可以估算现场用于存储、加工的临时设施，如仓库、露天堆放场、加工场地或工棚等。

5）根据现场设备、高峰人数和一切生产和生活方面的需要，估算现场用水、用电量，确定临时供电和供排水设施；考虑外部和内部材料供应的运输方式，估计运输和交通车辆的需要和来源；考虑其他临时工程的需要和建设方案；提出某些特殊条件下保证正常施工的措施，如排除或降低地下水以保证地面以下工程施工的措施；冬期、雨期施工措施以及其他必需的临时设施安排，如现场安全保卫设施、包括临时围墙、警卫设施、夜间照明等，现场临时通信联络设施等。

5. 投标计算

投标计算是投标人对招标工程施工所要发生的各种费用的计算。在进行投标计算时，必须首先根据招标文件复核或计算工程量。作为投标计算的必要条件，应预先确定施工方案和施工进度。此外，投标计算还必须与采用的合同计价形式相协调。

6. 确定投标策略

正确的投标策略对提高中标率并获得较高的利润有重要作用。常用的投标策略又以信誉取胜、以低价取胜、以缩短工期取胜、以改进设计取胜或者以先进或特殊的施工方案取胜等。不同的投标策略要在不同投标阶段的工作（如制订施工方案、投标计算等）中加以体现和贯彻。

7. 正式投标

投标人按照招标人的要求完成标书的准备与填报之后，就可以向招标人正式提交投标文件了。

（1）投标文件的提交与签收

1）投标文件提交。投标人应当在招标文件规定的投标截止时间前，将投标文件密封并送达指定地点。提交投标文件的最佳方式是自行或委托代理人直接送达，以便获得签收回执。实践中较少采用邮寄方式送达。采用邮寄方式的，投标人必须留出邮寄的时间，以保证投标文件能够在截止时间之前送达招标人指定的地点。需要注意的是，以邮寄方式送达的投标文件，投标文件的提交时间以招标人实际收到投标文件的时间为准，而不是以邮戳时间为准。利用电子信息手段进行电子招标投标的项目，投标人应当在投标截止前完成电子投标文件的传输提交。为防止因送达时间、密封状况等情形出现争议，投标人提交投标文件后，应向招标人索要投标文件签收回执。

2）投标文件的拒收情形。投标人应当掌握投标文件的拒收情形，避免在提交环节功亏一篑，进而失去投标竞争资格。

《招标投标法实施条例》规定的投标文件拒收情形有以下 3 种：

① 实行资格预审的招标项目，未通过资格预审的申请人提交的投标文件。

② 逾期送达的投标文件，即在招标文件规定的投标截止时间之后送达的投标文件。

③ 未按招标文件要求密封的投标文件。

采用电子招标投标的，投标人未按规定加密的电子投标文件会被电子招标投标交易平台拒收。

（2）投标文件的补充与修改　　投标文件的补充与修改是指对已经提交的投标文件中遗漏、不足或错误的部分进行增补与修订。投标人在投标截止时间前，可以修改和补充投标文件，并书面通知招标人，这些修改和补充文件也应当按照招标文件的要求签署、盖章并密封送达，补充修改的内容构成投标文件的组成部分。投标人不得在投标截止时间后对投标文件进行补充和修改。

（3）投标文件的澄清与说明　　投标文件的澄清与说明，是指在评审过程中，投标人应评标委员会的要求，对投标文件中有含义不明确的内容、前后表述不一致、明显的文字或者计算错误而做出的书面补充或澄清。在评审过程中，投标人不得主动提出澄清、说明的要求，也不得借助澄清、说明的机会，改变投标文件的实质性内容。

评审过程中，投标人提供的澄清与说明文件对投标人具有约束力。如果中标，澄清文件可以作为签订合同的依据或作为合同的组成部分。

（4）投标文件的撤回与撤销　　投标人撤回已提交的投标文件，应当在投标截止时间前书面通知招标人。投标截止后，投标人不得撤销投标文件，否则招标人可以不退还其投标保证金。在投标时需要注意以下几方面：

① 注意投标的截止日期。招标人所规定的投标截止日就是提交标书最后的期限。投标人在投标截止日之前所提交的投标是有效的，超过该日期之后就会被视为无效投标。在招标文件要求提交投标文件的截止时间后送达的投标文件，招标人可以拒收。

② 投标文件的完备性。投标人应当按照招标文件的要求编制投标文件。投标文件应当对招标文件提出的实质性要求和条件做出响应。投标不完备或投标没有达到招标人的要求，在招标范围以外提出新的要求，均被视为对于招标文件的否定，不会被招标人所接受。投标人必须为自己所投出的标负责，如果中标，必须按照投标文件中所阐述的方案来完成工程，包括质量标准、工期与进度计划、报价限额等基本指标，以及招标人所提出的其他要求。

③ 注意标书的标准。标书的提交要有固定的要求，基本内容是：签章、密封。如果不密封或密封不满足要求，投标就是无效的。投标书还需要按照要求签章，投标书需要盖有投标企业公

章以及企业法人的名章（或签字）。如果项目所在地与企业距离较远，则由当地项目经理部组织投标，需要提交企业法人对于投标项目经理的授权委托书。

④ 注意投标的担保。投标人应当按照招标文件的要求提交投标保证金，未按照招标文件规定提交投标保证金的投标文件将被否决或做不利于该投标人的量化（根据招标文件规定）。

a. 金额。投标保证金的金额应符合招标文件的规定，不得低于招标文件规定的金额。如招标文件规定投标保证金为 80 万元，那么投标人应当提交不少于 80 万元的投标保证金。

b. 形式。投标保证金的形式应符合招标文件的规定。常用的投标担保形式包括银行保函、保兑支票、银行汇票或现金支票，也可以是招标人认可的其他合法担保形式。以银行保函形式提交投标保证金时，银行保函的格式和内容应符合招标文件规定。如果与招标文件规定格式不一致时，应提前征得招标人同意，否则投标文件可能将被否决或做不利于该投标人的量化（根据招标文件规定）。

c. 提交时间和提交方式。一般情况下，投标人应当在招标文件规定的截止时间前向招标人提交投标保证金。招标文件如没有特别规定，投标人也可将投标保证金连同投标文件一并提交。提交投标保证金凭证的复印件应装订在投标文件中。

依法必须进行招标项目的境内投标人（自然人除外），以现金或者支票形式提交的投标保证金，应当从投标人的基本账户中转出。采用支票形式的，应确保在投标截止前将投标保证金划入招标人银行账户。

4.2.2　投标文件的编制

1. 编制投标文件

投标文件是反映投标人技术、经济、商务等方面的实力和对招标文件响应程度的重要文件，也是评标委员会评价投标人的重要依据，还是决定投标成败的关键。因此，投标人应当认真分析研究招标文件的相关内容，严格按照招标文件的要求编制投标文件。

编制投标文件时，投标人应当对招标文件中提出的所有实质性要求和条件做出响应。实质性要求和条件是指招标文件中提出的投标资格、投标报价、施工工期（或货物供货期）、投标有效期、质量要求、技术标准和要求、服务技术指标、相关业绩等方面的要求。投标文件需对此做出全面、具体、明确的响应，不得遗漏或回避。

投标人应对照招标文件的资格条件要求全面准备相关材料；商务技术标书中的商务条件和技术条件应满足招标文件的实质性要求。货物招标项目在制作技术参数偏离表时，应对照招标文件的要求逐项做出响应，并详细标明具体性能参数，不得以"满足、达标、响应"等含糊字眼表述。

投标文件中，投标函及其附录（投标一览表）、工程施工组织设计（供货方案或技术建议书）、报价文件等既是投标文件的重要组成部分，又是投标人竞争实力的具体表现。投标人如有自己独特的施工工艺、质量措施、保修承诺和优惠报价等，应在投标文件相应内容中做出详细说明，尽可能展现自身的优势特点。

投标文件应按照招标文件提供的格式和要求编制，用不褪色墨水书写或打印，字迹端正、装订整齐，附件资料齐全，扫描件要清晰不得涂改；如有必要，可增加附页，作为投标文件的组成部分，并按招标文件要求签字盖章，注重文本编排等细节。

2. 投标文件组成

投标文件一般包括资格证明文件、商务文件和技术文件三部分。价格文件和已标价工程量清单除招标文件要求单独装订外，一般列入商务文件。

根据《标准施工招标文件》（2007 年版）的规定，工程施工项目投标文件一般包括下列内容：

1）投标函及投标函附录。

2）法定代表人身份证明或附有法定代表人身份证明的授权委托书。

3）联合体协议书（如有）。

4）投标保证金。

5）已标价工程量清单。

6）施工组织设计。

7）项目管理机构。

8）拟分包项目情况表。

9）资格审查资料（资格后审项目）。

10）招标文件规定的其他材料。

实行资格预审的招标项目，其投标文件一般不包含资格证明文件。但在投标截止时间前，如投标人的资格情况发生变化，则投标人应当主动提供资格变化的证明材料；如资格审查资料作为评标因素，投标人应当按照招标文件的要求提供评标所需要的相关证明材料。实行资格后审的招标项目，投标人应当在投标文件中提供完整的资格审查资料。资格审查资料包括投标人基本情况、近年财务状况、近年完成的类似项目情况、正在施工的和新承接的项目情况和近年发生的诉讼及仲裁情况等。

3. 投标文件装订

（1）投标文件装订　投标文件应当严格按照招标文件规定的形式装订。如果招标文件没有对装订做详细规定，投标人应注意以下原则：

1）投标文件内容一般应逐页标注连续页码并编制目录。

2）投标文件一般采用无线胶装或精装方式，塑圈装订、铁圈装订、骑马订、夹条装订以及活页夹方式由于容易拆卸，易造成缺页、损坏或投标文件内容被替换等，一般不被采用。

3）投标文件的正本与副本应分别装订成册，封面上应标记"正本"或"副本"标记。

4）投标文件数量（包括正本和副本份数）应符合招标文件的规定。

（2）投标文件签署　投标文件应当严格按照招标文件规定签署，并应注意以下原则：

1）投标函及投标函附录、已标价工程量清单（投标报价表、投标报价文件）、调价函及调价后报价明细目录等内容均应签署。招标文件要求投标文件逐页小签的，投标人应在除封面以外的所有页签署签字人姓或姓名的首字母。

2）投标文件应由投标人的法定代表人或其授权代表签署，并按招标文件的规定加盖投标人单位印章。投标文件由授权代表签字的，应附单位法定代表人或负责人签署的授权委托书。

3）投标文件应尽量避免涂改、行间插字或删除。如果出现上述情况，改动之处应加盖单位章或由单位负责人（或其授权的代理人）签字确认。

4）以联合体形式参与投标的，投标文件应按联合体投标协议，由联合体牵头人的法定代表人或其委托代理人按规定签署并加盖牵头人单位印章。

5）招标文件要求盖投标单位法人公章的，不能以投标人下属部门、分支机构印章或合同章、投标专用章等代替。

（3）投标文件密封　为了避免泄露投标文件内容，投标人应对包装好的投标文件密封。如果招标文件对投标文件的密封有要求，投标人必须按照招标文件的要求密封，否则投标文件将被拒收。采用电子招标投标的，投标人应当按照招标文件和电子招标投标交易平台的要求编制并加密投标文件。

案例4-3 投标文件的密封与提交

某工程施工监理招标项目招标文件规定：投标保证金金额为10万元人民币，招标人可接受的投标保证金形式为：现金、银行汇票或银行保函；投标函须加盖投标人印章，同时由法定代表人或其授权代表签字；投标文件分为投标函、商务文件、技术文件三部分，均须单独密封，否则招标人不予接收。

投标人共有A、B、C、D四家，投标文件的提交情况如下：

投标人A提前一天提交投标文件，其投标函、商务和技术文件被密封在同一个文件箱内，投标保证金为10万元人民币的银行保函。

投标人B在投标截止时间前提交投标文件，其投标函、商务文件、技术文件单独密封，但其投标保证金10万元人民币现金在投标截止时间后10分钟送达招标人。

投标人C在开标当天投标截止时间前按时提交投标文件。投标函、商务和技术文件单独密封，其投标保证金为5万元人民币的银行汇票。

投标人D的投标文件于投标截止时间前1天寄达招标人，投标文件密封及投标保证金数形式均符合招标文件的规定，但其参加开标会议的代表迟到10分钟抵达开标现场。

[问题]

A、B、C、D四家投标人的投标文件是否应当拒收？并简述理由。

[参考答案]

投标人A的投标文件应当拒收。理由：该投标人将投标函、商务文件和技术文件密封在同一个文件箱内，不符合招标文件的相关规定。

投标人B的投标文件应拒收。理由：投标保证金应在投标截止时间前提交。

投标人C的投标文件应拒收。理由：保证金数额不符合招标文件的规定。

投标人D的投标文件不应拒收。理由：投标文件已在投标截止时间前递交，投标代表迟到不构成拒收投标文件的理由。

4.2.3 评标与合同签订

1. 开标

开标是招投标活动中的一项重要程序。招标人应当在投标截止时间的同一时间和招标文件规定的开标地点组织公开开标，公布投标人名称、投标报价以及招标文件规定的其他唱标内容，并将相关情况记录在案，使招标投标当事人了解、确认并监督各投标文件的关键信息。开标是招标投标活动中公开原则的重要体现。

招标人应邀请所有投标人参加开标会议，也可通知有关行政监督机构代表到场监督，或者邀请公证机构人员到场进行公证。

招标人邀请所有投标人参加开标是法定的义务，参加开标会议是投标人的权利。投标人或其授权代表有权出席并监督开标会议，也可以自主决定不参加开标会议，不影响投标的有效性。根据《招标投标法实施条例》的规定，如果投标人对开标有异议，应当在开标现场提出。因此，投标人不参加开标会议，即为放弃对开标活动和开标记录行使确认和监督的权利。

开标会议的参加人员、开标时间、开标地点等要求，招标人都应当事先在招标文件中准确表述，并在开标前做好周密的安排。招标文件中公布的开标时间、地点、程序和内容一般不宜改变，招标人如果需要修改开标时间和地点，应以书面形式通知所有获取招标文件的潜在投标人。

机电产品国际招标项目、政府采购货物和服务招标项目，招标人如果顺延投标截止时间，应当在招标文件规定的提交投标文件截止时间3日前，将变更时间书面通知所有获取招标文件的潜在投标人，并在指定的媒体上发布变更公告。

（1）开标准备

1）接收投标文件。投标人提交投标文件的方式可以是直接送达，即投标人派授权代表直接将投标文件按规定的时间和地点送达。投标人应谨慎使用邮寄方式送达投标文件。投标人采用邮寄方式提交投标文件的，投标文件的送达时间应以招标人实际收到的时间为准，而不是以"邮戳为准"。

2）拒绝接收投标文件。根据《招标投标法实施条例》相关规定，招标人应当拒收投标文件的三种情形：一是采用资格预审的项目，未通过资格预审的申请人提交的投标文件；二是逾期送达的投标文件；三是不按照招标文件要求密封的投标文件。

3）确认已提交投标文件的投标人数量。投标截止后，招标人应当确认成功提交投标文件的投标人数量。投标人少于3个的，不得开标。

4）开标现场。招标人应保证接收的投标文件不丢失、不损坏、不泄密，并组织工作人员将投标截止时间前接收的投标文件、投标文件的撤回通知书等运送至开标地点。

5）开标资料。招标人应准备好开标资料，如开标记录表、标底文件（如有）、投标文件接收登记表、签收凭证等。招标人还应准备相关法律法规、招标文件及其文件保管箱等以备用。

6）工作人员。招标人和参与开标会议的有关工作人员应按时到达开标现场，包括主持人、开标人、唱标人、记录人、监标人等。

（2）开标程序　开标由招标人主持，也可以由招标人委托的招标代理机构主持。开标应按照招标文件规定的程序进行，一般开标程序如下：

1）宣布开标纪律。主持人宣布开标纪律，对参与开标会议的人员提出要求，如开标过程中不得喧哗，通信工具调整到静音状态，按规定的方式提问等。任何单位和个人不得干扰正常的开标程序。

2）宣布有关人员姓名。主持人介绍招标人代表、监督人代表或公证人员等，依次宣布开标人、唱标人、记录人、监标人等有关人员。

3）确认投标人代表身份。招标人可以按照招标文件的规定，当场核验参加开标会议的投标人授权代表的授权委托书和有效身份证件，确认授权代表是否有权参加开标会，并留存授权委托书和身份证件的复印件。

4）公布在投标截止时间前接收投标文件的情况。招标人当场公布投标截止时间前提交投标文件的投标人名称、标包以及递交时间等，以及投标人撤回投标等情况。

5）检查投标文件的密封情况。依据招标文件规定的方式，组织投标人代表或招标人委托的公证人员对投标人自己和其他投标人的投标文件进行密封检查，其目的在于检查开标现场的投标文件密封状况是否与投标文件接收时的密封状况一致。如果投标文件密封状况与接收时的密封状况不一致，或者存在拆封痕迹的，招标人应当终止开标。

6）宣布投标文件开标顺序。主持人宣布开标顺序。招标人一般应在招标文件中事先规定开标顺序，如规定按照"先到后开、后到先开"的顺序进行开标，或者规定按照投标人递交投标文件的顺序进行开标。

7）公布标底。招标人可以自行决定是否编制标底，招标项目可以不设标底，进行无标底招标。《招标投标法实施条例》规定，招标项目设有标底的，招标人应当在开标时公布标底。国家发展改革委等九部委颁发的《标准施工招标文件》（2007年版）规定，标底应在唱标之前公布。

8）唱标。唱标人应根据法律规定和招标文件约定的内容和要求进行唱标，宣读投标人名称、投标价格和投标文件的其他主要内容。投标截止时间前收到的所有投标文件，开标时都应当众予以拆封、宣读。在投标截止时间前撤回投标的，应宣读其撤回投标的书面通知。

9）确认开标记录。开标会议应当认真做好书面记录。开标工作人员应认真核验并如实记录投标文件的密封检查、投标报价、投标保证金等开标情况，以及开标时间、地点、程序，出席开标会议的单位和代表，开标会议程序、公证机构和公证结果（如有）等信息。投标人代表、招标人代表、监标人、记录人等应在开标记录上签字确认，开标记录应作为评标报告的组成部分存档备查。需要注意的是，投标人代表在开标记录上签字确认不是强制性要求。投标人是否在开标记录上签字，不对其投标文件的有效性产生影响。

10）开标结束。开标程序完成后，主持人宣布开标会结束。

2. 评标

评标由招标人依法组建的评标委员会负责，评标委员会应当按照招标文件规定的评标标准和方法对投标文件进行评审。

（1）评标委员会

1）组建评标委员会。招标人应根据招标项目的特点组建评标委员会。依法必须进行招标的项目，应当按照相关法律规定组建评标委员会。依法必须进行招标的项目，评标委员会由招标人代表及技术、经济专家组成，成员人数为5人以上单数，其中技术和经济方面的专家不得少于三分之二。例如，组建7人的评标委员会时，招标人代表不得超过2人，技术、经济专家不得少于5人。评标委员会中的招标人代表应熟悉招标项目的相关业务，能够胜任评标工作。招标人也可以授权招标代理机构的人员以招标人代表身份参加评标。

2）评审注意事项。评标委员会在评标过程中，需要注意以下事项：

① 评标委员会的职责是按照招标文件中规定的评标标准和方法，对投标文件进行系统的评审和比较。评标委员会不得制定、完善和修改招标文件中已经公布的评标标准和方法。

② 评标委员会对招标文件规定的评标标准和方法产生疑义时，应当询问编制招标文件的招标人或招标代理机构，要求其依法公正解释。

③ 评标委员会应对评标结果负责。招标人接收评标报告时，应核查评标委员会是否按照招标文件规定的评标标准和方法进行评标，是否有计算错误、签字是否齐全等。如果发现问题，评标委员会应及时更正。

④ 评标委员会成员应该对评标过程严格保密，除依法公示评标结果外，不得私自泄露任何与评标相关的信息。评标结束后，评标委员会应将评标使用的各种文件资料、记录表、草稿纸交还招标人或招标代理机构。

（2）评标准备

1）确定评标时间。招标人应根据招标项目的规模、技术复杂程度、投标文件数量、评标标准和方法及评标需要完成的工作量合理确定评标时间。在评标过程中，如果超过三分之一的评标委员会成员认为评标时间不足，招标人应当适当延长评标时间。评标一般应在开标后立即进行。

2）准备评标需要的资料和设施。招标人或招标代理机构应为评标委员会准备评标需要的相关资料，具体包括：

① 资格预审文件及其澄清与修改、资格审查报告，招标文件及其澄清与修改、标底文件、开标记录等。

② 全部资格预审申请文件和投标文件。

③ 计算机、打印机、投影仪、计算器等设备。

④ 采用电子评标的，应提前将电子评标系统安装调试好。

⑤ 根据招标文件确定的评标标准和方法，编制评标使用的相应对比和评分表格等资料。

3）其他评标准备工作。

① 评标委员会成员的手机、上网终端等电子通信设备在评标期间应当统一保管。

② 为投标人澄清投标文件做好相关准备。如果需由评标委员会与投标人实时交流的，应采用技术手段避免泄露评标委员会成员的信息。

③ 评标现场除了评标委员会成员和承担清标整理等必要的工作人员外，无关人员不得进入。招标投标行政监督人员和招标人委托的公证人员可以依照相关规定和合适的方式对评标活动依法进行监督或公证。

④ 根据相关规定，对评标过程进行现场录音录像，以备监督部门核查。

⑤ 做好评标过程的保密工作。评标委员会向招标人提交书面评标报告后，应将评标过程中使用的文件、表格以及其他资料即时归还招标人。

（3）评标原则与纪律

1）评标原则和工作要求。

① 评标原则。评标活动应当遵循公平、公正、科学、择优的原则。

② 评标工作要求。评标委员会成员应当按上述原则履行职责，对所提出的评审意见承担个人责任。评标工作应符合以下基本要求：

a. 认真阅读招标文件，正确把握招标项目的特点和需求。

b. 严格按照招标文件规定的评标标准和方法评审投标文件。

2）评标依据。评标委员会依据法律法规、招标文件及其规定的评标标准和方法，对投标文件进行系统的评审和比较，招标文件没有规定的评标标准和方法，评标时不得采用。

3）评标纪律。

① 评标活动由评标委员会依法进行，任何单位和个人不得非法干预。无关人员不得参加评标会议。

② 评标委员会成员不得与任何投标人或者与招标项目有利害关系的人私下接触，不得收受投标人、中介机构以及其他利害关系人的财物或其他好处。

③ 招标人或其委托的招标代理机构应当采取有效措施，确保评标工作不受外界干扰，保证评标活动严格保密，有关评标活动参与人员应当严格遵守保密规则，不得泄露与评标有关的任何情况。其保密内容涉及：评标地点和场所，评标委员会成员名单，投标文件评审比较情况，中标候选人的推荐情况，与评标有关的其他情况等。

（4）初步评审

工程施工招标项目的初步评审。工程施工招标项目的初步评审分为形式评审、资格评审和响应性评审。采用经评审的最低投标价法时，初步评审的内容还包括对施工组织设计和项目管理机构的评审。形式评审、资格评审和响应性评审分别是对投标文件的外在形式、投标资格、投标文件是否响应招标文件实质性要求进行评审，审查内容见表4-5。

表 4-5　工程施工招标项目初步评审审查内容表

条款号	评审因素		评审标准
2.1.1	形式评审标准	投标人名称	与营业执照、资质证书、安全生产许可证一致
		投标函签字盖章	有法定代表人或其委托代理人签字或加盖单位章
		投标文件格式	符合《标准施工招标文件》（2007年版）第八章"投标文件格式"的要求
		联合体投标人	提交联合体协议书，并明确联合体牵头人（如有）
		报价唯一	只能有一个有效报价
		……	……

（续）

条款号	评审因素	评审标准
2.1.2	资格评审标准	营业执照 — 具备有效的营业执照
		安全生产许可证 — 具备有效的安全生产许可证
		资质等级 — 符合《标准施工招标文件》（2007年版）第二章"投标人须知"第1.4.1项规定
		财务状况 — 符合《标准施工招标文件》（2007年版）第二章"投标人须知"第1.4.1项规定
		类似项目业绩 — 符合《标准施工招标文件》（2007年版）第二章"投标人须知"第1.4.1项规定
		信誉 — 符合《标准施工招标文件》（2007年版）第二章"投标人须知"第1.4.1项规定
		项目经理 — 符合《标准施工招标文件》（2007年版）第二章"投标人须知"第1.4.1项规定
		其他要求 — 符合《标准施工招标文件》（2007年版）第二章"投标人须知"第1.4.1项规定
		联合体投标人 — 符合《标准施工招标文件》（2007年版）第二章"投标人须知"第1.4.2项规定（如有）
		… — …
2.1.3	响应性评审标准	投标内容 — 符合《标准施工招标文件》（2007年版）第二章"投标人须知"第1.3.1项规定
		工期 — 符合《标准施工招标文件》（2007年版）第二章"投标人须知"第1.3.2项规定
		工程质量 — 符合《标准施工招标文件》（2007年版）第二章"投标人须知"第1.3.3项规定
		投标有效期 — 符合《标准施工招标文件》（2007年版）第二章"投标人须知"第3.3.1项规定
		投标保证金 — 符合《标准施工招标文件》（2007年版）第二章"投标人须知"第3.4.1项规定
		权利义务 — 符合《标准施工招标文件》（2007年版）第四章"合同条款及格式"规定
		已标价工程量清单 — 符合《标准施工招标文件》（2007年版）第五章"工程量清单"给出的范围及数量
		技术标准和要求 — 符合《标准施工招标文件》（2007年版）第七章"技术标准和要求"规定
		… — …
2.1.4	施工组织设计和项目管理机构评审标准	施工方案与技术措施 — …
		质量管理体系与措施 — …
		安全管理体系与措施 — …
		环境保护管理体系与措施 — …
		工程进度计划与措施 — …
		资源配备计划 — …

（续）

条款号	评审因素	评审标准
2.1.4	施工组织设计和项目管理机构评审标准 技术负责人	…
	其他主要人员	…
	施工设备	…
	试验、检测仪器设备	…
	…	…
2.2	详细评审标准 单价遗漏	…
	付款条件	…
	…	…

（5）详细评审　详细评审是评标委员会按照招标文件规定的评标方法、因素和标准，对通过初步评审的投标文件做进一步的评审。

采用经评审的最低投标价法，评标委员会应当根据招标文件中规定的评标价格计算因素和方法，对投标文件的价格要素做必要的调整，计算所有投标人的评标价，以便使所有投标文件的价格要素按统一的口径进行比较。招标文件中没有明确规定的因素不得计入评标价。

采用综合评估法，评标委员会可使用打分的方法或者其他方法，衡量投标文件对招标文件中规定的价格、商务、技术等各项评价因素的响应程度。

1）经评审的最低投标价法。初步评审合格的投标文件，首先对其投标报价进行算术性错误修正，并按招标文件约定的方法、因素和标准调整计算评标价。评标价计算通常包括工程招标文件引起的投标报价内容范围差异和遗漏的费用、投标方案中租用临时用地的数量（如果由业主提供临时用地）、提前竣工的效益等直接反映价格的因素，一般采用折现办法计算评标价格。使用外币项目，应根据招标文件约定，将不同外币报价金额转换为约定的货币金额。评审时，投标文件中的大写金额和小写金额不一致的，以大写金额为准；总价金额与单价金额不一致的，以单价金额为准，但单价金额小数点有明显错误的除外。实践中，工程施工投标总价大多数以投标报价函的大写金额为准，其报价表中的算术性错误不予调整投标总价，招标文件对投标报价表中的算术错误可约定以下方法处理：

① 投标报价表中的正确报价低于投标总价，如投标人中标，可约定签约合同价按正确报价为准。

② 投标报价表中的正确报价高于投标总价且偏离较大，证明投标总价可能低于成本价，经核实，可否决其投标；如偏离较小，可调整相关项目单价并使其报价汇总表金额与投标总价完全一致。

2）综合评估法。综合评估法详细评审的内容通常包括投标报价、施工组织设计、项目管理机构及其他因素等。

① 投标报价。投标报价评审包括评标价计算和价格得分计算。评标价计算的过程和要求与经评审的最低投标价法相同。投标报价得分计算通常采用评标基准价法，计算投标报价得分时，投标报价中包括的暂列金额和暂估价一般应减去后再进行打分。常见的评标基准价计算方式为：有效的投标报价去掉一个最高值和一个最低值后的算术平均值（在投标人数量较少时，不宜去掉最高值和最低值），或者该平均值再乘以招标文件规定的一个合理下浮系数，作为评标基准价。

② 施工组织设计。施工组织设计的各项评审因素通常为主观评审，由评标委员会成员按照

评标办法的规定独立评审。

③ 项目管理机构。由评标委员会成员按照评标办法的规定独立评审。

④ 其他评标因素包括投标人的财务能力、业绩与信誉等。

财务能力的评标因素包括投标人总资产、净资产及其收益率、资产负债率等财务指标和银行授信额度等。

业绩评标因素包括投标人在规定时间内已有类似项目业绩的数量、规模和成效。

案例 4-4　工程施工项目综合评估法案例

某工程施工项目采用资格预审办法招标，采用综合评估法评标，共有 5 个投标人投标，均通过初步评审。

评标办法规定的评标因素、分值和评价标准见表 4-6。

表 4-6　评标因素、分值和评价标准表

评标因素	分值	评价标准
投标价格	60	
施工组织设计	10	施工总平面布置基本合理，组织机构图较清晰，施工方案基本合理，施工方法基本可行，有安全措施及雨期施工措施，并具有一定的操作性和针对性，施工重点难点分析较突出，较清晰，得基本分 6 分 施工总平面布置合理，组织机构图清晰，施工方案合理，施工方法可行，安全措施及雨期施工措施齐全，并具有较强的操作性和针对性，施工重点难点分析突出、清晰，得 7~8 分 施工总平面布置合理且周密细致，组织机构图很清晰，施工方案具体、详细、科学，施工方法先进，施工工序安排合理，安全措施及雨期施工措施齐全，操作性和针对性强，施工重点难点分析突出、清晰，对项目有很好的针对性和指导作用，得 9~10 分
项目管理机构	10	项目管理机构设置基本合理、项目经理、技术负责人、其他主要技术人员的任职资格与业绩满足招标文件的最低要求，得 6 分 项目管理机构设置合理、项目经理、技术负责人、其他主要技术人员的任职资格与业绩高于、优于招标文件要求的，再得 1~4 分
设备配置	5	设备配置满足招标文件要求，得 3 分；设备配置超出招标文件要求，再得 1~2 分
财务能力	5	财务能力满足招标文件要求，得 3 分；财务能力优于招标文件要求，再得 1~2 分
业绩与信誉	10	业绩与信誉满足招标文件要求，得 6 分；业绩与信誉优于招标文件要求，再得 1~4 分

（6）投标文件的澄清和说明　投标文件的澄清和说明，是指评标委员会在评审投标文件过程中，遇到投标文件中有含义不明确的内容、对同类问题表述不一致或者有明显文字和计算错误时，要求投标人做出的书面澄清和说明。投标人不得主动提出澄清和说明，也不得借提交澄清、说明的机会改变投标文件的实质性内容。评审时，投标人主动提出的澄清和说明文件，评标委员会不予接受。若评标委员会发现投标人的投标价或主要单项工程报价明显低于同标段其他投标人报价，或是在设有参考标底时明显低于参考标底价，使得其投标报价可能低于其个别成本的，应要求该投标人做出书面说明并提供相关证明材料。如果投标人不能提供材料证明该项报价有效，评标委员会应当认定低于成本价竞标，否决其投标。如果投标人提供了证明材料，且评标委员会无法证明其无效的，评标委员会应当接受该项投标报价。投标人在评标中根据评标

委员会要求提供的澄清文件，对投标人具有约束力。如果中标，对合同执行有影响的澄清文件应当作为合同文件的组成部分，并作为中标通知书的附件发给该中标人。

（7）评标报告和中标候选人　评标报告是评标委员会评标的工作成果。评标委员会完成评标后，应当向招标人提出书面评标报告，并根据招标文件的规定推荐中标候选人，或者根据招标人的授权直接确定中标人。相关部门规章对评标报告的内容做了具体规定，评标委员会应当按照相关规定编制评标报告。

1）评标报告内容。依法必须进行招标的工程招标项目。按照《评标委员会和评标方法暂行规定》，评标委员会完成评标后，应当向招标人提出书面评标报告，并抄送有关行政监督部门。评标报告应当如实记载以下内容：

① 基本情况和数据表。

② 评标委员会成员名单。

③ 开标记录。

④ 符合要求的投标一览表。

⑤ 否决投标的情况说明。

⑥ 评标标准、评标方法或者评标因素一览表。

⑦ 经评审的价格或者评分比较一览表。

⑧ 经评审的投标人排序。

⑨ 推荐的中标候选人名单与签订合同前要处理的事宜。

⑩ 澄清、说明事项纪要。

2）评标报告签署。评标报告由评标委员会全体成员签字。对评标结论持有异议的评标委员会成员，可以书面形式阐述自己的不同意见和理由。评标委员会成员拒绝在评标报告上签字又不陈述其不同意见和理由的，视为同意评标结果。评标委员会应当对此做出书面说明并记录在案。评标过程中使用的文件、表格以及其他资料应当即时归还招标人。评标委员会决定否决所有投标的，应在评标报告中详细说明理由。

3）中标候选人。工程建设项目评标完成后，评标委员会应当向招标人提交书面评标报告和中标候选人名单。中标候选人应当不超过3个并标明排序。如采用综合评估法，中标候选人的排列顺序应是，最大限度符合要求的投标人排名第一，次之的排名第二，以此类推。如采用经评审的最低投标价法，中标候选人的排列顺序应是，满足招标文件的实质性要求，且在投标价格不低于成本的前提下，按照经评审的价格从低至高排列出前3名。

机电产品国际招标项目，评标完成后，评标委员会应当向招标人提交书面评标报告和中标候选人名单。中标候选人应当不超过3个，并标明排序。采用最低评标价法评标的，在商务、技术条款均实质性满足招标文件要求时，评标价格最低者为排名第一的中标候选人；采用综合评价法评标的，在商务、技术条款均实质性满足招标文件要求时，综合评价最优者为排名第一的中标候选人。

政府采购货物和服务的招标项目，中标候选供应商数量应当根据采购需要确定。采用最低评标价法的，按评标价从低到高排序，投标报价相同时，按技术指标优劣排序。如果评标委员会认为，排名靠前的供应商的最低投标价或者某些分项报价明显不合理或者低于成本，有可能影响商品质量和不能诚信履约的，应当要求其在规定的期限内提供书面文件予以解释说明，并提交相关证明材料；否则，评标委员会可以取消该投标人的中标候选人资格，由排序在其后的供应商依序递补。采用综合评分法的，按评分从高到低排序，评审得分相同时，按投标报价由低到高顺序排列；得分且投标报价相同时，按技术指标优劣顺序排列。

4）中标候选人公示。依法必须进行招标的项目评标结束后，招标人应当自收到评标报告之日起 3 日内在招标文件规定的媒介公示中标候选人，接受社会监督，且公示期不得少于 3 日。投标人和其他利害关系人对评标结果有异议的，应在公示期内向招标人或招标代理机构提出。招标人或招标代理机构应当自收到异议之日起 3 日内做出答复；做出答复前，应当暂停招标投标活动。

3. 中标和签约

（1）确定中标人的程序

1）基本要求。

① 确定中标人一般在评标结果公示期满，没有投标人或其他利害关系人提出异议和投诉，或异议和投诉已经妥善处理、双方再无争议时进行。

② 确定中标人前，招标人不得与投标人就投标价格、投标方案等实质性内容进行谈判。

③ 招标人可以授权评标委员会直接确定中标人。

2）履约能力审查。在发出中标通知书前，如果中标候选人的经营、财务状况发生较大变化或者存在违法行为，招标人认为可能影响其履约能力的，应当请原评标委员会按照招标文件规定的标准和方法审查确认。

3）确定中标人。招标人应在评标委员会推荐的中标候选人中确定中标人。中标人的投标应当符合下列条件之一：

① 能够最大限度地满足招标文件中规定的各项综合评价标准。

② 能够满足招标文件的实质性要求，并且经评审的投标价格最低，但投标价格低于成本的除外。

国有资金占控股或者主导地位的依法必须进行招标的项目，招标人应当确定排名第一的中标候选人为中标人。排名第一的中标候选人放弃中标、因不可抗力不能履行合同、不按照招标文件要求提交履约保证金，或者被查实存在影响中标结果的违法行为等情形，不符合中标条件的，招标人可以按照评标委员会提出的中标候选人名单排序依次确定其他中标候选人为中标人，也可以重新招标。

政府采购货物和服务招标项目，采购代理机构应当自评审结束之日起 2 个工作日内将评审报告送交采购人。采购人应当自收到评审报告之日起 5 个工作日内，在评审报告推荐的中标候选人中按顺序确定中标供应商。

4）中标结果公告。政府采购货物和服务招标项目，采购人或其委托的采购代理机构应当自中标供应商确定之日起 2 个工作日内，在省级以上人民政府财政部门指定的媒体上发布中标结果公告。同时向中标供应商发出中标通知书。机电产品国际招标项目，中标候选人公示期内没有投标人提出异议的，中国国际招标网自动发布中标结果公告。

5）向行政监督部门报告招标投标情况。依法必须进行招标的项目，招标人应当自确定中标人之日起 15 日内，向有关行政监督部门提交招标投标情况的书面报告。

（2）中标通知书　依法必须进行招标的机电产品国际招标项目，招标人应当在中标结果公告后 20 日内向中标人发出中标通知书，并在中标结果公告后 15 日内将评标情况的报告提交至相应的主管部门。中标通知书是指招标人在确定中标人后向其发出的书面文件。中标通知书的内容应当简明扼要，但至少应当包括告知投标人已中标，签订合同的时间和地点等内容。中标通知书发出后，对招标人和中标人具有法律约束力；如果招标人改变中标结果的，或者中标人放弃中标项目的，应当依法承担法律责任。

1）中标人确定后，招标人应当向中标人发出中标通知书，并同时将中标结果通知所有未中标的投标人。

2）中标通知书应在投标有效期内发出。

3）中标通知书需要载明签订合同的时间和地点。需要对合同细节进行谈判的，中标通知书上需要载明合同谈判的有关安排。

4）中标通知书可以载明提交履约保证金等中标人需注意或完善的事项。

5）对合同执行有影响的澄清、说明事项，也是中标通知书的组成部分。

（3）签订合同　招标人和中标人应当在投标有效期内并在自中标通知书发出之日起三十日内，按照招标文件和中标人的投标文件订立书面合同，明确双方的责任、权利和义务。合同的标的、价款、质量、履行期限等主要条款应当与招标文件和中标人的投标文件的内容一致。招标人和中标人不得再行订立背离合同实质性内容的其他协议。签订合同时，双方在不改变招标投标实质性内容的条件下，对非实质性差异的内容可以通过协商取得一致意见。招标文件要求中标人提交履约保证金的，中标人应当提交。

案例 4-5　某工程招投标案例

　　某开发区国有资金投资办公楼建设项目，业主委托具有造价咨询资质的机构编制了招标文件和最高投标限价，并采用公开招标方式进行项目施工招标。该项目招标公告和招标文件中的部分规定如下：

1）招标人不接受联合体投标。

2）投标人必须是国有企业或进入开发区合格承包商信息库的企业。

3）投标人报价高于最高投标限价和低于最低投标限价的，均按废标处理。

4）投标人报价时必须采用当地建设行政管理部门造价管理机构发布的计价定额中分部分项工程人工、材料、机械台班消耗量标准。

5）招标人将聘请第三方造价咨询机构在开标后评标前开展清标活动。在项目投标及评标过程中发生了以下事件：

　　事件1：投标人A在复核设计图和工程量清单时发现分部分项工程量清单中某分项工程的特征描述与设计图不符。

　　事件2：投标人B采用不平衡报价的策略，对前期工程和工程量可能减少的工程适度提高了报价，对暂估价材料采用了与最高投标限价中相同材料的单价计入了综合单价。

　　事件3：投标人C结合自身情况，并根据过去类似工程投标经验数据，认为该工程投高标的中标概率为0.3，投低标的中标概率为0.6，投高标中标后，经营效果可分为好、中、差三种可能，其概率分别为0.3、0.6、0.1，对应的损益值分别为500万元、400万元、250万元，投低标中标后，经营效果同样可分为好、中、差三种可能，其概率分别为0.2、0.6、0.2，对应的损益值分别为300万元、200万元、100万元。编制投标文件以及参加投标的相关费用为3万元。经过评估，投标人C最终选择了投低标。

　　事件4：清标时发现，投标人D和投标人E的总价和所有分部分项工程综合单价相差相同的比例。

[问题]

（1）根据招标投标法及实施条例，逐一分析项目招标公告和招标文件中1）～5）项规定是否妥当，并分别说明理由。

（2）事件1中，投标人A应当如何处理？分部分项工程的特征应该如何描述？

（3）事件2中，投标人B的做法是否妥当？并说明理由。

（4）事件3中，投标人C选择投低标是否合理？并通过计算说明理由。

（5）针对事件4，评标委员会应该如何处理？并说明理由。

[答案]

问题1：

答：

1）妥当。我国相关法规对此没有限制。

2）不妥当。招标人不得以任何理由歧视潜在的投标人。

3）"投标人报价高于最高限价按照废标处理"妥当；"投标人报价低于最低限价按照废标处理"不妥当，根据《招标投标法实施条例》，招标人不得规定最低限价。

4）不妥当。投标报价由投标人自主确定，招标人不能要求投标人采用指定的人、材、机消耗量标准。

5）妥当。清标工作组应该由招标人选派或者邀请熟悉招标工程项目情况和招标投标程序、专业水平和职业素质较高的专业人员组成，招标人也可以委托工程招标代理、工程造价咨询等单位组织具备相应条件的人员组成清标工作组。清标工作应该在开标后、评标前开展。

问题2：

答：事件1中，投标人应将发现的分部分项工程量清单中项目特征描述与设计图不符的内容书面报告招标人。招标人如果修改招标文件清单中的项目特征描述，投标人应按照修改后的清单编制清单报价。如果招标人不修改招标文件清单中的项目特征描述，投标人应按照招标工程量清单项目特征报价，结算时按实际调整。

分部分项工程量清单项目特征应按工程量清单计量规范附录中规定的项目特征，结合拟建工程项目的实际情况予以描述。

问题3：

答：事件2中，"投标人B对前期工程报高价妥当，对工程量可能减少的工程报高价"不妥，应当报低价；对材料暂估价按照最高投标限价中的相同单价计入综合单价不妥，应当按照招标文件中规定的单价计入综合单价。

问题4：

答：不合理，因为投高标的收益期望值为

$$0.3×(0.3×500+0.6×400+0.1×250)万元-3万元=121.5万元$$

投低标的收益期望值为

$$0.6×(0.2×300+0.6×200+0.2×100)万元-3万元=117.0万元$$

投高标收益期望值大，因此投标人C应当投高标。

问题5：

答：评标委员会应该把投标人D和投标人E的投标文件作为废标处理。根据《招标投标法实施条例》，不同投标人的投标文件异常一致或者投标报价呈规律性差异，视为投标人相互串通投标。

思 考 题

1. 资格预审的作用是什么？
2. 资格预审文件包括哪些内容？
3. 试述招标文件的组成。
4. 编制招标文件的要求有哪些？
5. 试述建设工程评标的原则。
6. 试述建设工程评标的具体方法。
7. 建设工程投标的程序是怎样的？
8. 投标人应如何编制投标文件？
9. 试述常用的投标报价技巧。

第 5 章

工程合同范本

学习目标

了解工程合同范本作用与类型，掌握工程施工合同核心条款内容，熟悉工程施工合同风险责任划分，熟悉工程总承包合同核心条款内容，了解发展改革委颁布的和住建部颁布的监理合同范本的异同，掌握监理合同核心条款的内容。

5.1 工程合同范本概述

由于合同条款在合同管理中十分重要，合同双方都对此很重视，因此在订立合同的过程中，双方在编制、研究和协商合同条款上要投入很多的人力、物力和时间。为了减少每个工程都必须花在编制讨论合同条款上的人力、物力消耗，也为了避免和减少由于合同条款的缺陷而引起的纠纷，有必要制定和使用工程承包合同条款范本。

5.1.1 工程合同范本简介

1. 工程合同范本的概念

合同范本即合同示范文本。我国《民法典》第三编合同第四百七十条规定："当事人可以参照各类合同的示范文本订立合同。"合同示范文本是将各类合同的主要条款、式样等制定出规范的、指导性的文本，在全国范围内积极宣传和推广，引导当事人采用示范文本签订合同，以实现合同签订的规范化。我国推行合同示范文本制度已经多年了，在 1990 年，国务院办公厅就转发了国家工商行政管理局《关于在全国逐步推行经济合同示范文本制度请示》的通知，随后各类合同示范文本纷纷出台，逐步推行。推行合同示范文本的实践证明，示范文本使当事人订立合同更加认真、更加规范，对于当事人在订立合同时明确各自的权利义务、减少合同约定缺款少项、防止合同纠纷，起到了积极的作用。

在建设工程领域，自 1991 年起就陆续颁布了一些示范文本。1999 年 10 月 1 日实施《合同法》后，国务院相关部门联合颁布了《建设工程监理合同（示范文本）》（GF—2012—0202）、《建设工程设计合同示范文本（房屋建筑工程）》（GF—2015—0209）、《建设工程设计合同示范文本（专业建设工程）》（GF—2015—0210）、《建设工程勘察合同（示范文本）》（GF—2016—0203）、《建设工程施工合同（示范文本）》（GF—2017—0201）等示范范本；发展改革委等九部委联合颁布了《中华人民共和国标准施工招标文件》（2007）、《中华人民共和国标准设计施工总承包招标文件》（2012）、《标准设备采购招标文件》（2017）、《标准材料采购招标文件》（2017）、《标准勘察招标文件》（2017）、《标准设计招标文件》（2017）、《标准监理招标文件》（2017）。这些标准合同文本更符合市场经济的要求，对完善建设工程合同管理制度起到了极大的推动作用。

标准合同文本能提示当事人在订立合同时更好地明确各自的义务，对防止合同纠纷有积极的作用。但有两点需要明确：一是"示范文本"不是某单位自己制定的格式条款，二是"示范文本"是由一定的权威机构在广泛听取各方面意见的基础上，特别是征得建设工程发包、承包商的意见之后，按一定的程序主持制定形成的。

案例 5-1　《建设项目工程总承包合同（示范文本）》（GF—2011—0216）

第一部分合同协议书

业主（全称）

承包商（全称）：

依照《中华人民共和国合同法》《中华人民共和国建筑法》《中华人民共和国招标投标法》及相关法律、行政法规，遵循平等、自愿、公平和诚信原则，合同双方就项目工程总承包事宜经协商一致，订立本合同。

一、工程概况

工程名称：

工程批准、核准或备案文号：

工程内容及规模：

工程所在省市详细地址：

工程承包范围：

二、工程主要生产技术（或建筑设计方案）来源

三、主要日期

设计开工日期（绝对日期或相对日期）：

施工开工日期（绝对日期或相对日期）：

工程竣工日期（绝对日期或相对日期）：

四、工程质量标准

工程设计质量标准：

工程施工质量标准：

五、合同价格和付款货币

合同价格为人民币（大写）：＿＿元（小写金额：＿＿元）。

详见合同价格清单分项表。除根据合同约定的在工程实施过程中需进行增减的款项外，合同价格不作调整。

六、定义与解释

本协议书中有关词语的含义与通用条款中赋予的定义与解释相同。

七、合同生效

本合同在以下条件全部满足之后生效：

业主：	承包商：
（公章或合同专用章）	（公章或合同专用章）
法定代表人或授权代表：	法定代表人或授权代表：
（签字）	（签字）

合同订立时间：　　　年　　月　　日

合同订立地点：

案例 5-2　吉林隆德集团股份有限公司与白山苏州商贸城开发有限公司建设工程施工合同纠纷

[案情简介]

2007 年 7 月 30 日，被告业主白山苏州商贸有限公司与原告白山市隆德建筑有限公司签订《建设工程施工合同》，约定由隆德集团承建白山苏州商贸城一期 1#、2#、3#、4#、5#、6#店工程，面积 33 825m²，承包范围为建筑、装饰、装修、采暖、给排水、电气、消防工程。合同工期为 2007 年 8 月 1 日至 2008 年 5 月 15 日。合同价款为 35 078 600 元。2008 年 5 月 28日，业主苏州商贸城公司与承包商白山市隆德建筑有限公司签订《建设工程施工合同》，约定由白山市隆德建筑有限公司承建白山苏州商贸城 7#、8#、9#、10#工程，面积 18 430m²，承包范围为建筑、装饰、装修、安装工程，合同工期为 2008 年 5 月 30 日至 2008 年 12 月 31日，合同价款为 17 600 300 元。未载明日期的盖有被告与原告公章的建筑工程结算书载明，白山苏州商贸城 8 号店（已完工程）、9 号店（已完工程）的工程造价分别为 1 986 374 元、1 055 744 元，合计 3 042 118 元。该结算书原告主张结算日期为 2008 年 8 月 15 日。被告认为该工程于 2008 年 8 月 15 日之前停工。2010 年 12 月 10 日，原告与被告达成协议，对 2010 年度的支出（人工费）总计 85 050 元在工程总结算中一并结账。2011 年 6 月 30 日，原、被告双方确认 2011 年未开工 1—6 月发生的工资费用为 56 700 元。2012 年 7 月 15 日，被告发出公告，内容为：苏州商贸城公司于 2009 年 5 月 15 日依法取得白山苏州商贸城项目的国有土地使用权证，现已报市政府同意办理规划调整开发的有关手续，拆迁公司开始拆除原有烂尾工程清场，请违法占用苏州商贸城公司土地的有关人员及车辆自动撤离，如不撤离造成的一切后果自负。隆德集团施工的 8#、9#店现已被苏州商贸城公司拆除。诉讼中，隆德集团明确2010 年年底前发生的人工费为二期工程的人工费。原告将被告诉至法院，要求确认原、被告双方签订的建设工程合同有效，并判令被告支付原告一期工程款 14 788 887.09 元及利息。

另查明，白山市隆德建筑有限公司于 2008 年 10 月 28 日更名为吉林省隆德集团有限责任公司，吉林省隆德集团有限责任公司于 2008 年 11 月 21 日更名为隆德集团。2007 年 11 月 16日，白山苏州商贸有限公司更名为苏州商贸城公司。

[法院判决]

法院审理后，于 2015 年 8 月 12 日做出判决：一、隆德集团与苏州商贸城公司于 2007 年7 月 30 日签订的《建设工程施工合同》有效；二、苏州商贸城公司于判决生效之日立即给付隆德集团苏州商贸城一期工程工程款 12 964 478.43 元及利息（利息自 2009 年 12 月 17 日起计算至实际给付之日止，按人民银行同期同类贷款利率计算）；三、驳回隆德集团其他诉讼请求。

在该判决中因隆德集团提供的一期工程未进入结算的部分预算书（910 401 元）因系隆德集团单方制作，苏州商贸城公司对此有异议，隆德集团未提供其他证据证明，未予采信；2010 年 12 月 10 日协议确认的支出（人工费）总计 85 050 元，因未载明系一期工程的费用，苏州商贸城公司有异议，隆德集团未提供其他相关证据证明此费用系一期工程的费用，该判决中也未予采信。

2. 工程合同范本的特点

合同范本应当具有规范性、可靠性、完备性、适用性的特点。

（1）规范性　工程合同范本是根据有关法律、国际惯例制定的，它具有相应的规范性。当事人使用这种文本格式，实际上把自己的签约行为纳入依法办事的轨道，接受这种规范性制度的制约。广泛推行合同示范文本，其规范性作用就会更加明显，因为是建立在当事人自愿的基础之上，而广大的当事人使用范本格式会在实践中受益，从而增加使用示范合同文本的自觉性。因此，工程合同示范文本的规范性具有鲜明的引导、督促的作用。

（2）可靠性　由于工程合同示范文本是经过审慎推敲、反复优选制定的，因此符合法律规范要求，可以使经济合同具有法律约束力，使合同当事人双方的合法权益得到法律的保护。同时，便于合同管理机关和业务主管部门加强监督检查，在当事人双方发生合同纠纷时，有助于仲裁机关和人民法院的调解、仲裁和审理工作。因此，经济合同示范文本可以得到当事人的信赖，自觉使用示范文本签订合同。

（3）完备性　经济合同示范文本的制定主要是明确当事人的权利和义务，按照法律要求，把涉及双方权利和义务的条款全部开列出来，确保合同达到条款完备、符合要求的目的，以避免签约时缺款漏项和出现不符合程序的情况。当然，条款完备也是相对的，由于各类经济合同都会出现一些特殊情况，因而在示范文本内要分别采取不同形式，规定当事人双方根据特殊要求，经协商达成一致的条款签订的方法。

（4）适用性　各类经济合同示范文本，是依据各行业特点，归纳了涉及各该行业经济合同的法律、行政法规制定的。签订合同当事人可以此作为协商、谈判经济合同的依据，避免当事人为起草合同条款而费尽心机。合同示范文本基本上可以满足当事人的需要，因此它具有广泛的适用性。

3. 工程合同范本的作用和意义

由于工程合同文本在合同管理中十分重要，因此合同双方都很重视。对作为合同文本条款编写者的业主方而言，必须慎重推敲每一个词句，防止出现任何不妥或疏漏之处；对承包商而言，必须仔细研读合同条款，发现有明显错误及时向业主指出并予以更正，有模糊之处又必须及时要求业主方澄清，以便充分理解合同条款表示的真实思想与意图；还必须考虑条款可能带来的机遇和风险，这样才能得出一个合适的报价。因此，在订立一个合同的过程中，双方在编制、研究、协商合同条款上要投入很多的人力、物力和时间。

各国为了减少每个工程都必须花在编制和讨论合同条款上的人力、物力消耗，也为了避免和减少由于合同条款的缺陷而引起的纠纷，都制定了自己国家的工程承包标准合同条款。第二次世界大战以后，国际工程的招标承包日益增加，也陆续形成了一些国际工程常用的标准合同条款。

合同条款是合同文件的重要组成部分。它在合同订立和履行过程中，主要起着三方面的作用：

1）合同条款是合同双方在订立合同，即邀请要约（招标）、要约（投标）和承诺（决标）的过程中讨论协商的主要内容。在施工承包合同中，业主方的标的（工程）和承包商的报酬（合同价格）一般是一方提出、一方认可，讨论余地不大。因此，规定权利义务、分配风险责任的合同条款就成为双方协商、谈判的主要议题。

2）合同条款是双方签署合同的主要依据。

3）合同条款是双方为履行合同所进行一切活动的准则。

世界各国工程建设实践证明，采用标准合同条款，除了可以为合同双方减少大量资源消耗外，还有以下意义：

1）标准合同条款能合理地平衡合同各方的权利和义务，公平地在合同各方之间分配风险和责任。因此多数情况下，合同双方都能赞同并乐于接受，这就会在很大程度上避免合同各方之间由于缺乏所需的信任而引起争端，有利于合同顺利完成。

2）由于投标者熟悉并能掌握标准合同条款，这意味着他们可以不必为不熟悉的合同条款以及这些条款可能引起的后果担心，可以不必在报价中考虑这方面的风险，从而导致较低的报价。

3）标准合同条款的广泛使用，为合同管理人员及其培训提供了一个稳定的工作内容和依据。这将有利于提高合同管理人员的水平，从而提高建设项目的管理水平。

4. 合同条款的内容

工程承包合同的合同条款，一般均应包括下述主要内容：定义，合同文件的解释，业主的权利和义务，承包商的权利和义务，监理工程师的权力和职责，分包商和其他承包商，工程进度、开工和完工，材料、设备和工作质量，支付与证书，工程变更，索赔，安全和环境保护，保险与担保，争议，合同解除与终止，其他。它的核心问题是规定双方的权利义务，以及分配双方的风险责任。

工程合同范本中的合同条款一般都包括通用条款和专用条款两部分。

通用条款对同一类工程都能适用，如FIDIC《工程施工合同条件》中的通用条款可适用于任何一种土木工程。使用通用条款时，可以不做任何改动地附入合同文件。

通用条款要适用于各种工程，就不可能涉及某一特定工程的个性，因此就需要有专用条款来加以补充。专用条款的作用是根据本工程的具体情况和业主的某些要求对通用条款进行修改和补充。如FIDIC编制各类合同条件中的专用条款，常有多种不同措辞的范例供使用者参考，业主或工程师在编写时，可根据需要直接采用、进行修改或另行撰写。在合同中每一专用条款的编号都应与其所修改或补充的相应的通用条款相同，通用条款与专用条款是一个整体，将编号相同的通用条款与专用条款一起阅读，才能全面、正确地说明该条款的内容与用意；如果通用条款与专用条款有矛盾之处，应以专用条款为准。

5.1.2 工程合同文本

国际工程合同范本常见有 FIDIC 系列合同条件、ICE 系列合同条件、JCT 系列合同条件、NEC 系列合同条件、AIA 系列合同条件等，详见本书第 12 章。这里主要介绍我国工程合同文本。

1. 住建部颁布的建设工程合同范本系列

1991 年 3 月颁布的《建设工程施工合同》（GF—1991—0201）是我国最早的工程合同示范文本，之后陆续制定并颁布、更新了工程监理、工程勘察、工程设计、工程造价、招标代理、建设工程施工、建设工程施工专业分包和劳务分包等工程合同示范文本，基本形成了具有中国特色的工程合同系列。上述示范文本借鉴了国外合同系列合同文本及合同管理的有益经验，吸收了最新工程建设法律法规的内容，并结合我国工程合同管理的实践，对于规范工程合同当事人的行为，完善工程合同制度和内容，提高工程合同履约水平和效果，均起到了重要的指导和规范作用。

（1）建设工程勘察合同 《建设工程勘察合同示范文本》（GF—2016—0203）主要适用于岩土工程勘察、水文地质勘察（含凿井）工程测量、工程物探等勘察工作。合同协议书主要包括工程概况、勘察范围和阶段、技术要求及工作量、合同工期、质量标准、合同价款、合同文件构成、承诺、词语定义、签订时间、签订地点、合同生效和合同份数等内容；通用合同条款具体包括一般约定、业主、勘察人、工期、成果资料、后期服务、合同价款与支付、变更与调整、知识产权、不可抗力、合同生效与终止、合同解除、责任与保险、违约、索赔、争议解决及补充条款等共计 17 条。上述条款安排既考虑了现行法律法规对工程建设的有关要求，又考虑了工程勘察管理的特殊需要。

《建设工程勘察合同示范文本》（GF—2016—0204）主要适用于岩土工程设计、治理、监测等工作。示范文本主要包括双方当事人，工程概况，业主提供的有关资料文件，承包商交付的报告、成果、文件，开工及提交勘察成果资料的时间，勘察费用，变更及工程费的调整，业主、承包商责任；违约责任，材料设备供应，报告、成果、文件检查验收，争议解决办法，合同生效与终止等条款。

（2）建设工程设计合同　《建设工程设计合同示范文本》（GF—2015—0209）适用于建设用地规划许可证范围内的建筑物或构筑物设计、室外工程设计、民用建筑修建的地下工程设计及住宅小区、工厂厂前区、工厂生活区、小区规划设计及单体设计等，以及所包含的相关专业的设计内容（总平面布置、竖向设计、各类管网管线设计、景观设计、室内外环境设计及建筑装饰、道路、消防、智能、安保、通信、防雷、人防、供配电、照明、废水治理、空调设施、抗震加固等）等工程设计活动。合同主要包括双方当事人，设计项目的内容（名称、规模、阶段、投资及合同价格等），合同签订依据，业主应向设计人提交的有关资料及文件，设计人应向业主交付的设计资料及文件，定金及其支付，设计收费及支付进度，业主责任，设计人责任，违约责任，业主代表与设计人项目负责人，争议处理，合同生效等条款。

案例 5-3　《建设工程设计合同示范文本》（GF—2015—0209）房屋建筑工程设计合同

业主（全称）：

设计人（全称）：

根据《中华人民共和国合同法》《中华人民共和国建筑法》及有关法律规定，遵循平等、自愿、公平和诚实信用的原则，双方就工程设计及有关事项协商一致，共同达成如下协议：

一、工程概况

1. 工程名称：_____。

2. 工程地点：_____。

3. 规划占地面积：_____平方米，总建筑面积：_____平方米（其中地上约_____平方米，地下约_____平方米）；地上_____层，地下_____层；建筑高度_____米。

4. 建筑功能：_____、_____、_____等。

5. 投资估算：约_____元人民币。

二、工程设计范围、阶段与服务内容

1. 工程设计范围：_____。

2. 工程设计阶段：_____。

3. 工程设计服务内容：_____。

工程设计范围、阶段与服务内容详见专用合同条款附件1。

三、工程设计周期

计划开始设计日期：_____年_____月_____日。

计划完成设计日期：_____年_____月_____日。

具体工程设计周期以专用合同条款及其附件的约定为准。

四、合同价格形式与签约合同价

1. 合同价格形式：_____。

2. 签约合同价为：_____元

人民币（大写）：_____元（￥_____元）。

五、业主代表与设计人项目负责人

业主代表：_____。

设计人项目负责人：_____。

六、合同文件构成

本协议书与下列文件一起构成合同文件：

1）专用合同条款及其附件。

2）通用合同条款。

3）中标通知书（如果有）。

4）投标函及其附录（如果有）。

5）业主要求。

6）技术标准。

7）业主提供的上一阶段的图（如果有）。

8）其他合同文件。

在合同履行过程中形成的与合同有关的文件，均构成合同文件组成部分。

上述各项合同文件包括合同当事人就该项合同文件所做出的补充和修改，属于同一类内容的文件，应以最新签署的为准。

七、承诺

1. 业主承诺按照法律规定履行项目审批手续，按照合同约定提供设计依据，并按合同约定的期限和方式支付合同价款。

2. 设计人承诺按照法律和技术标准规定及合同约定提供工程设计服务。

八、词语含义

本协议书中词语含义与第二部分通用合同条款中赋予的含义相同。

九、签订地点

本合同在_____签订。

十、补充协议

合同未尽事宜，合同当事人另行签订补充协议，补充协议是合同的组成部分。

十一、合同生效

本合同自_____生效。

十二、合同份数

本合同正本一式_____份、副本一式_____份，均具有同等法律效力，业主执正本_____份、副本_____份，设计人执正本_____份、副本_____份。

业主：_____（盖章）

设计人：_____（盖章）

法定代表人或其委托代理人：_____　法定代表人或其委托代理人：_____

（签字）　　　　　　　　　　　　　（签字）

案例 5-4 南京苏宁建设监理有限公司与南京航空航天大学金城学院之间的建设工程监理合同纠纷案

[案情简介]

2008 年 4 月 2 日，苏宁监理公司与金城学院签订《建设工程委托监理合同》，约定金城学院委托苏宁监理公司监理金城学院新校大二期（图书馆、11-13#学生公寓、行政楼、食堂、车库、专家楼、道路、桥及室外工程等）的桩基、基础、土建、安装、装修等；监理费按合同价 11 000 万元（按实结算）×0.8% = 88 万元。本合同工期自 2008 年 1 月 1 日开始实施，至 2008 年 12 月 31 日完成。2010 年 11 月 2 日，双方就上述工程的合同工期内的监理费进行了结算，确定工程总造价为 17 147 万元，监理费数额为 17 147 万元×0.8% = 137.18 万元。金城学院在《监理费的计算》上载明"以上结算情况属实"，苏宁监理公司在《监理费的计算》上载明"以上金城学院土建安装项目已确认"。对此，苏宁监理公司认为因工程延期完工，其实际监理时间至 2010 年 5 月 6 日止，金城学院尚未与其结算延长期间的监理费。金城学院认为，双方已经对合同工期内的监理费以及工程延期的监理费进行了结算，监理费总计为 137.18 万元。

2010 年 8 月 6 日，苏宁监理公司与金城学院再次签订"建设工程委托监理合同"，约定金城学院委托苏宁监理公司监理其新校大二期图书馆、行政楼等装修工程，工程规模暂定 1 360 万元（按实计算），工期为 150 天，自 2010 年 8 月 15 日至 2011 年 2 月 15 日完成；监理费计算方法为合同价 1 360 万元（按实计算）×2.288% = 31.12 万元，合同签订后，苏宁监理公司自认于 2010 年 11 月 9 日进场进行监理。苏宁监理公司认为，其实际对装修工程监理至工程竣工验收之日（2011 年 10 月 12 日），装修工程的总造价为 3371.51 万元。金城学院提供了 2 份装修工程审定单，苏宁监理公司对 2 份审定单无异议，但认为其在对图书馆、行政楼装修监理过程中增加了中央空调、智能化、消防、灯光音响、监控等安装工程的监理项目（造价共计 16 255 580 元），应按照双方约定的装修工程的监理费率支付其监理费。金城学院认为，苏宁监理公司所称的安装监理项目在合同中并未约定，苏宁监理公司在相关材料上加盖印章只是为装修工程进行协调的一种形式。金城学院认为，苏宁监理公司为图书馆装修的监理于 2011 年 5 月底完成，行政楼装修的监理于 2011 年 4 月底完成。

金城学院已支付苏宁监理公司监理费 1 972 600 元。

[法院判决]

苏宁监理公司起诉至法院，请求：金城学院给付其监理费 347.04 万元，偿付利息 113.63 万元（从应付监理费之日计算至 2015 年 1 月 30 日，按年利率 6% 计算）。

一审法院认为，苏宁监理公司与金城学院先后签订的 2 份"建设工程委托监理合同"合法有效，苏宁监理公司按合同约定履行了工程监理义务，有权要求按合同约定主张监理费。双方对第 1 份"建设工程委托监理合同"中合同工期内监理费 137.18 万元无异议，金城学院应支付苏宁监理公司土建等工程延长期间的监理费 128.16 万元。双方对第二份"建设工程委托监理合同"中约定的装修工程造价无异议，金城学院应支付的监理费为 399 473.82 元。金城学院应支付工期延时监理费 110 447.77 元。

一审法院判决：一、金城学院给付苏宁监理公司监理费 1 320 766.23 元，并支付利息 1 736.90 元，合计 1 322 503.13 元，于判决发生法律效力之日 10 日内付清；二、驳回苏宁监理公司的其他诉讼请求。

金城学院不服一审判决，提出上诉。

二审法院认为，当事人对于自己的主张应当提供证据予以证明，不能提供证据证明的，应当承担不利的法律后果。金城学院已向苏宁监理公司支付了涉案工程的全部监理费用，苏宁监理公司主张金城学院支付监理费无事实和法律依据，本院不予采纳。

二审法院判决：一、撤销一审判决；二、驳回南京苏宁监理公司的其他诉讼请求。

南京苏宁监理公司不服二审判决，申请再审：

法院再审认为：（一）根据《建设工程委托监理合同》中专用条款补充协议第八条的约定，监理费为合同价 11 000 万元（按实结算）×0.8％＝88 万元。合同工期自 2008 年 1 月 1 日开始实施，至 2008 年 12 月 31 日完成。由此可知，金城学院向苏宁监理公司应给付的监理费由两部分组成，一是合同工期内的监理费，二是工期延时一个月以上的监理费，且两部分的监理费计取方式不同。其次，金城学院二期行政楼教工食堂连廊的工程签证单和情况说明足以证明苏宁监理公司存在计取工程延时监理费的客观事实。故金城学院应向苏宁监理公司给付土建等工程的监理费合计为 216.98 万元（137.18 万元+79.80 万元）。（二）在双方对安装工程监理费事先没有合同约定，事后也未达成一致意见的情况下，苏宁监理公司要求金城学院给付安装工程监理费，依据不足。

再审法院判决：一、撤销一审及二审判决；二、南京航空航天大学金城学院于本判决发生法律效力后 10 日内给付南京苏宁建设监理有限公司监理费 707 121.59 元，并支付利息 942.83 元，合计 708 064.42 元；三、驳回南京苏宁监理公司的其他诉讼请求。

建设工程设计合同示范文本（GF—2015—0210）适用于房屋建筑工程以外各行业建设工程项目的主体工程和配套工程（含厂/矿区内的自备电站、道路、专用铁路、通信、各种管网管线和配套的建筑物等全部配套工程）以及与主体工程、配套工程相关的工艺、土木、建筑、环境保护、水土保持、消防、安全、卫生、节能、防雷、抗震、照明工程等工程设计活动。房屋建筑工程以外的各行业建设工程统称为专业建设工程，具体包括煤炭、化工石化医药、石油天然气（海洋石油）、电力、冶金、军工、机械、商物粮、核工业、电子通信广电、轻纺、建材、铁道、公路、水运、民航、市政、农林、水利、海洋。

（3）建设工程监理合同 《建设工程监理合同示范文本》（GF—2012—0202）包括建设工程委托监理合同协议书、通用条件和专用条件 3 个部分。通用条件中主要包括词语定义、监理人义务、委托人义务、违约责任、支付条款、变更与终止、暂停与解除、监理报酬、争议的解决、其他等条款。

（4）建设工程施工合同 为了指导建设工程施工合同当事人的签约行为，维护合同当事人的合法权益，依据《中华人民共和国民法典》《中华人民共和国建筑法》《中华人民共和国招标投标法》以及相关法律法规，住房城乡建设部、国家工商行政管理总局制定了《建设工程施工合同（示范文本）》（GF—2017—0201）（以下简称《示范文本》）。

《示范文本》适用于房屋建筑工程、土木工程、线路管道和设备安装工程、装修工程等建设工程的施工承发包活动，合同当事人可结合建设工程具体情况，根据《示范文本》订立合同，并按照法律法规规定和合同约定承担相应的法律责任及合同权利义务。

《示范文本》可适用于房屋建筑工程、土木工程、线路管道和设备安装工程、装修工程等建设工程的施工承发包活动，主要由合同协议书、通用条款和专用条款构成，并附有 1 个协议书附件和 10 个专用合同条款附件：协议书附件是《承包商承揽工程项目一览表》，专用合同条款附件包括《业主供应材料设备一览表》《工程质量保修书》《主要建设工程文件目录》等。合同协议书共计 13 条，主要包括工程概况、合同工期、质量标准、签约合同价和合同价格形式、项目经理、合同文件构成、承诺以及合同生效条件等重要内容，集中约定了合同当事人基本的合同权利义务。通用合同条款是合同当事人根据《中华人民共和国建筑法》《中华人民共和国民法典》等法律法规的规定，就工程建设的实施及相关事项，对合同当事人的权利义务做出的原则性约定，共计 20 条，具体条款分别为：一般约定、业主、承包商、监理单位、工程质量、安全文明施工与环境保护、工期和进度、材料与设备、试验与检验、变更、价格调整、合同价格、计量与支付、验收和工程试车、竣工结算、缺陷责任与保修、违约、不可抗力、保险、索赔和争议解决。前述条款安排既考虑了现行法律法规对工程建设的有关要求，又考虑了建设工程施工管理的特殊需要，是一般土木工程所共同具备的共性条款，具有规范性、可靠性、完备性和适用性等特点，该部分可适用于任何工程项目，并可作为招标文件的组成部分而予以直接采用。专用条款也有 20 条，与通用条款的条款序号一致，是合同双方根据企业实际情况和工程项目的具体特点，经过协商达成一致的内容，是对通用条款的补充、修改，使通用条款和专用条款成为双方当事人统一意愿的体现。专用条款为合同双方补充协议提供了一个可供参考的提纲或格式。

2. 发展改革委等九部委颁布的标准合同文件

（1）概述　为深入推进招标投标领域改革，提高招标文件编制质量效率，促进招标投标活动公开、公平、公正，营造良好市场竞争环境，国家发展改革委等九部委联合编制印发了《标准施工招标文件》（2007 年版）、《标准设计施工总承包招标文件》（2012 年版）、《简明标准施工招标文件》（2012 年版）、《标准设备采购招标文件》（2017 年版）、《标准材料采购招标文件》（2017 年版）、《标准勘察招标文件》（2017 年版）、《标准设计招标文件》（2017 年版）、《标准监理招标文件》（2017 年版）等工程、货物、服务类标准招标文件（以下统一简称为《标准文件》），构建形成了覆盖主要采购对象、多种合同类型、不同项目规模的标准文件体系。

《标准文件》适用于依法必须进行招标的工程建设及与工程建设有关的设备、材料等货物项目和勘察、设计、监理等服务项目，包括招标公告（投标邀请书）、投标人须知、评标办法、合同条款及格式、投标文件格式等主要内容，作为适用于各行业领域的通用文本。

（2）标准施工招标文件　为了规范施工招标文件编制活动，提高招标文件编制质量，促进招标投标活动的公开、公平和公正，国家发展改革委、财政部、建设部、铁道部、交通部、信息产业部、水利部、民用航空总局、广播电影电视总局于 2007 年 11 月 1 日联合发布了《标准施工招标文件》，并自 2008 年 5 月 1 日起施行。

《标准施工招标文件》主要适用于具有一定规模的政府投资项目，且设计和施工不是由同一承包商承担的工程施工招标。国务院有关行业主管部门可根据《标准施工招标文件》并结合本行业施工招标特点和管理需要，编制行业标准施工招标文件。行业标准施工招标文件重点对"专用合同条款""工程量清单""施工图""技术标准和要求"做出具体规定。

按照九部委联合颁布的《标准施工招标资格预审文件和标准施工招标文件暂行规定》要求，各行业编制的标准施工合同应不加修改地引用《标准施工招标文件》中的"通用合同条款"，即标准施工合同和简明施工合同的通用条款广泛适用于各类建设工程。各行业编制的标准施工招标文件中的"专用合同条款"可结合施工项目的具体特点，对标准的"通用合同条款"进行补充、细化。除"通用合同条款"明确"专用合同条款"可做出不同约定外，补充和细化的内容不得与"通用合同条款"的规定相抵触，否则抵触内容无效。

标准施工合同提供了通用条款、专用条款和签订合同时采用的合同附件格式。

1）通用条款。标准施工合同的通用条款包括24条，标题分别为：一般约定，业主义务，监理人，承包商，材料和工程设备，施工设备和临时设施，交通运输，测量放线，施工安全、治安保卫和环境保护，进度计划，开工和竣工，暂停施工，工程质量，试验和检验，变更，价格调整，计量与支付，竣工验收，缺陷责任与保修责任，保险，不可抗力，违约，索赔，争议的解决。

2）专用条款。由于通用条款的内容涵盖各类工程项目施工共性的合同责任和履行管理程序，各行业可以结合工程项目施工的行业特点编制标准施工合同文本在专用条款内的体现，具体招标工程在编制合同时应针对项目的特点、招标人的要求，在专用条款内针对通用条款涉及的内容进行补充、细化。

工程实践应用时，通用条款中适用于招标项目的条或款不必在专用条款内重复，需要补充细化的内容应与通用条款的条或款的序号一致，使得通用条款与专用条款中相同序号的条款内容共同构成对履行合同某一方面的完备约定。

为了便于行业主管部门或招标人编制招标文件和拟定合同，标准施工合同文本根据通用条款的规定，在专用条款中针对22条50款做出了应用的参考说明。

3）合同附件格式。标准施工合同中给出的合同附件格式，是订立合同时采用的规范化文件，包括合同协议书、履约担保和预付款担保三个文件。

① 合同协议书。合同协议书是合同组成文件中唯一需要业主和承包商同时签字盖章的法律文书，因此标准施工合同中规定了应用格式。除了明确规定对当事人双方有约束力的合同组成文件外，具体招标工程项目订立合同时需要明确填写的内容仅包括业主和承包商的名称，施工的工程或标段，签约合同价，合同工期，质量标准和项目经理的人选。

②履约担保。标准施工合同要求履约担保采用保函的形式，给出的履约保函标准格式主要表现为以下两个方面的特点：

a. 担保期限。担保期限自业主和承包商签订合同之日起，至签发工程移交证书日止。没有采用国际招标工程或使用世界银行贷款建设工程的担保期限至缺陷责任期满止的规定，即担保人对承包商保修期内履行合同义务的行为不承担担保责任。

b. 担保方式。采用无条件担保方式，即持有履约保函的业主认为承包商有严重违约情况时，可凭保函向担保人要求予以赔偿，不需承包商确认。无条件担保有利于当出现承包商严重违约情况，由于解决合同争议而影响后续工程的施工。标准履约担保格式中，担保人承诺"在本担保有效期内，因承包商违反合同约定的义务给你方造成经济损失时，我方在收到你方以书面形式提出的在担保金额内的赔偿要求后，在7天内无条件支付"。

③预付款担保。标准施工合同规定的预付款担保采用银行保函形式，主要特点为：

a. 担保方式。担保方式也是采用无条件担保形式。

b. 担保期限。担保期限自预付款支付给承包商起生效，至业主签发的进度付款支付证书说明已完全扣清预付款止。

c. 担保金额。担保金额尽管在预付款担保书内填写的数额与合同约定的预付款数额一致，但与履约担保不同，当业主在工程进度款支付中已扣除部分预付款后，担保金额相应递减。保函格式中明确说明："本保函的担保金额，在任何时候均不应超过预付款金额减去业主按合同约定在向承包商签发的进度付款证书中扣除的金额"，即保持担保金额与剩余预付款的金额相等原则。

5.2 施工合同条件

5.2.1 施工合同条件简介

1. 建设工程施工合同范本

《示范文本》由合同协议书、通用合同条款和专用合同条款三部分组成。

合同协议书共计13条，内容包括：工程概况，合同工期，质量标准，签约合同价与合同价格形式，项目经理，合同文件构成，承诺，词语含义，签订时间，签订地点，补充协议，合同生效，合同份数，集中约定了合同当事人基本的合同权利义务。

通用合同条款就工程建设的实施及相关事项，对合同当事人的权利义务做出原则性约定，共计20条，具体条款分别为：一般约定，业主，承包商，监理人，工程质量，安全文明施工与环境保护，工期和进度，材料与设备，试验与检验，变更，价格调整，合同价格，计量与支付，验收和工程试车，竣工结算，缺陷责任与保修，违约，不可抗力，保险，索赔和争议解决。前述条款安排既考虑了现行法律法规对工程建设的有关要求，又考虑了建设工程施工管理的特殊需要。

专用合同条款是对通用合同条款原则性约定的细化、完善、补充、修改或另行约定的条款。合同当事人可以根据不同建设工程的特点及具体情况，通过双方的谈判、协商，对相应的专用合同条款进行修改补充。

2. 标准合同条件

为落实中央关于建立工程建设领域突出问题专项治理长效机制的要求，进一步完善招标文件编制规则，提高招标文件编制质量，促进招标投标活动的公开、公平和公正，国家发展改革委会同多部门，编制了《标准施工招标文件》（2007年版）。

《标准施工招标文件》适用于一定规模以上，且设计和施工不是由同一承包商承担的工程施工招标。《标准施工招标文件》的合同条款由通用合同条款、专用合同条款、合同附件格式三部分组成。

1）通用合同条款共24条，内容包括：一般约定，业主义务，监理人，承包商，材料和工程设备，施工设备和临时设施，交通运输，测量放线，施工安全、治安保卫和环境保护，进度计划，开工和竣工，暂停施工，工程质量，试验和检验，变更，价格调整，计量与支付，竣工验收，缺陷责任与保修责任，保险，不可抗力，违约，索赔，争议的解决。

2）专用合同条款是预留给合同当事人对通用合同条款的开放性条款进行细化或补充的条款。

3）合同附件格式提供了合同协议书、履约担保格式、预付款担保格式三个模板。

5.2.2 施工合同核心条款

根据施工合同的特点和实践，对施工合同核心条款分析如下：

1. 合同主体条款

（1）业主 业主是专用合同条款中指明并与承包商在合同协议书中签字的当事人。业主应当在履行合同的过程中遵守法律，按合同约定发出开工通知、向承包商提供施工场地及相关资料，协助承包商办理有关的设计、施工证件和批件，按合同约定向承包商及时支付合同价款，组织竣工验收并履行合同约定的其他义务。在《示范文本》中，还规定了业主代表、业主人员、资金来源证明及支付担保、现场统一管理协议等条款。业主应当注意业主代表条款，业主代表在业主的授权范围内处理合同履行过程中与业主有关的具体事宜，业主代表在授权范围内的行为由业主承担法律责任，因此业主应当在合同中明确列举对业主代表的授权范围。

（2）承包商　承包商是与业主签订合同协议书的、具有相应工程施工承包资质的当事人。承包商条款包括承包商的一般义务、履约担保、分包、联合体、承包商项目经理、承包商人员的管理、撤换承包商项目经理和其他人员、保障承包商人员的合法权益、工程价款应专款专用、承包商现场查勘、不利物质条件。承包商项目经理是承包商派驻施工场地，在承包商授权范围内负责合同履行，且按照法律规定具有相应资格的项目负责人。承包商应按合同约定指派项目经理，并在约定的期限内到职。承包商项目经理短期离开施工场地，应事先征得监理人同意，并委派代表代行其职责。承包商应对其项目经理和其他人员进行有效管理。监理人要求撤换不能胜任本职工作、行为不端或玩忽职守的承包商项目经理和其他人员的，承包商应予以撤换。承包商更换项目经理应事先征得业主同意，并应在更换14天前通知业主和监理人。

在《示范文本》中，承包商条款部分重点规定了项目经理部分，明确了项目经理需具备相应的注册资格，并约定了项目经理常驻施工现场的时间。承包商不得擅自更换项目经理，如业主认为项目经理不称职，则有权要求承包商更换该项目经理。

2. 承包范围条款

对于业主而言，承包范围决定合同的标的，是发包工程的范围和具体内容。对于招标发包的工程，承包范围应根据招标文件填写，不得约定与招标文件、中标人的投标文件所写的内容不同的承包范围；对于直接发包的工程，施工合同中承包范围一旦确认，业主就不能轻易增减。

对于承包商而言，承包范围是其确定工程造价、工期、施工组织设计、能否盈利等事项的基础。因此，潜在投标人在投标时应重点关注工程范围，综合判断是否投标、如何编制投标文件。中标人在签订建设工程施工合同时，应要求业主依据招标文件所载明的工程范围内约定建设工程施工合同的承包范围。

3. 工程质量条款

工程质量标准必须符合现行国家有关工程施工质量验收规范和标准的要求。有关工程质量的特殊标准或要求由合同当事人在专用合同条款中约定。

承包商应在施工场地设置专门的质量检查机构，配备专职质量检查人员，建立完善的质量检查制度。承包商应在合同约定的期限内提交工程质量保证措施文件，包括质量检查机构的组织和岗位责任、质检人员的组成、质量检查程序和实施细则等，报送监理人审批。

关于工程隐蔽部位，应由承包商自检确认工程隐蔽部位是否具备覆盖条件。承包商应通知监理人在约定的期限内检查。承包商的通知应附有自检记录和必要的检查资料。监理人应按时到场检查。经监理人检查确认质量符合隐蔽要求并在检查记录上签字后，承包商才能进行覆盖。监理人检查确认质量不合格的，承包商应在监理人指示的时间内修整返工后，由监理人重新检查。

承包商覆盖工程隐蔽部位后，业主或监理人对质量有疑问的，可要求承包商对已覆盖的部位进行钻孔探测或揭开重新检查，承包商应遵照执行，并在检查后重新覆盖、恢复原状。承包商未通知监理人到场检查，私自将工程隐蔽部位覆盖的，监理人有权指示承包商钻孔探测或揭开检查，无论工程隐蔽部位的质量是否合格，由此增加的费用和（或）延误的工期均由承包商承担。

4. 价格调整条款

合同价格一旦确定，一般在合同约定的范围内不发生调整。但由于施工合同履行期较长，在履约过程中经常出现物价波动或法律变化引起价格波动的情况，同时也可能出现变更、索赔、违约等情形，因此，合同当事人应当重视合同价格与价格调整的相关条款。《标准施工招标文件》和《示范文本》中的价格调整条款均分为物价波动引起的价格调整和法律变化引起的价格调整。

（1）物价波动引起的价格调整　物价波动引起的价格调整方式除了专用合同条款另有规定外，还有采用价格指数调整和采用造价信息调整两种方法。

1）采用价格指数调整价格差额。因人工、材料和设备等价格波动影响合同价格时，根据投标函附录中的价格指数和权重表约定的数据，按通用合同中给定的公式计算差额并调整合同价格。价格调整公式中的各可调因子、定值和变值权重以及基本价格指数及其来源，应在投标函附录价格指数和权重表中约定。价格指数应首先采用有关部门提供的价格指数，缺乏上述价格指数时，可采用有关部门提供的价格代替。

2）采用造价信息调整价格差额。施工期内，因人工、材料、设备和机械台班价格波动影响合同价格时，人工、机械使用费按照国家或省、自治区、直辖市建设行政管理部门、行业建设管理部门或其授权的工程造价管理机构发布的人工成本信息、机械台班单价或机械使用费系数进行调整；需要进行价格调整的材料，其单价和采购数应由监理人复核，监理人确认需调整的材料单价及数量，作为调整工程合同价格差额的依据。

（2）法律变化引起的价格调整　在基准日后，因法律变化导致承包商在合同履行中所需要的工程费用发生除物价波动引起的调整以外的增减时，监理人应根据法律、国家或省、自治区、直辖市有关部门的规定，商定或确定需调整的合同价款。

5. 合同价格、计量与支付条款

（1）合同价格　《标准设计施工总承包招标文件》和《示范文本》均单独约定了合同价格条款。《标准设计施工总承包招标文件》中约定：除了专用合同条款另有约定外，合同价格包括签约合同价以及按照合同约定进行的调整。承包商依据法律规定或合同约定应支付的规费和税金。价格清单列出的任何数量仅为估算的工作量，不得将其视为要求承包商实施的工程的实际或准确的工作量。在价格清单中列出的任何工作量和价格数据，应仅限用于变更和支付的参考资料，而不能用于其他目的。合同约定工程的某部分按照实际完成的工程量进行支付的，应按照专用合同条款的约定进行计量和估价，并据此调整合同价格。《示范文本》中提供了单价合同、总价合同、其他价格形式三种合同价格形式。

（2）计量　计量是确定施工合同价格和支付合同价款的基础和依据，也是合同履行过程中容易出现争议的部分。施工合同中约定了计量单位、计量方法、计量周期、单价子目的计量和总价子目的计量。计量单位采用国家法定的计量单位；计量方法按国家标准、行业标准的规定，并在合同中约定执行；计量周期除专用合同条款另有约定外，单价子目已完成工程量按月计量，总价子目的计量周期按批准的支付分解报告确定。计量程序大致如下：承包商对已完工程进行计量，向监理人提交进度付款申请单及其他相关计量资料；监理人对承包商提供的资料进行复核，确定实际完成的工作量，对其有异议的可要求承包商进行共同复核和抽样复测；单价子目的工程量由监理人最终核实的工程量，监理人应在收到承包商提交的工程量报表后的 7 天内进行复核，监理人未在约定时间内复核的，承包商提交的工程量报表中的工程量视为承包商实际完成的工程量，据此计算工程价款；总价子目的工程量是承包商用于结算的最终工程量。

（3）支付　施工合同中的支付包括预付款、进度款和竣工结算价款的支付。

1）关于预付款。《标准施工招标文件》中规定，预付款的额度和预付办法在专用合同条款中约定，预付款必须专用于合同工程。《示范文本》中规定了预付款至迟应在开工通知载明的开工日期 7 天前支付。

2）关于进度款。施工合同中规定，承包商应在每个付款周期末，按监理人批准的格式和专用合同条款约定的份数，向监理人提交进度付款申请单，并附相应的支持性证明文件。监理人将付款申请单报送业主，业主审批后签认进度付款证书，并在约定时间内支付进度款。《标准施工招标文件》中规定，在对以往历次已签发的进度付款证书进行汇总和复核时发现错漏或重复的，监理人有权予以修正，承包商也有权提出修正申请。经双方复核同意的修正，应在本次进度付款中支付或扣除。而《示范文本》中则规定，进度款的修正在下期进度付款中支付或扣除。

3）关于竣工结算。《标准施工招标文件》将竣工结算条款安排在计量与支付条款中，合同规定了提交竣工付款申请单和竣工付款证书的时间、要求，以及支付时间。承包商应按专用合同条款约定的份数和期限向监理人提交竣工付款申请单，并提供相关证明材料。监理人对竣工付款申请单有异议，有权要求承包商进行修正并提供补充资料。经监理人和承包商协商后，由承包商向监理人提交修正后的竣工付款申请单。监理人将竣工付款申请单报送业主，业主审批后签认竣工付款证书，并在约定时间内支付价款。

《示范文本》将竣工结算条款单独列示。竣工结算条款包括竣工结算申请、竣工结算审核、甩项竣工协议、最终结清。除专用合同条款另有约定外，承包商应在工程竣工验收合格后 28 天内向业主和监理人提交竣工结算申请单，并提交完整的结算资料，有关竣工结算申请单的资料清单和份数等要求由合同当事人在专用合同条款中进行约定。监理人应在收到竣工结算申请单后 14 天内完成核查并报送业主，业主应在收到监理人提交的经审核的竣工结算申请单后 14 天内完成审批，并由监理人向承包商签发经业主签认的竣工付款证书。业主应在签发竣工付款证书后的 14 天内完成对承包商的竣工付款。

6. 工期条款

工期是施工合同最为核心的内容之一，也是施工合同纠纷主要集中的一点。

《标准施工招标文件》中关于工期的条款有 3 条，分别是第 10 条"进度计划"、第 11 条"开工和竣工"以及第 12 条"暂停施工"。开工和竣工条款是工期条款的核心部分，该条款的内容包括开工、竣工、业主的工期延误、异常恶劣的气候条件、承包商的工期延误、工期提前，其中业主的工期延误明确列举了因业主因素造成的工期延误的情形，在履行合同过程中，由于业主的下列原因造成工期延误的，承包商有权要求业主延长工期和（或）增加费用，并支付合理利润。因此，业主在履行合同的过程中应注意该条款所列情形，避免承担工期延误的责任。由于承包商原因造成工期延误的，承包商应支付逾期竣工违约金。逾期竣工违约金的计算方法在专用合同条款中约定。承包商支付逾期竣工违约金，不免除承包商完成工程及修补缺陷的义务。

《标准设计施工总承包招标文件》中将进度计划安排在承包商条款中，此外关于工期的条款还有第 11 条"开始工作和竣工"以及第 12 条"暂停工作"。

《示范文本》中的工期和进度条款规定了施工组织设计、施工进度计划、开工、测量放线、工期延误、不利物质条件、异常恶劣的气候条件、暂停施工、提前竣工等关于工期的内容。

施工合同条款中规定的不利物质条件、异常恶劣的气候条件、暂停施工、提前竣工等条款均会影响工期，因此，在签订施工合同时应当明确这些条款的内容，避免因工期问题产生纠纷。

7. 最终结清条款

最终结清是合同当事人在缺陷责任期终止证书颁发后，就质量保证金、维修费用等款项进行的结算和支付。最终结清条款的内容包括最终结清的条件、程序、逾期支付的程序。

缺陷责任期终止证书签发后，承包商可按专用合同条款约定的份数和期限向监理人提交最终结清申请单，并提供相关证明材料。监理人收到承包商提交的最终结清申请单后的 14 天内，提出业主应支付给承包商的价款，然后送业主审核并抄送承包商。业主应在收到后 14 天内审核完毕，由监理人向承包商出具经业主签认的最终结清证书。监理人未在约定时间内核查，又未提出具体意见的，视为承包商提交的最终结清申请已经监理人核查同意；业主未在约定时间内审核又未提出具体意见的，监理人提出的应支付给承包商的价款视为已经业主同意。业主应在监理人出具最终结清证书后的 14 天内，将应支付款支付给承包商。

8. 索赔条款

施工合同中的索赔条款一般包括承包商索赔的提出、承包商索赔的处理程序、承包商提出索赔的期限、业主的索赔等内容。合同当事人应当重点注意如下问题：

1）根据合同约定，承包商认为有权得到追加付款和（或）延长工期的，承包商应在知道或应当知道索赔事件发生后的 28 天内，向监理人递交索赔意向通知书，并说明发生索赔事件的事由；逾期未发出索赔意向通知书的，工期不予顺延，且承包商无权获得追加付款。监理人应在收到上述索赔通知书或有关索赔的进一步证明材料后的 42 天内，答复承包商索赔处理结果，监理人逾期未答复的，视为认可索赔。

2）承包商接受了竣工付款证书后，应被认为已无权再提出在合同工程接收证书颁发前所发生的任何索赔。承包商提交的最终结清申请单，只限于提出工程接收证书颁发后发生的索赔。提出索赔的期限自接受最终结清证书时终止。

3）业主应在知道或应当知道索赔事件发生后 28 天内，向承包商发出索赔通知，并说明业主有权扣减的付款和（或）延长缺陷责任期的细节和依据，业主逾期未发出索赔通知的，丧失要求扣减付款和（或）延长缺陷责任期的权利。

9. 缺陷责任和保修条款

缺陷责任期自实际竣工日期起计算。在全部工程竣工验收前，已经业主提前验收的单位工程，其缺陷责任期的起算日期相应提前。承包商应在缺陷责任期内对已交付使用的工程承担缺陷责任。缺陷责任期内，业主负责已接收使用的工程的日常维护工作。业主在使用过程中，发现已接收的工程存在新的缺陷或已修复的缺陷部位或部件又遭损坏的，承包商应负责修复，直至检验合格为止。由于承包商原因造成某项缺陷或损坏，导致某项工程或工程设备不能按原定目标使用而需要再次检查、检验和修复的，业主有权要求承包商相应延长缺陷责任期，但缺陷责任期最长不超过 2 年。

任何一项缺陷或损坏修复后，经检查证明其影响了工程或工程设备的使用性能的，承包商应重新进行合同约定的试验和试运行，试验和试运行的全部费用应由责任方承担。缺陷责任期终止后 14 天内，由监理人向承包商出具经业主签认的缺陷责任期终止证书，并退还剩余的质量保证金。

合同当事人根据有关法律规定，在专用合同条款中约定工程质量保修范围、期限和责任。保修期自实际竣工日期起计算。在全部工程竣工验收前，已经业主提前验收的单位工程，其保修期的起算日期相应提前。

10. 施工安全、治安保卫与环境保护条款

本条款主要围绕施工安全、治安保卫、环境保护等内容，合同内容应当首先满足法律规范和标准的要求，其次是业主的特别要求。

（1）施工安全　施工安全是承发包双方的法定责任，业主和承包商应按合同约定履行安全职责。业主授权监理人按合同约定的安全工作内容监督、检查承包商安全工作的实施，组织承包商和有关单位进行安全检查。业主应对其现场机构雇佣的全部人员的工伤事故承担责任，但由于承包商原因造成业主人员工伤的，应由承包商承担责任。

承包商应执行监理人有关安全工作的指示，并在专用合同条款约定的期限内，按合同约定的安全工作内容编制施工安全措施计划报送监理人审批。承包商应加强施工作业安全管理，严格按照国家安全标准制订施工安全操作规程，配备必要的安全生产和劳动保护设施，加强对承包商人员的安全教育，并发放安全工作手册和劳动保护用具。承包商应按监理人的指示制订应对灾害的紧急预案，报送监理人审批。承包商还应按预案做好安全检查，配置必要的救助物资和器材，切实保护好有关人员的人身和财产安全。承包商应对其履行合同所雇佣的全部人员，包括分包人人员的工伤事故承担责任；但由于业主原因造成承包商人员工伤事故的，应由业主承担责任。

（2）治安保卫　除合同另有约定外，业主应与当地公安部门协商，在现场建立治安管理机构或联防组织，统一管理施工场地的治安保卫事项，履行合同工程的治安保卫职责。业主和承包商除应协助现场治安管理机构或联防组织维护施工场地的社会治安外，还应做好包括生活区在内的各自管辖区的治安保卫工作。除合同另有约定外，业主和承包商应在工程开工后共同编制施工场地治安管理计划，并制订应对突发治安事件的紧急预案。

（3）环境保护　承包商在施工过程中应遵守有关环境保护的法律，履行合同约定的环境保护义务，并对违反法律和合同约定义务所造成的环境破坏、人身伤害和财产损失负责。承包商应按合同约定的环保工作内容，编制施工环保措施计划，报送监理人审批。承包商应按照批准的施工环保措施计划有序地堆放和处理施工废弃物，避免对环境造成破坏。因承包商任意堆放或弃置施工废弃物造成妨碍公共交通、影响城镇居民生活、降低河流行洪能力、危及居民安全、破坏周边环境，或者影响其他承包商施工等后果的，承包商应承担责任。

（4）事故处理　工程施工过程中发生事故的，承包商应立即通知监理人，监理人应立即通知业主。业主和承包商应立即组织人员和设备进行紧急抢救和抢修，减少人员伤亡和财产损失，防止事故扩大，并保护事故现场。需要移动现场物品时，应做出标记和书面记录，妥善保管有关证据。业主和承包商应按国家有关规定，及时、如实地向有关部门报告事故发生的情况以及正在采取的紧急措施等。

11. 争议解决条款

业主和承包商在履行合同中发生争议的，可以友好协商解决或者提请争议评审组评审。合同当事人友好协商解决不成、不愿提请争议评审或者不接受争议评审组意见的，可在专用合同条款中约定向约定的仲裁委员会申请仲裁或向有管辖权的人民法院提起诉讼解决争议。

在提请争议评审、仲裁或者诉讼前，以及在争议评审、仲裁或诉讼过程中，业主和承包商均

可共同努力友好协商解决争议。采用争议评审的，业主和承包商应在开工日后的 28 天内或在争议发生后，协商成立争议评审组。争议评审组由有合同管理和工程实践经验的专家组成。

《示范文本》中向合同当事人提供了和解、调解、争议评审、仲裁或诉讼等争议解决方式。其中，争议评审方式需要由合同当事人共同选择一名或三名争议评审员组成争议评审小组。合同当事人可在任何时间将与合同有关的任何争议共同提请争议评审小组进行评审。争议评审小组做出的书面决定经合同当事人签字确认后，对双方具有约束力，双方应遵照执行。任何一方当事人不接受争议评审小组决定或不履行争议评审小组决定的，双方可选择采用其他争议解决方式。

5.2.3　风险责任的划分

合同履行过程中可能发生的某些风险是有经验的承包商在准备投标时无法合理预见的，就业主利益而言，不应要求承包商在其报价中计入这些不可合理预见风险的损害补偿费，以取得有竞争性的合理报价。通用条件内以投标截止日期前第 28 天定义为"基准日"，作为业主与承包商划分合同风险的时间点。在此日期后发生的作为一个有经验承包商在投标阶段不可能合理预见的风险事件，按承包商受到的实际影响给予补偿。《标准施工招标文件》关于合同当事人风险责任划分的内容如下：

1. 化石、文物

由于保护文物导致的费用增加由业主承担。

2. 承包商现场查勘

业主应将其持有的现场地质勘探资料、水文气象资料提供给承包商，并对其准确性负责。但承包商应对自己阅读上述有关资料后所做出的解释和推断负责。

3. 不利物质条件

承包商遇到不利物质条件时，应采取适应不利物质条件的合理措施继续施工，并及时通知监理人。监理人没有发出指示的，承包商因采取合理措施而增加的费用和（或）工期延误，由业主承担。

4. 基准资料错误

业主提供基准资料错误导致承包商测量放线工作的返工或造成工程损失的，业主应当承担由此增加的费用和（或）工期延误，并向承包商支付合理利润。

5. 工期

（1）业主的工期延误　在履行合同过程中，由于业主的下列原因造成工期延误的，承包商有权要求业主延长工期和（或）增加费用，并支付合理利润。

1）增加合同工作内容。

2）改变合同中任何一项工作的质量要求或其他特性。

3）业主迟延提供材料、工程设备或变更交货地点的。

4）因业主原因导致的暂停施工。

5）提供施工图延误。

6）未按合同约定及时支付预付款、进度款。

7）业主造成工期延误的其他原因。

（2）异常恶劣的气候条件　由于出现专用合同条款规定的异常恶劣气候的条件导致工期延

误的，承包商有权要求业主延长工期。

（3）承包商的工期延误　由于承包商原因，未能按合同进度计划完成工作，或监理人认为承包商施工进度不能满足合同工期要求的，承包商应采取措施加快进度，并承担加快进度所增加的费用。由于承包商原因造成工期延误，承包商应支付逾期竣工违约金。承包商支付逾期竣工违约金，不免除承包商完成工程及修补缺陷的义务。

（4）工期提前　业主要求承包商提前竣工，或承包商提出提前竣工的建议能够给业主带来效益的，业主应承担承包商由此增加的费用，并向承包商支付专用合同条款约定的相应奖金。

6. 暂停施工

（1）承包商暂停施工的责任　因下列暂停施工增加的费用和（或）工期延误由承包商承担：

1）承包商违约引起的暂停施工。

2）由于承包商原因为工程合理施工和安全保障所必需的暂停施工。

3）承包商擅自暂停施工。

4）由承包商的其他原因引起的暂停施工。

5）专用合同条款约定由承包商承担的其他暂停施工。

（2）业主暂停施工的责任　由于业主原因引起的暂停施工造成工期延误的，承包商有权要求业主延长工期和（或）增加费用，并支付合理利润。

（3）暂停施工后的复工　承包商无故拖延和拒绝复工的，由此增加的费用和工期延误由承包商承担；因业主原因无法按时复工的，承包商有权要求业主延长工期和（或）增加费用，并支付合理利润。

7. 不可抗力后果及其处理

（1）不可抗力造成损害　除专用合同条款另有约定外，不可抗力导致的人员伤亡、财产损失、费用增加和（或）工期延误等后果，由合同双方按以下原则承担：

1）永久工程，包括已运至施工场地的材料和工程设备的损害，以及因工程损害造成的第三者人员伤亡和财产损失，由业主承担。

2）承包商设备的损坏由承包商承担。

3）业主和承包商各自承担其人员伤亡和其他财产损失及其相关费用。

4）承包商的停工损失由承包商承担，但停工期间应监理人要求照管工程和清理、修复工程的金额由业主承担。

5）不能按期竣工的，应合理延长工期，承包商不需支付逾期竣工违约金。业主要求赶工的，承包商应采取赶工措施，赶工费用由业主承担。

（2）延迟履行期间发生的不可抗力　合同一方当事人延迟履行，在延迟履行期间发生不可抗力的，不免除其责任。

（3）因不可抗力解除合同　合同一方当事人因不可抗力不能履行合同的，应当及时通知对方解除合同。合同解除后，不能退还的货款和因退货、解除订货合同发生的费用，由业主承担，因未及时退货造成的损失由责任方承担。

5.3　工程总承包合同条件

5.3.1　概述

工程总承包模式的主要特征是业主将工程的设计、采购、施工以及试运行等核心工作交给承包商来组织实施。从实践来看，工程总承包模式的典型形式是"设计-施工"（Design-Build）和"设计-采购-施工"（Engineering Procurement Construction）。工程总承包模式有其自身的优势，如项目责任主体单一、可以缩短项目工期、设计与施工顺畅的衔接，以及有助于业主提前掌握相对确定的造价等。

为了适应我国总承包市场蓬勃发展的客观需要，住建部和国家工商总局于2011年联合发布实施了我国第一部适用于总承包项目的《建设项目工程总承包合同（示范文本）》（GF—2011—0216）。与此同时，我国第一部适用于总承包项目的标准招标文件《标准设计施工总承包招标文件》（2012年版）也已由国家发展改革委等九部委联合发布，自2012年5月1日起实施。根据最新颁布的《招标投标法实施条例》第15条的规定，依法必须招标的工程总承包项目，应当采用2012版标准招标文件。

1.《建设项目工程总承包合同（示范文本）》（GF—2011—0216）

《建设项目工程总承包合同（示范文本）》主要适用于建设项目工程总承包承发包方式。"工程总承包"是指承包商受业主委托，按照合同约定对工程建设项目的设计、采购、施工（含竣工试验）、试运行等实施阶段，实行全过程或若干阶段的工程承包。与其他合同示范文本类似，总承包合同示范文本由合同协议书、通用条款和专用条款三部分组成，但由于总承包设计阶段众多，在其条款设置中，将"技术与设计、工程物资、施工、竣工试验、工程接收、竣工后试验"等工程建设实施阶段相关工作内容皆分别作为独立条款。合同协议书是双方当事人对合同基本权利、义务的集中表述，主要包括建设项目的功能、规模、标准和工期的要求、合同价格及支付方式等内容。合同协议书的其他内容，如合同当事人要求提供的主要技术条件的附件及合同协议书生效的条件等；通用条款是合同双方当事人根据《建筑法》《民法典》以及有关行政法规的规定，就工程建设的实施阶段及其相关事项，双方的权利、义务做出的原则性约定，分为八类（核心条款、保障条款、干系人条款、违约/索赔/争议条款、不可抗力条款、合同解除条款、合同生效与合同终止条款、补充条款），共计20条，包括一般约定、业主、承包商、施工、工期等内容；专用条款是合同双方当事人根据不同建设项目合同执行过程中可能出现的具体情况，通过谈判、协商对相应通用条款的原则性约定细化、完善、补充、修改或另行约定的条款，其编号应与相应的通用条款的编号相一致。

在最新的《建设项目工程总承包合同（示范文本）》中，在总体框架不变的基础上，对条款顺序及部分内容进行了调整。征求意见稿中，合同协议书共计11条，主要包括：工程概况、合同工期、质量标准、签约合同价与合同价格形式、工程总承包、项目经理、合同文件构成、承诺、签订时间、签订地点、合同生效和合同份数，集中约定了合同当事人基本的合同权利义务；通用条款仍共计20条。与试行文本稍有不同，具有更强的普遍性和通用性，是通用于工程总承包项目的基础性条款。

案例 5-5　《建设项目工程总承包合同（示范文本）》通用条款细则，见表5-1。

表 5-1　《建设项目工程总承包合同（示范文本）》通用条款细则

序号	条款名称	细则内容
1	一般规定	定义与解释；合同文件；语言文字；适用法律；标准、规范；保密事项
2	业主	业主的主要权利和义务；业主代表；监理人；安全保证；保安责任
3	承包商	承包商的主要权利和义务；项目经理；工程质量保证；安全保证；职业健康和环境保护保证；进度保证；现场保安；分包

（续）

序号	条款名称	细则内容
4	进度计划、延误和暂停	项目进度计划；设计进度计划；采购进度计划；施工进度计划；误期赔偿；暂停
5	技术与设计	生产工艺技术、建筑设计方案；设计；设计阶段审查；操作维修人员的培训；知识产权
6	工程物资	工程物资的提供；检验；进口工程物资的采购、报关、清关和商检；运输与超限物资运输；重新订货及后果；工程物资报关与剩余
7	施工	业主的义务；承包商的义务；施工技术方法；人力和机具资源；质量与检验；隐蔽工程和中间验收；对施工质量结果的争议；职业健康、安全、环境保护
8	竣工试验	竣工试验的义务；竣工试验的检验和验收；竣工试验的安全和检查；延误的竣工试验；重新试验和验收；竣工试验结果的争议
9	工程接收	工程接收；接收证书；接收工程的责任；未能接收工程
10	竣工后试验	权利与义务；竣工后试验程序；竣工后试验及运行考核；竣工后试验的延误；重新进行竣工后试验；未能通过考核；竣工后试验及考核验收证书；丧失了生产价值和使用价值
11	质量保修责任	质量保修责任书；缺陷责任保修金
12	工程竣工验收	竣工验收报告及完整的竣工资料；竣工验收
13	变更和合同价格调整	变更权；变更范围；变更程序；紧急性变更程序；变更价款确定；建议变更的利益分享；合同价格调整；合同价格调整的争议
14	合同总价和付款	合同总价和付款；担保；预付款；工程进度款；缺陷责任保修金的暂扣与支付；按月工程进度申请付款；按付款计划表申请付款；付款条件与时间安排；付款时间延误；税务与关税；索赔款项的支付；竣工结算
15	保险	承包商的投保；一切险和第三方责任险；保险的其他规定
16	违约、索赔和争议	违约责任；索赔；争议和裁决
17	不可抗力	不可抗力发生时的义务；不可抗力的后果
18	合同解除	由业主解除合同；由承包商解除合同；合同解除后的事项
19	合同生效与终止	合同生效；合同份数；后合同义务
20	补充条款	\

2. 《标准设计施工总承包招标文件》（2012 版）合同条款

《标准设计施工总承包招标文件》适用于设计施工一体化的总承包招标。《标准设计施工总承包招标文件》的合同条款由通用合同条款、专用合同条款、合同附件格式三部分组成。

通用合同条款共 24 条，内容包括：一般约定，业主义务，监理人，承包商，设计，材料和工程设备，施工设备和临时设施，交通运输，测量放线，安全、治安保卫和环境保护，开始工作和竣工，暂停工作，工程质量，试验和检验，变更，价格调整，合同价格与支付，竣工试验和竣工验收，缺陷责任与保修责任，保险，不可抗力，违约，索赔，争议的解决。

专用合同条款是预留给合同当事人对通用合同条款的开放性条款进行细化或补充的条款。

合同附件格式提供了合同协议书、履约担保格式、预付款担保格式三个模板。

5.3.2 合同核心条款

以国家发展与改革委员会等九部委联合编制的《标准设计施工总承包招标文件》第四章中的合同条款及格式为主线，对比住建部编制的《建设项目工程总承包合同（示范文本）》，以及《标准设计施工总承包招标文件》，结合工程总承包的实践经验，对工程总承包合同中的核心条款进行分析。

1. 业主要求

"业主要求"是指构成合同文件组成部分的名为"业主要求"的文件，包括招标项目的目的、范围、设计与其他技术标准和要求，以及合同双方当事人约定对其所做的修改或补充。"业主要求"是招标文件的有机构成部分，工程总承包合同签订后，也是合同文件的组成部分，对双方当事人具有法律约束力。

在《标准设计施工总承包招标文件》中，业主要求为独立的第五章，主要是招投标阶段对业主对承包商后续的义务要求，是选择中标人、最终签订合同的重要依据。业主要求应尽可能地清晰准确，对于可以进行定量评估的工作，业主要求不仅应明确规定其产能、功能、用途、质量、环境、安全，并且要规定偏离的范围和计算方法，以及检验、试验、试运行的具体要求。对于承包商负责提供的有关设备和服务，对业主人员进行培训和提供一些消耗品等，在业主要求中应一并明确规定。

《标准设计施工总承包招标文件》第五章规定，业主要求通常包括但不限于如下内容：

1）功能要求：工程的目的，工程规模，性能保证指标（性能保证表），产能保证指标。

2）工程范围。

① 概述。

② 包括的工作，如永久工程的设计、采购、施工范围，临时工程的设计与施工范围，竣工验收工作范围，技术服务工作范围，培训工作范围，保修工作范围。

③ 工作界区。

④ 业主提供的现场条件，包括施工用电，施工用水，施工排水。

⑤ 业主提供的技术文件，除另有批准外，承包商的工作需要遵照业主的下列技术文件：业主需求任务书，业主已完成的设计文件。

3）工艺安排或要求（如有）。

4）时间要求，包括开始工作时间，设计完成时间，进度计划，竣工时间，缺陷责任期，其他时间要求。

5）技术要求，包括设计阶段和设计任务，设计标准和规范，技术标准和要求，质量标准，设计、施工和设备监造、试验（如有），样品，以及业主提供的其他条件（如业主或其委托的第三人提供的设计、工艺包、用于试验检验的工器具等，以及据此对承包商提出的予以配套的要求）。

6）竣工试验

① 第一阶段，如对单车试验等的要求，包括试验前准备。

② 第二阶段，如对联动试车、投料试车等的要求，包括人员、设备、材料、燃料、电力、消耗品、工具等必要条件。

③ 第三阶段，如对性能测试及其他竣工试验的要求，包括产能指标、产品质量标准、运营指标、环保指标等。

7）竣工验收。

8）竣工后试验（如有）。

9）文件要求，包括设计文件及其相关审批、核准、备案要求；沟通计划；风险管理计划；竣工文件和工程的其他记录；操作和维修手册；其他承包商文件。

10）工程项目管理规定，包括质量；进度（包括里程碑进度计划，如果有）；支付；HSE（健康、安全与环境管理体系）；沟通；变更。

11）其他要求，如对承包商的主要人员资格要求；相关审批、核准和备案手续的办理；对项目业主人员的操作培训；分包；设备供应商；缺陷责任期的服务要求。

此外，在《标准设计施工总承包招标文件》第四章合同条款及格式，第一节"通用合同条款"中规定了业主要求错误或者违法的处理方式。

（1）业主要求中的错误　承包商应认真阅读、复核业主要求，发现错误应及时书面通知业主。专用合同条款另有约定的除外，承包商未发现业主要求中存在错误的，承包商自行承担由此导致的费用增加和（或）工期延误。业主要求中的下列错误导致承包商增加的费用和（或）延误的工期，无论承包商发现与否，均由业主承担，并向承包商支付合理利润。

1）业主要求中引用的原始数据和资料。

2）对工程或其任何部分的功能要求。

3）对工程的工艺安排或要求。

4）试验和检验标准。

5）除合同另有约定外，承包商无法核实的数据和资料。

（2）业主要求违法　业主要求违反法律规定的，承包商发现后应书面通知业主，并要求其改正。业主收到通知书后不予改正或不予答复的，承包商有权拒绝履行合同义务，直至解除合同。业主应承担由此引起的承包商的全部损失。

《建设项目工程总承包合同（示范文本）》中并未涉及与业主要求相关的条款，而是将招投标阶段的业主要求具体细化，落实到各项条款中。但对业主要求错误的情形与处理进行了补充，与《标准设计施工总承包招标文件》基本一致。

2. 设计文件与协调

在工程总承包模式下，设计工作实际上由业主与承包商共同完成：首先，业主完成概念设计，并将设计成果写入合同文件的"业主要求"中，向承包商说明工程的目的、功能、要求和技术标准。其次，承包商在投标阶段根据招标文件的要求完成初步设计，并将初步设计方案作为投标文件的一部分提交给业主。最后，在项目实施过程中，承包商负责完成最终设计，并将设计文件提交业主审核，业主批准后再由承包商按照设计文件施工。

这就产生了业主与承包商如何交接设计文件、如何分担设计责任，即设计接口责任问题。具体可表现为两方面：一是若业主提供的资料中存在错误或分歧，承包商是否应当为此承担责任；二是业主按照何种程序对承包商提交的文件进行审批。

在《标准设计施工总承包招标文件》第四章合同条款及格式，第五项条款设计中规定了承包商设计对接的义务。

（1）承包商设计义务　承包商应按照法律规定，以及国家、行业和地方的规范和标准完成设计工作，并符合业主要求；承包商应按照业主要求，在合同进度计划中专门列出设计进度计划，报业主批准后执行，并按照经批准后的计划开展设计工作。

（2）设计审查　除合同另有约定外，自监理人收到承包商的设计文件以及承包商的通知之日起，业主对承包商的设计文件审查期不超过21天。承包商的设计文件对于合同约定有偏离的，应在通知中说明。承包商需要修改已提交的承包商文件的，应立即通知监理人，并向监理人提交修改后的承包商的设计文件，审查期重新计算。

1）业主不同意设计文件的，应通过监理人以书面形式通知承包商，并说明不符合合同要求的具体内容。承包商应根据监理人的书面说明，对承包商文件进行修改后重新报送业主审查，审查期重新计算。合同约定的审查期满，业主没有做出审查结论也没有提出异议的，视为承包商的设计文件已获业主同意。

2）承包商的设计文件不需要政府有关部门审查或批准的，承包商应当严格按照经业主审查同意的设计文件设计和实施工程；设计文件需政府有关部门审查或批准的，业主应在审查同意承包商的设计文件后 7 天内，向政府有关部门报送设计文件，承包商应予以协助。

（3）其他　因承包商原因影响设计进度的，承包商应采取措施加快进度，并承担加快进度所增加的费用；造成工期延误，承包商应支付逾期竣工违约金。因业主原因影响设计进度的，按第 15 条变更处理。

除合同另有约定外，承包商完成设计工作所应遵守的法律规定，以及国家、行业和地方的规范和标准，均应视为在基准日适用的版本。基准日之后，前述版本发生重大变化，或者有新的法律，以及国家、行业和地方的规范和标准实施的，承包商应向业主或业主委托的监理人提出遵守新规定的建议。业主或其委托的监理人应在收到建议后 7 天内发出是否遵守新规定的指示。

《建设项目工程总承包合同（示范文本）》在通用条款第 5 条技术与设计中，规定了业主与承包商的设计交接工作。与标准设计招标文件不同的是，总承包合同示范文本对业主的设计义务也进行了更为详细的约定。

承包商或业主均应在提供生产工艺技术或建筑设计方案时，对所提供的工艺流程、工艺技术数据、工艺条件、软件、分析手册、操作指导书、设备制造指导书和其他资料要求或总体布局、功能分区、建筑造型及其结构设计等负责。业主有义务指导、审查由承包商根据业主提供的上述资料所进行的生产工艺设计或建筑设计，并予以确认。工程和单项工程试运行考核的各项保证值，或使用功能保证说明及双方各自应承担的考核责任，在专用条款中进行约定。承发包双方的具体义务如下：

（1）业主的义务

1）提供项目基础资料。业主应按合同约定、法律或行业规定，向承包商提供设计需要的项目基础资料，并对其真实性、准确性、齐全性和及时性负责。上述项目基础资料不真实、不准确或不齐全时，业主有义务按约定的时间向承包商提供进一步补充资料。提供项目基础资料的类别、内容、份数和时间在专用条款中约定。其中，工程场地的基准坐标资料（包括基准控制点、基准控制标高和基准坐标控制线），业主应按约定的时间，有义务配合承包商在现场的实测复验。承包商因纠正坐标资料中的错误，造成费用增加或工期延误的，由业主负责其相关费用增加，竣工日期给予合理延长。业主提供的项目基础资料中有专利商提供的技术或工艺包，或是第三方设计单位提供的建筑造型等，业主应组织专利商或第三方设计单位与承包商进行数据、条件和资料的交换、协调和交接。业主未能按约定时间提供项目基础资料及其补充资料，或提供的资料不真实、不准确、不齐全的，或业主计划变更，造成承包商设计停工、返工或修改的，业主应按承包商额外增加的设计工作量赔偿其损失。造成工程关键路径延误的，竣工日期相应顺延。

2）提供现场障碍资料。除专用条款另有约定外，业主应按合同约定和适用法律规定，在设计开始前，提供与设计、施工有关的地上、地下已有的建筑物、构筑物等现场障碍资料，并对其真实性、准确性、齐全性和及时性负责。因提供的资料不真实、不准确、不齐全、不及时，造成承包商的设计停工、返工和修改的，业主应按承包商额外增加的设计工作量赔偿其损失。造成工程关键路径延误的，竣工日期相应顺延。提供项目障碍资料的类别、内容、份数和时间安排，在专用条款中约定。

3）承包商无法核实业主所提供的项目基础资料中的数据、条件和资料的，业主有义务给予进一步确认。

（2）承包商的义务

1）承包商与业主（及其专利商、第三方设计单位）应以书面形式交接业主按上述条款提供与设计有关的项目基础资料、现场障碍资料。对这些资料中的短缺、遗漏、错误、疑问，承包商应在收到业主提供的上述资料后 15 日内向业主提出进一步的要求。因承包商未能在上述时间内提出要求而发生的损失，由承包商自行承担；由此造成工程关键路径延误的，竣工日期不予顺延。其中，对工程场地的基准坐标资料（包括基准控制点、基准控制标高和基准坐标控制线），承包商有义务约定实测复验的时间并纠正其错误（如果有）；因承包商对此项工作的延误导致的费用增加和关键路线延误，由承包商承担。

2）承包商有义务按照业主提供的项目基础资料、现场障碍资料和国家有关部门、行业工程建设标准规范规定的设计深度开展工程设计，并对其设计的工艺技术和（或）建筑功能，以及工程的安全、环境保护、职业健康的标准，设备材料的质量、工程质量和完成时间负责。因承包商设计的原因造成的费用增加、竣工日期延误，由承包商承担。

关于设计审查，总承包合同示范文本也做了如下规定：

1）工程设计阶段、设计阶段审查会议的组织和时间安排，在专用条款中约定。业主负责组织设计阶段审查会议，并承担会议费用及业主的上级单位、政府有关部门参加审查会议的费用。

2）承包商应根据上述条款的约定，向业主提交相关设计审查阶段的设计文件，设计文件应符合国家有关部门、行业工程建设标准规范对相关设计阶段的设计文件、设计图和资料的深度规定。承包商有义务自费参加业主组织的设计审查会议、向审查者介绍、解答、解释其设计文件，并自费提供审查过程中需提供的补充资料。

3）业主有义务向承包商提供设计审查会议的批准文件和纪要。承包商有义务按相关设计审查阶段批准的文件和纪要，并依据合同约定及相关设计规定，对相关设计进行修改、补充和完善。

4）因承包商原因，未能按约定时间向业主提交相关设计审查阶段的完整设计文件、设计图和资料，致使相关设计审查阶段的会议无法进行或无法按期进行，造成的竣工日期延误、窝工损失，及业主增加的组织会议费用，由承包商承担。

5）业主有权约定的各设计审查阶段之前，对相关设计阶段的设计文件、设计图和资料提出建议、进行预审和确认，业主的任何建议、预审和确认并不能减轻或免除承包商的合同责任和义务。

《标准设计施工总承包招标文件》更加侧重于对承包方的设计义务要求，并规定了相应的审查时限和流程，更加简洁；《建设项目工程总承包合同（示范文本）》则对承发包双方的义务做了更加详细的规定；在新的示范文本征求意见稿中，设计文件与协调要求内容逐渐简化，与《标准设计施工总承包招标文件》类似，并添加了设计人员要求、审查会议安排、批准文件和资料整理等方面的内容。

3. 变更

《标准设计施工总承包招标文件》通用条款中的第 15 条"变更"规定了总承包合同变更的相关事宜，包含了变更权、承包商的合理化建议、变更程序、暂列金额、计日工、暂估价等内容，在这里我们先着重介绍前三点内容。此外，关于变更后价格的调整，即第 16 条"价格调整"不做具体阐述。

（1）变更权　在履行合同过程中，经业主同意，监理人可按约定的变更程序向承包商做出有关业主要求改变的变更指示，承包商应遵照执行。变更应在相应内容实施前提出，否则业主应承担承包商损失。没有监理人的变更指示，承包商不得擅自变更。

（2）承包商的合理化建议　在履行合同过程中，承包商对业主要求的合理化建议，均应以书面形式提交监理人。合理化建议书的内容应包括建议工作的详细说明、进度计划和效益以及与其他工作的协调等，并附必要的设计文件。监理人应与业主协商是否采纳建议。承包商提出的合理化建议降低了合同价格、缩短了工期或者提高了工程经济效益的，业主可按国家有关规定在专用合同条款中约定给予奖励。

（3）变更程序

1）变更提出。在合同履行过程中，监理人可向承包商发出变更意向书。变更意向书应说明变更的具体内容和业主对变更的时间要求，并附必要的相关资料。变更意向书应要求承包商提交包括拟实施变更工作的设计和计划、措施和竣工时间等内容的实施方案。业主同意承包商根据变更意向书要求提交的变更实施方案的，由监理人按相应规定发出变更指示。承包商收到监理人的变更意向书后认为难以实施此项变更的，应立即通知监理人，说明原因并附详细依据。监理人与承包商和业主协商后确定撤销、改变或不改变原变更意向书。承包商收到监理人按合同约定发出的文件，经检查认为其中存在对业主要求变更情形的，可向监理人提出书面变更建议。变更建议应阐明要求变更的依据，以及实施该变更工作对合同价款和工期的影响，并附必要的施工图和说明。监理人收到承包商书面建议后，应与业主共同研究，确认存在变更的，应在收到承包商书面建议后的14天内做出变更指示。经研究后不同意作为变更的，应由监理人书面答复承包商。

2）变更估价。监理人应按照如下原则商定或确定变更价格：

① 合同约定总监理工程师应按照本款对任何事项进行商定或确定时，总监理工程师应与合同当事人协商，尽量达成一致；不能达成一致的，总监理工程师应认真研究后审慎确定。

② 监理工程师应将商定或确定的事项通知合同当事人，并附详细依据。对总监理工程师的确定有异议，构成争议的，按照争议解决的约定处理。在争议解决前，双方应暂按总监理工程师的确定执行。

③ 变更价格应包括合理的利润，并应考虑对承包商提出合理化建议的奖励。

3）变更指示。变更指示只能由监理人发出。变更指示应说明变更的目的、范围、变更内容以及变更的工程量及其进度和技术要求，并附相关图和文件。承包商收到变更指示后，应按变更指示进行变更工作。

《建设项目工程总承包合同（示范文本）》则在通用条款13条"变更与合同价格调整"对工程变更做了相应规定，包括变更权、变更范围、变更程序、紧急性变更程序、变更价款确定、建议变更的利益分享、合同价格调整、合同价格调整的争议8个二级条款。下面将主要分析《标准设计施工总承包招标文件》未涉及或存在差异的点。

（1）变更范围

1）设计变更范围。

① 对生产工艺流程的调整，但未扩大或缩小初步设计批准的生产路线和规模，或未扩大或缩小合同约定的生产路线和规模。

② 对平面布置、竖面布置、局部使用功能的调整，但未扩大初步设计批准的建筑规模，未改变初步设计批准的使用功能；或未扩大合同约定的建筑规模，未改变合同约定的使用功能。

③ 对配套工程系统的工艺调整、使用功能调整。

④ 对区域内基准控制点、基准标高和基准线的调整。

⑤ 对设备、材料、部件的性能、规格和数量的调整。

⑥ 因执行基准日期之后新颁布的法律、标准、规范引起的变更。

⑦ 其他超出合同约定的设计事项。

⑧ 上述变更所需的附加工作。

2）采购变更范围。

① 承包商已按业主批准的名单，与相关供货商签订采购合同或已开始加工制造、供货、运输等，业主通知承包商选择该名单中的另一家供货商。

② 因执行基准日期之后新颁布的法律、标准、规范引起的变更。

③ 业主要求改变检查、检验、检测、试验的地点和增加的附加试验。

④ 业主要求增减合同中约定的备品备件、专用工具、竣工后试验物资的采购数量。

⑤ 上述变更所需的附加工作。

3）施工变更范围。

① 符合约定的设计变更造成施工方法改变、设备、材料、部件、人工和工程量的增减。

② 业主要求增加的附加试验、改变试验地点。

③ 除业主义务之外，新增加的施工障碍处理。

④ 业主对竣工试验经验收或视为验收合格的项目，通知重新进行竣工试验。

⑤ 因执行基准日期之后新颁布的法律、标准、规范引起的变更。

⑥ 现场其他签证。

⑦ 上述变更所需的附加工作。

4）业主的赶工指令。承包商接受了业主的书面指示，以业主认为必要的方式加快设计、施工或其他任何部分的进度时，承包商为实施该赶工指令需对项目进度计划进行调整，并对所增加的措施和资源提出估算，经业主批准后，作为变更处理。当业主未能批准此项变更，承包商有权按合同约定的相关阶段的进度计划执行。因承包商原因，实际进度明显落后于上述批准的项目进度计划时，承包商应按相关约定自费赶上；竣工日期延误时，按约定承担误期赔偿责任。

5）调减部分工程。因业主原因暂停超过45日，承包商请求复工时仍不能复工，或因不可抗力持续而无法继续施工的，双方可按合同约定以变更方式调减受暂停影响的部分工程。

（2）变更程序

1）业主的变更应事先以书面形式通知承包商。

2）变更通知的建议报告。承包商接到业主的变更通知后，有义务在10日内向业主提交书面建议报告；此项变更引起竣工日期延长时，应在报告中说明理由，并提交与此变更相关的进度计划；承包商未提交增加费用的估算及竣工日期延长，视为该项变更不涉及合同价格调整和竣工日期延长，业主不再承担此项变更的任何费用及竣工日期延长的责任；如承包商不接受业主变更通知中的变更时，建议报告中应包括不支持此项变更的理由。

3）业主的审查和批准。业主应在接到承包商提交的书面建议报告后10日内对此项建议给予审查，并发出批准、撤销、改变、提出进一步要求的书面通知；承包商在等待业主回复的时间内不能停止或延误任何工作。

（3）紧急性变更程序

1）业主有权以书面形式或口头形式发出紧急性变更指令，责令承包商立即执行此项变更。承包商接到此类指令后，应立即执行。业主以口头形式发出紧急性变更指令的，须在48小时内以书面方式确认此项变更，并送交承包商项目经理。

2）承包商应在紧急性变更指令执行完成后的 10 日内，向业主提交实施此项变更的工作内容，资源消耗和估算。因执行此项变更造成工程关键路径延误时，可提出竣工日期延长要求，但应说明理由，并提交与此项变更相关的进度计划。

3）承包商未能在此项变更完成后的 10 日内提交实际消耗的估算、和（或）延长竣工日期的书面资料，视为该项变更不涉及合同价格调整和竣工日期延长，业主不再承担此项变更的任何责任。

4）业主应在接到承包商根据 13.4.2 款提交的书面资料后的 10 日内，以书面形式通知承包商被批准的合理估算，和（或）给予竣工日期的合理延长。

（4）变更价款确定

1）中已有相应人工、机具、工程量等单价（含取费）的，按合同中已有的相应人工、机具、工程量等单价（含取费）确定变更价款。

2）中无相应人工、机具、工程量等单价（含取费）的，按类似于变更工程的价格确定变更价款。

3）中无相应人工、机具、工程量等单价（含取费），亦无类似于变更工程的价格的，双方通过协商确定变更价款。

4）条款中约定的其他方法。

（5）合同价格调整　在下述情况发生后 30 日内，合同双方均有权将调整合同价格的原因及调整金额，以书面形式通知对方或监理人。经业主确认的合理金额，作为合同价格的调整金额，并在支付当期工程进度款时支付或扣减调整的金额。一方收到另一方通知后 15 日内不予确认，也未能提出修改意见的，视为已经同意该项价格的调整。合同价格调整包括以下情况：

1）签订后，因法律、国家政策和需遵守的行业规定发生变化，影响到合同价格增减的。

2）执行过程中，工程造价管理部门公布的价格调整，涉及承包商投入成本增减的。

3）因非承包商原因的停水、停电、停气、道路中断等，造成工程现场停工累计超过 8 小时的（承包商须提交报告并提供可证实的证明和估算）。

4）变更程序中批准的变更估算的增减。

5）同约定的其他增减的款项调整。

对于合同中未约定的增减款项，业主不承担调整合同价格的责任，法律另有规定时除外。合同价格的调整不包括合同变更。经协商，双方未能对工程变更的费用、合同价格的调整或竣工日期的延长达成一致，根据争议和裁决的约定解决。

在关于变更的条款方面，《标准设计施工总承包招标文件》更加简洁，且将变更事项和价款调整分开阐述；《建设项目工程总承包合同（示范文本）》则将更加详细，并且在处理时效、价款调整细则方面存在差异。总承包合同示范文本（征求意见稿）与《标准设计施工总承包招标文件》类似，在此不再赘述。

4. 合同价格与支付

《标准设计施工总承包招标文件》在第四章合同条款及格式，第 17 款"合同价格与支付"做了相关约定，具体包括合同价格、预付款、工程进度付款、质量保证金、竣工结算、最终结清 6 个二级条款。

（1）合同价格　除专用合同条款另有约定外，合同价格包括签约合同价以及按照合同约定进行的调整，同时也包括承包商依据法律规定或合同约定应支付的规费和税金。

价格清单列出的任何数量仅为估算的工作量，不得将其视为要求承包商实施的工程的实际或准确的工作量。在价格清单中列出的任何工作量和价格数据应仅限用于变更和支付的参考资料，而不能用于其他目的。合同约定工程的某部分按照实际完成的工程量进行支付的，应按照专用合同条款的约定进行计量和估价，并据此调整合同价格。

（2）预付款　预付款用于承包商为合同工程的设计和工程实施购置材料、工程设备、施工设备、修建临时设施以及组织施工队伍进场等。预付款的额度和支付在专用合同条款中约定。预付款必须专用于合同工作。除专用合同条款另有约定外，承包商应在收到预付款的同时向业主提交预付款保函，预付款保函的担保金额应与预付款金额相同。保函的担保金额可根据预付款扣回的金额相应递减。

预付款在进度付款中扣回，扣回办法在专用合同条款中约定。在颁发工程接收证书前，由于不可抗力或其他原因解除合同时，预付款尚未扣清的，尚未扣清的预付款余额应作为承包商的到期应付款。

（3）工程进度付款

1）付款时间。除专用合同条款另有约定外，工程进度付款按月支付。

2）支付分解表。除专用合同条款另有约定外，承包商应根据价格清单的价格构成、费用性质、计划发生时间和相应工作量等因素，按照以下分类和分解原则，结合《示范文本》第4.12.1项约定的合同进度计划，汇总形成月度支付分解报告。

① 勘察设计费。按照提供勘察设计阶段性成果文件的时间、对应的工作量进行分解。

② 材料和工程设备费。分别按订立采购合同、进场验收合格、安装就位、工程竣工等阶段和专用条款约定的比例进行分解。

③ 技术服务培训费。按照价格清单中的单价，结合合同进度计划对应的工作量进行分解。

④ 其他工程价款。

承包商应当在收到经监理人批复的合同进度计划后7天内，将支付分解报告以及形成支付分解报告的支持性资料报监理人审批，监理人应当在收到承包商报送的支付分解报告后7天内给予批复或提出修改意见，经监理人批准的支付分解报告为有合同约束力的支付分解表。合同进度计划进行了修订的，应相应修改支付分解表，并报监理人批复。

3）进度付款申请单　承包商应在每笔进度款支付前，按监理人批准的格式和专用合同条款约定的份数向监理人提交进度付款申请单，并附相应的支持性证明文件。除合同另有约定外，进度付款申请单应包括下列内容：

① 当期应支付金额总额，以及截至当期期末累计应支付金额总额、已支付的进度付款金额总额。

② 当期根据支付分解表应支付金额，以及截至当期期末累计应支付金额。

③ 当期计量的已实施工程应支付金额，以及截至当期期末累计应支付金额。

④ 当期应增加和扣减的变更金额，以及截至当期期末累计变更金额。

⑤ 当期应增加和扣减的索赔金额，以及截至当期期末累计索赔金额。

⑥ 当期约定应支付的预付款和扣减的返还预付款金额，以及截至当期期末累计返还预付款金额。

⑦ 当期应扣减的质量保证金金额，以及截至当期期末累计扣减的质量保证金金额。

⑧ 当期根据合同应增加和扣减的其他金额，以及截至当期期末累计增加和扣减的金额。

4）进度付款证书和支付时间。

①监理人在收到承包商进度付款申请单以及相应的支持性证明文件后的14天内完成审核，提出业主到期应支付给承包商的金额以及相应的支持性材料，经业主审批同意后，由监理人向承包商出具经业主签认的进度付款证书。监理人未能在前述时间完成审核的，视为监理人同意

承包商进度付款申请。监理人有权核减承包商未能按照合同要求履行任何工作或义务的相应金额。

②业主最迟应在监理人收到进度付款申请单后的28天内将进度应付款支付给承包商。业主未能在前述时间内完成审批或不予答复的，视为业主同意进度付款申请。业主不按期支付的，按专用合同条款的约定支付逾期付款违约金。

③监理人出具进度付款证书，不应视为监理人已同意、批准或接受了承包商完成的该部分工作。

④进度付款涉及政府投资资金的，按照国库集中支付等国家相关规定和专用合同条款的约定执行。

5）工程进度付款的修正。在对以往历次已签发的进度付款证书进行汇总和复核中发现错漏或重复的，监理人有权予以修正，承包商也有权提出修正申请。经监理人、承包商复核同意的修正，应在本次进度付款中支付或扣除。

（4）质量保证金　监理人应从业主的每笔进度付款中，按专用合同条款的约定扣留质量保证金，直至扣留的质量保证金总额达到专用合同条款约定的金额或比例为止。质量保证金的计算额度不包括预付款的支付、扣回以及价格调整的金额。

在缺陷责任期满时，承包商向业主申请到期应返还承包商剩余的质量保证金，业主应在14天内会同承包商按照合同约定的内容核实承包商是否完成了缺陷责任。如无异议，业主应当在核实后将剩余质量保证金返还承包商。此时，如果承包商没有完成缺陷责任的，业主有权扣留与未履行责任剩余工作所需金额相应的质量保证金余额，并有权要求延长缺陷责任期，直至完成剩余工作为止。

（5）竣工结算

1）竣工付款申请单。工程接收证书颁发后，承包商应按专用合同条款约定的份数和期限向监理人提交竣工付款申请单，并提供相关证明材料。除专用合同条款另有约定外，竣工付款申请单应包括下列内容：竣工结算合同总价、业主已支付承包商的工程价款、应扣留的质量保证金、应支付的竣工付款金额。监理人对竣工付款申请单有异议的，有权要求承包商进行修正和提供补充资料。经监理人和承包商协商后，由承包商向监理人提交修正后的竣工付款申请单。

2）竣工付款证书及支付时间。监理人在收到承包商提交的竣工付款申请单后的14天内完成核查，提出业主到期应支付给承包商的价款送业主审核并抄送承包商。业主应在收到后14天内审核完毕，由监理人向承包商出具经业主签认的竣工付款证书。监理人未在约定时间内核查，又未提出具体意见的，视为承包商提交的竣工付款申请单已经监理人核查同意；业主未在约定时间内审核又未提出具体意见的，监理人提出业主到期应支付给承包商的价款视为已经业主同意。业主应在监理人出具竣工付款证书后的14天内，将应支付款支付给承包商。业主不按期支付的，按照相应约定，将逾期付款违约金支付给承包商；承包商对业主签认的竣工付款证书有异议的，业主可出具竣工付款申请单中承包商已同意部分的临时付款证书。存在争议的部分，按照相关条款执行。

（6）最终结清

1）最终结清申请单。缺陷责任期终止证书签发后，承包商可按专用合同条款约定的份数和期限向监理人提交最终结清申请单，并提供相关证明材料。业主对最终结清申请单内容有异议的，有权要求承包商进行修正和提供补充资料，由承包商向监理人提交修正后的最终结清申请单。

2）最终结清证书和支付时间。监理人收到承包商提交的最终结清申请单后的14天内，提出业主应支付给承包商的价款送业主审核并抄送承包商。业主应在收到后 14 天内审核完毕，由监理人向承包商出具经业主签认的最终结清证书。监理人未在约定时间内核查，又未提出具体意见的，视为承包商提交的最终结清申请已经监理人核查同意；业主未在约定时间内审核又未提出具体意见的，监理人提出应支付给承包商的价款视为已经业主同意。业主应在监理人出具最终结清证书后的 14 天内，将应支付款支付给承包商。业主不按期支付的，按约定将逾期付款违约金支付给承包商。承包商对业主签认的最终结清证书有异议的，按争议相关条款执行。

《建设项目工程总承包合同（示范文本）》通用合同条款第 14 条 "合同总价与支付" 含 12 小条，分别是：合同总价和付款、担保、预付款、工程进度款、缺陷责任保修金的暂扣与支付、按月工程进度申请付款、按付款计划表申请付款、付款条件与时间安排、付款时间延误、税务与关税、索赔款项的支付、竣工结算，条款与《标准设计施工总承包招标文件》基本一致。

5. 竣工试验与竣工验收

《标准设计施工总承包招标文件》合同条件及格式中，涉及竣工验收的包括第 5 条 "设计" 和第 18 条 "竣工试验和竣工验收"。"设计" 条款包含 "竣工文件" 和 "操作和维修手册"，说明了竣工试验与验收承包商需要提交的相关文件；"竣工试验与竣工验收" 则按照验收顺序，分为竣工试验、竣工验收申请报告、竣工验收、国家验收、区段工程验收、施工期运行、竣工清场、施工队伍的撤离、竣工后试验 9 项子条款。

（1）竣工文件　承包商应编制并及时更新反映工程实施结果的竣工记录，如实记载竣工工程的确切位置、尺寸和已实施工作的详细说明。竣工记录应保存在施工场地，并在竣工试验开始前按照专用合同条款约定的份数提交给监理人。

在颁发工程接收证书之前，承包商应按照业主要求的份数和形式向监理人提交相应的竣工图，并取得监理人对尺寸、参照系统及其他有关细节的认可，监理人对其进行审查。在监理人收到上述文件前，不应认为工程已完成验收。

（2）操作和维修手册　在竣工试验开始前，承包商应向监理人提交暂行的操作和维修手册，该手册应足够详细，以便业主能够对生产设备进行操作、维修、拆卸、重新安装、调整及修理。承包商应提交足够详细的最终操作和维修手册，以及在业主要求中明确的相关操作和维修手册。在监理人收到上述文件前，不应认为工程已完成验收。

（3）竣工试验　承包商按照第（1）条和第（2）条提交文件后，进行竣工试验。

1）承包商应提前 21 天将可以开始进行竣工试验的日期通知监理人，监理人应在该日期后 14 天内确定竣工试验具体时间。除专用合同条款中另有约定外，竣工试验应按下述顺序进行：

第一阶段，承包商进行适当的检查和功能性试验，保证每一项工程设备都满足合同要求，并能安全地进入下一阶段的试验。

第二阶段，承包商进行试验，保证工程或区段工程满足合同要求，在所有可利用的操作条件下安全运行。

第三阶段，当工程能安全运行时，承包商应通知监理人，可以进行其他竣工试验，包括各种性能测试，以证明工程符合业主要求中列明的性能保证指标。

2）承包商应按合同约定进行工程及工程设备试运行，试运行所需人员、设备、材料、燃料、电力、消耗品、工具等必要的条件以及试运行费用等由专用合同条款规定。

3）某项竣工试验未能通过的，承包商应按照监理人的指示限期改正，并承担合同约定的相应责任。

（4）竣工验收申请报告　当工程具备以下条件时，承包商即可向监理人报送竣工验收申请报告：

1）除监理人同意列入缺陷责任期内完成的尾工（甩项）工程和缺陷修补工作外，合同范围内的全部区段工程以及有关工作，包括合同要求的试验和竣工试验均已完成，并符合合同要求。

2）已按合同约定的内容和份数备齐了符合要求的竣工文件。

3）已按监理人的要求编制了在缺陷责任期内完成的尾工（甩项）工程和缺陷修补工作清单以及相应的施工计划。

4）监理人要求在竣工验收前应完成的其他工作。

5）监理人要求提交的竣工验收资料清单。

（5）竣工验收　监理人收到承包商按"竣工验收申请报告"中约定提交的竣工验收申请报告后，应审查申请报告的各项内容，并按以下不同情况进行处理。

1）监理人审查后认为尚不具备竣工验收条件的，应在收到竣工验收申请报告后的28天内通知承包商，指出在颁发接收证书前承包商还需进行的工作内容。承包商完成监理人通知的全部工作内容后，应再次提交竣工验收申请报告，直至监理人同意为止。监理人收到竣工验收申请报告后28天内不予答复的，视为同意承包商的竣工验收申请，并应在收到该竣工验收申请报告后28天内提请业主进行竣工验收。

2）监理人同意承包商提交的竣工验收申请报告的，应在收到该竣工验收申请报告后的28天内提请业主进行工程验收。

3）业主经过验收后同意接受工程的，应在监理人收到竣工验收申请报告后的56天内，由监理人向承包商出具经业主签认的工程接收证书。业主验收后同意接收工程但提出整修和完善要求的，限期修好，并缓发工程接收证书。整修和完善工作完成后，监理人复查达到要求的，经业主同意后，再向承包商出具工程接收证书。业主验收后不同意接收工程的，监理人应按照业主的验收意见发出指示，要求承包商对不合格工程认真返工重做或进行补救处理，并承担由此产生的费用。承包商在完成不合格工程的返工重做或补救工作后，应重新提交竣工验收申请报告，重新进行上述验收程序。

4）除专用合同条款另有约定外，经验收合格工程的实际竣工日期，以提交竣工验收申请报告的日期为准，并在工程接收证书中写明。业主在收到承包商竣工验收申请报告56天后未进行验收的，视为验收合格，实际竣工日期以提交竣工验收申请报告的日期为准，但业主由于不可抗力不能进行验收的除外。

（6）国家验收　需要进行国家验收的，其竣工验收是国家验收的一部分。竣工验收所采用的各项验收和评定标准应符合国家验收标准。业主和承包商为竣工验收提供的各项竣工验收资料应符合国家验收的要求。

（7）区段工程验收　业主根据合同进度计划安排，在全部工程竣工前需要使用已经竣工的区段工程时，或承包商提出经业主同意时，可进行区段工程验收。验收的程序可参照上文"竣工验收申请报告"和"竣工验收"的约定进行。验收合格后，由监理人向承包商出具经业主签认的区段工程验收证书。已签发区段工程接收证书的区段工程由业主负责照管。区段工程的验收成果和结论作为全部工程竣工验收申请报告的附件。业主在全部工程竣工前，使用已接收的区段工程导致承包商费用增加的，业主应承担由此增加的费用和（或）工期延误，并支付承包商合理利润。

（8）施工期运行　施工期运行是指合同工程尚未全部竣工，其中某项或某几项区段工程或工程设备安装已竣工，根据专用合同条款约定需要投入施工期运行的，经业主按"区段工程验收"的约定验收合格，证明能确保安全后才能在施工期投入运行。在施工期运行中发现工程或工程设备损坏或存在缺陷的，由承包商按"缺陷责任与保修责任"的约定进行修复。

（9）竣工清场　除合同另有约定外，工程接收证书颁发后，承包商应按以下要求对施工场地进行清理，直至监理人检验合格为止。竣工清场费用由承包商承担。

1）施工场地内残留的垃圾已全部清除出场。

2）临时工程已拆除，场地已按合同要求进行清理、平整或复原。

3）按合同约定应撤离的承包商设备和剩余的材料，包括废弃的施工设备和材料，已按计划撤离施工场地。

4）工程建筑物周边及其附近道路、河道的施工堆积物，已按监理人指示全部清理。

5）监理人指示的其他场地清理工作已全部完成。

承包商未按监理人的要求恢复临时占地，或者场地清理未达到合同约定的，业主有权委托其他人恢复或清理，所发生的金额从拟支付给承包商的款项中扣除。

（10）施工队伍的撤离　在工程接收证书颁发后的 56 天内，除了经监理人同意需在缺陷责任期内继续工作和使用的人员、施工设备和临时工程外，其余的人员、施工设备和临时工程均应撤离施工场地或拆除。除合同另有约定外，缺陷责任期满时，承包商的人员和施工设备应全部撤离施工场地。

（11）竣工后试验（A）　除专用合同条款另有约定外，业主应：

1）为竣工后试验提供必要的电力、设备、燃料、仪器、劳动力、材料，以及具有适当资质和经验的工作人员。

2）根据承包商按照"操作和维修手册"提供的手册，以及承包商给予的指导进行竣工后试验。

业主应提前 21 天将竣工后试验的日期通知承包商。如果承包商未能在该日期出席竣工后试验，业主可自行进行，承包商应对检验数据予以认可。因承包商原因造成某项竣工后试验未能通过的，承包商应按照合同的约定进行赔偿，或者承包商提出修复建议，按照业主指示的合理期限内改正，并承担合同约定的相应责任。

（12）竣工后试验（B）　除专用合同条款另有约定外：

1）业主为竣工后试验提供必要的电力、材料、燃料、业主人员和工程设备。

2）承包商应提供竣工后试验所需要的所有其他设备、仪器，以及有资格和经验的工作人员。

3）承包商应在业主在场的情况下，进行竣工后试验。业主应提前 21 天将竣工后试验的日期通知承包商。因承包商原因造成某项竣工后试验未能通过的，承包商应按照合同的约定进行赔偿，或者承包商提出修复建议，按照业主指示的合理期限内改正，并承担合同约定的相应责任。

《建设项目工程总承包合同（示范文本）》中关于竣工试验与验收的条款较多且分散，包括了第 8 条"竣工试验"、第 9 条"工程接收"、第 10 条"竣工后试验"和第 12 条"工程竣工验收"，对竣工试验的流程、权利义务关系、考核方法、需提交的资料、延误或者未通过的情况进行了更加详细的描述，对流程步骤的时间进行了更加明确的限制。在最新的征求意见稿中进行了简化，分为第 9 条"竣工试验"，第 10 条"验收和工程接收"和第 12 条"竣工后试验"，相比其他核心条款，与《标准设计施工总承包招标文件》也存在较大差异。

6. 违约

《标准设计施工总承包招标文件》合同条件及格式第 22 条"违约"对承业主双方以及第三方的违约责任归属和处理方法进行了规定。

（1）承包商违约

1）承包商违约的情形。在履行合同过程中发生下列情况之一的，属承包商违约：

① 承包商的设计、承包商文件、实施和竣工的工程不符合法律以及合同约定。

② 承包商私自将合同的全部或部分权利转让给其他人，或私自将合同的全部或部分义务转移给其他人。

③ 承包商未经监理人批准，私自将已按合同约定进入施工场地的施工设备、临时设施或材料撤离施工场地。

④ 承包商使用了不合格材料或工程设备，工程质量达不到标准要求，又拒绝清除不合格工程。

⑤ 承包商未能按合同进度计划及时完成合同约定的工作，造成工期延误。

⑥ 由于承包商原因未能通过竣工试验或竣工后试验的。

⑦ 承包商在缺陷责任期内，未能对工程接收证书所列的缺陷清单的内容或缺陷责任期内发生的缺陷进行修复，而又拒绝按监理人指示再进行修补。

⑧ 承包商无法继续履行或明确表示不履行或实质上已停止履行合同。

⑨承包商不按合同约定履行义务的其他情况。

2）对承包商违约的处理。

① 承包商发生第 1）款第⑥条约定的违约情况时，按照业主要求中的未能通过竣工/竣工后试验的损害进行赔偿。发生延期的，承包商应承担延期责任。

② 承包商发生第 1）款第⑧条约定的违约情况时，业主可通知承包商立即解除合同，并按解除合同的方式处理。

③ 承包商发生其他违约情况时，监理人可向承包商发出整改通知，要求其在指定的期限内纠正。除合同条款另有约定外，承包商应承担其违约所引起的费用增加和（或）工期延误。

3）因承包商违约解除合同。监理人发出整改通知 28 天后，承包商仍不纠正违约行为的，业主有权解除合同并向承包商发出解除合同通知。承包商收到业主解除合同通知后 14 天内，承包商应撤离现场，业主派员进驻施工场地完成现场交接手续，业主有权另行组织人员或委托其他承包商。业主因继续完成该工程的需要，有权扣留使用承包商在现场的材料、设备和临时设施。但业主的这一行动不免除承包商应承担的违约责任，也不影响业主根据合同约定享有的索赔权利。业主发出合同解除通知后进行估价、付款和结清的步骤如下：

① 承包商收到业主解除合同通知后 28 天内，监理人根据相应条款商定或确定承包商实际完成工作的价值，包括业主扣留承包商的材料、设备及临时设施和承包商已提供的设计、材料、施工设备、工程设备、临时工程等的价值。

② 业主发出解除合同通知后，业主有权暂停对承包商的一切付款，查清各项付款和已扣款金额，包括承包商应支付的违约金。

③ 业主发出解除合同通知后，业主有权按约定向承包商索赔由于解除合同给业主造成的损失。

④ 合同双方确认合同价款后，业主颁发最终结清付款证书，并结清全部合同款项。

⑤ 业主和承包商未能就解除合同后的结清达成一致而形成争议的，按《标准设计施工总承包招标文件》第24条的约定执行。

4）协议利益的转让。因承包商违约解除合同的，业主有权要求承包商将其为实施合同而签订的材料和设备的订货协议或任何服务协议利益转让给业主，并在承包商收到解除合同通知后的14天内依法办理转让手续。业主有权使用承包商文件和由承包商编制或以其名义编制的其他设计文件。

5）紧急情况下无能力或不愿进行抢救。在工程实施期间或缺陷责任期内发生危及工程安全的事件，监理人通知承包商进行抢救，承包商声明无能力或不愿立即执行的，业主有权雇佣其他人员进行抢救。此类抢救按合同约定属于承包商义务的，由此发生的金额和（或）工期延误由承包商承担。

（2）业主违约

1）业主违约的情形。在履行合同过程中发生下列情形之一的，属业主违约：

① 业主未能按合同约定支付价款，或拖延、拒绝批准付款申请和支付凭证，导致付款延误。

② 业主原因造成停工。

③ 监理人无正当理由没有在约定期限内发出复工指示，导致承包商无法复工。

④ 业主无法继续履行，或明确表示不履行，或实质上已停止履行合同。

⑤ 业主不履行合同约定的其他义务。

2）因业主违约解除合同。

① 发生第1）款第④条的违约情况时，承包商可书面通知业主解除合同。

② 承包商因业主过错向业主发出通知暂停施工28天后，业主仍不纠正违约行为的，承包商可向业主发出解除合同通知。但承包商的这一行为不免除业主承担的违约责任，也不影响承包商根据合同约定享有的索赔权利。

3）解除合同后的付款。因业主违约解除合同的，业主应在解除合同后28天内向承包商支付下列款项，承包商应在此期限内及时向业主提交要求支付下列金额的有关资料和凭证：

① 承包商发出解除合同通知前所完成工作的价款。

② 承包商为该工程施工订购并已付款的材料、工程设备和其他物品的金额。业主付款后，该材料、工程设备和其他物品归业主所有。

③ 承包商为完成工程所发生的，而业主未支付的金额。

④ 承包商撤离施工场地以及遣散承包商人员的金额。

⑤ 因解除合同造成的承包商损失。

⑥ 按合同约定在承包商发出解除合同通知前应支付给承包商的其他金额。

业主应按本项约定支付上述金额并退还质量保证金和履约担保，但有权要求承包商支付应偿还给业主的各项金额。

4）解除合同后的承包商撤离。因业主违约而解除合同后，承包商应妥善处理正在施工的工程和已购材料、设备的保护和移交工作，并按业主的要求将承包商设备和人员撤出施工场地。承包商按清场要求撤出施工场地，业主应为承包商撤出提供必要条件并办理移交手续。

（3）第三人造成的违约　在履行合同过程中，一方当事人因第三人的原因造成违约的，应当向对方当事人承担违约责任。一方当事人和第三人之间的纠纷，依照法律规定或者按照约定解决。

《建设项目工程总承包合同（示范文本）》则是将违约、索赔和争议合并在一起，形成合同条款的第16条。第16.1条"违约责任"主要对承业主的违约情况进行了规定，并对处理原则进行了一定解释。

（1）业主的违约责任

1）业主未能按时提供真实、准确、齐全的工艺技术和（或）建筑设计方案、项目基础资料和现场障碍资料。

2）业主未能按约定调整合同价格，未能按有关预付款、工程进度款、竣工结算约定的款项类别、金额、承包商指定的账户和时间支付相应款项。

3）业主未能履行合同中约定的其他责任和义务。

当发生以上情况时，业主应采取补救措施，并赔偿因上述违约行为给承包商造成的损失。因其违约行为造成工程关键路径延误时，竣工日期顺延。业主承担违约责任并不能减轻或免除合同中约定的应由业主继续履行的其他责任和义务。

（2）承包商的违约责任

1）承包商未能履行《建设项目工程总承包合同（示范文本）》第6.2款对其提供的工程物资进行检验的约定以及第7.5款施工质量与检验的约定，未能修复缺陷。

2）承包商经三次试验仍未能通过竣工试验，或经三次试验仍未能通过竣工后试验，导致的工程任何主要部分或整个工程丧失了使用价值、生产价值、使用利益。

3）承包商未经业主同意，或未经必要的许可，或适用法律不允许分包的，将工程分包给他人。

4）承包商未能履行合同约定的其他责任和义务。

承包商应采取补救措施，并赔偿因上述违约行为给业主造成的损失。承包商承担违约责任，并不能减轻或免除合同中约定的由承包商继续履行的其他责任和义务。

在最新的《建设项目工程总承包合同（示范文本）》中，第15条"违约责任"与《标准设计施工总承包招标文件》一致，分为业主违约、承包商违约和第三人造成的违约三项子条款。

7. 索赔

《标准设计施工总承包招标文件》以及《建设项目工程总承包合同（示范文本）》中的索赔包括承包商索赔的提出、承包商索赔处理程序、承包商提出索赔的期限、业主的索赔和处理等，与建设工程施工合同基本一致，具体内容参见本书第10章。

《建设项目工程总承包合同（示范文本）》与前者基本一致，主要是处理程序中各步骤的时限规定不同，其设置为30天。

8. 争议的解决

《标准设计施工总承包招标文件》中争议的解决与建设工程施工合同基本一致，具体内容参见本书第10章。《建设项目工程总承包合同（示范文本）》中有关争议处理的条款较为简单，主要分为争议的解决程序（各步骤时限仍为30天）、争议不影响履约和停止实施的工程保护三部分；最新的征求意见稿则是在《标准设计施工总承包招标文件》上进一步细化，分为和解、调解、争议评审、仲裁或诉讼、争议解决条款效力五个二级条款。

根据上述对现行总承包合同范本核心条款的对比分析，我们可以发现，《标准设计施工总承包招标文件》与《建设项目工程总承包合同（示范文本）》存在一定的差异。总体上说，前者在合同条款及格式方面的要求更加精简而后者要求得更加详细，最新的《建设项目工程总承包合同（示范文本）》与前者更为相似。其条款细则对比见表5-2。

表 5-2 总承包项目合同文本核心条款对比表（通用合同条件）

序号	核心条款	《标准设计施工总承包招标文件》	《建设项目工程总承包合同（示范文本）》	《总承包合同示范文本》
1	业主要求	第五章"业主要求" 功能要求、工程范围、工艺安排或要求、时间要求、技术要求、竣工试验、竣工验收、竣工后试验、文件要求、工程项目管理规定、其他 第四章"合同条款及格式"（通用合同条款） 一般约定业主要求中的错误、业主要求违法	招投标阶段业主对承包商的要求落实到合同各条款之中	招投标阶段业主对承包商的要求落实到合同各条款之中。 1. 一般约定 业主要求和基础资料中的错误
2	设计文件与协调	第四章"合同条款及格式"（通用合同条款） 5. 设计 承包商的设计义务、承包商设计进度计划、设计审查	5. 技术与设计 生产工艺技术及建筑设计方案、设计、设计阶段审查	5. 设计 承包商的设计义务、承包商文件审查
3	变更	第四章"合同条款及格式"（通用合同条款） 15. 变更 变更权、承包商的合理化建议、变更程序、暂列金额、计日工、暂估价 16. 价格调整 物价波动引起的调整、法律变化引起的调整	13. 变更和合同价格调整 变更权、变更范围、变更程序、紧急性变更程序、变更价款确定、建议变更的利益分享、合同价格调整、合同价格调整的争议	13. 变更与调整 业主变更权、承包商的合理化建议、变更程序、暂估价、暂列金额、计日工、法律变化引起的调整、市场价格波动引起的调整
4	合同价格与支付	第四章"合同条款及格式"（通用合同条款） 17. 合同价格与支付 合同价格、预付款、工程进度付款、质量保证金、竣工结算、最终结清	14. 合同总价和付款 合同总价和付款、担保、预付款、工程进度款、缺陷责任保修金的暂扣与支付、按月工程进度申请付款、按付款计划表申请付款、付款条件与时间安排、付款时间延误、税务与关税、索赔款项的支付、竣工结算	14. 合同价格与支付 合同价格形式、预付款、工程进度款、付款计划表、竣工结算、质量保证金、最终结清
5	竣工试验与竣工验收	第四章"合同条款及格式"（通用合同条款） 5. 设计 竣工文件、操作和维修手册 18. 竣工试验和竣工验收 竣工试验、竣工验收申请报告、竣工验收、国家验收、区段工程验收、施工期运行、竣工清场、施工队伍的撤离、竣工后试验	8. 竣工试验 竣工试验的义务、竣工试验的检验和验收、竣工试验的安全和检查、延误的竣工试验、重新试验和验收、未能通过竣工试验、竣工试验结果的争议 9. 工程接收 工程接收、接收证书、接收工程的责任、未能接收工程 10. 竣工后试验 权利与义务、竣工后试验程序、竣工后试验及运行考核、竣工后试验的延误、重新进行竣工后试验、未能通过考核、竣工后试验及考核验收证书、丧失了生产价值和使用价值 12. 工程竣工验收 竣工验收报告及完整的竣工资料、竣工验收	5. 设计 竣工文件、操作和维修手册 9. 竣工试验 竣工试验的义务、延误的试验、重新试验、未能通过竣工试验 10. 验收和工程接收 竣工验收、单位/区段工程的验收、接收证书、工程的接收、竣工退场 12. 竣工后试验 竣工后试验的程序、延误的试验、重新试验、未能通过竣工后试验

（续）

序号	核心条款	《标准设计施工总承包招标文件》	《建设项目工程总承包合同（示范文本）》	《总承包合同示范文本》
6	违约	第四章"合同条款及格式"（通用合同条款） 22. 违约 承包商违约、业主违约、第三人造成的违约	16. 违约、索赔与争议 业主的违约责任、承包商的违约责任	15. 违约 业主违约、承包商违约、第三人造成的违约
7	索赔	第四章"合同条款及格式"（通用合同条款） 23. 索赔 承包商索赔的提出、承包商索赔处理程序、承包商提出索赔的期限、业主的索赔	16. 违约、索赔与争议 业主的索赔、承包商的索赔	19. 索赔 承包商的索赔、承包商索赔的处理程序、业主的索赔、业主索赔的处理程序、提出索赔的期限
8	争议的解决	24. 争议的解决 争议的解决方式、友好解决、争议评审	16. 违约、索赔与争议 争议的解决程序、争议不影响履约、停止实施的工程保护	20. 争议解决 和解、调解、争议评审、仲裁或诉讼、争议解决条款效力

5.4 建设工程监理合同条件

5.4.1 监理合同的概念和特征

1. 监理合同的法律性质与特点

监理合同是指业主与监理人签订的，委托其在工程建设实施阶段代为对建设工程质量、进度、造价进行控制，对合同、信息进行管理，对工程建设相关方的关系进行协调，履行建设工程安全生产管理法定职责，并明确双方权利义务的协议，其中业主为委托人、监理人为受托人。工程建设项目采用施工总承包模式的，监理合同具有以下性质和特点，如采用工程总承包模式，应当根据标准设计施工总承包合同文本和项目实际情况进行相应调整。

（1）监理合同属于委托合同　监理工作是监理人接受业主的委托，凭借其专业知识、经验、技能，对建设工程质量、进度、造价进行控制，对合同、信息进行管理，对工程建设相关方的关系进行协调，并履行建设工程安全生产管理法定职责的服务活动。根据《民法典》第七百九十六条规定，"建设工程实行监理的，业主应当与监理人采用书面形式订立委托监理合同。业主与监理人的权利和义务以及法律责任，应当依照本编委托合同以及其他有关法律、行政法规的规定"。监理合同的法律性质为委托合同。委托合同是建立在委托人与受托人相互信任的基础上订立的，业主与监理人的相互信任也是监理合同订立的基础。

（2）监理合同的主体具有特定性　监理人必须具有与合同工作范围相应的资质要求。根据《建设工程质量管理条例》第34条规定："工程监理单位应当依法取得相应等级的资质证书，并在其资质等级许可的范围内承担工程监理业务。禁止工程监理单位超越本单位资质等级许可的范围或者以其他工程监理单位的名义承担工程监理业务。禁止工程监理单位允许其他单位或者个人以本单位的名义承担工程监理业务。"根据《工程监理企业资质管理规定》规定，从事建设工程监理活动的企业，应当取得工程监理企业资质，并在工程监理企业资质证书许可的范围内从事工程监理活动。工程监理企业资质分为综合资质、专业资质和事务所资质。其中，专业资质按照工程性质和技术特点划分为若干工程类别，综合资质、事务所资质不分级别。专业资质一般分为甲级、乙级，其中房屋建筑、水利水电、公路和市政公用专业资质可设立丙级。工程监理企业资质相应许可的业务范围如下：综合资质可以承担所有专业工程类别建设工程项目的工程监理业务。专业甲级资质可承担相应专业工程类别建设工程项目的工程监理业务；专业乙级资质可承担相应专业工程类别二级以下（含二级）建设工程项目的工程监理业务；专业丙级资质可承担相应专业工程类别三级建设工程项目的工程监理业务。事务所资质可承担三级且非强制监理的建设工程监理业务。工程监理企业可以开展相应类别建设工程的项目管理、技术咨询等业务。

（3）监理合同应采用书面形式　根据《民法典》规定，业主应当与监理人采用书面形式订立委托监理合同。因此，业主与其委托的工程监理单位应当订立书面委托监理合同。

（4）监理人义务法定

1）监理人应当在法定的工作范围内提供监理服务，即在其资质等级许可的监理范围内，承担工程监理业务。同时，监理人在承担监理业务时应受到法定限制，即根据《建设工程质量管理条例》的规定，工程监理单位与被监理工程的施工承包单位以及建筑材料、建筑构配件和设备供应单位有隶属关系或者其他利害关系的，不得承担该项建设工程的监理业务。

2）监理人应当代表业主依法对建设工程的设计要求和施工质量、工期和资金等方面进行监督。根据《建筑法》规定，建筑工程监理应当依照法律、行政法规及有关的技术标准、设计文件和建筑工程承包合同，对承包单位在施工质量、建设工期和建设资金使用等方面，代表业主实施监督。

3）监理人若违反法律规定，需承担民事赔偿责任、行政责任和刑事责任。如根据《建筑法》第六十九条规定："监理人与业主或者建筑施工企业串通，弄虚作假、降低工程质量的，责令改正，处以罚款，降低资质等级或者吊销资质证书；有违法所得的，予以没收；造成损失的，承担连带赔偿责任；构成犯罪的，依法追究刑事责任。"《刑法》第一百三十七条规定："业主、设计单位、施工单位、工程监理单位违反国家规定，降低工程质量标准，造成重大安全事故的，对直接责任人员，处五年以下有期徒刑或者拘役，并处罚金；后果特别严重的，处五年以上十年以下有期徒刑，并处罚金。"

2. 住建部监理合同简介

2012年3月27日，住建部与国家工商行政管理总局联合发布了《建设工程监理委托合同（示范文本）》（GF—2012—0202）。该工程监理合同适用于包括房屋建筑、市政工程等14个专业工程类别的建设工程项目，在通用条件中明确了22项工程监理基本工作内容，细化了酬金计取及支付方式，考虑了监理的工作范围、时间变化，使酬金得以动态调整，强化了总监责任制，增加了监理合同终止的条件规定等。

3. 发展改革委标准监理合同文件简介

国家发展和改革委员会等九部委于2017年9月4日颁布了《标准监理招标文件》（发改法规〔2017〕1606号），适用于依法必须招标的与工程建设有关的监理服务项目。监理合同共设置了12个条款，分为一般约定、委托人义务、委托人管理、监理人义务、监理要求、开始监理和完成监理、监理责任与保险、合同变更、合同价格与支付、不可抗力、违约及争议的解决。

《标准监理招标文件》（发改法规〔2017〕1606号）的发布落实了招投标法律法规的需要，推进了招投标标准化和电子化的需要，积极适应了电子招标投标发展方向和趋势，满足了规范有序开展招投标活动的需要，同时也有利于与国际标准接轨。

5.4.2　建设工程委托监理合同示范文本

近年来，为规范建设工程监理活动，维护建设工程监理合同当事人的合法权益，有关行政主管部门相继制定颁布了监理合同示范文本，主要包括《建设工程监理委托合同（示范文本）》（GF—2012—0202）与《标准监理招标文件》（发改法规〔2017〕1606号），具体内容见表5-3。

表5-3　发展改革委监理合同与住建部监理合同示范文本对照表

合同文本	发展改革委监理合同	住建部监理合同
协议书内容	1. 明确了委托人和监理人，明确了监理工作质量符合的标准和要求 2. 总监理工程师（姓名），签约合同价 3. 服务期限（计划开始监理日期、监理服务期限） 4. 双方对履行合同的承诺，监理人按合同约定承担工程的监理工作，委托人按合同约定的条件、时间和方式向监理人支付合同价款 5. 合同订立的时间、份数等	1. 明确了委托人和监理人，明确了双方约定的委托工程监理与相关服务的工程概况（工程名称、工程地点、工程规模、工程投资概算或建筑安装工程费） 2. 总监理工程师（姓名、身份证号、注册号），签约酬金（监理酬金、相关服务酬金） 3. 服务期限（监理期限、相关服务期限） 4. 双方对履行合同的承诺及合同订立的时间、地点、份数等
合同组成文件	组成合同的各项文件应互相解释，互为说明。除专用合同条款另有约定外，解释合同文件的优先顺序如下 1. 合同协议书 2. 中标通知书 3. 投标函及投标函附录 4. 专用合同条款 5. 通用合同条款 6. 委托人要求 7. 监理报酬清单 8. 监理大纲 9. 其他合同文件	组成本合同的下列文件彼此应能相互解释、互为说明。除专用条件另有约定外，本合同文件的解释顺序如下 1. 协议书 2. 中标通知书（适用于招标工程）或委托书（适用于非招标工程） 3. 专用条件及附录A相关服务的范围和内容，附录B委托人派遣的人员和提供的房屋、资料、设备 4. 通用条件 5. 投标文件（适用于招标工程）或监理与相关服务建议书（适用于非招标工程）
其他	合同未尽事宜，双方另行签订补充协议。补充协议是合同的组成部分	1. 双方签订的补充协议与其他文件发生矛盾或歧义时，属于同一类内容的文件，应以最新签署的为准。双方依法签订的补充协议也是本合同文件的组成部分 2. 协议书是一份标准的格式文件，经当事人双方在空格处填写具体规定的内容并签字盖章后，即发生法律效力

5.4.3　监理合同核心条款

监理合同核心条款包括合同签订主体、监理范围、监理工作要求、监理报酬及支付、合同终止等条款，在《建设工程监理合同（示范文本）》（GF—2012—0202）以及《标准监理招标文件》（发改法规〔2017〕1606号）中这些条款的规定如下。

1．监理合同主体

作为监理合同的主体，监理人应当依法具有相应的资质和条件。在发展改革委监理合同中要求提供总监理工程师姓名和详细资料以及监理人单位名称、住址和联系方式等。住建部监理合同要求提供总监理工程师姓名、身份证号、注册号以及监理人单位名称、住址、银行账号及联系方式等。

2．监理范围

业主作为委托人首先应当明确监理人的工作范围，并授予监理人相应的权利。

（1）发展改革委监理合同中对监理范围的规定

1）本合同的监理范围包括工程范围、阶段范围和工作范围，具体监理范围应当根据三者之间的关联内容进行确定。

2）工程范围指所监理工程的建设内容，具体范围在专用合同条款中约定。

3）阶段范围指工程建设程序中的勘察阶段、设计阶段、施工阶段、缺陷责任期及保修阶段中的一个或者多个阶段，具体范围在专用合同条款中约定。

4）工作范围指监理工作中的质量控制、进度控制、投资控制、合同管理、信息管理、组织协调和安全监理、环保监理中的一项或者多项工作，具体范围在专用合同条款中约定。

（2）住建部监理合同中对监理范围规定　监理范围在专用条件中约定，相关服务的范围包括勘察阶段、设计阶段、保修阶段以及其他（专业技术咨询、外部协调工作等）。

3．监理工作要求

（1）发展改革委监理合同中对监理工作要求的规定

1）遵守法律：监理人在履行合同过程中应遵守法律，并保证委托人免于承担因监理人违反法律而引起的任何责任。

2）依法纳税：监理人应按有关法律规定纳税，应缴纳的税金（含增值税）包括在合同价格之中。

3）完成全部监理工作：监理人应按合同约定以及委托人要求，完成合同约定的全部工作，并对工作中的任何缺陷进行整改，使其满足合同约定的目的。

4）监理人应履行合同约定的其他义务。

5）监理人应当根据法律、规范标准、合同约定和委托人要求实施和完成监理，并编制和移交监理文件。

（2）住建部监理合同中对监理工作要求的规定

1）履行职责：监理人应遵循职业道德准则和行为规范，严格按照法律法规、工程建设有关标准及本合同履行职责。

2）提交报告：监理人应按专用条件约定的种类、时间和份数向委托人提交监理与相关服务的报告。

3）文件资料：在本合同履行期内，监理人应在现场保留工作所用的各种图、报告及记录监理工作的相关文件。工程竣工后，应当按照档案管理规定将监理有关文件归档。

4）使用委托人财产：除专用条件另有约定外，委托人提供的房屋、设备属于委托人的财产，监理人应妥善使用和保管，在本合同终止时将这些房屋、设备的清单提交给委托人，并按专用条件约定的时间和方式移交。

5）守法诚信：监理人及其工作人员不得从与实施工程有关的第三方处获得任何经济利益。

6）保密：双方不得泄露对方申明的保密资料，也不得泄露与实施工程有关的第三方所提供的保密资料。保密事项在专用条件中约定。

4. 监理费用及支付

监理费用是指监理人接受委托，提供建设工程的质量、进度、费用控制管理和安全监督管理，以及合同信息等方面协调管理等服务收取的费用。监理费用的支付方式由业主与监理人在合同中约定，可一次性支付，也可分阶段分次支付。

（1）监理费用　国家发展改革委监理合同中对监理费用有如下规定：

1）本合同的价款确定方式、调整方式和风险范围划分，在专用合同条款中约定。

2）除专用合同条款另有约定外，合同价格应当包括收集资料、踏勘现场、制定纲要、实施监理、编制监理文件等全部费用和国家规定的增值税税金。

3）委托人要求监理人进行外出考察、试验检测、专项咨询或专家评审时，相应费用不含在合同价格之中，由委托人另行支付。

住建部监理合同中监理费用包括正常工作酬金、附加工作酬金以及合理化建议奖励金额及费用。其中，正常工作酬金表示监理人完成正常工作，委托人应给付监理人并在协议书中载明的签约酬金额；附加工作酬金表示监理人完成附加工作，委托人应给付监理人的金额；合理化建议奖励金额及费用：监理人在服务过程中提出的合理化建议，使委托人获得经济效益的，双方在专用条件中约定奖励金额的确定方法。奖励金额在合理化建议被采纳后，与最近一期的正常工作酬金同期支付。

（2）支付方式　国家发展改革委监理合同中监理费用支付方式包括预付款、中期支付以及费用结算。预付款是指专用于本工程的监理。预付款的额度、支付方式及抵扣方式在专用合同条款中约定。中期支付是指监理人应按委托人批准或专用合同条款约定的格式及份数，向委托人提交中期支付申请，并附相应的支持性证明文件；涉及政府投资资金的，按照国库集中支付等国家相关规定和专用合同条款的约定执行。费用结算是指合同工作完成后，监理人可按专用合同条款约定的份数和期限，向委托人提交监理费用结算申请，并提供相关证明材料。

住建部监理合同中对监理费用支付方式有如下规定：

1）支付货币：除专用条件另有约定外，酬金均以人民币支付。涉及外币支付的，所采用的货币种类、比例和汇率在专用条件中约定。

2）支付申请：监理人应在本合同约定的每次应付款时间的7天前，向委托人提交支付申请书。支付申请书应当说明当期应付款总额，并列出当期应支付的款项及其金额。

3）有争议部分的付款：委托人对监理人提交的支付申请书有异议时，应当在收到监理人提交的支付申请书后7天内，以书面形式向监理人发出异议通知。无异议部分的款项应按期支付，有异议部分的款项按争议解决条款约定办理。

5. 合同变更与终止

监理合同中有关变更与终止的条款，能够在需要变更或终止合同时使双方可以避免争议，保证合同顺畅履行。

（1）国家发展改革委监理合同中对合同变更与终止的约定　合同履行中发生下述情形时，合同一方均可向对方提出变更请求，经双方协商一致后进行变更，监理服务期限和监理报酬的调整方法在专用合同条款中约定。

1）监理范围发生变化。

2）除不可抗力外，非监理人的原因引起的周期延误。

3）非监理人的原因，对工程同一部分重复进行监理。

4）非监理人的原因，对工程暂停监理及恢复监理。

基准日后，因颁布新的或修订原有法律、法规、规范和标准等引发合同变更情形的，按照上述约定进行调整。

（2）住建部监理合同中对合同变更与终止的约定　合同履行中发生下述情形时，可对合同进行变更：

1）任何一方提出变更请求时，双方经协商一致后可进行变更。

2）除不可抗力外，因非监理人原因导致监理人履行合同期限延长、内容增加时，监理人应当将此情况与可能产生的影响及时通知委托人。增加的监理工作时间、工作内容应视为附加工作。附加工作酬金的确定方法在专用条件中约定。

3）合同生效后，如果实际情况发生变化使得监理人不能完成全部或部分工作时，监理人应立即通知委托人。除不可抗力外，其善后工作以及恢复服务的准备工作应为附加工作，附加工作酬金的确定方法在专用条件中约定。监理人用于恢复服务的准备时间不应超过28天。

4）合同签订后，遇有与工程相关的法律法规、标准颁布或修订的，双方应遵照执行。由此引起监理与相关服务的范围、时间、酬金变化的，双方应通过协商进行相应调整。

5）因非监理人原因造成工程概算投资额或建筑安装工程费增加时，正常工作酬金应做相应调整。调整方法在专用条件中约定。

6）因工程规模、监理范围的变化导致监理人的正常工作量减少时，正常工作酬金应做相应调整。调整方法在专用条件中约定。

以下条件全部满足时，本合同即告终止：

1）监理人完成本合同约定的全部工作。

2）委托人与监理人结清并支付全部酬金。

思 考 题

1. 国内主要的工程合同系列有哪些？其使用范围和特点分别是什么？
2. 简述《标准施工招标文件》的组成及施工合同文件的构成。
3. 业主和承包商在施工合同条件下的职责有哪些？
4. 在施工工期上业主和承包商的义务分别是什么？
5. 在施工合同和工程总承包合同中，承包商分别在何种条件下可以要求调整合同价款？
6. 在施工合同和工程总承包合同中，因不可抗力导致的费用增加及延误的工期分别是如何分担的？
7. 工程总承包合同对工程变更有何规定？
8. 标准监理合同双方的主要职责是什么？

第6章

工程合同分析与交底

学习目标

了解工程合同分析的含义、作用和基本要求，熟悉工程合同签约前的合法性、完整性、公平性、整体性、应变性等分析内容和方法，掌握施工合同履行阶段的目标分析、权利义务分析、风险分析和担保保险分析方法，熟悉合同交底程序和内容。

6.1 工程合同分析概述

工程合同分析是工程合同管理的重要环节，是保证合同条款反映合同双方真实意思，减少纠纷的前提，是制订合同管理计划的基础，是合同交底的依据。工程合同分析贯穿合同签约前、后及合同履行的全过程。这是因为在合同的履行过程中，常常会有索赔与纠纷需要处理、解决，而处理、解决的依据和途径需要通过合同分析来确定。

6.1.1 工程合同分析的含义

工程合同分析按照时间来分，可有三个阶段。第一个阶段是招投标至正式签约前，第二个阶段为签约后到合同履行前（如施工合同的开工前），第三个阶段为合同履行过程中的问题解决阶段。

每个阶段的合同分析各有侧重。第一，签约前的合同分析主要是指从履行合同的角度对合同文件（重点是合同条款）进行一次全面的审查分析；如发现问题，业主方应及时予以修正，承包商应及时要求业主解释、澄清，使合同目标能落实到履行合同的具体事件和工作上，最终形成一个完好的合同。一个完好的合同，对今后履行合同、处理合同履行过程中发生的各种问题、保护合同双方的合法权益，顺利达到合同目标是极为重要的。第二，履约前的合同分析主要是对合同协议书和合同条件从总体到每一条款进行认真推敲，予以理解和解释，找到工程"如何做"的答案。这是从执行的角度解释合同，将合同目标和合同规定落实到合同实施的具体问题上和具体事件上，用以指导具体工作，使合同能符合日常工程管理的需要，使工程按合同实施。第三，履约过程中的合同分析主要是指对违约事件、风险事件、索赔事件和变更工程等突发事件的界定条款、处理程序规定、赔偿标准等的分析，用以提出科学合理的应对办法。

6.1.2 工程合同分析的必要性

保证合同的签订真实、公平、合法，按照合同要求履行责任是承包商在合同签订和实施过程中的基本任务。由于工程项目是一个复杂的系统，因此，整个项目合同的圆满完成是靠在各时间段内成功完成各分项工程、单位工程和一道道工序实现的，合同的目标和责任必须贯彻落实在

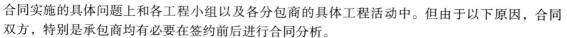

合同实施的具体问题上和各工程小组以及各分包商的具体工程活动中。但由于以下原因，合同双方，特别是承包商均有必要在签约前后进行合同分析。

1）合同条文多采用法律用语，往往不够直观明了，不容易理解。在合同实施前进行合同分析，用简单易懂的语言和形式将合同规定表达出来，并进行补充和解释，使之简单、明确、清晰，可以方便日常管理工作，也可以在一定程度上减少承包商、项目经理、各职能人员和各工程小组由于合同文本和合同式的语言等原因所产生的混乱和纠纷。通过合同分析，使工程参与各方及其各层管理人员对合同条文的解释和理解具有同一性。

2）在一个工程中，各种合同形成了一个复杂的体系，几份、几十份甚至几百份合同之间有着十分复杂的关系。即使在同一份工程承包合同中，有时涉及某一个问题可能存在许多条款，甚至在许多合同文件中都有规定，使实际工作遇到许多不便，很容易导致执行混乱。要避免上述情况发生，就要通过合同分析理顺其中的关系，明确其解释的先后顺序。

3）工程的圆满完成，达到业主的要求是合同双方的愿望。业主通过合同明确对工程的各项要求，如工期、质量、安全等，这些要求有时是统一的，有时是矛盾的，承包商需要认真分析合同，理清关系、分出轻重，合理安排计划，方能使工程活动有条不紊地进行。同时，合同中所约定的任务需要分解和落实，需要通过合同分析来决定工序、分部分项工程、单位工程等具体如何做才能满足合同要求，从而保证工程合同的圆满履行。

4）一个工程项目由许多项目成员相互配合、共同完成，某一项目成员或分包商所涉及的活动和问题不是全部合同文件，而仅为合同的部分内容，这些人员能否全面理解合同，对合同的实施将会产生重大影响。由于他们的理解能力难以达到透彻和统一的要求，同时从提高效率的角度出发，应由合同管理专家先做全面分析，再向各职能人员和工程小组进行合同交底。

5）合同中既有条款明示的风险责任分配，又可能隐藏着的尚未发现的风险。因为，合同中可能存在一些用词模糊，规定不具体、不全面，甚至矛盾的条款。因此，在合同实施前有必要做进一步的全面分析，以对风险进行界定和确认，具体落实对策措施。

6）在合同实施过程中，合同双方会有许多争执，在分析时可以做到预测和预防。合同双方对合同条款的理解不一致往往会导致合同争执。要解决这些争执，首先必须分析合同，分析合同条款表述的意思，以判定争执的性质。要解决争执，双方必须就合同条文的理解达成一致。具体体现在变更、索赔等合同事件上。

6.1.3　工程合同分析的基本要求

1. 准确性和客观性

1）准确性，即合同分析的结果应准确、全面地反映合同内容。如果分析中出现误差，它必然反映在执行中，导致合同实施出现更大的失误。因此，如果不能透彻、准确地分析合同，就不能全面与有效地执行合同。许多工程失误和争执都起源于不能准确地理解合同。

2）客观性，即合同分析应结合工程实际。对合同的风险分析以及合同双方责任和权益的划分，都必须实事求是地按照合同条文和合同要旨进行，不能依据当事人的主观愿望随意确定，否则，必然导致合同实施过程中的争执。而合同争执的最终解决也不是以单方面对合同的理解为依据的。

2. 简洁性

合同分析结果的表达方式必须使不同层次的管理人员、工作人员能够接受，使用简洁易懂的工程语言，对不同层次的管理人员提供不同要求和不同内容的分析资料。

3. 合同双方的一致性

合同双方、承包商的所有工程小组、分包商等对合同的理解应一致。合同分析实质上是承包商单方面对合同的详细解读。分析中要落实各方面的责任范围，这极容易引起争执，因此合同分析结果应能被对方认可与接受。如有不一致，应在合同实施前或最好在合同签订前解决，以避免合同执行中的争执和损失，这对双方都有利。

4. 全面性

合同分析的全面性有以下两方面的要求：

1）合同分析应是全面的，应是对全部合同文件的解释。对合同中的每项条款、每句话，甚至每个词都应认真推敲、仔细琢磨。合同分析不能只观其大略，不能错过一点细节问题，它是一项非常细致的工作。在实际工作中，常常一个词、一个标点就能关系到争执的性质和一项索赔的成败，甚至关系到工程的盈亏。

2）全面地、整体地理解合同，不断章取义，特别要注意不同文件、不同合同条款之间规定不一致、有矛盾的情况。

6.2　工程合同签约前的分析

合同签约前应对合同的合法性、完整性、公平性、整体性、应变性以及文字唯一性与准确性进行分析。合同签约前的分析涉及法律法规、经济管理、工程技术和环境、人文等很多方面，是一项综合性很强的工作。

6.2.1　工程合同的合法性分析

合同效力来源于与其相对应的法律保障，合同合法与否将关系到合同全部或部分有效与否。工程合同合法性分析的内容：

1）当事人资格。业主应具有发包工程、签订合同的资质、权能，工程发包在其业务范围内，承包商则需具有相应的权利能力（营业执照、许可证）和相应的行为能力（资质等级证书）。代理人应是合法的，工程的承发包应在其代理业务范围内。这样，合同主体资格才有效。

2）工程项目具备招投标和签订合同的全部条件，包括工程项目的批准文件、工程建设许可证、建设规划文件、已批准的设计文件，符合法定程序的招投标过程和已列入年度计划等。

3）合同的内容条款及其所指行为符合相关法律的要求。例如，纳税、外汇、劳保、环保、担保等条款都应符合相应法律、法规的有关规定。

4）有些需经公证或官方批准方可生效的合同，是否已办妥了这方面手续，获得了证明或批准。对于某些政府工程、国家项目尤应注意这点。

合法性的具体内容，对于不同的国家、不同的工程，会有所不同。为控制合同的有效性，常由律师进行合同合法性的审查。

6.2.2　工程合同的完整性分析

合同的完备性包括合同文件完备性和合同条款完备性两方面。

1. 合同文件完备性

合同文件完备性要求合同所包括的各种文件齐全。一般应有：合同协议书、中标函、投标书、工程设计文件、各种图样、规范、工程量清单和合同条款及环境、水文地质等方面的说明文件等。在获取招标文件后应对照招标文件目录和图样目录做这方面的检查。如果发现不足，则应要求业主（工程师）进行补充。

2. 合同条款完备性

合同条款的完备性要求对各有关问题进行规定的条款要齐全。这是合同完整性分析的重点，通常与使用的合同文本的类型有关：

1）采用标准合同文本的，如 FIDIC 合同条款，虽然其通用条款部分条款齐全，对于一般的工程项目而言，内容已较完整。但对于每一项特定的工程，根据工程具体情况和合同双方的特殊要求，还必须补充合同专用条款，这时需要特别分析特殊条款的适宜性。

2）未采用标准合同文本的，但存在该类合同的标准文件的，则应以标准文本为样板，对照所签合同寻找缺陷，补齐必需的条款。

3）尚无标准合同文本的，如联合体协议、劳务合同，则需收集实践中的同类合同文本，并进行对比分析和相互补充，以确定该类合同范围和结构形式，再将被分析的合同按结构拆分开，从而方便地分析出该合同是否缺少以及缺少哪些必需条款，以保证所签合同的完备性。

对于合同条件的不完备，有的业主认为这样有利于推卸业主责任、增加承包商的责任和工作范围，而有的承包商则认为这样会给自己带来索赔的机会。其实这都是十分危险的想法。这是因为，对于前者，业主应对招标文件的错误、缺陷、矛盾、模糊、异义承担责任，不能推卸责任；而对于后者，由于业主往往在索赔的处理中处于主导地位，业主往往可以"合同未作明确规定"或"承包商事先未提出要求澄清解释"来否定承包商的索赔。此外，不完备的合同条件使得双方对权利义务有所误解，会最终影响工程项目的顺利实施，引发双方在合同上的争执。因此，合同双方应努力签订一个完备的合同。

6.2.3 工程合同的公平性分析

合同的公平性分析主要是指合同所规定双方的权利和义务的对等、平衡和制约问题。可以从以下几方面进行具体分析。

1）双方的权利和义务应该是对等的、公平合理的。如条款规定"承包商违约，业主有警告、停工整顿、解除合同的权利"，同时条款也规定"业主违约，承包商有减缓施工速度、暂停施工、解除合同的权利"。某些显失公平或免责条款，如某合同中规定"在施工期中不论什么原因使邻近地区受到损害的均由承包商承担赔偿责任"，违反了公平原则，应予以删除或修改。

2）合同规定一方一项权利，则同时应考虑到该项权利应如何制约，有无滥用该项权利的可能，行使此权利应承担的责任等。如部分条款规定"业主有权要求承包商进行重新检验，承包商必须执行"。同时也规定，"如果检验结果合格，则由此引起的工期延误和费用增加由业主承担责任"。这就是一种对权利的制约。

3）合同规定一方一项义务，则也应规定其有完成该项义务所必需的相应权利，或由此义务所引申出的权利。例如，《建设工程施工合同（示范文本）》（GF—2017—0201）规定，"承包商按合同约定的工作内容和施工进度要求，编制施工组织设计和施工措施计划，并对所有施工作业和施工方法的完备性和安全可靠性负责"，同时也赋予承包商"有不受任何人（工程师的指令除外）干预施工"的权利。

4）合同规定一方一项义务，还应分析承担这一项义务的前提条件，若此前提由对方提供则应同时规定为对方的一项义务。例如，2017 版 FIDIC 红皮书条款规定"承包商向业主提交了结清单后，不再要求业主支付结清单外的金额"，但同时也规定了"必须要业主履行了退还履约保函和按最终报表支付两项义务后，结清单才生效"。

6.2.4　工程合同的整体性分析

合同条款是一个整体，各条款间有着一定的内在联系和逻辑关系。一个合同事件，往往会涉及若干条款，例如，合同价格涉及工程计量、计价方式、支付程序、调价条件和方法、暂定金的使用等条款；工程进度涉及进度计划、开工和完工、暂停施工、工期的延误和提前等条款。必须仔细分析这些条款在时间上和空间上、技术上和管理上、权利义务的平衡和制约上的顺序关系和相互依赖关系。各条款间必须相互配合、相互支持，共同规范一个事件，而不能出现缺陷、矛盾或逻辑上的不足。

6.2.5　工程合同的应变性分析

一般工程的实施周期较长、受各方面的影响较多，因此在合同履行过程中，其合同状态经常会出现变化。所谓合同状态，是指合同各方面要素的综合，它包括合同价格、合同条件、合同实施方案和工程环境四方面。这四个方面相互联系、相互影响、相互制约，综合成一个合同状态。合同的签订是合同双方对合同状态的一致承诺。一旦合同状态的某一方面发生变化，即打破了合同状态的"平衡"。合同应事先规定对这些变化的处理原则和措施，并按此来调整合同状态，使其达成新的"平衡"，这就是合同的应变性。可以从下列几方面进行合同应变性的分析。

1）合同文件变化，如设计文件的修改、业主对工程有新的要求、合同文件的缺陷等，一般均应由业主承担责任，按规定调整合同价格和延长工期。

2）工程环境变化，如工程所在国法律和法规变化、物价变动、出现不可预见的外界风险等，一般也应由业主承担此类风险，按规定调整合同价格和延长工期。

3）实施方案变化，合同的实施方案（施工组织设计等）通常由承包商制订，经工程师批准后实施的，承包商应负全部责任。但如果在实施过程中，工程师下指令修改实施方案，则应视为工程变更，应调整合同价格，如业主不履行或不完全履行义务或者对方案实施进行干扰，造成实施方案不得不变化的，则业主应承担责任，按规定赔偿。

6.2.6　工程合同的文字唯一性和准确性分析

对合同文件解释的基本原则是"诚实信用"，所有合同都应按其文字所表达的意思准确而正当地予以履行。

在解释合同文件中，常出现一种情况，即撰写方认为某一条款已写得很清楚了，但对方却做出了另一种解释，其主要原因就在于撰写方了解自己想说些什么，因此很容易对文字做出与自己意图一致的解释；但是对方并不了解编写方的意图，只能从文字的表达来理解，就可能得出另一种解释。因此，合同编写方必须要树立这一观念："合同是要给对方阅读、使其理解并执行的，重要的不是编写者认为已说明了意图，而是合同文件的文字表述说明了什么。"这就要求合同文件的文字表述具备准确性、严谨性和解释的唯一性，而不能出现模糊、不确定或一文多义的情况。应注意下列一些问题：

1）在撰写每一条款前，必须先明确该条款的主题以及要说明什么问题。

2）文字要准确、简明，句子要完整。尽可能选用短句、少用长句，长句易引起解释上的混淆。

3）合同文件是写应做什么和不应做什么，不需要说明理由。

4）不用模糊的词句、有两种以上解释的词语，以及习惯的口语用语。

5）对文件中不同地方出现的同一意义应重复使用同一词，而不用同义词，因为后者虽说是意义相同，但总会存在些小差别。

　　6）直接使用名词，少用代名词或关系词，后两者常会导致解释上的模糊。

　　7）避免使用"等等""以及其他"这类总括性词语。

　　8）对上下文的引用要仔细、确定，应写清章节编号。

　　9）对使用笼统性、原则性的词句，必须先审定其含义。

　　10）要避免内容或文字上的遗漏，但也不要出现无关的、多余的词句。

案例 6-1

　　某水电工程中，总承包商为国外某公司，我国某承包公司分包了隧道工程施工。分包合同规定：在隧道挖掘中，在设计挖方尺寸基础上，超挖不得超过30cm；在30cm以内的超挖工作量由总承包商负责，超过30cm的超挖由分包商负责。

　　由于地质条件复杂，工期要求紧，分包商在施工中出现许多局部超挖超过30cm的情况，总承包商拒付超挖超过30cm部分的工程款。分包商就此向总承包商提出索赔，因为分包商一直认为合同所规定的"30cm以内"是指平均的概念，即只要总超挖量在30cm之内，就不是分包商的责任，总承包商就应付款。而且分包商强调，这是我国水电工程中的惯例解释。

　　当然，如果承包商和分包商都是中国的公司，这个惯例解释常常是可以被认可的。但在本合同中，他们属于不同的国度，总承包商不能接受我国惯例的解释，而且合同中没有"平均"两字，在解释时就不能加上这两字。如果局部超挖达到50cm，则按本合同条款字面解释，30~50cm范围的挖方工作量确实属于"超过30cm"的超挖，应由分包商负责。既然字面解释已经准确，则不必再引用惯例解释。结果，分包商损失了数百万元。

6.3 施工合同履行阶段的分析

6.3.1 合同的基础分析

1. 合同文件的组成

　　《建设工程施工合同（示范文本）》（GF—2017—0201）通用条件的条款规定，构成对业主和承包商有约束力的合同文件包括以下几方面的内容：

　　（1）合同协议书　合同协议书是业主发出中标函的28天内，接到承包商提交的有效履约保证后，双方签署的法律性标准化格式文件。为了避免履行合同过程中产生争议，专用条件指南中最好注明接受的合同价格、基准日期和开工日期。

　　（2）中标函　中标函是由业主签署的对投标书的正式接受函，包含作为备忘录记载的合同签订前谈判时达成一致并共同签署的补遗文件。

　　（3）投标函　投标函是由承包商填写并签字的法律性投标函和投标函附录，包括报价和对招标文件及合同条款的确认文件。

　　（4）合同专用条件

　　（5）合同通用条件

　　（6）规范　规范是指承包商履行合同义务期间应遵循的准则，也是工程师进行合同管理的依据，即合同管理中通常所称的技术条款。除了工程各主要部位施工应达到的技术标准和规范以外，还可以包括以下方面的内容：

1）对承包商文件的要求。

2）应由业主获得的许可。

3）对基础、结构、工程设备、通行手段的阶段性占有。

4）承包商的设计。

5）放线的基准点、基准线和参考标高。

6）合同涉及的第三方。

7）环境限制。

8）电、水、气和其他现场供应的设施。

9）业主的设备和免费提供的材料。

10）指定分包商。

11）合同内规定承包商应为业主提供的人员和设施。

12）承包商负责采购材料和设备需提供的样本。

13）制造和施工过程中的检验。

14）竣工检验。

15）暂列金额等。

（7）施工图

（8）资料表以及其他构成合同一部分的文件

1）资料表：由承包商填写并随投标函一起提交的文件，包括工程量表、数据、列表及费率/单价表等。

2）构成合同一部分的其他文件：在合同协议书或中标函中列明范围的文件，包括合同履行过程中对双方有约束力的文件。

2. 合同文件的优先次序

构成合同的各种文件应该是一个整体，它们是有机的结合，互为补充、互为说明。但是，由于合同文件内容繁多、篇幅庞大，很难避免彼此之间出现解释不清或有异议的情况，因此合同条款中应规定合同文件的优先次序，即当不同文件出现模糊或矛盾时，以哪个文件为准。按照《建设工程施工合同（示范文本）》（GF—2017—0201），除非合同另有规定，构成合同的各种文件的优先次序按如下顺序排列：

1）合同协议书。

2）中标通知书（如果有）。

3）投标函及其附录（如果有）。

4）专用合同条款及其附件。

5）通用合同条款。

6）技术标准和要求。

7）施工图。

8）已标价工程量清单或预算书。

9）其他合同文件。

如果业主选定不同于上述顺序的构成次序，可以在专用条款中予以修改说明；如果业主不规定文件的优先次序，亦可在专用条款中说明，并可将对出现的含糊或异议进行解释和校正的权利赋予监理工程师，即监理工程师有权向承包商发布指示，对这种含糊和异议加以解释和校正。

案例 6-2

在某一国际工程中，工程师向承包商颁发了一份施工图，施工图上有工程师的批准及签字。但这份施工图的部分内容违反本工程的专用条款和规范，待实施到一半后，工程师发现了这个问题，要求承包商返工并按规范施工。承包商就返工问题向工程师提出索赔要求，但被工程师拒绝。承包商提出了问题：工程师批准颁布的施工图，如果与合同专用规范内容不同，还能否作为工程师已批准的有约束力的工程变更？

工程师回答：合同专用条款和规范通常是优先于施工图的，承包商有责任遵守合同施工，而不是仅仅按图施工。

3. 合同文件的主导语言

在国际工程中，当使用两种或两种以上语言拟定合同文件时，或用一种语言编写，然后译成其他语言时，应在合同中规定据以解释或说明合同文件以及作为翻译依据的一种语言，称为合同的主导语言。

规定合同的主导语言是很重要的，因为不同的语言在表达上存在着不同的习惯，往往不可能完全相同地表达同一意思。一旦出现不同语言的文本有不同的解释时，则应以主导语言编写的文本为准。

4. 合同文件的适用法律

在国际工程中，应在合同中规定一种适用于该合同并据以对该合同进行解释的国家或州的法律，称为该合同的"适用法律"。

5. 合同文件的解释

对合同文件的解释，除应遵循上述合同文件的优先次序、主导语言原则和适用法律原则外，还应遵循国际上对工程承包合同文件进行解释的一些公认的原则，主要有以下几点。

（1）诚实信用原则　各国法律都普遍承认诚实信用原则（简称诚信原则），它是解释合同文件的基本原则之一。诚信原则是指合同双方当事人在签订和履行合同中都应是诚实可靠、恪守信用的。根据这一原则，法律推定当事人在签订合同之前都认真阅读和理解了合同文件，都确认了合同文件的内容是自己真实意思的表示，双方自愿遵守合同文件的所有规定。因此，按这一原则解释，即在任何法系和环境下，合同都应按其表述的规定准确而正当地予以履行。根据此原则对合同文件进行解释，应做到：

1）按明示意义解释，即按照合同书面文字解释，不能任意推测或附加说明。

2）公平合理的解释，即对文件的解释不能导致明显不合理甚至荒谬的结果，也不能导致显失公平的结果。

3）全面完整的解释，即对某一条款的解释要与合同中的其他条款相容，不能出现矛盾。

（2）反义居先原则　这个原则是指：如果由于合同中有模棱两可、含糊不清之处，因而导致对合同的规定有两种不同的解释时，则按不利于文件起草方或提供方的原则进行解释，也就是与起草方相反的解释居于优先地位。对于工程施工承包合同，业主总是合同文件的起草方或提供方，因此在出现上述情况时，承包商的理解与解释应处于优先地位。但是在实践中，合同文件的解释权通常属于监理工程师，这时，承包商可以要求监理工程师就其解释做出书面通知，并将其视为"工程变更"来处理经济与工期补偿问题。

案例 6-3

在钢筋混凝土框架结构工程中，有钢结构杆件的安装分项工程。钢结构杆件由业主提供，承包商负责安装。在业主提供的技术文件上，仅用一道弧线表示了钢结构杆件，而没有详细的施工图或说明。施工中，业主将杆件提供到现场，两端有螺纹，承包商接收了这些杆件，没有提出异议，在混凝土框架上用了螺母和子杆进行连接。在工程检查中，承包商也没提出额外的要求。但当整个工程快完工时，承包商提出，原安装图标示不清楚，自己因工程难度增加导致费用超支，要求索赔。

法院调查后表示，虽然合同曾对杆系结构的种类有含糊，但当业主提供了杆件，承包商无异议地接收了杆件，则这方面的疑问就不存在了。合同已因双方的行为得到了一致的解释，即业主提供的杆件符合合同要求，因此承包商索赔无效。

（3）明显证据优先原则　这个原则是指：如果合同文件中出现几条对同一问题的不同规定时，则除了遵照合同文件优先次序外，还应服从以下原则：具体规定优先于原则规定，直接规定优先于间接规定，细节规定优先于笼统规定。根据此原则形成了一些公认的国际惯例，包括：细部结构施工图优先于总装施工图；施工图上数字标志的尺寸优先于其他方式（如用比例尺换算）；数值的文字表达优先于阿拉伯数字表达；单价优先于总价；定量的说明优先于其他方式的说明；规范优先于施工图；专用条款优先于通用条款等。

（4）书写文字优先原则　按此原则规定：书写条文优先于打字条文，打字条文优先于印刷条文。

6.3.2 合同履行目标分析

1. 业主的目标

作为工程和服务的买方，业主在合同履行阶段的目标就是使项目按照合同的规定要求实施。具体地说，就是在满足项目总目标的前提下，项目能够正常实施，并实现合同规定的质量、进度、投资三大目标。因此，通过合同的履行，业主拟达到以下目标：

1）项目实施阶段的质量应能满足合同中所规定的项目功能性要求。

2）项目投资应能按照合同规定的投资计划实施。

3）项目的进度应符合合同所规定的工期要求。

4）在质量、投资、进度三大目标都能圆满实现的基础上，使三大目标达到平衡，并在此基础上使自身在项目上的利益最大化。如对于一般性项目，在一定质量要求的前提下，业主往往会希望投资尽可能地节省，进度尽可能地快。

2. 承包商的目标

作为工程产品的卖方，承包商在合同履行阶段的目标是在合同实施过程中有效保障自身权益，尽可能地规避一些工程风险，确保自身能够通过工程的实施获得相应的收益。主要有：

1）能够有效享有合同规定的相应权利，如按照合同规定如期获得相应的进度款，在非由己方原因导致的工程变更中获得相应的补偿等。

2）确保自身不会承担合同规定以外的责任。如由业主导致的事故或不可抗力等因素导致的工程损失，承包商应确保这些责任不会由自身承担而导致额外的损失。

3）通过对合同的解读，明确工程节点，并针对每个节点的特点采取应对措施，加强控制。

4）在合同实施中实现自身利益的最大化。例如，充分利用合同中的相应条款，合理压缩施工成本，提高利润空间；再如按照合同中的奖励条款的要求，充分实现项目质量、成本、进度三大目标的优化，以获取业主给予的激励报酬，增加企业利润。主要有以下几方面：

① 质量目标——验收，移交和保修。

a. 验收。验收包括许多内容，如材料和机械设备的现场验收，隐蔽工程验收，单项工程验收，全部工程竣工验收等。在合同分析中，应对重要的验收要求、时间、程序以及验收所带来的法律后果进行说明。

b. 移交。竣工验收合格即办理移交。移交作为一个重要的合同事件，同时也是一个重要的法律概念。它表示：

◆ 业主认可并接收工程，承包商工程施工任务的完结。

◆ 工程所有权的转让。

◆ 承包商工程照管责任的结束和业主工程照管责任的开始。

◆ 保修责任的开始。

◆ 合同规定的工程款支付条款有效。

此时，还应分析工程竣工验收的条件和程序以及工程没有通过竣工验收的处理等。

c. 保修。《建设工程质量管理条例》第四十规定：施工单位对施工中出现质量问题的建设工程或者竣工验收不合格的建设工程，应当负责返修。

◆ 基础设施工程、房屋建筑的地基基础工程和主体结构工程，为设计文件规定的该工程的合理使用年限。

◆ 屋面防水工程、有防水要求的卫生间、房间和外墙面的防渗漏，为5年。

◆ 供热与供冷系统，为2个采暖期、供冷期。

◆ 电气管线、给排水管道、设备安装和装修工程，为2年。

d. 缺陷责任期：指承包单位为所完成的工程产品发生质量缺陷后的修补预留金额的时间，在责任期结束后可收回其质量保证金。缺陷责任期通常为6个月、12个月、24个月，双方在合同中具体约定。

② 成本目标——合同价格。

a. 合同所采用的计价方法及合同价格所包括的范围，如固定总价合同、单价合同、成本加酬金合同或目标合同等。

b. 工程量计量程序，工程款结算（包括进度付款、竣工结算、最终结算）方法和程序。

c. 合同价格的调整，即费用索赔的条件、价格调整方法、计价依据、索赔有效期的规定，列出费用索赔的所有条款。例如：

◆ 合同实施环境的变化对合同价格的影响，如通货膨胀、汇率变化、国家税收政策变化、法律变化时合同价格的调整条件和调整方法。

◆ 附加工程的价格确定方法。通常，如果合同中有同类分项工程，可以直接使用它的单价；若仅有相似的分项工程，则可对它的单价做相应调整后使用；如果既无相同又无相似的分项工程，则应重新决定价格。

◆ 工程量增加幅度与价格的关系。对此，不同的合同会有不同的规定。例如，某合同规定，如果某项工程量增减超过原合同工程量的25%，则可以重新商定单价。

又如某合同规定，承包商必须在工程施工中完成由业主的工程师书面指令的工程变更和附加工程。前提为，变更净增加不超过25%，净减少不超过10%的合同价格。如果承包商同意，工程变更总价可突破上述界限，相应合同单价可做适当调整。

d. 拖欠工程款的合同责任。

③ 进度目标——施工工期。

a. 在实际工程中，工期拖延极为常见和频繁，而且对合同实施和索赔的影响很大，因此要特别重视。重点分析合同规定的开工日期、竣工日期，主要工程活动的工期，工期的影响因素，获得工期补偿的条件和可能等，并列出可能进行工期索赔的所有条款。

b. 工程师控制进度的权利和程序。

c. 对于工程暂停，承包商不仅可以进行工期索赔，还可能有费用索赔和终止合同的权利。

6.3.3　合同双方的权利和义务分析

1. 业主的一般权利和义务

1）向监理工程师授权。为了工程师能完成其监理任务，业主应赋予监理工程师相应的权利。一般说应包括以下几方面：

① 技术上的核定权。

② 材料、设备和工程质量的确认权和否决权。

③ 工程进度与工期的确认权和否决权。

④ 工程计量和工程款支付与结算的审核签证权和否决权。

⑤ 对工程变更、索赔和合同争议的处理权。

⑥ 组织协调权。

2）批准合同的转让，指定分包商，批准履约担保证件，批准承包商提交的保险单。

3）业主的完善履行合同和索赔权。如果承包商既未按合同履行或未完全履行合同规定的义务，又不按监理工程师指令改正，业主可自行或授权他人去完成此项工作，并在应向承包商支付的价款中扣回为此所支付的费用。

4）承包商违约，业主有权解除合同。

5）遵守适用于本合同的有关法律和法规，并承担违反上述法律法规的责任。

6）完成工程征地和移民工作，按合同规定及时向承包商提供施工用地和合同规定由业主提供的部分准备工程，如道路、房屋、供水、供电、通信等。

7）向承包商提供所有的与本合同工程有关的水文和地质勘探等资料，并对这些资料负责，至于承包商使用上述资料所做的分析、判断和推论，则由其自己负责。

8）负责项目的融资。如果承包商有要求，应提出合理的证据表明已做好资金安排，有能力保证支付。

9）按合同规定及时向承包商支付有关款项，如预付款、月支付、竣工结算支付、最终结算支付等。

10）承担合同规定的风险及其损失赔偿责任。及时审批监理工程师提交的索赔处理建议书，向承包商支付索赔款额或延长工期。

11）统一筹划本工程的环境保护工作，统一管理工程的文明施工、治安保卫和施工安全。

12）主持和组织工程的竣工验收，在颁发移交证书后负责照管工程。

13）合同中规定的其他权利和义务。

2. 承包商的一般权利和义务

1）遵守适用于工程合同的有关法律和法规，并承担违反法律法规的责任。

2）应按合同规定办理履约担保和工程保险，并在规定时间内向业主提交保险单和履约保函或履约担保书。

3）在接到开工令后，应及时调遣人员并调配施工设备和材料进入工地，争取尽早开工。

4）在规定时间内向监理工程师提交符合合同的工作范围、技术规范、施工图要求等编制的施工进度实施计划、施工方案和规定由承包商设计的施工图，并经监理工程师批准。根据批准的计划和方案组织现场施工，并对现场作业和施工方法的完备性、稳定性和安全性负责。

5）按合同规定的要求，提供完成工程所需的材料、施工设备、劳务、技术、工程设备等。

6）认真执行监理工程师的指令，保证工程质量，按合同规定的内容、时间和质量要求完成全部承包工作。

7）应按国家有关规定文明施工，采取必要的措施保护工地及附近地区的环境，使其免受因施工引起的污染、噪声和其他因素造成的环境破坏。应采取安全措施，确保工程、人员、材料和设备，以及附近的建筑物和居民的安全。

8）应按照监理工程师的指令为工地上其他承包商的工作提供必要的条件，如场内交通道路、施工控制网、供水供电等基础设施、施工设备和现场试验设备等，费用由工程师协调解决。

9）工程未移交给业主前负责照管工程，在保修期内负责缺陷的修复工作。

10）由于承包商原因未能按合同规定的日期完工，承包商应支付误期损失赔偿费。误期损失赔偿费的金额按合同规定的每一天的赔偿费和延误天数计算，合同中通常还规定误期损失赔偿费的总限额，一般为合同价的10%。承包商提前完工且对业主增加效益，则可获得奖金。

11）我国《民法典》第八百零二条规定："因承包商的原因致使建设工程在合理使用期限内造成人身损害和财产损失的，承包商应当承担赔偿责任。"

12）承包商有权同意或拒绝接受业主提名的指定分包商。

13）由于非承包商原因而使承包商蒙受损失时，可向业主提出索赔。承包商若不同意工程师的决定，可提请仲裁机构进行仲裁。

14）业主违约，承包商有权减缓施工速度，甚至暂停施工，直至解除合同。

15）合同规定的其他权利和义务。

3. 监理工程师的职责和权力

1）按合同的规定，负责对工程实施进行监督、检查和管理；疏通业主与承包商的联系；协调监理合同范围内，承包商之间以及业主与承包商之间的关系。

2）负责解释合同，以及对有关工程设计图进行解释和说明，帮助承包商正确理解设计意图；在现场解决施工期间出现的设计问题。

3）及时向承包商提供设计图，负责提供原始基准点、基准线和参考标高。

4）审批承包商按合同规定进行的部分永久性工程的设计成果或施工详图，审批承包商的测量放样结果。上述成果经监理工程师审查批准后方可实施。

5）监督、检查承包商的施工进度，审批承包商提交的实施性施工总进度计划和各阶段或各分部工程进度实施计划，以及施工方案、技术措施和安全措施，并监督其实施。在需要时，监理工程师可要求承包商编制经修改的进度计划。

6）监督承包商贯彻执行合同中的技术规范、施工要求及设计图，确认材料、工艺符合规定要求，以保证工程质量满足合同要求。及时检查工程质量；批准承包商申报的试验单位或指定试验单位；检查与确认承包商提交的试验结果；有权要求进行重新检验和额外检验；及时签发有关的试验验收合格证书。

7）严格检查与确认材料、设备（包括半成品、配件等）质量。批准或指定材料检验单位，检查与确认进场的材料、设备质量。

8）考察承包商进场人员的素质，对不称职的人员可要求承包方予以撤换。承包商派出的管理工程的代表，需经监理工程师认可。

9）及时审核、确认承包商提交的已完成（每月）工程计量及工程款月支付报表，审查确认后按规定签署并向业主提交书面的工程款支付证书。

10）检查承包商违约事件，代表业主进行索赔。

11）及时向承包商发布有关指令。设计图变更或新的补充图；增减工程项目或工程量；要求承包商提交有关的施工方案、计划、技术措施、安全措施等指令；修改设计或施工方案以及有关费用和竣工期限等方面的指令等。

12）做好监理日记、质量检查记录、各方来往信函、申请、指令以及各种有关的工程管理和工程技术文档的管理工作，以备日后核查及作为解决争议的依据。

13）公正处理承包商提出的索赔要求；调解处理业主与承包商之间的争议。

14）处理施工中出现的各种意外事件所引起的问题，如不可预见的自然灾害，发现地下文物引起的暂停施工，重大质量事故或安全事故等。

15）定期和及时地向项目法人提供工程实施情况报告。

16）合同规定的其他职责和权力。

6.3.4 合同履行的风险分析

在合同履行阶段，因项目的不确定性而存在巨大的风险，这些风险事件一旦发生，就将给项目和合同双方带来很大的损失。因此，在合同履行过程中，应对合同执行过程中存在的风险进行识别和评估，并明确哪些风险是由己方承担的，然后针对这些风险采取合理的应对措施。合同履行阶段的风险主要有以下几种情况：

1. 合同签订与合同执行脱节

由于参与工程建设的各方缺乏合同管理人才，合同管理工作薄弱，技术管理人员合同管理意识不强，致使合同履行过程中纠纷和违约现象时有发生，给合同当事人造成了许多可避免（或可减少）的经济损失。在实际工作中，有些单位在签订合同时非常重视，可是一旦中标并签订合同后，对合同分析和合同交底不够重视，甚至完全忽视了这项工作，使得合同签订与合同执行脱节，合同往往被锁在文件柜，其他人员只知自身的相关工作职责，而对合同整体情况知之甚少，甚至完全不了解合同的具体内容，不明白自己的权利和义务范围，由此造成对风险的防范失控，出现问题时可能会措手不及。因此，合同签订后，双方都应仔细阅读并分析合同，严格按照合同要求来实施工程项目，并明确相关责任人及其责任范围。

2. 由于业主原因带来的风险问题

在工程项目施工过程中，由于业主原因带来的风险因素有很多。例如，设计变更或设计图供应不及时，影响施工进度安排，造成承包商工期拖延和经济损失；业主方面提供的水文、地质、气象等条件与实际情况出入很大，引起工程量增加或拖延工期；对于技术规范以外的特殊工艺，由于业主没有明确采用的标准、规范，在工序过程中又没有较好地进行协调和统一，影响以后工程的验收和结算；由于业主管理工程的技术水平有限，对施工单位提出的需要业主解决的技术问题不能做出及时答复；业主方面的材料、设备供应不及时带来的问题等。这些问题一旦出现，责任完全由业主承担，业主应赔偿承包商由此所产生的损失。施工单位应重点防范业主履约能力差，无力支付工程款或恶意拖欠工程款的问题。另一方面，承包商则应在项目实施过程中全力配合业主规避这些风险，减少业主由此带来的损失。

3. 施工单位自身原因造成的风险

由施工单位自身原因造成的风险主要有：

1）工程管理风险。做好工程管理是承包商项目获得成功的一个关键环节。在建筑工程项目中，参与实施的分包单位多，相互协调工作难度大；在企业内部各职能部门与项目经理部的关系是否和谐，项目管理的其他相关各主体间的配合是否协调，政府有关部门的介入等问题上，如果管理跟不上，不能应用现代管理方法，不提高自己的全面素质，就将导致整个项目的失败，由此可能造成巨大的损失。因此，承包商应在加强自身管理水平、提高管理人员综合素质的同时，注意和其他项目参与单位的协调与配合，营造一个良好的项目管理环境。

2）要素管理风险。要素市场（包括劳动力市场、材料市场、设备市场等）价格的变化，特别是价格的上涨因素给施工单位带来风险最大，相对于以"固定总价"方式签订的合同来说，对施工单位的影响也更大。因此，承包商应对要素市场价格的变化趋势做出相应的预测，根据预测结果采取相应的预防措施。

3）成本管理风险。施工项目成本管理是承包项目获得理想的经济效益的重要保证。成本管理包括成本预测、成本计划、成本控制和成本核算，哪一个环节的疏忽都可能给整个成本管理带来严重风险。因此，承包商不仅要制定严格的财务管理制度、成本控制流程，而且应采取一定的激励措施来调动相关人员做好成本控制工作的积极性。

4）分包或转包风险。分包或转包单位水平低，造成质量不合格，又无力承担返修责任，而总包单位要对业主方负责，不得不为分包或转包单位承担返修责任。这种情况往往是因为选择分包不当或非法转包而又疏于监督管理造成的。这样，严格挑选分包商，注意对分包商的资质审查就显得尤为重要了。

承包商在履约过程中应努力控制这些因素所导致的风险，加强自身管理并严格按照相关要求实施项目，不应存在侥幸心理，否则将给自身带来巨大损失，并严重损害自身的信誉。

6.3.5　合同履行的担保与保险分析

为了确保合同能够被正常履行，有必要对合同的履行进行担保与保险。因此，需要对工程的担保与保险进行分析。

1. 工程担保分析

合同的担保，是指合同当事人一方，为了确保合同的履行，经双方协商一致采取的一种保证措施。在担保关系中，被担保合同通常是主合同，担保合同是从合同。担保也可以采用在被担保合同上单独列出担保条款的方式形成。合同中的担保条款同样有法律约束力。担保合同必须由合同当事人双方协商一致自愿订立。如果由第三方承担保证，必须由第三方，即保证人亲自订立。担保的发生以所担保的合同存在为前提，担保不能孤立地存在，如果合同被确认无效，担保也随之无效。

在施工承包合同中，工程担保通常指的是业主为顺利履行合同，避免因承包商违约而遭受损失，要求承包商提供的保证措施。但是，2017版FIDIC红皮书条款对业主在这方面的义务做了新的规定，即当业主接受承包商的请求后，应在28天内提出合理的证据，表明业主已做出了资金安排，能保证按合同向承包商支付价款。这实际上就是业主向承包商提供担保的一种方式。

（1）工程担保的方式和保证人　工程担保通常采用保证方式，即由承包商请出保证人（银行或企业）和业主约定，当承包商违约时由保证人按照约定履行合同或承担责任。约定可采用履约保函或履约担保书的形式。《民法典》第六百九十一条规定，保证的范围包括主债权及其利息、违约金、损害赔偿金和实现债权的费用。当事人另有约定的，按照其约定。作为保证人应当具备的必要条件是要具有代为清偿的能力。《民法典》第六百八十三条规定，以下组织不得为保证人：

1）机关法人不得为保证人，但是经国务院批准为使用外国政府或者国际经济组织贷款进行转贷的除外。

2）以公益为目的的非营利法人、非法人组织不得为保证人。

承包商也可请几个保证人进行联合担保，在这种情况下，保函或担保书中必须写明各个保证人保证担保的范围，分别承担保证责任。如没有写明或不明确的，则各保证人按"先均分、后连带"的原则承担全部保证责任。

（2）履约担保证件的有效范围和兑现条件

1）有效范围，履约担保证件只在下列两种情况下无效，其他情况均承担责任：

① 承包商正确、完全地履行合同规定的义务，没有违约，没有造成业主损失。

② 保证的担保金额已全部支付完。

2）兑现条件，指业主在什么证明条件下才能凭保函向保证人索赔兑现。有以下两种类型的兑现条件：

① 无条件保函或称"索偿即付"式保函。这种保函只要业主声明承包商违约，且索赔金额在保函担保金额之内，日期在担保有效期内，保证人就有义务向业主付款。对这类保函，业主在兑现前，应提前一段时间通知承包商。此种保函对应"连带责任保证"。

②有条件保函，即保证人必须在取得一定的证明条件后才向业主兑现。常见的条件有：业主和承包商的书面通知，说明双方一致同意向业主支付这一笔赔偿费，或仲裁机关的合法裁决书副本，或法院的判决书副本，表明应向业主支付这一笔赔偿费。此种保函对应"一般保证"。

2. 工程保险分析

工程保险是指业主或承包商向专门保险机构（保险公司）缴纳一定的保险费，由保险公司建立保险基金，一旦发生所投保的风险事故造成财产或人身伤亡，即由保险公司用保险基金予以补偿的一种制度。工程保险实质上是一种风险转移，即业主和承包商通过投保，将原应承担的风险责任转移给保险公司承担。水利水电工程一般规模较大、工期较长、涉及面广、潜伏的风险因素多，因此，着眼于可能发生的不利情况和意外不测，业主和承包商参加工程保险，只需付出少量的保险费，即可换得遭受大量损失时得到补偿的保障，从而增强抵御风险的能力。因此国际工程承包业务中通常都包含有工程保险，大多数标准合同条款，还规定了必须投保的险种。

工程保险可以分成两大类：合同规定必须投保的险种被称为合同规定的保险或强制性保险，其他的保险均称为非合同规定的保险或选择性保险。我国目前合同条款规定必须投保的险种有：建筑工程一切险、安装工程一切险、第三者责任险和人身意外伤害险。

（1）建筑工程一切险及第三者责任险

① 建筑工程一切险是承保各类民用、工业和公用事业建筑工程项目，包括道路、桥梁、水坝、港口等，在建造过程中因自然灾害或意外事故而引起的一切损失的险种。因在建工程抗灾能力差，危险程度高，一旦发生损失，不仅会对工程本身造成巨大的物质财富损失，甚至可能殃及邻近人员与财物。

② 第三者责任险。建筑工程一切险往往还加保第三者责任险。第三者责任险是指凡在工程期间的保险有效期内因工地上发生意外事故造成工地及邻近地区的第三者人身伤亡或财产损失，依法应由被保险人承担的经济赔偿责任。保险人对下列原因造成的损失和费用负责赔偿：

a. 自然灾害，指地震、海啸、雷电、飓风、台风、龙卷风、风暴、暴雨、洪水、水灾、冻灾、冰雹、地崩、山崩、雪崩、火山爆发、地面下陷下沉，及其他人力不可抗拒的破坏力强大的自然现象。

b. 意外事故，指不可预料的以及被保险人无法控制并造成物质损失或人身伤亡的突发性事件，包括火灾和爆炸。

保险人对下列各项原因造成的损失不负责赔偿：

a. 设计错误引起的损失和费用。

b. 自然磨损、内在或潜在缺陷、物质本身变化、自燃、自热、氧化、锈蚀、渗漏、鼠咬、虫蛀、大气（气候或气温）变化、正常水位变化或其他渐变原因造成的保险财产自身的损失和费用。

c. 因原材料缺陷或工艺不善引起的保险财产本身的损失以及为换置、修理或矫正这些缺点错误所支付的费用。

d. 非外力引起的机械或电气装置的本身损失，或施工用机具、设备、机械装置失灵造成的本身损失。

e. 维修保养或正常检修的费用。

f. 档案、文件、账簿、票据、现金、各种有价证券、图表资料及包装物料的损失。

g. 盘点时发现的短缺。

h. 领有公共运输行驶执照的，或已由其他保险予以保障的车辆、船舶和飞机的损失。

i. 除非另有约定，在保险工程开始以前已经存在或形成的位于工地范围内或其周围的属于被保险人的财产的损失。

j. 除非另有约定，在本保险单保险期限终止以前，保险财产中已由工程所有人签发完工验收证书，或验收合格，或实际占有，或使用，或接受的部分。

（2）安装工程一切险及第三者责任险　安装工程一切险是承保安装机器、设备、储油罐、钢结构工程、起重机、吊车以及包含机械工程因素的各种建造工程的险种。同样，安装工程一切险也要加保第三者责任险。保险责任范围和除外责任与建筑工程一切险基本相同。

（3）投保人　国际工程中，建筑工程一切险的投保人一般是承包商。如 FIDIC 的《施工合同条件》要求，承包商以承包商和业主的共同名义对工程及其材料、配套设备装置投保保险。住房城乡建设部、国家工商行政管理总局发布的《建设工程施工合同（示范文本）》（GF—2017—0201）规定，工程开工前，业主应当为建设工程办理保险，支付保险费用。因此，采用《建设工程施工合同（示范文本）》（GF—2017—0201）应当由业主投保建筑工程一切险。2007年 11 月 1 日，国家发展改革委等九部委联合发布的《标准施工招标文件》（2007 年版），在其通用合同条款中规定，除专用合同条款另有约定外，承包商应以业主和承包商的共同名义向双方同意的保险人投保建筑工程一切险、安装工程一切险。

（4）赔偿金额　保险人对每次事故引起的赔偿金额以法院或政府有关部门根据现行法律裁定的应由被保险人偿付的金额为准，但在任何情况下，均不得超过保险单明细表中对应列明的每次事故赔偿限额。在保险期限内，保险人经济赔偿的最高赔偿责任不得超过本保险单明细表中列明的累计赔偿限额。

（5）保险期限　建筑工程一切险的保险责任自保险工程在工地动工或用于保险工程的材料、设备运抵工地之时起始，至工程所有人对部分或全部工程签发完工验收证书或验收合格，或工程所有人实际占用或使用或接受该部分或全部工程之时终止，以先发生者为准。但在任何情况下，保险人承担损害赔偿义务的期限不超过保险单明细表中列明的建筑保险期终止日。安装工程一切险通常应以整个工期为保险期限，一般是从被保险项目被卸至施工地点时起生效，到工程预计竣工验收交付使用之日止。如验收完毕先于保险单列明的终止日，则验收完毕时保险期也终止。

（6）工伤险和人身意外伤害险　承包商应为其履行合同所雇佣的全部人员投保工伤险和人身意外伤害险，并要求分包人也投保此项保险。同时，业主方、监理单位也要为其在工程现场工作人员投保此项保险。

（7）其他保险　承包商应为其施工设备、进场的材料和工程设备等办理保险。

6.4 EPC 合同履行阶段的分析

6.4.1 合同履行目标分析

工程总承包是指承包商受业主委托，按照合同约定对工程建设项目的设计、采购、施工、竣工试验、试运行等实行全过程或若干阶段的工程承包。工程总承包合同是指业主与承包商之间为完成特定的工程总承包任务，明确相互的权利义务关系而订立的合同。工程总承包合同的业主一般是项目业主，承包商是持有国家认可的相应资质证书的工程总承包企业。

1. 业主的目标

保证总承包商能够充分理解业主提出的项目建设意图，并依据业主对项目功能、设计准则等方面的基本要求，以及业主提供的事先勘测考察现场情况的基本资料和数据来完成设计、施工任务，保证工程按照合同要求建设；避免业主方人员因违反法律规定或合同要求而给承包商造成损失；明确工程管理与合同目标，尽量为总承包创造有利的环境条件，加快设计文件审核周期，促进设计施工搭接，缩短建设周期，提高设计的可施工性，降低工程造价。

2. 承包商的目标

总承包商除工程施工外，还需做好设计、材料设备采购与工程分包管理，确保各项工作顺利开展，符合合同要求，避免出现质量缺陷，防止因工程实施造成的人身伤害和财产损失，避免给业主造成损失和责任；按合同约定完成全部工作，保证工程的完备性和安全可靠性，以获得合法利益；总承包合同扫除了设计与施工的界面障碍，总承包商在设计阶段考虑设计的可施工性问题，以降低成本、提高利润；根据自身丰富的工程经验，对业主要求和设计文件提出合理化建议，从而降低工程投资，提高项目质量或缩短项目工期；总承包合同的风险较大，运用较高的管理水平和丰富的工程经验合理规避风险。

案例 6-4　EPC 项目设计优化变更引起的索赔风险分析

1. 案例基本情况

在 EPC 工程建设过程中，业主在招标之前负责部分设计工作，其设计深度也因项目不同而有所差异。在某 EPC 项目中，业主给出的设计深度只是介于概念设计与基础设计之间，承包商需要完善基础设计以及完成详细设计。在承包商的设计过程中，承包商的设计人员对业主原来的设计提出了优化建议书，通过重新选择管线线路而将原来的管线长度减少了 40km。业主在得到承包商此设计优化不影响工程的原定各项技术指标的保证后，以变更的形式批准了承包商优化建议书，并提出按合同规定的变更处理，即根据删减的工程量来扣减合同款。承包商不同意，并认为，此项设计变更不影响原工程的各类技术指标，并且有助于工程按时甚至提前完工；并且按照国际惯例，承包商提出设计优化给项目带来的利益应由合同双方分享，而不能由业主一方单独享有，业主只能根据删减的工程量扣除一定比例的款项。经过承包商据理力争，最终合同双方都从此设计优化中获得了利益。

2. 案例分析

设计是 EPC 项目建设的龙头，设计工作的好坏直接关系到承包商的项目效益；同时，按照 EPC 合同的规定，设计责任和风险也由承包商承担。在 EPC 工程中，承包商的设计人员在提出设计优化前应咨询合同管理人员的意见，应考虑如何从设计优化中获得最大利益。而在本项目中，承包商的设计人员认为，既然本合同标明为"固定总价合同"，那么即使删减了工程量，也可以获得全部合同额，因此，只要业主批准设计优化就可以了。这实际上是对"固定总价合同"概念的误解。鉴于本合同没有明确规定承包商的设计优化作为变更被批准的具体处理方法，承包商在设计优化建议书中应提出进行方案优化的利益分享方式，作为实施优化的前提，从而争取主动。另外，在国际标准合同条件中，如2017年新版FIDIC合同条件，通常有专门的"价值工程"条款，就是用于承包商采用价值工程或设计方案优化后带来效益在业主和承包商之间的分享办法，值得承包商借鉴。

此外，承包商在参与EPC项目时，应特别重视其工程合同风险与传统合同、DB合同的区别，在EPC合同下，承包商承担了设计、采购和施工方面的风险。从上述案例可以看出，一方面，设计问题处理得当，承包商可以获得更多的利润；另一方面，设计的实施成果，如生产系统，不能达到业主规定的技术指标要求，承包商将承担由此带来的风险。因此，合理控制EPC合同的设计风险是承包商风险管理工作的一项重要工作内容。

案例 6-5　　EPC 项目现场地质条件发生变化的风险分析

1. 案例基本情况

在国际工程中，现场条件的变化是影响工程费用和工期的一个重要原因，也是引起索赔甚至工程争端的最频繁的因素。在某EPC项目中，管沟开挖是承包商的一项主要工作内容。按照合同规定，管道应埋入地表以下1.5m。承包商在管沟开挖中遇到了大量的石方段，与合同中"工作范围"描述的管线地质情况严重不符；承包商在其技术标和商务标中报价的石方段只有70km，而实际开挖过程中碰到的石方段达600km以上。因此承包商向业主提出了索赔。业主在收到初步索赔报告后，出于反索赔策略方面的原因，答复将对承包商的索赔报告进行研究。当工程进入收尾阶段时，业主致函承包商，表示不同意索赔，主要理由是，合同某条款规定，"业主在合同文件中给出任何数据和信息仅仅供承包商参考，业主不负责承包商依据此类数据得出的结论的正确性……""对现场条件的不了解不解除承包商的履约义务，也不能作为承包商的索赔依据"。承包商提出索赔后，针对业主方可能提出的拒绝索赔的理由进行了充分的准备，组织相关索赔专家，并咨询了当地律师的意见，商定了索赔方案，并从法律与合同角度对索赔权的成立进行了详细的论证，对业主观点给予反驳。

首先，承包商投标阶段依据招标文件的规定以及相关信息，对项目现场进行了充分的了解，但"充分了解"应被认为是"在客观条件允许的情况下所进行的切实可行的了解"，而不是对现场的任何情况都了解，因为投标时承包商只能通过两种方式了解现场：一是招标文件，二是现场考察。业主的招标文件对管线现场的描述为"只在山区有大约10km的岩石区需要爆破作业"。通过投标阶段的现场考察，在投标书中的工作范围中，提出本投标报价是以石方段为70km为基础进行报价的，施工发现的大量石方段，均属于"浅表层为土，实际为石方"的情况，是承包商在投标阶段无法预见的。因此，超越此工作范围的内容应为"额外工作"。

其次，任何合同语言必须运用其所适用的法律进行理解。本合同的适用法律为工程施工所在地的法律。该国的民法典规定，若由于不可预见的情况使得合同工作的实施变得繁重，并当工作量超过原来的2/3时，可以考虑将合同义务修改到合理的程度，任何与本规定有矛盾的合同条款，应予以取消。本合同所遇到的情况符合适用法律的规定，因此，业主引用合同条件的规定拒绝承包商的索赔是不成立的。

经过合同双方反复信函来往和谈判，承包商列举了大量的事实以及相关案例来证明乙方索赔的合理性，最终使得业主认为：若将此索赔提交仲裁，获胜的希望不大。于是在承包商也做出让步的情况下，业主同意给予承包商合理的补偿，承包商的索赔获得了成功。

2. 案例分析

本案例虽然是涉及 EPC 项目的承包商索赔，但是，工程索赔的基础是工程合同内容，特别是承包商索赔内容和程序等相关规定，以及对风险在业主和承包商之间的分配情况。对于本项目的承包商索赔，承包商提出索赔的时间既不能太早，又不能违反合同的索赔通知程序，若承包商不按合同要求发出索赔通知，就会失去索赔权。在国际工程合同中，对于承包商的索赔通知期限一般都有明确规定，但在很多情况下，对于业主方答复索赔的时间并没有明确限制（1999 年，FIDIC 开始提出了时间限制）。因此，在前期的合同谈判过程中，承包商应争取在合同中写入要求业主对每次索赔的答复时间，以免在索赔时陷于被动。具体可以参照 2017 年版 FIDIC 合同条件第 20 条"业主和承包商的索赔"的相关规定，即业主必须在收到承包商的索赔报告后的 42 天内"对索赔做出原则回应"。

通过本案例还可以看出，工程索赔是工程风险通过合同重新分配的过程。但是，应注意在 EPC 合同条件下，承包商能够索赔的范围与传统合同、设计-建造合同相比要小很多，即承包商的合同风险相对较大。以 2017 年版 FIDIC 合同条件为例，与"新红皮书"和"新黄皮书"不同，适用于 EPC 项目建设的"银皮书"规定"不可预见"的风险由承包商承担，包括第 4.12 款"不可预见的困难"所产生的风险。根据本条款，承包商应预见成功完成工程所面临的所有困难，并承担所有的责任。承包商索赔范围更小、风险更大了。参与 EPC 项目的承包商应注意这些差别。

此外，承包商索赔的成功还在一定程度上依赖于对工程惯例、工程所在地的工程建设法律、法规的熟悉和应用，在国际工程建设中，很多工程索赔都是通过引用工程惯例、工程所在地的工程建设法律、法规而解决的，特别是对于工程合同所规定的免责条款、风险分配明显不合理的条款，都可以通过引用工程惯例、工程建设法律来证明其无效。

6.4.2　合同双方的权利和义务分析

在《EPC/交钥匙项目合同条件》通用条件里，第 2 部分和第 4 部分对业主与承包商的权利和责任进行了明确说明。

1. 业主的权利和责任

1）拥有现场进入权，但应按照合同要求交付给承包商进入和占用现场各部分的权利，这既是业主的权利，也是业主的责任。

2）业主有责任根据承包商的请求对其提供包括取得工程所在国法律文本、许可、执照或批准等合理的协助。

3）业主应对雇主人员负责，并对雇主人员与承包商的合作负责。

4）业主有责任按照合同支付工程款，并在期限内提出资金安排计划的合理证明。同时，合同也规定，业主认为根据合同条款或合同有关事项，有权利得到任何付款或者缺陷通知期的延长，业主拥有索赔的权利，可向承包商发出通知，说明细节后再进行索赔。

2. 承包商的权利和责任

1）承包商的一般义务是按照合同设计、实施和完成工程，并修补工程中的任何缺陷，工程应能满足合同规定的预期目的。

2）承包商有义务按照合同或惯例向业主提交履约担保。

3）承包商有权利指派承包商代表，但应经过业主的认可；未经业主事前同意，承包商不能撤销或更改承包商代表的任命。

4）承包商要对分包商的行为和违约负责，并且不能将整个工程分包出去。

5）承包商有权利合理拒绝与业主指定的分包商签订合同。

6）承包商有义务按照合同遵守安全程序，做好质量保证和环境保护，负责核实与解释业主提供的现场水文及环境资料。承包商还应履行合同中规定的其他义务，如道路通行权和设施及其全部费用开支，负责进场通路，电、水、燃气供应，避免干扰公众等。

6.4.3　合同履行的风险分析

2017年版FIDIC银皮书EPC合同条件在18.1款（例外事件）中明确划分了业主与承包商的风险分担情况。其中，业主的主要风险包括：

1）战争、敌对行为（不论宣战与否）、入侵、外敌行动。

2）工程所在国国内的叛乱、恐怖活动、革命、暴动、军事政变、篡夺政权或内战。

3）暴乱、骚乱或混乱，完全局限于承包商的人员以及承包商和分包商的其他雇佣人员中间的事件除外。

4）工程所在国的军火、爆炸性物质、离子辐射或放射性污染，由于承包商使用此类军火、爆炸性物质、辐射或放射性活动的情况除外。

5）以音速或超音速飞行的飞机或其他飞行装置产生的压力波。

与新红皮书和新黄皮书相比，EPC合同中业主的风险缺少以下三项，这就意味着以下三项风险在EPC合同条件中转移给了承包商：

1）业主使用或占用永久工程的任何部分，合同中另有规定的除外。

2）因工程的任何部分设计不当而造成的，而此类设计是由业主的人员提供的，或由业主所负责的其他人员提供的。

3）一个有经验的承包商不可预见且无法合理防范的自然力的作用。

前两条由于EPC交钥匙合同的性质自然消失，但后一条则是业主按EPC交钥匙合同条件转由承包商承担的风险。这就意味着，在EPC合同条件下，承包商要单方面承担发生最频繁的"外部自然力的作用"这一风险，这无疑大大地增加了承包商在工程实施过程中的风险。

在EPC合同条件中，承包商的风险要比在新红皮书和新黄皮书中多。例如：

1）EPC合同条件第4.10款（现场数据）中明确规定：承包商应负责核查和解释（业主提供的）此类数据，业主对此类数据的准确性、充分性和完整性不负任何责任。而在新红皮书和新黄皮书相应条款中的规定则比较有弹性：承包商应负责解释此类数据。考虑到费用和时间，在可行的范围内，承包商应被认为已取得了可能对投标文件或工程产生影响或作用的有关风险、意外事故及其他情况的全部必要的资料。

2）EPC合同条件第4.12款（不可预见的困难）中规定：

① 承包商被认为已取得了可能对投标文件或工程产生影响或作用的有关风险、意外事故及其他情况的全部必要的资料。

② 在签订合同时，承包商应已经预见到了今后为圆满完成工程而可能发生的一切困难和费用。如对于业主所提供的地质资料等，业主认为在签订合同时，承包商已进行过必要的调查核实，由此引起的变更等责任由承包商自行负责。

③ 不能因任何没有预见的困难和费用而进行合同价格的调整。如对于工程量的变化，业主

认为承包商已考虑到工程量的变化并包括在合同总价中。

而新红皮书和新黄皮书中的相应条款第4.12款（不可预见的物质条件）中却规定：如果承包商在工程实施过程中遇到了一个有经验的承包商在提交投标书之前无法预见的不利条件，则他就有可能得到工期和费用方面的补偿。这表明在EPC合同条件下，承包商要承担远多于其他合同条件下的风险，这无疑大大增加了承包商成功实施工程的难度。EPC项目实际操作中，承包商几乎要承担全部工作量和报价风险，而这些风险在其他合同条件下大都由业主承担。

可以看出承包商的风险主要来自以下几个方面：

（1）项目内容风险　EPC项目招标时，业主只能提供项目建设的预期目标、功能要求及设计标准，业主对这些内容的准确性负责。如果这些内容存在错误、遗漏和不合理，在工程建设过程中业主就要颁发变更指令，如提高功能要求、增加关键设备等，由此引起的投资额增加和工期延长由业主承担责任。但是，与传统合同管理模式下承包商根据设计图进行投标不同，EPC项目实施内容的不确定性给承包商带来了风险。因此，一方面要求承包商有进行同类EPC项目建设的经验；另一方面，承包商应通过与业主的多次谈判，充分了解业主的意图，尽量减少项目内容不确定的风险。

（2）项目设计风险　在工程设计中，业主有审核承包商设计文件的权力。承包商设计文件不符合合同要求时可能会引起业主多次提出审核意见，由此造成设计工作量增加、设计工期延长，承包商要承担这些风险。同时承包商有设计深化和设计优化的义务，为满足合同中对项目的功能要求，可能需要修改投标时的方案设计，造成项目成本增加，这些风险也要由承包商来承担。因此，在工程项目设计中，承包商要争取设计能够一次成功，通过业主的审核，尽量减少设计的多次返工。在进行深化设计和优化设计时，因业主变更项目建设的预期目标和功能要求而引起费用增加和工期延长的，承包商应及时向业主提出索赔。

（3）项目采购风险　在设备和材料的采购中，供货商供货延误、所采购的设备和材料存在瑕疵、货物在运输途中可能发生损坏和灭失，这些风险都要由承包商来承担。因此，在采购过程中，承包商要从技术上和时间上分析供货商的履约能力，并要求供货商承担违约赔偿责任。由于EPC项目中设备材料费用占工程总投资的比例很高，承包商还可以通过投保的方式，将设备材料运输过程中发生损失的风险转移给保险公司。

（4）承包商的投标风险　在EPC模式下，投标人在投标时要花费相当大的费用和精力，其投标费用可能要占整个项目总投资的0.4%~0.6%。如果在没有很大中标把握的情况下盲目参与投标，那么投标费用对承包商来讲可能就是一笔不小的负担。EPC项目比较复杂，加之业主要求合同总价和工期固定，承包商如果没有足够的综合实力，即使中标了，也可能无法完成工程建设工作，最终将蒙受更大的损失。因此，承包商在决定是否参与投标前，应该仔细研究项目的特点和业主的要求，识别和评估项目建设存在的风险，从自身实力出发做出理智的判断。承包商还要考虑竞争对手的实力，分析中标的可能性。决定投标后，承包商应该根据风险评估的结果，在报价中加入适当的风险费用。

（5）项目建设风险　在工程施工过程中，发生意外事件造成工程设备损坏或者人员伤亡的风险应由承包商来承担。EPC承包商要负责核实和解释业主提供的所有现场数据，对这些资料的准确性、充分性和完整性负责。另外，承包商还要承担施工过程中可能遭遇的不可预见的困难的风险。在施工过程中，EPC承包商既要自己严格按照合同履约，又要协调好分包商的工作。为了防止意外事件的发生造成损失，承包商不仅要加强内部管理，还可以投保建筑/安装工程一切险。对于可能发生的不可预见的困难，承包商要尽可能从业主那里获得全面的现场资料，充分勘察现场，并制订相应的预备措施计划。对于可能发生的不可抗力事件，承包商要争取由业主来承担风险。EPC承包商自身能力建设是做好风险应对的最重要的环节。EPC承包商应不断总结投标报价的经验，改善企业的技术力量和装备条件。同时，承包商还要努力提高设计管理的水平，充分发挥设计的主导作用，积极拓宽设备材料的采购渠道，增强EPC项目的管理能力。

（6）项目早期管理风险　对总承包而言，项目早期管理指工程规划、初步设计阶段的管理。在这一阶段，总承包商要根据业主所提供的设计要求进行规划、初步设计。这一阶段所花费的资金只占总承包项目合同价的很小一部分，但决定了项目合同价绝大部分的花费。规划、初步设计阶段的管理工作至关重要，但常常容易被忽视。

（7）选择分包商的风险　由于EPC项目规模大，涉及技术、专业多，一般由一家公司总承包或采取联合体方式总承包后再分包，因此，各分包商的履约情况对项目目标的实现具有非常大的影响。

（8）在实施过程中的项目管理风险　在项目实施过程中，经常由于各分包商只考虑自身利益，从而造成工作分散、全过程费用较大，对于总承包商项目管理能力要求更高。

6.4.4　合同履行的担保与保险分析

1. 担保分析

在EPC合同中，业主通常要求承包商在不同的阶段提供投标担保、预付款担保、履约担保、质保金担保等保障。工程担保既是一份独立的法律文件，又是EPC合同常见的担保形式。

（1）投标担保　投标担保是保证投标人在担保有效期内不撤销其投标书。投标担保的保证金额因工程规模大小而异，由业主按有关规定在招标文件中予以确定。投标担保的有效期应略长于投标有效期，以保证有足够的时间为中标人提交履约担保和签署合同所用。任何投标书如果不附有为业主所接受的投标担保，那么此投标书将被视为不符合要求而被拒绝。在下列情况下，业主有权没收投标担保：

1）投标人在投标有效期内撤销投标书。

2）中标的投标人在规定期限内未签署协议书，未提交履约担保。

在决标后，业主应在规定的时间，一般为担保有效期满后28天内，将投标担保退还给未中标人；在中标人签署了协议书及提交了履约担保后，也应及时退回其投标担保。

投标保证金可采用现金押金、保付支票、银行汇票、由银行或公司开出的保函或保证书等各种形式缴纳。其中，银行保函是最常用的形式。当采用银行保函时，其格式应符合招标文件中规定的格式要求。EPC合同额巨大，投标保函的金额一般控制为业主估价的1%～2%。

（2）履约担保　履约担保是保证承包商按照合同规定，正确完整地履行EPC合同义务。如果承包商违约，未能履行或不完全履行合同规定的义务，导致业主受到损失，业主有权根据履约担保索取赔偿。履约担保有两种形式：一种是银行或其他金融机构出具的履约保函，用于承包商违约使业主受到损失时由保证人向业主支付赔偿金，其担保金额一般取合同价的5%～10%（在我国，履约保证金和银行履约保函均为合同价的10%）；另一种是由企业出具的履约担保书，当承包商违约后，业主可要求保证人代替承包商或另请一家承包商履行合同，也可以由保证人支付由于承包商违约使业主蒙受损失的金额，履约担保书的担保金额一般取合同价的30%左右。采用何种履约担保形式，各国际金融组织和各国的习惯有所不同，各种标准条款的规定也不一样。美洲习惯于采用履约担保书，欧洲则用履约保函。亚洲开发银行规定采用银行保函，而世界银行贷款项目列入了两种保证形式，由承包商自由选择任一种形式。FIDIC条款对此未做出规定，而我国部颁条款则规定采用何种形式由承包商选定。承包商应在接到中标函后28天内（FIDIC条款），签订合同协议前（部颁条款）将履约担保证件提交给业主。履约担保证件的生效日期为 EPC 合同签订后的 21 天内，或在投标担保失效的同时生效，履约担保的失效时间为签发临时接受证书后的 21 天内，承包商还应保证履约担保证件在颁发保修责任终止证书（履约证书）前一直有效。业主则应在颁发证书后 14 天内（FIDIC 条款为 21 天）把履约担保证件退还给承包商。但若保修期（缺陷通知期）内修复工作量不大，业主又扣留有部分保留金足以补偿修复缺陷的费用时，或业主要求承包商另行提交保修期（缺陷通知期）担保时，为了尽早解除承包商被冻结的资金，可以将履约担保证件的有效期提前到颁发工程移交证书后的一定时间内。

（3）预付款担保　承包商在签订合同后，应及时向业主提交预付款保函，业主在收到此保函后才支付预付款。预付款担保用于保证承包商应按合同规定偿还业主已支付的全部预付款。如业主不能从应支付款中扣还全部预付款，则可以根据预付款担保索取未能扣还的部分预付款。预付款担保金额一般与业主所付预付款金额相同。但由于预付款是逐月从工程进度款中扣还，因此预付款担保金额也应相应减少，承包商可按月或按季凭扣款证明办理担保减值。业主扣还全部预付款后，应将预付款担保退还给承包商。预付款担保通常也采用银行保函的形式。

（4）缺陷责任担保　缺陷责任担保是保证承包商按合同规定在保修期内完成对工程缺陷的修复。如承包商未能或无力修复应由其负责的缺陷，则业主可另行组织修复，并根据缺陷责任担保索取为修复缺陷所支付的费用。缺陷责任担保的有效期与保修期相同。保修期满，颁发了保修责任终止证书后，业主应将缺陷责任担保退还承包商。如果一个工程的履约担保的有效期包含了保修期，则不必再进行缺陷责任担保。

（5）保留金　在施工承包合同中，保留金是一种专门的担保方式，即业主在每月向承包商支付的款项中按某一比例（5%~10%）扣留一笔款项，称为"保留金"，总额为合同价的 3%。如承包商在施工过程中违约而造成业主受到损失，业主可从扣留的保留金中取得赔偿。

2. 保险分析

EPC 合同模式下，业主通过工程合同将风险转移给承包商，承包商将承担项目大部分风险。对承包商而言，如何进行科学、合理的项目风险分析来应对如此庞大、复杂的风险就显得尤为重要。而工程保险作为一种最为直接的风险转移手段，可以有效降低风险程度。

（1）工程保险模式

1）业主投保模式。业主作为投保人，保险公司作为保险人，承包商作为相关利益人，在保险中发挥着重要作用。业主选择保险公司进行投保，投保时，双方对保费费率和保险范围进行确定。投保后，业主要对保险标的的风险进行控制，对标的风险事故发生时的损失进行控制。

2）承包商投保模式。承包商作为投保人，保险公司作为保险人，承包商可以直接和保险公司联系，双方共同对保险标的进行有效控制。

在 EPC 合同中，业主并不直接参与工程项目，仅起引导作用，没有直接控制标的风险。采取业主投保模式时，只能通过承包商实现对标的风险的控制，造成控制链过长，控制成本增高，且与 FICID 合同中提出的"谁能有效控制风险谁投保"的原则产生矛盾。而承包商全程参与项目建设，承担项目的设计、采购、施工、试运行等方面的工作。承包商投保模式能解决业主投保模式控制链长的问题，投保人直接对保险标的的风险进行控制，降低控制成本。EPC 工程总承包商需对工程的质量、安全、工期和造价等全面负责，承包商比业主更有风险控制的经验，能更有效地保证保险范围不缺不漏，降低投保风险及成本。所以，EPC 合同中多采用承包商投保模式。

（2）工程保险险种　EPC 工程总承包商的工作范围足以覆盖包括设计责任险、工程和施工设备的保险、人身事故险和第三者责任险在内的大部分保险险种，但现阶段尚无专门针对工程总承包模式的保险产品。作为工程总承包商而言，应首先投保法律强制要求的工保险，履行法定义务，如 2017 版银皮书中规定的工程和施工设备的保险、人身事故险和第三者责任险。总承包商应优先履行法定强制义务，之后再根据业主要求和实际情况购买其他商业性质保险。

（3）提高保险索赔意识与能力 EPC工程总承包商的工作内容包含设计、采购、施工，且需要为工程的工期、质量、安全、造价负总责，总承包商在投标前应当仔细研读承保范围、保险责任等保险合同内容，工程类保险通常为保险公司提供的格式条款，但如果工程规模很大或存在特殊情况，可与保险公司协商增加补充条款。一旦发生了保险相关的事宜，应积极进行保险索赔，使损失降低到最小限度。

6.5 工程合同管理交底

6.5.1 合同交底的必要性

1. 合同交底是项目部技术和管理人员了解合同、统一理解合同的需要

合同是当事人正确履行义务、保护自身合法利益的依据。因此，项目部全体成员必须首先熟悉合同的全部内容，并对合同条款有一个统一的理解和认识，以避免不了解或对合同理解不一致带来工作上的失误。由于项目部成员知识结构和水平存在差异，加之合同条款繁多，条款之间的联系复杂，合同语言难以理解，因此难以保证项目部每个成员都能吃透全部合同内容和合同关系，这样势必会影响其在遇到实际问题时所采取的处理办法的有效性和正确性，影响合同的全面顺利实施。因此，在合同签订后，合同管理人员对项目部全体成员进行合同交底是必要的，特别是合同工作范围、合同条款的交叉点和理解的难点。

2. 合同交底是规范项目部全体成员工作的需要

界定合同双方当事人（业主与监理、业主与承包商）的权利义务界限，规范各项工程活动，提醒项目部全体成员注意执行各项工程活动的依据和法律后果，以使在工程实施中进行有效的控制和处理，是合同交底的基本内容之一，也是规范项目部工作所必需的。尽管不同的公司对其所属项目部成员的职责分工要求不尽一致，工作习惯和组织管理方法也不尽相同，但面对特定的项目，其工作都必须符合合同的基本要求和合同的特殊要求，必须用合同规范自己的工作。要达到这一点，合同交底也是必不可少的工作。通过交底，可以让内部成员进一步了解自身权利的界限和义务的范围、工作的程序和法律后果，摆正自己在合同中的地位，有效防止因权利义务的界限不清而引起的内部职责争议和外部合同责任争议的发生，从而提高合同管理的效率。

3. 合同交底有利于发现合同问题，有利于合同风险的事前控制

合同交底就是合同管理人员向项目部全体成员介绍合同意图、合同关系、合同基本内容、业务工作的合同约定和要求等内容。它包括合同分析、合同交底、交底的对象提出问题、再分析、再交底的过程。因此，它有利于项目部成员领会意图、集思广益、思考并发现合同中的问题，如合同中可能隐藏着的各类风险、合同中的矛盾条款、用词含糊及界限不清条款等。合同交底可以避免在工作过程中才发现问题带来的措手不及和失控，同时也有利于调动全体项目成员完善合同风险防范措施，提高其合同风险防范意识。

4. 合同交底有利于提高项目部全体成员的合同意识，使合同管理的程序、制度及保证体系落到实处

合同管理工作包括建立合同管理组织、保证体系、管理工作程序、工作制度等内容，其中比较重要的是建立合同文档管理、合同跟踪管理、合同变更管理、合同争议处理等工作制度，其执行过程是一个随实施情况变化的动态过程，也是全体项目成员有序参与实施的过程。每个人的工作都与合同能否按计划执行完成密切相关，因此项目部管理人员都必须有较强的合同意识，

在工作中自觉地执行合同管理的程序和制度，并采取积极的措施防止和减少工作失误和偏差。为达到这一目标，在合同实施前进行详细的合同交底是很有必要的。

6.5.2 合同交底的程序

合同交底是公司合同签订人员和精通合同管理的专家向项目部成员陈述合同意图、合同要点、合同执行计划的过程，通常可以分层次、按一定程序进行。层次一般可分为三级，即公司向项目部负责人交底，项目部负责人向项目职能部门负责人交底，职能部门负责人向其所属执行人员交底。这三个层次的交底内容和重点会因被交底人的职责不同而有所不同。一般按以下程序进行交底。

1）公司合同管理人员向项目负责人及项目合同管理人员进行合同交底，全面陈述合同背景、合同工作范围、合同目标、合同执行要点及特殊情况处理，并解答项目负责人及项目合同管理人员提出的问题，最后形成书面合同交底记录。

2）项目负责人或由其委派的合同管理人员向项目部职能部门负责人进行合同交底，陈述合同基本情况、合同执行计划、各职能部门的执行要点、合同风险防范措施等，并解答各职能部门提出的问题，最后形成书面交底记录。

3）各职能部门负责人向其所属执行人员进行合同交底，陈述合同基本情况、本部门的合同责任及执行要点、合同风险防范措施等，并解答所属人员提出的问题，最后形成书面交底记录。

4）各部门将交底情况反馈给项目合同管理人员，由其对合同执行计划、合同管理程序、合同管理措施及风险防范措施进行进一步的修改完善，最后形成合同管理文件，下发给各执行人员，指导其活动。

合同交底是合同管理的一个重要环节，需要各级管理和技术人员在合同交底前，认真阅读合同，进行合同分析，发现合同问题，提出合理建议，避免走形式，以使合同管理有一个良好的开端。

6.5.3 合同交底的内容

合同交底是以合同分析为基础、以合同内容为核心的交底工作，因此涉及合同的全部内容，特别是关系到合同能否顺利实施的核心条款。合同交底的目的是将合同目标和责任具体落实到各级人员的工程活动中，并指导、管理技术人员以合同作为行为准则。合同交底一般包括以下主要内容：

1）工程概况及合同工作范围。

2）合同关系及合同涉及各方之间的权利、义务与责任。

3）合同总目标及阶段控制目标，目标控制的网络表示及关键线路说明。

4）合同质量控制目标及合同规定执行的规范、标准和验收程序。

5）合同对本工程的材料、设备采购、验收的规定。

6）投资及成本控制目标，特别是合同价款的支付及调整的条件、方式和程序。

7）合同双方争议问题的处理方式、程序和要求。

8）合同双方的违约责任。

9）索赔的机会和处理策略。

10）合同风险的内容及防范措施。

11）合同进展文档管理的要求。

案例6-6　建筑工程合同分析与交底

1. 案例基本情况

2018年，乙建筑公司承接了甲公司一期主厂房及与其连体的辅助办公楼，该工程建筑面积27 000m²，合同价款1 088.8万元。工期约定：2018年5月8日开工，2018年9月30日竣工，工期每拖延一天扣罚乙建筑公司合同价款的3‰作为违约金。工程实际竣工时间为2018年11月30日，比合同约定时间延迟61天。

工程竣工后，甲公司没有按照合同约定支付工程款，乙公司向甲公司索要工程款，甲公司则要求乙公司承担延期竣工违约金，乙公司向甲公司出示了顺延工期的签证来证明己方没有违约。最终，甲公司于2019年1月28日将工程款支付至工程总造价的95%。

2. 工程项目部在施工过程中的针对性措施

（1）合同分析与合同交底

开工前，针对工期违约罚款较高的特点，乙建筑公司在工地办公室对工程项目部管理人员进行了专门的合同交底，要求项目部管理人员对在施工过程中由于非承包商原因造成的工期延误情况，要严格按照合同通用条款13.2条的约定，无一遗漏地适时办好有效的工期顺延签证，乙公司要求项目部要给予重点关注。

（2）施工过程中有关工期顺延的签证

① 关于开工日期的确定：由于甲公司送电时间、规划放线等拖延，项目部在提交开工报告时，根据实际情况将开工时间确定为2018年5月10日，甲公司给予了确认。

② 不可抗力的影响：该工程东西长324m，南北宽72m，占地面积较大。主体施工阶段正值雨季，现场雨后泥泞且局部积水，无法组织施工。因此，每次雨后，项目部均及时向甲公司提交了工期顺延报告，顺延的时间包括下雨时间及雨后的场地具备施工条件时的时间，甲公司按实给予了签认。项目部因大雨天气共办理了2次签证，共计11天。

由于供电线路故障、限电等原因造成的停电，项目部在有效期内及时提交了工期顺延及停工损失索赔报告4份，工期顺延共计6天。由于牵扯到停工损失赔偿，甲公司不予签证，但在项目部一再要求下给予了签收。

施工期间，由于修路造成外部运输道路不通，项目部与甲公司办理了工期顺延3天的签证。

③ 甲公司单独外包工程的影响：甲公司组织设备进场时，正值地面施工，由于设备安装工艺要求，需要暂停地面施工。为此，项目部在有效期内及时向甲公司递交了工期延误17天及停工损失索赔报告，甲公司仅给予了签收。

辅助办公楼后期施工期间，由于甲公司安装网线时在已刷好的墙面上开槽敷设套管，项目部在有效期内及时递交了工期顺延7天及增加修补费用的报告，甲公司给予了签收。

④ 工程变更：经甲公司批准的施工组织设计中，基础工程施工工期计划50天，施工过程中遇到软弱土层，需增加毛石混凝土基础，造价为76.4万元。由于其发生在关键工序上，对总工期影响较大，项目部在甲公司召开的有关会议上提出增加基础施工工期13天，并争取甲公司和监理的同意记入了三方签字的会议纪要。

该工程投标时不含设备基础（当时施工图尚未设计）。由于甲公司已确定了设备进场安装时间，时间紧迫，寻找另外的施工队伍施工已无法满足进度要求。因此，甲公司以设计变更的方式将设备基础施工任务下达给乙公司。设备基础施工前，项目部提交变更预算书的同时还提出了顺延工期20天的报告，甲公司给予了签认。

上述报告，项目部均派专人跟踪办理，不厌其烦，直到有了结果为止。对于牵扯到费用的报告，在甲公司拒签的情况下，项目部也争取说服甲公司给予了签收。

（3）工程竣工验收和竣工结算

2018年11月30日，在合同约定的工作内容完工的同时，项目部向甲公司递交了竣工验收报告和竣工资料。因急于投产，甲公司于次月28日组织竣工验收并认可竣工，根据合同通用条款第32条的约定，本工程的实际竣工时间为2018年11月30日，比合同约定延迟了61天。

工程竣工后，甲公司向乙公司提出要进行工期罚款。鉴于甲公司没有按照施工合同约定付款的违约行为，项目部出示了工期签证及签收报告，其中包括已签证认可的工期顺延49天、签收报告中要求的工期顺延30天，合计79天，最终避免了工期罚款。

在办理竣工结算时，项目部根据工程的实际情况与甲公司协商并达成一致：对工程变更减少部分甲公司不予扣减，停工损失乙公司不再索赔；工程竣工后2个月内，工程款支付到工程总造价的95%。

3. 案例启示

工期风险是项目管理实务中比较常见和后果比较严重的一种风险。建设工程施工双方往往在合同中约定关于工期的高额违约金，一旦出现工期风险，接踵而来的就将是高昂的违约代价。

因此，在项目管理实务中，首先要在思想上认识到工期风险的严重性；其次，要把握两个基准点：开工时间和竣工时间；再次，因甲公司的原因造成工期延误的，项目部要及时向甲公司要求工期顺延、索赔并做好相应的签证工作。

只有思想上和行动上高度统一，才能有效地化解工期上存在的风险。

4. 相关法规

《建设项目工程总承包合同（示范文本）》（征求意见稿）通用条款约定：

第1.1.4.2条开工日期：包括计划开始工作日期和实际开始工作日期。计划开始工作日期是指合同协议书约定的开始工作日期；实际开始工作日期是指工程师按照第8.1款［开始工作］约定发出的符合法律规定的开始工作通知中载明的开始工作日期。

第1.1.4.3条竣工日期：包括计划竣工日期和实际竣工日期。计划竣工日期是指合同协议书约定的竣工日期；实际竣工日期按照第8.2款［竣工日期］的约定确定。

《建设工程施工合同（示范文本）》（GF—2017—0201）通用条款约定：

第7.5.1条因业主原因导致工期延误

在合同履行过程中，因下列情况导致工期延误和（或）费用增加的，由业主承担由此延误的工期和（或）增加的费用，且业主应支付承包商合理的利润：

1）业主未能按合同约定提供施工图或所提供施工图不符合合同约定的。

2）业主未能按合同约定提供施工现场、施工条件、基础资料、许可、批准等开工条件的。

3）业主提供的测量基准点、基准线和水准点及其书面资料存在错误或疏漏的。

4）业主未能在计划开工日期之日起7天内同意下达开工通知的。

5）业主未能按合同约定日期支付工程预付款、进度款或竣工结算款的。

6）监理人未按合同约定发出指示、批准等文件的。

7）专用合同条款中约定的其他情形。

因业主原因未按计划开工日期开工的，业主应按实际开工日期顺延竣工日期，确保实际工期不低于合同约定的工期总日历天数。因业主原因导致工期延误需要修订施工进度计划的，按照第7.2.2条〔施工进度计划的修订〕执行。

第7.5.2条因承包商原因导致工期延误

因承包商原因造成工期延误的，可以在专用合同条款中约定逾期竣工违约金的计算方法和逾期竣工违约金的上限。承包商支付逾期竣工违约金后，不免除承包商继续完成工程及修补缺陷的义务。

第17.3.2条因不可抗力影响承包商履行合同约定的义务，已经引起或将引起工期延误的，应当顺延工期，由此导致承包商停工的费用损失由业主和承包商合理分担，停工期间必须支付的工人工资由业主承担；因不可抗力引起或将引起工期延误，业主要求赶工的，由此增加的赶工费用由业主承担。

第13.2.1条竣工验收条件

工程具备以下条件的，承包商可以申请竣工验收：

1）除业主同意的甩项工作和缺陷修补工作外，合同范围内的全部工程以及有关工作，包括合同要求的试验、试运行以及检验均已完成，并符合合同要求。

2）已按合同约定编制了甩项工作和缺陷修补工作清单以及相应的施工计划。

3）已按合同约定的内容和份数备齐竣工资料。

第13.2.2条竣工验收程序

除专用合同条款另有约定外，承包商申请竣工验收的，应当按照以下程序进行：

1）承包商向监理人报送竣工验收申请报告，监理人应在收到竣工验收申请报告后14天内完成审查并报送业主。监理人审查后认为尚不具备验收条件的，应通知承包商在竣工验收前承包商还需完成的工作内容，承包商应在完成监理人通知的全部工作内容后，再次提交竣工验收申请报告。

2）监理人审查后认为已具备竣工验收条件的，应将竣工验收申请报告提交业主，业主应在收到经监理人审核的竣工验收申请报告后28天内审批完毕并组织监理人、承包商、设计人等相关单位完成竣工验收。

3）竣工验收合格的，业主应在验收合格后14天内向承包商签发工程接收证书。业主无正当理由逾期不颁发工程接收证书的，自验收合格后第15天起视为已颁发工程接收证书。

4）竣工验收不合格的，监理人应按照验收意见发出指示，要求承包商对不合格工程进行返工、修复或采取其他补救措施，由此增加的费用和（或）延误的工期由承包商承担。承包商在完成不合格工程的返工、修复或采取其他补救措施后，应重新提交竣工验收申请报告，并按本项约定的程序重新进行验收。

5）工程未经验收或验收不合格，业主擅自使用的，应在转移占有工程后7天内向承包商颁发工程接收证书；业主无正当理由逾期不颁发工程接收证书的，自转移占有后第15天起视为已颁发工程接收证书。

除专用合同条款另有约定外，业主不按照本项约定组织竣工验收、颁发工程接收证书的，每逾期一天，应以签约合同价为基数，按照中国人民银行发布的同期同类贷款基准利率支付违约金。

第13.2.3条竣工日期

工程经竣工验收合格的，以承包商提交竣工验收申请报告之日为实际竣工日期，并在工程接收证书中载明；因业主原因，未在监理人收到承包商提交的竣工验收申请报告42天内完成竣工验收，或完成竣工验收不予签发工程接收证书的，以提交竣工验收申请报告的日期为实际竣工日期；工程未经竣工验收，业主擅自使用的，以转移占有工程之日为实际竣工日期。

《最高人民法院关于审理建设工程施工合同纠纷案件适用法律问题的解释》第十四条：当事人对建设工程实际竣工日期有争议的，按照以下情形分别处理：

（一）建设工程经竣工验收合格的，以竣工验收合格之日为竣工日期。

（二）承包商已经提交竣工验收报告，业主拖延验收的，以承包商提交验收报告之日为竣工日期。

（三）建设工程未经竣工验收，业主擅自使用的，以转移占用建设工程之日为竣工日期。

思 考 题

1. 工程合同分析在施工项目管理、合同管理和索赔中的目的和作用是什么？

2. 签约前对合同进行分析的目的和内容是什么？

3. 对合同履行目标进行分析的内容是什么？

4. 通常业主起草招标文件，则他应对其正确性承担责任；但合同中明显的错误，含义不清之处又由承包商负责。你觉得这两者是否是矛盾的？为什么？

5. 合同履行阶段对合同风险进行分析的作用有哪些？

6. 试阐述工程担保与工程保险的区别。

7. 试分析合同分析在合同实施和索赔中的作用。

8. 试分析合同管理计划和合同交底在合同实施和索赔中的作用。

第7章

工程施工合同履行与监督

学习目标

了解施工合同履行监督管理体系和监督程序，熟悉施工合同实施监督内容，掌握施工合同进度监督、质量监督、计量支付监督和安全环境监督方法，了解施工合同竣工阶段与缺陷责任期的监督管理内容。

7.1 履行与监督概述

工程合同的履行是指工程建设项目的发包方和承包方根据合同规定的时间、地点、方式、内容及标准等要求，各自履行合同义务的行为。工程合同履行前，在合同总体分析和结构分解的基础上，还应当做好合同工作分析、合同交底及合同界面协调的准备工作，并按照一定的原则履行合同，从而为顺利完成合同的各项任务打下良好的基础。工程中的各种干扰，常常使工程实施过程偏离总目标。监督就是为了保证工程实施按预定的计划进行，顺利实现预定的目标。

7.1.1 工程履行监督的程序

1）工程实施监测。目标控制应表现在对工程活动的监测上。工程实施状况反映在原始的工程资料（数据）上，如质量检查表、分项工程进度报表、记工单、用料单、成本核算凭证等。

2）跟踪，即将收集到的工程资料和实际数据进行整理，得到能反映工程实施状况的各种信息，如各种质量报告、各种实际进度报表、各种成本和费用收支报表，以及它们的分析报告。将这些信息与工程目标，如合同文件、合同分析文件、计划、设计等进行对比分析，可以发现两者的差异。差异的大小，即为工程实施偏离目标的程度。如果没有差异或差异较小，就可以按原计划继续施工。

3）诊断，即分析差异的原因，差异表示工程实施偏离了工程目标，必须详细分析差异产生的原因、影响和它的责任等，分析工程实施的发展趋向。

4）采取调整措施。通常，工程实施与目标的差异会逐渐积累，越来越大，最终导致工程实施远离目标，甚至可能导致整个工程的失败。因此，在工程实施过程中要不断地采取措施进行调整，使工程实施一直围绕合同目标进行。工程中的调整措施通常包括两个方面：

① 工程项目目标的修改，如修改设计、改变工程范围、增加投资（费用）、延长工期。

② 工程实施过程的变更，如改变技术方案、改变实施顺序等。

上述两个方面都是通过合同变更实现的。

7.1.2 合同履行监督管理体系

现代工程的特点使施工中的合同管理极为困难和复杂，日常事务性工作极多。为了使工作有秩序、有计划地进行，必须建立工程承包合同实施管理体系。

1. 进行"合同交底"，落实合同责任，实行目标管理

合同和合同分析的资料是工程实施的依据。合同分析后，应向项目管理人员和各工程小组负责人进行"合同交底"，把合同责任具体落实到各责任人和合同实施的具体工作上。

1）"合同交底"，就是组织学习合同和合同总体分析结果，对合同的主要内容做出解释和说明，熟悉合同中的主要内容、各种规定、管理程序，了解承包商的合同责任和工程范围，各种行为的法律后果等，树立全局观念，工作协调一致，避免在执行中发生违约行为。

① 在我国传统的施工项目管理系统中，人们十分注重"施工图交底"工作，但却没有"合同交底"工作，因此项目经理部和各工程小组对项目的合同体系、合同基本内容均不甚了解。我国工程管理者和技术人员有十分牢固的"按图施工"的观念，这并不错，但在现代市场经济环境中，观念必须转变到"按合同施工"上来。特别是在工程使用非标准的合同文本或项目经理部不熟悉的合同文本时，"合同交底"工作就显得更为重要。

② 在我国的许多工程承包企业中，工程投标工作主要是由企业职能部门承担的，合同签订后再组织项目经理部。项目经理部的许多人员并没有参与投标过程，不熟悉合同内容、合同签订过程和其中的许多环节，以及业主的许多"软信息"。因此，合同交底又是向项目经理部介绍合同签订的过程和其中各种情况的过程，是合同签订的资料和信息的移交过程。

③ 合同交底又是对人员的培训过程以及与各职能部门沟通的过程。

④ 通过合同交底，项目经理部对本工程的项目管理规则和运行机制有清楚的了解，同时加强项目经理部与企业各个部门的联系，加强承包商与分包商，与业主、设计单位、咨询单位（项目管理公司和监理单位）、供应商的联系。这样能使承包商的整个企业和整个工程项目部对合同的责任、沟通和协调规则，过程实施计划的安排有十分清楚、一致的理解。

2）将各种合同实施工作责任分解落实给各工程小组或分包商，使他们对合同实施工作表（任务单，分包合同）、施工图、设备安装图、详细的施工说明等有详细的了解；并对工程实施的技术和法律问题进行解释和说明，如工程质量、技术要求和实施中的注意点、工期要求、消耗标准、相关事件之间的搭接关系、各工程小组（分包商）责任界限的划分、担负不了责任的影响和法律后果等。

3）在合同实施前与其他相关的各方（如业主、监理工程师、承包商）沟通，召开协调会议，落实各种安排。在现代工程中，合同双方有互相合作的责任，包括：

① 互相提供服务、设备和材料。

② 及时提交各种表格、报告、通知。

③ 提交质量体系文件。

④ 提交进度报告。

⑤ 避免对实施过程和对对方进行干扰。

⑥ 现场保安，保护环境等。

⑦ 对对方明显的错误提出预先警告，对其他方（如水电气部门）的干扰及时报告。但这些在更大程度上是承包商的责任，因为承包商是工程合同的具体实施者，是有经验的。合同规定，承包商对设计单位、业主的其他承包商，指定分包商承担协调责任；对业主的工作（如提供指令、施工图、场地等），承包商负有预先告知、及时配合以及对可能出现的问题提出意见、建议

和警告的责任。

4）合同责任的完成必须通过其他经济手段来保证。对分包商，主要通过分包合同确定双方的责权利关系，保证分包商能及时地、按质按量地履行合同责任。如果出现分包商违约行为，可对其进行合同处罚和索赔。对承包商的工程小组可通过内部的经济责任制来保证。在落实工期、质量、消耗等目标后，应将这些目标与工程小组的经济利益挂钩，建立一整套经济奖罚制度，以保证目标的实现。

2. 建立合同管理工作程序

在工程实施过程中，合同管理的日常事务性工作很多。为了协调好各方面的工作，使合同管理工作程序化、规范化，应订立如下几个方面的工作程序：

1）定期和不定期的协商会办制度。在工程实施过程中，业主、工程师和各承包商之间，承包商和分包商之间以及承包商的项目管理职能人员和各工程小组负责人之间都应有定期的协商会办。通过会办可以解决以下问题：

① 检查合同实施进度和各种计划落实情况。

② 协调各方面的工作，对后期工作做出安排。

③ 讨论和解决目前已经发生的和以后可能发生的各种问题，并做出相应的决议。

④ 讨论合同变更问题，做出合同变更决议，落实变更措施，决定合同变更的工期和费用补偿数量等。

承包商与业主，总包和分包之间会谈中的重大议题和决议，应以会谈纪要的形式确定下来。各方签署的会谈纪要，作为有约束力的合同变更，是合同的一部分。合同管理人员负责会议资料的准备，提出会议的议题，起草各种文件，提出解决问题的意见或建议，组织会议，会后起草会谈纪要，对会谈纪要进行合同方面的检查。对工程中出现的特殊问题可不定期地召开特别会议讨论解决方法。这样保证合同实施一直得到很好的协调和控制。同样，承包商的合同、成本、质量（技术）、进度、安全、信息的管理人员都必须在现场工作，彼此应经常进行沟通。

2）合同实施工作程序。对于一些经常性工作应订立工作程序，使大家有章可循，合同管理人员也不必进行经常性的解释和指导，如施工图批准程序，工程变更程序，承（分）包商的索赔程序，承（分）包商的账单审查程序，材料、设备、隐蔽工程、已完工程的检查验收程序，工程进度付款账单的审查批准程序，工程问题的请示报告程序等。这些程序在合同中一般都有总体规定，在工程实施过程中必须细化、具体化，并落实到具体人员。

3. 建立文档系统

1）在合同实施过程中，业主、承包商、工程师、业主的其他承包商之间有大量的信息交往。承包商的项目经理部内部的各个职能部门（或人员）之间也有大量的信息交往。作为合同责任，承包商必须及时向业主（工程师）提交各种信息、报告、请示。这些是承包商证明其工程实施状况（完成的范围、质量、进度、成本等），并作为继续进行工程实施、请求付款、获得赔偿、工程竣工的条件。

2）在招标投标和合同实施过程中，承包商做好现场记录并保存好记录是十分重要的。许多承包商忽视这项工作，不喜欢文档工作，最终削弱自己的合同地位，损害自己的合同权益，从而妨碍索赔和争执的有利解决。最常见的问题有：附加工作未得到书面确认，变更指令不符合规定，对于错误的工作量测量结果、现场记录、会谈纪要未及时反对，重要的资料未能保存，业主违约未能以文字形式确认等。在这种情况下，承包商在索赔及争执解决中取胜的可能性是极小的。

人们忽视记录及信息整理和储存工作是因为许多记录和文件在当时看来是没有价值的，而且其工作又是十分琐碎的。如果工程一切顺利，双方不产生争执，一般大量的记录确实没有价值，而且这项工作十分麻烦，花费不少。但实践证明，任何工程都会有这样或那样的风险，都可能产生争执，甚至会产生重大争执，"一切顺利"的可能性极小，到那时就会用到大量的证据。

当然，信息管理不仅仅是为了解决争执，它在整个项目管理中还有更为重要的作用，它已是现代项目管理重要的组成部分。但在现代承包工程中常常有如下现象存在：

① 施工现场有许多表格，但是大家都不重视它们，不喜欢文档工作，对日常工作不记录，也没有安排专门人员从事这项工作。例如经常不填写施工日志，或仅仅填写"一切正常""同昨日""同上"等，没有实质性内容或有价值的信息。

② 文档系统不全面、不完整，不知道哪些该记，哪些该保存。

③ 不保存或不妥善地保存工程资料。在现场办公室内到处都是文件。由于没有专人保管，有些日志、报表可能被乱用、遗弃了。许多项目管理者嗟叹，在一个工程中文件太多、面太广、资料工作太繁杂，做不好。常常在管理者面前有一大堆文件，但要查找一份需要用的文件却要花许多时间。

3）合同管理人员负责各种合同资料和工程资料的收集、整理和保存工作。这项工作非常烦琐和复杂，要花费大量的时间和精力。工程的原始资料在合同实施过程中产生，必须由各职能人员、工程小组负责人、分包商提供，应将责任明确地落实下去。

① 各种数据、资料的标准化，如各种文件、报表、单据等应有规定的格式和规定的数据结构要求。

② 将原始资料收集整理的责任落实到人，由其对资料负责。资料的收集工作必须落实到工程现场，必须对工程小组负责人和分包商提出具体的要求。

③ 各种资料的提供时间要求。

④ 准确性要求。

⑤ 建立工程资料的文档系统等。

4. 工程过程中严格的检查验收制度

承包商有自我管理工程质量的责任。承包商应根据合同中的规范、设计图和有关标准采购材料和设备，并提供产品合格证明，对材料和设备质量负责，达到工程所在国法定的质量标准（规范要求）基本要求。如果合同文件对材料的质量要求没有明确的规定，则材料应具有良好的质量，并合理地满足用途和工程目的。

合同管理人员应主动地抓好工程和工作质量，做好全面质量管理工作，建立一整套质量检查和验收制度，例如：

1）每道工序结束应有严格的检查和验收制度。

2）工序之间、工程小组之间应有交接制度。

3）材料进场和使用应有一定的检验措施。

4）隐蔽工程的检查制度等。

防止由于承包商自己的工程质量问题造成被监理工程师检查验收不合格，使生产失败而承担违约责任。在工程中，由此引起的返工、窝工损失以及工期拖延应由承包商自己负责，得不到赔偿。

5. 建立报告和行文制度

承包商和业主、工程师、分包商之间的沟通都应以书面形式进行，或以书面形式作为最终依据。这是合同和法律的要求，也是工程管理的需要。在实际工作中，这项工作特别容易被忽略。报告和行文制度包括如下几方面内容：

1）定期的工程实施情况报告，如日报、周报、旬报、月报等，应规定报告的内容、格式、报告方式、时间以及负责人。

2）工程过程中发生的特殊情况及其处理的书面文件，如特殊的气候条件、工程环境的变化等，应有书面记录，并由工程师签署。工程中，合同双方的任何协商、意见、请示、指示等都应落实在文字上。尽管天天见面，也应养成以文字交往的习惯，相信"一字千金"，切不可相信"一诺千金"。在工程中，业主、承包商和工程师之间要经常联系，出现问题应经常向工程师请示、汇报。

3）工程中所有涉及双方的工程活动，如材料、设备、各种工程的检查验收，场地、施工图的交接，各种文件（如会议纪要、索赔和反索赔报告、账单）的交接，都应有相应的手续和签收证据，这样双方的各种工程活动才有根有据。

7.1.3　合同实施监督的内容

合同责任是通过具体的合同实施工作完成的。合同监督可以保证工程的实施工作按合同和合同分析的结果进行。

1. 工程师（业主）的实施监督

业主雇用工程师的首要目的是对工程合同的履行进行有效的监督，这是工程师最基本的职能。工程师不仅要为承包商完成合同责任提供支持，监督承包商全面完成合同责任，还要协助业主全面完成业主的合同责任。

1）工程师应该进驻施工现场，或者安排专人在现场负责工程监督工作。

2）工程师要促使业主按照合同的要求，为承包商履行合同提供帮助，并履行自己的合同责任。例如，向承包商开放现场的占有权，使承包商能够按时、充分、无障碍地进入现场；及时提供合同规定由业主供应的材料和设备；及时下达指令、施工图。这是承包商履行义务的先决条件。

3）对承包商工程实施的监督，使承包商的整个工程施工处于监督中。工程师的合同监督工作通过如下工作完成：

① 检查并防止承包商工程范围上的缺陷，如漏项、供应不足，对设计的缺陷进行纠正。

② 对承包商的施工组织计划、施工方法（工艺）进行事前的认可和实施过程中的监督，保证工程达到合同所规定的质量、安全、健康和环境保护的要求。

③ 确保承包商的材料、设备符合合同的要求，进行事前的认可、进场检查、使用过程中的监督。

④ 监督工程实施进度，包括：在中标后，承包商应该在合同条件规定的期限内向工程师提交进度计划，并得到认可；监督承包商按照批准的计划实施工程；承包商的中间进度计划或局部工程的进度计划可以修改，但必须保证总工期目标的实现，同时也必须经过工程师的同意。

⑤ 对付款的审查和监督。对付款的控制是工程师控制工程的有效手段。工程师在签发预付款、工程进度款、竣工工程价款和最终支付证书时，应全面审查合同所要求的支付条件，承包商的支付证书，支付数额的合理性，并监督业主按照合同规定的程序及时批准和付款。

2. 承包商的合同实施监督

承包商的合同实施监督的目的是保证按照合同完成自己的合同责任。主要工作有：

1）合同管理人员与项目的其他职能人员一起落实合同实施计划，为各工程小组、分包商的工作提供必要的保证。如施工现场的安排，人工、材料、机械等计划的落实，工序间搭接关系的安排和其他一些必要的准备工作。

2）在合同范围内协调业主、工程师、项目管理各职能人员、所属的各工程小组和分包商之间的工作关系，解决合同实施中出现的问题，如合同责任界面之间的争执，工程活动之间时间上和空间上的不协调等。合同责任界面争执在工程实施中很常见。承包商与业主、业主的其他承包商、材料和设备供应商、分包商，以及承包商的分包商之间，工程小组与分包商之间常常互相推卸一些合同中未明确划定的工程活动的责任，这会引起内部和外部的争执。对此，合同管理人员必须做判定和调解工作。

3）对各工程小组和分包商进行工作指导，做经常性的合同解释，使各工程小组都有全局观念。对工程中发现的问题提出意见、建议或警告。

4）会同项目管理的有关职能人员检查、监督各工程小组和分包商的合同实施情况，保证自己全面履行合同责任。在工程施工过程中，承包商有责任自我监督，发现问题，及时自我改正缺陷，而不仅是工程师指出的问题。

① 审查、监督安全按照合同所确定的工程范围施工，不漏项，也不多余。无论对单价合同还是总价合同，没有工程师的指令，漏项和超过合同范围完成的工作都得不到相应的付款。

② 承包商及时开工，并以应有的进度施工，保证工程进度符合合同和工程师批准的详细的进度计划的要求。通常，承包商不仅对竣工时间承担责任，而且应该及时开工，以正常的进度开展工作。

③ 按合同要求，采购材料和设备。承包商对工程质量的义务是，不仅要按照合同要求使用材料、设备和工艺，还要保证它们适合业主所要求的工程使用目的。承包商应会同业主及工程师等对工程所用材料和设备进行开箱检查或验收，看是否符合施工图和技术规范等的质量要求。进行隐蔽工程和已完工程的检查验收，负责验收文件的起草和验收的组织工作。审查和监督施工工艺。承包商有责任采用可靠的、技术性良好的、符合专业要求的、安全稳定的方法完成工程施工。

④ 在按照合同规定由工程师检查前，应首先自我检查核对，对未完成的工程或有缺陷的工程指令限期采取补救措施。

⑤ 对业主提供的设计文件、材料、设备、指令进行监督和检查。

a. 承包商对业主提供的设计文件（设计图、规范）的准确性和充分性不承担责任。但对于业主提供的规范和施工图中的明显错误或是不可用的部分，承包商有告知的义务，应事前做出警告。只有当这些错误是专业性的，不易发现的，或时间太紧承包商没有机会提出警告的，或者曾经提出过警告而业主没有理睬的，承包商才能免责。

b. 对业主的变更指令，做出的调整工程实施的措施可能引起工程成本、进度、使用功能等方面的问题和缺陷，承包商同样有预警责任。

c. 应监督业主按照合同规定的时间、数量、质量要求及时提供材料和设备。如果业主不按时提供，承包商有责任事先提出需求通知。如果业主提供的材料和设备质量、数量存在问题，应及时向业主提出申诉。

5）会同造价工程师对向业主提出的工程款账单和分包商提交的收款账单进行审查和确认。

6）合同管理工作一经进入施工现场后，合同的任何变更就都应由合同管理人员负责提出；对下达给分包商的任何指令，发给业主的任何文字答复、请示，都须经合同管理人员审查，并记录在案。承包商与业主、与总（分）包商之间任何争议的协商和解决都必须有合同管理人员的参与，并对解决结果进行合同和法律方面的审查、分析和评价。这样不仅能保证工程施工一直处于严格的合同控制中，还会使承包商的各项工作更有预见性，从而及早地预计行为的法律后果。

由于在工程实施中的许多文件，如业主和工程师的指令、会谈纪要、备忘录、修正案、附加协议等也是合同的一部分，因此它们也应完备，没有缺陷、错误、矛盾和二义性。它们也应接受合同审查。在实际工程中，这方面问题也特别多。例如，在我国的一个外资项目中，业主与承包商协商采取加速措施，拟将工期提前3个月，双方签署加速协议，由业主支付一笔赶工费用。但这份加速协议过于简单，未能详细分清双方责任，特别是没有加速期内业主的合作责任、没有承包商权益保护条款（承包商应业主要求加速，只要采取加速措施，即使没有效果，也应获得最低补偿）、没有赶工费支付时间的规定。承包商采取了加速措施，但由于气候、业主干扰、承包商责任等原因而使总工期未能提前。结果承包商未能获得任何补偿。

7）承包商对环境的监控责任。对施工现场遇到的异常情况必须做出记录，如在施工中发现影响施工的地下障碍物，发现古墓、古建筑遗址、钱币等文物及化石或其他有考古、地质研究等价值的物品时，承包商应立即保护好现场，及时以书面形式通知工程师。

8）承包商对后期可能出现的影响工程施工、造成合同价格上升、工期延长的环境情况进行预判，并及时通知业主。

7.2 合同目标履行与监督

7.2.1 施工进度履行与监督

1. 相关基本概念

（1）开工日期 开工日期包括计划开工日期和实际开工日期。计划开工日期是指合同协议书或者招标文件投标人须知前附表中约定的开工日期；实际开工日期是指监理人按照合同进度管理相关条款的约定发出的符合法律规定的开工通知中载明的开工日期。

（2）竣工日期 竣工日期包括计划竣工日期和实际竣工日期。计划竣工日期是指合同协议书或者招标文件投标人须知前附表中约定的竣工日期；实际竣工日期在合同工程完工证书中写明（或在工程接收证书中写明）。

（3）工期 工期是指承包商承诺的完成合同工程所需的期限，包括按合同约定（如变更和索赔程序）所做的期限变更。工期是用于判定承包商是否按期竣工的标准。

（4）实际施工期 承包商施工期从监理人发出的开工通知中写明的开工日起算，至工程完工证书中写明的实际竣工日止。以此期限与合同工期相比较，判定是提前竣工还是延误竣工。延误竣工时，承包商承担拖期赔偿责任；提前竣工时，承包商是否获得奖励需视专用合同条款中是否有约定。

2. 合同进度计划编制、审批

1）施工总进度计划。承包商应按专用合同条款约定的内容和期限，编制详细的施工进度计划和施工方案说明报送监理人。监理单位应在专用合同条款约定的期限内批复或提出修改意见，否则该进度计划视为已得到批准。经监理单位批准的施工进度计划称为合同进度计划，是控制合同工程进度的依据。承包商还应根据合同进度计划，编制更为详细的分阶段或分项进度计划，报监理单位审批。监理单位认为有必要时，承包商应按监理单位指示的内容和期限，并根据合同进度计划的进度控制要求编制单位工程进度计划，提交监理单位审批。

2）详细进度计划和资金流估算表。根据进度控制需要，监理单位可要求承包商编制季、月施工进度计划，以及单位工程或分部工程施工进度计划，报监理单位审批。

水利水电工程标准施工合同中还规定，承包商应在按约定向监理单位提交施工总进度计划的同时，按表7-1约定的格式，向监理单位提交按月的资金流估算表。估算表应包括承包商计划可从业主处得到的全部款额，以供业主参考。此后，当监理单位提出要求时，承包商应在监理单位指定的期限内提交修订的资金流估算表。

表 7-1 资金流估算表

年	月	工程预付款	完成工作量付款	质量保证金扣留	材料款扣除	预付款扣还	其他	应收款	累计应收款

3）监理工程师对施工进度计划的审查

项目监理单位应审查施工单位报审的施工总进度计划和阶段性施工进度计划，提出审查意见，并应由总监理工程师审核后报建设单位。施工进度计划审查应包括下列基本内容：

① 施工进度计划应符合施工合同中工期的约定。

② 施工进度计划中主要工程项目无遗漏，应满足分批投入试运、分批动用的需要，阶段性施工进度计划应满足总进度控制目标的要求。

③ 施工顺序的安排应符合施工工艺要求。

④ 施工人员、工程材料、施工机械等资源供应计划应满足施工进度计划的需要。

⑤ 施工进度计划应符合建设单位提供的资金、施工图、施工场地、物资等施工条件。

3. 监理工程师对施工进度的监督

（1）监理工程师对施工进度的检查　项目监理单位应检查施工进度计划的实施情况，发现实际进度严重滞后于计划进度且影响合同工期时，应签发监理通知单，要求施工单位采取调整措施加快施工进度。总监理工程师应向建设单位报告工期延误风险。项目监理单位应比较分析工程施工实际进度与计划进度，预测实际进度对工程总工期的影响，并应在监理月报中向建设单位报告工程实际进展情况。

（2）进度计划的修订　不论何种原因造成工程的实际进度与合同进度计划不符，承包商均可以在专用合同条款约定的期限内向监理单位提交修订合同进度计划的申请报告，并附有关措施和相关资料，报监理单位审批；监理单位也可以直接向承包商做出修订合同进度计划的指示，承包商应按该指示修订合同进度计划，报监理单位审批，以使进度计划具有实际的管理和控制作用。监理单位应在专用合同条款约定的期限内批复。监理单位在批复前应获得业主同意。

（3）进度监控程序　合同履行过程中的进度监控程序如图 7-1 所示。

4. 可以顺延合同工期的情况

（1）业主原因延长合同工期　通用条款中明确规定，由于业主原因导致的延误，承包商有权获得工期顺延和（或）费用加利润补偿的情况包括：

1）增加合同工作内容。

2）改变合同中任何一项工作的质量要求或其他特性。

3）业主延迟提供材料、工程设备或变更交货地点。

4）因业主原因导致的暂停施工。

5）提供施工图延误。

6）未按合同约定及时支付预付款、进度款。

7）业主造成工期延误的其他原因。

（2）异常恶劣的气候条件　按照通用条款的规定，出现专用合同条款约定的异常恶劣气候条件导致工期延误的，承包商有权要求业主延长工期。监理单位处理气候条件对施工进度造成不利影响的事件时，应注意两条基本原则：

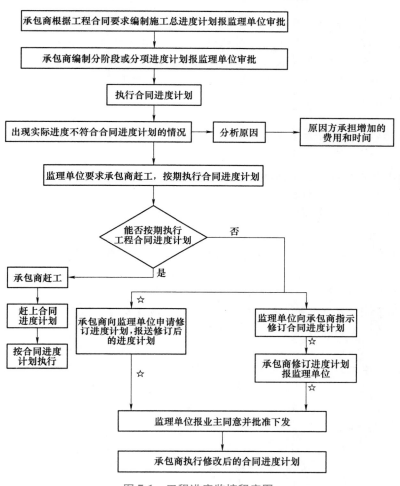

图 7-1　工程进度监控程序图

☆期限应在专用合同条款中规定

1）正确区分气候条件对施工进度影响的责任。判明因气候条件对施工进度产生影响的持续期间内，属于异常恶劣气候条件的有多少天。例如，在土方填筑工程的施工中，因连续降雨导致停工15天，其中6天的降雨强度超过专用合同条款约定的标准因而构成延长合同工期的条件，而其余9天的停工或施工效率降低的损失则属于承包商应承担的不利气候条件风险。

2）异常恶劣气候条件的停工是否影响总工期。异常恶劣气候条件导致的停工是进度计划中的关键工作，因此承包商有权获得合同工期的顺延。如果被迫暂停施工的工作不在关键线路上且总时差多于停工天数，则不必顺延合同工期，但就施工成本的增加可以获得补偿。

案例 7-1　异常恶劣气候条件引起的索赔

[案情简介]

某水利工程承发包双方按照《水利水电工程标准施工招标文件》签署合同。在施工期2019年7月5日23时至2019年7月6日1时，C1#支洞山顶瓦斯抽排泵站和C1-1#支洞遭遇暴雨大风侵袭，且伴有强对流，导致C1#支洞山顶瓦斯抽排泵房和C1-1#支洞钢筋加工棚、料仓保温棚、混凝土出料口保温棚及洞口显示屏等损坏。当地气象观测站观测数据显示，2019 年 7 月 5 日 23 时至 2019 年 7 月 6 日 1 时的时段内，瞬时极大风速为 20.9m/s，风力等级为 9 级，处于合同工程界定的异常恶劣气候条件的范围内（风速大于 20.8m/s 的 9 级以上台风灾害）。对此，施工承包商于 2019 年 7 月 10 日提交索赔意向通知书至监理人签收，正式就施工临时设施的损坏提出经济索赔。

[问题]

监理人是否应同意承包商的索赔？请陈述理由。

[分析]

异常恶劣气候条件造成的工期延误和工程损坏，应由业主与承包商参照《水利水电工程标准施工招标文件》通用合同条款第 21.3 款约定，按不可抗力造成损害的责任划分原则来处理，即不可抗力导致的人员伤亡、财产损失、费用增加和（或）工期延误等后果，由合同双方按以下原则承担：

1）永久工程，包括已运至施工场地的材料和工程设备的损害，以及因工程损害造成的第三者人员伤亡和财产损失由业主承担。

2）承包商设备的损坏由承包商承担。

3）业主和承包商各自承担其人员伤亡和其他财产损失及其相关费用。

4）承包商的停工损失由承包商承担，但停工期间应监理人要求照管工程和清理、修复工程的金额由业主承担。

5）不能按期竣工的，应合理延长工期，承包商不需支付逾期竣工违约金。业主要求赶工的，承包商应采取赶工措施，赶工费用由业主承担。

[答案]

不能同意承包商的索赔。

理由：此事件为承包商不可预见的，在工程施工过程中遭遇异常恶劣的气候条件，且达到了本合同工程界定的异常恶劣气候条件的范围，造成 C1#支洞和 C1-1#支洞的施工设备受损。按照合同约定，异常恶劣气候条件造成的损失参照不可抗力事件处理，因此监理人不能同意承包商就该事件产生的临时设施受损、修复费用等向业主提出的索赔。

5. 承包商原因的延误

未能按合同进度计划完成工作时，承包商应采取措施加快进度，并承担加快进度所增加的费用。由于承包商原因造成工期延误的，承包商应支付逾期竣工违约金。

订立合同时，应在专用合同条款内约定逾期竣工违约金的计算方法和逾期违约金的最高限额。专用合同条款说明中建议，违约金计算方法约定的日拖期赔偿额，可采用每天为多少钱或每天为签约合同价的千分之几；最高赔偿限额为签约合同价的 3%。

6. 暂停施工

（1）暂停施工的责任　施工过程中发生被迫暂停施工的原因，可能源于业主的责任，也可能属于承包商的责任。通用合同条款规定，承包商责任引起的暂停施工，增加的费用和工期由承包商承担；业主暂停施工的责任，承包商有权要求业主延长工期和（或）增加费用，并支付合理利润。

1）承包商责任的暂停施工

① 承包商违约引起的暂停施工。

② 由于承包商原因，为工程合理施工和安全保障所必需的暂停施工。

③ 承包商擅自暂停施工。

④ 承包商的其他原因引起的暂停施工。

⑤ 专用合同条款约定的由承包商承担的其他暂停施工。

2）业主责任的暂停施工。业主承担合同履行的风险较大，造成暂停施工的原因可能来自于未能履行合同的行为责任，也可能源于自身无法控制但应承担风险的责任。致使施工暂停的原因大体可以分为以下几类：

① 业主未履行合同规定的义务。此类原因较为复杂，包括自身未能尽到管理责任，如业主采购的材料未能按时到货而致使停工待料等；也可能源于第三者责任原因，如施工过程中出现设计缺陷导致停工等待变更的施工图等。

② 不可抗力。不可抗力的停工损失属于业主应承担的风险，如施工期间发生地震、泥石流等自然灾害导致暂停施工。

③ 协调管理原因。同时在现场的两个承包商发生施工干扰，监理人从整体协调考虑，指示某一承包商暂停施工。

④ 行政管理部门的指令。某些特殊情况下可能执行政府行政管理部门的指示，暂停一段时间的施工。如奥运会和世博会期间，为了环境保护的需要，某些在建工程按照政府文件要求暂停施工。

（2）暂停施工程序 暂停施工的程序如图7-2所示。

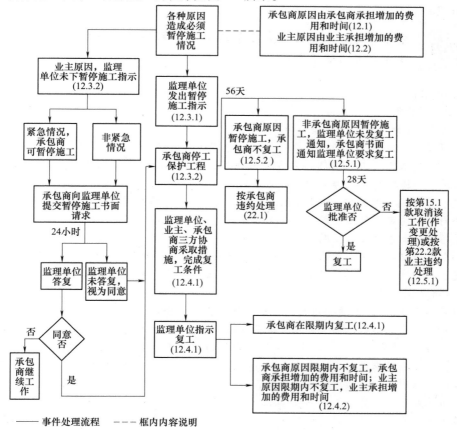

图7-2 暂停施工程序流程图

注：图中括号中的数字代表对应的合同范本的条款编号。

1）停工。监理人根据施工现场的实际情况，认为必要时可向承包商发出暂停施工的指示，承包商应按监理人指示暂停施工。不论由于何种原因引起的暂停施工，监理人应与业主和承包商协商，采取有效措施积极消除暂停施工的影响。暂停施工期间由承包商负责妥善保护工程并提供安全保障。

2）复工。当工程具备复工条件时，监理人应立即向承包商发出复工通知，承包商收到复工通知后，应在指示的期限内复工。承包商无故拖延和拒绝复工的，由此增加的费用和工期延误由承包商承担。因业主原因无法按时复工时，承包商有权要求延长工期和（或）增加费用，以及补偿合理利润。

（3）紧急情况下的暂停施工　由于业主的原因发生暂停施工的紧急情况，且监理人未及时下达暂停施工指示的，承包商可先暂停施工并及时向监理人提出暂停施工的书面请求。监理人应在接到书面请求后的 24 小时内予以答复，逾期未答复视为同意承包商的暂停施工请求。

7. 业主要求提前竣工

如果业主根据实际情况向承包商提出提前竣工要求，由于涉及合同约定的变更，应与承包商通过协商达成提前竣工协议作为合同文件的组成部分。协议的内容应包括：承包商修订进度计划及为保证工程质量和安全采取的赶工措施；业主应提供的条件；所需追加的合同价款；提前竣工给业主带来效益应给承包商的奖励等。专用合同条款使用说明中建议，奖励金额可为业主实际效益的 20%。

案例 7-2　东方公司与汉唐公司建筑装饰工程施工合同纠纷案——施工人有正当理由的可以顺延工期

［案情简介］

上诉人：（原审原告）东方公司

被上诉人：（原审被告）汉唐公司

2004 年 2 月，汉唐公司与东方公司签订一份"建筑装饰工程施工合同"，其中约定：汉唐公司将汉唐大酒店装修工程发包给东方公司施工；承包范围：整幢楼的土建钢结构、电气安装、空调风管、给排水及装饰工程；承包方式为包工包料；工期为 80 天，计划自 2004 年 4 月 19 日开工；合同总价款暂定 1 000 万元；工程每逾期一天东方公司应支付汉唐公司 10 000 元违约金；合同中还约定了付款方式、违约责任等。

合同签订后，东方公司按期进场施工。2004 年 5 月 11 日上海市黄浦区建设工程安全监督站出具安全监督记录，认为钢结构施工尚未审图应暂时停止作业。2004 年 5 月 28 日，黄浦区环保局发出"绿色护考"防噪声承诺告知单，要求在 6 月 7—9 日，6 月 18—20 日考试期间，距考场 100m 范围内不得进行建筑施工作业。

2004 年 8 月 14 日，汉唐公司与东方公司及工程监理公司进行了汉唐大酒店装修工程竣工初验。初验后，东方公司出具了工程交接验收情况汇总，列明需整改及维修内容，并承诺在同年 8 月 16 日内全部整改完毕。次日，监理方出具的监理工作联系单中指出，通过验收后存在质量问题，东方公司承诺在 2 天左右全部整改完成。监理方亦对本次初验出具了工程交接验收证明单，认为该涉案工程初步验收不合格，不可以组织正式验收。同年 8 月 16 日，东方公司向汉唐公司及监理方提交了关于申请工程正式验收的报告。该报告指出施工方已将整改维修部分实施完毕，要求汉唐公司及监理方组织政府工程质量监督部门及相关人员对工程给予正式验收。该涉案工程未进行正式验收。2004 年 8 月 28 日，汉唐大酒店开张试营业。

汉唐公司提起诉讼，请求判令东方公司偿付汉唐公司逾期竣工违约金 480 000 元。

一审审理后认为，因钢结构问题，工期可以顺延，但东方公司未提供充足证据证明因"绿色护考"而使工程停工，故对此应承担逾期竣工5天的违约责任。一审判决后，东方公司提起上诉，并在二审中提供了环保部门向其发出的高考期间不得施工的通知，证明其有权要求工期顺延5天，因此上诉请求撤销原审关于其承担逾期竣工违约责任的判决。鉴于其于二审期间提供了新的证据，故二审支持了其上诉请求。

一审判决：东方公司偿付汉唐公司逾期竣工违约金50 000元。

二审判决：撤销原审判决，驳回汉唐公司的诉讼请求。

[分析]

本案有两个争议焦点：一是竣工日期的认定，二是逾期竣工的责任认定。

首先，关于竣工日期的认定。2004年8月14日，监理单位在对本涉案工程初验后认为需要东方公司进行整改。东方公司进行整改后于同年8月16日向汉唐公司及监理单位提交了关于申请工程正式验收的报告。但汉唐公司在未组织正式验收的情况下，于同年8月28日开张营业。此后，该涉案工程未再进行正式验收。相关管理部门及监理单位亦发函敦促汉唐公司组织验收。根据最高人民法院《关于审理建设工程施工合同纠纷案件适用法律问题的解释》的规定，建设工程未经竣工验收，业主擅自使用的，以转移占有建设工程之日为竣工日期。而工程转移占有亦即交付的时间，可认定为业主提前使用的时间。故法院认定本案工程的竣工日期为汉唐公司实际营业使用之日，即2004年8月28日。

其次，东方公司是否应承担逾期竣工的违约责任。本案工程开工日期为2004年4月19日，工期80天，应于2004年7月10日竣工。但在施工期间因钢结构施工尚未审图，东方公司根据区建设工程安全监督站的要求暂停作业，且多份有汉唐公司工地代表签字的工程联系单及技术核定单等亦反映，在施工期间确有增加及更改的部分，故应根据上述情况顺延相应的工期。据此，一、二审法院均认定工期应合理顺延至2004年8月23日。对于东方公司提出因"绿色护考"而顺延工期5天的辩解，因东方公司提供了环保局要求其停工的通知，东方公司在收到该通知后即以书面形式告知了汉唐公司，故应认定东方公司停工5天。现汉唐公司已于2004年8月28日开业，故逾期竣工的事实不成立，东方公司不应承担逾期竣工违约金。

摘自：奚晓明，潘福仁. 建设工程合同纠纷 [M]. 北京：法律出版社，2007年。

7.2.2 施工质量保证与监督

1. 相关基本概念

1）永久工程：指按合同约定建造并移交给业主的工程，包括工程设备。

2）临时工程：指为完成合同约定的永久工程所修建的各类临时性工程，不包括施工设备。

3）单位工程：指专用合同条款中指明特定范围的永久工程。

4）工程设备：指构成或计划构成永久工程一部分的机电设备、金属结构设备、仪器装置及其他类似的设备和装置。

5）施工设备：指为完成合同约定的各项工作所需的设备、器具和其他物品，不包括临时工程和材料。

6）临时设施：指为完成合同约定的各项工作所服务的临时性生产和生活设施。

7）承包商设备：指承包商自带的施工设备。

8）施工场地（或称工地、现场）：指用于合同工程施工的场所，以及在合同中指定作为施工场地组成部分的其他场所，包括永久占地和临时占地。

9）竣工验收：指承包商完成了全部合同工作后，业主按合同要求进行的验收。

10）国家验收：指政府有关部门根据法律、规范、规程和政策要求，针对业主全面组织实施的整个工程正式交付投运前的验收。

11）缺陷责任期：指承包商按照合同约定承担缺陷修复义务，且业主预留质量保证金（已缴纳履约保证金的除外）的期限，自工程实际竣工日期起计算。

12）保修期：指承包商按照合同约定对工程承担保修责任的期限，从工程竣工验收合格之日起计算。

2. 质量责任

1）因承包商原因造成工程质量达不到合同约定验收标准，监理人有权要求承包商返工直至符合合同要求为止，由此造成的费用增加和（或）工期延误由承包商承担。

2）因业主原因造成工程质量达不到合同约定验收标准，业主应承担由于承包商返工造成的费用增加和（或）工期延误，并支付承包商合理利润。

3. 承包商的管理

（1）项目部的人员管理

1）质量检查制度。承包商应在施工场地设置专门的质量检查机构，配备专职质量检查人员，建立完善的质量检查制度。

2）规范施工作业的操作程序。承包商应加强对施工人员的质量教育和技术培训，定期考核施工人员的劳动技能，严格执行规范和操作规程。

3）撤换不称职的人员。当监理人要求撤换不能胜任本职工作、行为不端或玩忽职守的承包商项目经理和其他人员时，承包商应予以撤换。

（2）质量检查

1）材料和设备的检验。承包商应对使用的材料和设备进行进场检验和使用前的检验，不允许使用不合格的材料和有缺陷的设备。承包商应按合同约定进行材料、工程设备和工程的试验和检验，并为监理人对材料、工程设备和工程的质量检查提供必要的试验资料和原始记录。按合同约定由监理人与承包商共同进行试验和检验的，承包商负责提供必要的资料和原始记录。

2）施工部位的检查。承包商应对施工工艺进行全过程的质量检查和检验，认真执行自检、互检和工序交叉检验制度，尤其要做好工程隐蔽前的质量检查。承包商自检确认的工程隐蔽部位具备覆盖条件后，通知监理人在约定的期限内检查，承包商的通知应附有自检记录和必要的检查资料。经监理人检查确认质量符合隐蔽要求，并在检查记录上签字后，承包商才能进行覆盖。监理人检查确认质量不合格的，承包商应在监理人指示的时间内修整或返工后，由监理人重新检查。承包商未通知监理人到场检查，私自将工程隐蔽部位覆盖的，监理人有权指示承包商钻孔探测或揭开检查，由此增加的费用和（或）工期延误由承包商承担。

3）现场工艺试验。承包商应按合同约定或监理人指示进行现场工艺试验。对大型的现场工艺试验，监理人认为必要时，应由承包商根据监理人提出的工艺试验要求编制工艺试验措施计划，报送监理人审批。

4. 监理人的质量检查和试验

（1）与承包商的共同检验和试验　监理人应与承包商共同进行材料、设备的试验和工程隐蔽前的检验。收到承包商共同检验的通知后，监理人既未发出变更检验时间的通知，又未按时参加，承包商为了不延误施工，可以单独进行检查和试验，将记录送交监理人后可继续施工。此次检查或试验视为监理人在场的情况下进行的，监理人应签字确认。

（2）监理人指示的检验和试验

1）材料、设备和工程的重新检验和试验。监理人对承包商的试验和检验结果有疑问，或为查清承包商试验和检验成果的可靠性要求承包商重新试验和检验时，由监理人与承包商共同进行。重新试验和检验的结果证明该项材料、工程设备或工程的质量不符合合同要求，由此增加的费用和（或）工期延误由承包商承担；重新试验和检验结果证明符合合同要求，由业主承担由此增加的费用和（或）工期延误，并支付承包商合理利润。

2）隐蔽工程的重新检验。监理人对已覆盖的隐蔽工程部位质量有疑问时，可要求承包商对已覆盖的部位进行钻孔探测或揭开重新检验，承包商应遵照执行，并在检验后重新覆盖恢复原状。经检验证明工程质量符合合同要求，由业主承担由此增加的费用和（或）工期延误，并支付承包商合理利润；经检验证明工程质量不符合合同要求，由此增加的费用和（或）工期延误由承包商承担。

5. 对业主提供的材料和工程设备管理

承包商应根据合同进度计划的安排，向监理人报送要求业主交货的日期计划。业主应按照监理人与合同双方当事人商定的交货日期，向承包商提交材料和工程设备，并在到货7天前通知承包商。承包商会同监理人在约定的时间内，在交货地点共同进行验收。业主提供的材料和工程设备验收后，由承包商负责接收、保管和施工现场内的二次搬运所发生的费用。

业主要求向承包商提前接货的物资，承包商不得拒绝，但业主应承担承包商由此增加的保管费用。业主提供的材料和工程设备的规格、数量或质量不符合合同要求，或由于业主原因发生交货日期延误及交货地点变更等情况时，业主应承担由此增加的费用和（或）工期延误，并向承包商支付合理利润。

6. 对承包商施工设备的控制

承包商使用的施工设备不能满足合同进度计划或质量要求时，监理人有权要求承包商增加或更换施工设备，增加的费用和工期延误由承包商承担。

承包商的施工设备和临时设施应专用于合同工程，未经监理人同意，不得将施工设备和临时设施中的任何部分运出施工场地或挪作他用。对目前闲置的施工设备或后期不再使用的施工设备，经监理人根据合同进度计划审核同意后，承包商方可将其撤离施工现场。

案例7-3　施工人应对其施工的工程质量缺陷承担责任——天宇公司与豪杰公司建设工程施工合同纠纷案

[案情简介]

上诉人（原审原告）：天宇公司

被上诉人（原审被告）：豪杰公司

2000年4月19日，天宇公司作为发包单位、豪杰公司作为承包单位，签订"锦绣天第住宅小区施工总包合同"一份，约定：天宇公司将某住宅小区工程项目（总建筑面积120 000m²）发包给豪杰公司承建；合同第21条约定："保修期以乙方（豪杰公司）将竣工工程交给甲方（天宇公司）之日起计算。保修期按上海市有关规定执行。保修期内乙方在接到修理通知后7天内派人修理，否则甲方可委托其他单位修理。因乙方原因造成的费用，甲方在保修金内扣除，不足部分由乙方交付。因乙方之外原因造成的经济支出由甲方承担。"此外，合同还对双方的其他权利义务进行了约定。2001年5月，豪杰公司将第一期工程交付天宇公司。

后由于所交付的房屋出现雨后墙面、地下室等位置渗水，天宇公司于同年6月7日向该工程各项目部发出"关于加强施工质量管理工作的紧急通知"，并抄送豪杰公司，要求各部门提高施工质量工作等。同年7月4日，天宇公司再次向豪杰公司发送"关于继续做好工程施工质量问题整修的函"，指出豪杰公司交付的第一期工程存在渗水、漏水等质量问题，并提出了相应整改意见。后天宇公司以及该工程的监理单位就上述房屋的渗水等质量问题多次向豪杰公司发函提出意见，要求维修和改进。其中，与本案相涉及的1号101室有多次渗水报修记录，另有该房屋与2号102室伸缩缝之间的建筑垃圾问题，工程项目部也向豪杰公司提出，豪杰公司也派人对该伸缩缝进行过修理。2005年年初，第一期工程项目中的1号101室业主以及2号102室业主以天宇公司所售房屋存在渗水等质量问题，造成房屋内装修损坏为由，分别向法院提起诉讼，要求天宇公司赔偿装修损失，具体数额1号101室为70 000~75 000元，2号102室为11 950元。该两案审理中，天宇公司分别与上述两业主达成如下协议：由天宇公司赔偿1号101室业主装修等损失66 000元，并承担案件受理费；由天宇公司赔偿2号102室业主装修等损失11 950元，并承担案件受理费。由于两户业主坚持要求法院判决，故法院于2005年3月4日对上述两案件根据当事人的协议内容做出了判决。判决后，天宇公司以及上述两户业主均未上诉，天宇公司于2005年3月10日向上述两户业主履行了上述判决书确定的给付义务。现天宇公司以豪杰公司施工存在质量问题为由，提起诉讼，请求判令豪杰公司承担因房屋施工质量问题造成天宇公司赔偿的装修损失77 950元及诉讼费5 481元，并承担本案的诉讼费。在天宇公司与上述两户业主的诉讼过程中，双方对1号101室及2号102室房屋的装修损坏原因未申请鉴定，天宇公司确认为系房屋渗水等质量问题导致；对于装修损失的具体数额，双方亦未申请评估，天宇公司根据其自行估算，与上述业主协商一致，确认了上述判决书确定的数额。在一审审理期间，根据豪杰公司的申请，法院委托上海市室内装饰质量监督检验站对本案争议的两套房屋是否存在质量问题以及房屋质量问题形成的原因进行鉴定。鉴定中，因该两套房屋的业主不予配合，致使鉴定未果。

审理中，双方当事人确认，本案系争房屋于2001年竣工交房后发生渗水，分别于2001年、2002年、2004年进行维修，在2004年进行维修时发现房屋伸缩缝里有建筑垃圾，予以清除并进行维修，之后再未发生渗水。

[法院判决]

一审法院认为，天宇公司并未提供直接的有力证据证明系因豪杰公司施工质量问题所引起，且现在豪杰公司对此也未予认可，故天宇公司的诉讼请求缺乏依据。

二审法院认为，根据本案查明的事实，本案系争房屋确有因渗水而导致损失的发生，且该损失与豪杰公司的建筑质量有关，故对于天宇公司要求豪杰公司赔偿的数额予以酌情认定。

一审判决：驳回天宇公司的诉讼请求。

二审判决：撤销一审判决，改判豪杰公司支付天宇公司损失40 000元。

[评析]

本案的争议焦点在于本案系争的两套房屋是否有质量问题以及豪杰公司是否应当承担天宇公司向案外人赔偿的款项。

对于第一个争议焦点，一、二审法院的观点有所不同。一审法院完全根据《证据规则》的规定进行判决。一审认为，当事人对自己提出的诉讼请求所依据的事实有责任提供证据加以证明，没有证据或者证据不足以证明当事人的事实主张的，由负有举证责任的当事人承担不利后果。天宇公司在向第一期工程中的1号101室和2号102室业主承担了装修损失的赔偿责任后,现主张该责任系由豪杰公司施工质量引起,并举证证明了豪杰公司施工建造的上述住宅小区第一期工程存在大量质量问题的来往信函。虽然对该信函豪杰公司无异议,但对于本案所涉及的1号101室和2号102室房屋的装修损失原因不予认可;同时,对于上述两业主装修的实际损失,天宇公司并未提供充足的证据予以证明,仅是根据自己的估算与上述两业主达成了一致赔偿意见,但该数额并未得到豪杰公司的确认。因此,天宇公司的诉讼请求不能成立。

二审法院则是根据已经判决生效的案件中已查明的事实,认为本案系争房屋的质量问题虽然在一审期间因业主的原因而无法鉴定,但从双方当事人确认的维修情况来看,房屋质量问题与伸缩缝中的建筑垃圾有极大的关联,且双方当事人均确认在清除伸缩缝中的建筑垃圾后再未发生过房屋渗水现象,因此本案系争房屋发生渗水与豪杰公司的建筑质量有直接关系,豪杰公司应对此承担赔偿责任。

尽管本案系争工程的质量问题在诉讼过程中未进行过鉴定,但是在审理中,法官可以通过查明案件的全部事实,认定施工质量缺陷的存在并分清责任方。

对于赔偿数额问题,虽然天宇公司向两位业主赔偿的数额系已通过生效判决确定,但该判决是基于天宇公司在该两案审理期间同意赔偿而做出的,且在该两案审理中未对赔偿数额进行评估,因而无法认定天宇公司向两户业主赔偿的数额即为两户业主的实际损失数额,因此其要求豪杰公司全额支付其向业主赔偿的款项,依据不充分。基于本案系争房屋因渗水确有损失发生,以及该损失与豪杰公司的建筑质量有关,故二审法院对于天宇公司要求豪杰公司赔偿的数额予以酌情认定。

摘自:奚晓明,潘福仁. 建设工程合同纠纷 [M]. 北京:法律出版社,2007.

7.2.3　工程计量与支付管理

1. 相关概念

1)基准日期:指投标截止时间前28天的日期。

2)签约合同价:指签订合同时合同协议书中写明的,包括了暂列金额、暂估价的合同总金额。签约合同价是写在协议书和中标通知书内的固定数额,作为结算价款的基数。

3)合同价格:指承包商按合同约定完成了包括缺陷责任期内的全部承包工作后,业主应付给承包商的金额,包括在履行合同过程中按合同约定进行的变更和调整。合同价格是承包商最终完成全部施工和保修义务后应得的全部合同价款,包括施工过程中按照合同相关条款的约定,在签约合同价基础上应给承包商补偿或扣减的费用之和。因此,只有在最终结算时,合同价格的具体金额才可以确定。

4)费用:指为履行合同所发生的或将要发生的所有合理开支,包括管理费和应分摊的其他费用,但不包括利润。

5)暂列金额:指已标价工程量清单中所列的暂列金额,用于在签订协议书时尚未确定或不可预见变更的施工及其所需材料、工程设备、服务等的金额,包括以计日工方式支付的金额。暂列金额是招标投标阶段已经确定价格,监理人在合同履行阶段根据工程实际情况指示承包商完成相关工作后给予支付的款项。签约合同价内约定的暂列金额可能全部使用或部分使用,因此承包商不一定能够全部获得支付。

6)暂估价:指业主在工程量清单中给定的用于支付必然发生但暂时不能确定价格的材料、设备以及专业工程的金额。暂估价是在招标投标阶段暂时不能合理确定价格,但合同履行阶段必然发生,业主一定予以支付的款项。

该笔款项属于签约合同价的组成部分，合同履行阶段一定发生，但招标阶段由于局部设计深度不够，质量标准尚未最终确定，投标时市场价格差异较大等原因，要求承包商按暂估价格报价部分，合同履行阶段再最终确定该部分的合同价格金额。

7）计日工：指对零星工作采取的一种计价方式，按合同中的计日工子目及其单价计价付款。

8）质量保证金（或称保留金）：指按合同约定用于保证在缺陷责任期内履行缺陷修复义务的金额。

质量保证金（保留金）是将承包商的部分应得款扣留在业主手中，用于因施工原因修复缺陷工程的开支项目。业主和承包商需在专用条款内约定两个值：一是每次支付工程进度款时应扣质量保证金的比例（如10%）；二是质量保证金总额，可以采用某一金额或签约合同价的某一百分比。住房和城乡建设部、财政部联合颁布的《建设工程质量保证金管理办法》（建质〔2017〕138号）规定，业主应按照合同约定方式预留保证金，保证金总预留比例不得高于工程价款结算总额的3%。合同约定由承包商以银行保函替代预留保证金的，保函金额不得高于工程价款结算总额的3%。

质量保证金从第一次支付工程进度款时开始起扣，从承包商本期应获得的工程进度付款中，扣除预付款的支付、扣回以及因物价浮动对合同价格的调整三项金额后的款额为基数，按专用条款约定的比例扣留本期的质量保证金。累计扣留达到约定的总额为止。质量保证金用于约束承包商在施工阶段、竣工阶段和缺陷责任期内，均必须按照合同要求对施工的质量和数量承担约定的责任。如果对施工期内承包商修复工程缺陷的费用从工程进度款内进行扣除，可能会影响承包商后期施工的资金周转，因此规定质量保证金从第一次支付工程进度款时起扣。

监理人在缺陷责任期满颁发缺陷责任终止证书后，承包商向业主申请到期应返还承包商质量保证金的金额，业主应在14天内会同承包商按照合同约定的内容核实承包商是否完成缺陷修复责任。如无异议，业主应当在核实后将剩余质量保证金返还给承包商。如果约定的缺陷责任期满时，承包商还没有完成全部缺陷修复或部分单位工程延长的缺陷责任期尚未到期，业主有权扣留与未履行缺陷责任剩余工作所需金额相应的质量保证金。

2. 外部原因引起的合同价格调整

（1）物价浮动的变化　施工工期12个月以上的工程，应考虑市场价格浮动对合同价格的影响，由业主和承包商分担市场价格变化的风险。通用条款规定用公式法调价，但仅适用于工程量清单中的单价支付部分。在调价公式的应用中，有以下几个基本原则：

1）在每次支付工程进度款计算调整差额时，如果得不到现行价格指数，可暂用上一次的价格指数计算，并在以后的付款中再按实际价格指数进行调整。

2）由于变更导致合同中调价公式约定的权重变得不合理时，由监理人与承包商和业主协商后进行调整。

3）因非承包商原因导致工期顺延，原定竣工日后的支付过程中，调价公式继续有效。

4）因承包商原因未在约定的工期内竣工，后续支付时应采用原约定竣工日与实际支付日的两个价格指数中较低的一个，作为支付计算的价格指数。

5）人工、机械使用费按照国家或省、自治区、直辖市建设行政管理部门、行业建设管理部门或其授权的工程造价管理机构发布的人工成本信息、机械台班单价或机械使用费系数进行调整；需要调整价格的材料，以监理人复核后确认的材料单价及数量作为调整工程合同价格差额的依据。

（2）法律法规的变化　基准日后，因法律、法规变化导致承包商的施工费用发生增减变化时，监理人根据法律、国家或省、自治区、直辖市有关部门的规定，监理人采用商定或确定的方式，对合同价款进行调整。

3. 工程量计量

已完成合格工程量计量的数据，是工程进度款支付的依据。工程量清单或报价单内承包工作的内容，既包括单价支付的项目，又可能有总价支付部分，如设备安装工程的施工。单价支付与总价支付的项目在计量和付款中有较大区别。单价子目已完成工程量按月计量，总价子目的计量周期按已批准承包商的支付分解报告确定。

（1）单价子目的计量　对已完成的工程进行计量后，承包商向监理人提交进度付款申请单、已完成工程量报表和有关计量资料。监理人应在收到承包商提交的工程量报表后的 7 天内进行复核，监理人未在约定时间内复核，承包商提交的工程量报表中的工程量视为承包商实际完成的工程量，据此计算工程价款。监理人对数量有异议或监理人认为有必要时，可要求承包商进行共同复核和抽样复测。承包商应协助监理人进行复核，并按监理人要求提供补充计量资料。承包商未按监理人要求参加复核的，监理人单方复核或修正的工程量作为承包商实际完成的工程量。

（2）总价子目的计量　总价子目的计量和支付应以总价为基础，不考虑市场价格浮动的调整。承包商实际完成的工程量，是进行工程目标管理和控制进度支付的依据。承包商在合同约定的每个计量周期内，对已完成的工程进行计量，并向监理人提交进度付款申请单、专用条款约定的合同总价支付分解表所表示的阶段性或分项计量的支持性资料，以及所达到工程形象进度或分阶段完成的工程量和有关计量资料。监理人对承包商提交的资料进行复核，有异议时可要求承包商进行共同复核和抽样复测。除变更外，总价子目表中标明的工程量是用于结算的工程量，通常不进行现场计量，只进行施工图计量。

4. 工程进度款的支付

（1）进度付款申请单　承包商应在每个付款周期末，按监理人批准的格式和专用条款约定的份数，向监理人提交进度付款申请单，并附相应的支持性证明文件。通用条款中要求进度付款申请单的内容包括：

1）截至本次付款周期末已实施工程的价款。

2）变更金额。

3）索赔金额。

4）本次应支付的预付款和扣减的返还预付款。

5）本次扣减的质量保证金。

6）根据合同应增加和扣减的其他金额。

（2）进度款支付证书　监理人在收到承包商进度付款申请单以及相应的支持性证明文件后的 14 天内完成核查，提出业主到期应支付给承包商的金额以及相应的支持性材料。经业主审查同意后，由监理人向承包商出具经业主签认的进度付款证书。监理人有权扣发承包商未能按照合同要求履行任何工作或义务的相应金额，如扣除质量不合格部分的工程款等。通用条款规定，监理人出具的进度付款证书，不应视为监理人已同意、批准或接受了承包商完成的该部分工作，在对以往历次已签发的进度付款证书进行汇总和复核中发现错、漏或重复的，监理人有权予以修正，承包商也有权提出修正申请。经双方复核同意的修正，应在本次进度付款中支付或扣除。

（3）进度款的支付　业主应在监理人收到进度付款申请单后的 28 天内，将进度应付款支付给承包商。业主如果不按期支付，按专用合同条款的约定支付逾期付款违约金。

案例 7-4

[案情简介]

某建设单位（甲方）拟建造一栋 3600m² 的职工住宅，采用工程量清单招标方式由某施工单位（乙方）承建。甲乙双方签订的施工合同摘要如下：

一、协议书中的部分条款

1. 合同工期

计划开工日期：2018 年 10 月 16 日；计划竣工日期：2019 年 9 月 30 日；工期总日历天数：330 天（扣除春节放假 16 天）。

2. 质量标准

工程质量符合：甲方规定的质量标准。

3. 签约合同价与合同价格形式

签约合同价：人民币（大写）陆佰捌拾玖万元（￥68 900.00 元），其中：（1）安全文明施工费为签约合同价 5%；（2）暂列金额为签约合同价 5%。合同价格形式：总价合同。

4. 合同文件构成

本协议书与下列文件一起构成合同文件

①中标通知书；②投标函及投标函附录；③专用合同条款及其附件；④通用合同条款；⑤技术标准和要求；⑥施工图；⑦已标价工程量清单；⑧其他合同文件。

上述文件互相补充和解释，如有不明确或不一致之处，以上述顺序作为优先解释顺序（合同履行过程中另行约定的除外）。

二、专用条款中有关合同价款的条款

1. 合同价款及其调整

本合同价款除如下约定外，不得调整：①当工程量清单项目工程量的变化幅度在 15% 以外时，合同价款可做调整。②当材料价格上涨超过 5% 时，调整相应分项工程价款。

2. 合同价款的支付

（1）工程预付款：于开工之日支付合同总价的 10% 作为预付款。工程实施后，预付款从工程后期进度款中扣回。

（2）工程进度款：基础工程完成后，支付合同总价的 10%；主体结构三层完成后，支付合同总价的 20%；主体结构全部封顶后，支付合同总价的 20%；工程基本竣工时，支付合同总价的 30%。为确保工程如期竣工，乙方不得因甲方资金的暂时不到位而停工和拖延工期。

（3）竣工结算：工程竣工验收后，进行竣工结算。结算时按工程结算总额的 3% 扣留工程质量保证金。在保修期（50 年）满后，质量保证金及其利息扣除已支出费用后的剩余部分退还给乙方。

三、补充协议条款

在上述施工合同协议条款签订后，甲乙双方又接着签订了补充施工合同协议条款。摘要如下：

补 1. 木门窗均用水曲柳板包门窗套；

补 2. 铝合金窗 90 系列改用 42 型系列某铝合金厂产品；

补 3. 挑阳台均采用 42 型系列某铝合金厂铝合金窗封闭。

问题：

1. 该合同签订的条款有哪些不妥之处？应如何修改？

2. 工程合同实施过程中，出现哪些情况可以调整合同价款？简述出现合同价款调增事项后，承发包双方的处理程序。

3. 对合同中未规定的承包商义务，合同实施过程中又必须进行的工程内容，承包商应如何处理？

[分析]

本案例主要涉及建设工程施工合同的基本构成和工程合同价款的约定、支付、调整等内容。涉及合同条款签订中易发生争议的若干问题；施工过程中出现合同未规定的承包商义务，但又必须进行的工程内容，承包商如何处理；以及工程质量保证金的扣留与返还等问题。

问题1：

答：该合同条款存在的不妥之处及其修改：

1）工期总日历天数约定不妥。应按日历天数约定，不扣除节假日时间。

2）工程质量为甲方规定的质量标准不妥。本工程是住宅楼工程，目前对该类工程尚不存在其他可以明示的企业或行业的质量标准。因此，不应以甲方规定的质量标准作为该工程的质量标准，而应以《建筑工程施工质量验收统一标准》中规定的质量标准作为该工程的质量标准。

3）安全文明施工费和暂列金额为签约合同价的一定比例不妥。应约定人民币金额。

4）针对工程量变化幅度和材料上涨幅度调整工程价款的约定不妥。应根据《建设工程工程量清单计价规范》的有关规定，全面约定工程价款可以调整的内容和调整方法。

5）工程预付款预付额度和时间不妥。根据《建设工程工程量清单计价规范》的规定：

① 包工包料工程的预付款的支付比例不得低于签约合同价（扣除暂列金额）的10%，不宜高于签约合同价（扣除暂列金额）的30%。

② 承包商应在签订合同或向业主提供与预付款等额的预付款保函（如有）后向业主提交预付款支付申请。业主应对在收到支付申请的7天内并进行核实后，向承包商发出预付款支付证书，并在签发支付证书后的7天内向承包商支付预付款。

③ 应明确约定工程预付款的起扣点和扣回方式。

6）工程价款支付条款约定不妥。"基本竣工时间"不明确，应修订为具体明确的时间；"乙方不得因甲方资金的暂时不到位而停工和拖延工期"条款显失公平，应说明甲方资金不到位在什么期限内乙方不得停工和拖延工期，逾期支付的利息如何计算。

7）质量保修期（50年）不妥，应按《建设工程质量管理条制》的有关规定进行修改：地基与基础、主体结构为设计的合理使用年限，防水、保温工程为5年，其他工程（水、电、装修等）为2年或2期。

8）工程质量保证金返还时间不妥。根据住建部、财政部颁布的"关于印发〈建设工程质量保证金管理暂行办法〉的通知"的规定，在施工合同中双方约定的工程缺陷责任期一般为1年，最长不超过2年。缺陷责任期满后，承包商向业主申请返还保证金，业主应于14天内进行核实，核实后14天内将保证金返还承包商。

9）补充施工合同协议条款不妥。在补充协议中，不仅要补充工程内容，而且要说明工期和合同价款是否需要调整；若需调整，应如何调整。

问题2：

答：根据《建设工程工程量清单计价规范》的规定，下列事项（但不限于）发生，发承包双方应当按照合同约定调整合同价款：

①法律法规变化；②工程变更；③项目特征描述不符；④工程量清单缺项；⑤工程量偏差；⑥物价变化；⑦暂估价；⑧计日工；⑨现场签证；⑩不可抗力；⑪提前竣工（赶工补偿）；⑫误期赔偿；⑬施工索赔；⑭暂列金额；⑮发承包双方约定的其他调整事项。

出现合同价款调增事项后的14天内，承包商应向业主提交合同价款调增报告并附上相关资料，若承包商在14天内未提交合同价款调增报告的，视为承包商对该事项不存在调整价款。

业主应在收到承包商合同价款调增报告及相关资料之日起14天内对其核实，予以确认的应书面通知承包商。如有疑问，应向承包商提出协商意见。业主在收到合同价款调增报告之日起14天内未确认也未提出协商意见的，视为承包商提交的合同价款调增报告已被业主认可。业主提出协商意见的，承包商应在收到协商意见后的14天内对其核实，予以确认的应书面通知业主。如承包商在收到业主的协商意见后14天内既不确认也未提出不同意见的，视为业主提出的意见已被承包商认可。

问题3：

答：首先应及时与甲方协商，确认该部分工程内容是否由乙方完成。如果需要由乙方完成，则双方应商签补充合同协议，就该部分工程内容明确双方各自的权利义务，并对工程计划做出相应的调整。如果由其他承包商完成，乙方也要与甲方就该部分工程内容的协作配合条件及相应的费用等问题达成一致意见，以保证工程顺利进行。

7.2.4 施工安全与环境管理

1. 施工安全管理

（1）业主的施工安全责任　业主应按合同约定履行安全管理职责，授权监理人按合同约定的安全工作内容监督、检查承包商安全工作的实施，组织承包商和有关单位进行安全检查。业主应对其现场机构全部人员的工伤事故承担责任，但由于承包商原因造成业主人员工伤的，应由承包商承担责任。业主应负责赔偿工程或工程的任何部分对土地的占用所造成的第三者财产损失，以及由于业主原因在施工场地及其毗邻地带造成的第三者人身伤亡和财产损失负责赔偿。

（2）承包商的施工安全责任　承包商应按合同约定的安全工作内容，编制施工安全措施计划报送监理人审批，按监理人的指示制订应对灾害的紧急预案，报送监理人审批。承包商应按预案做好安全检查，配置必要的救助物资和器材，切实保护好有关人员的人身和财产安全。施工过程中负责施工作业安全管理，特别应加强易燃易爆材料、火工器材、有毒与腐蚀性材料和其他危险品的管理，加强爆破作业和地下工程施工等危险作业的管理。严格按照国家安全标准制定施工安全操作规程，配备必要的安全生产和劳动保护设施，加强对承包商人员的安全教育，并发放安全工作手册和劳动保护用具。合同约定的安全作业环境及安全施工措施所需费用已包括在相关工作的合同价格中；因采取合同未约定的安全作业环境及安全施工措施增加的费用，由监理人按商定或确定方式予以补偿。承包商对其履行合同所雇佣的全部人员，包括分包人人员的工伤事故承担责任，但由于业主原因造成承包商人员的工伤事故，应由业主承担责任。由于承包商原因在施工场地内及其毗邻地带造成的第三者人员伤亡和财产损失，由承包商负责赔偿。

（3）监理工程师的安全管理职责

1）项目监理机构应根据法律法规、工程建设强制性标准，履行建设工程安全生产管理的监理职责，并应将安全生产管理的监理工作内容、方法和措施纳入监理规划及监理实施细则。

2）项目监理机构应审查施工单位现场安全生产规章制度的建立和实施情况，并应审查施工单位安全生产许可证及施工单位项目经理、专职安全生产管理人员和特种作业人员的资格，同时应核查施工机械和设施的安全许可验收手续。

3）项目监理机构应审查施工单位报审的专项施工方案，符合要求的，应由总监理工程师签认后报建设单位。超过一定规模的危险性较大的分部分项工程的专项施工方案，应检查施工单位组织专家进行论证、审查的情况，以及是否附具安全验算结果。项目监理机构应要求施工单位按已批准的专项施工方案组织施工。专项施工方案需要调整时，施工单位应按程序重新提交项目监理机构审查。

专项施工方案审查应包括下列基本内容：

① 编审程序应符合相关规定。

② 安全技术措施应符合工程建设强制性标准。

项目监理机构应巡视检查危险性较大的分部分项工程专项施工方案实施情况。发现未按专项施工方案实施时，应签发监理通知单，要求施工单位按专项施工方案实施。

4）项目监理机构在实施监理过程中，发现工程存在安全事故隐患时，应签发监理通知单，要求施工单位整改；情况严重时，应签发工程暂停令，并应及时报告建设单位。施工单位拒不整改或不停止施工时，项目监理机构应及时向有关主管部门报送监理报告。

（4）安全事故处理程序

1）通知。施工过程中发生安全事故时，承包商应立即通知监理人，监理人应立即通知业主。

2）及时采取减损措施。工程事故发生后，业主和承包商应立即组织人员和设备进行紧急抢救和抢修，减少人员伤亡和财产损失，防止事故扩大，并保护事故现场。需要移动现场物品时，应做出标记和书面记录，妥善保管有关证据。

3）报告。工程事故发生后，业主和承包商应按国家有关规定，及时如实地向有关部门报告事故发生的情况，以及正在采取的紧急措施。

2. 环境管理

履行环境保护义务不仅是承包商的法定义务，也是合同义务。标准合同条件分六项规定了环境保护相关内容，分别规定承包商在施工中应遵守环境法规；承包商应编制施工环保措施计划；承包商应按照计划堆放和处理施工废弃物，并对堆放或处理废弃物不当造成的损害承担责任；承包商应避免因施工造成地质灾害；承包商应定期对饮用水进行监测，防止饮用水源受污染；承包商应加强对噪声、粉尘、废气、废水和废油的控制。

在《水利水电工程标准施工招标文件》中还规定：业主应及时向承包商提供水土保持方案。承包商在施工过程中，应遵守有关水土保持的法律法规和规章，履行合同约定的水土保持义务，并对其违反法律和合同约定义务所造成的水土流失灾害、人身伤害和财产损失负责。承包商的水土保持措施计划，应满足技术标准和要求（合同技术条款）约定的要求。

在签订和履行建设工程施工合同时，对于环境保护，承包商应注意如下问题：

1）承包商应在施工组织设计中写明针对施工过程中可能发生的污染而采取的具体措施。若监理人认为该措施不足以防止对环境的污染，则承包商需要修改措施，直至监理人认可该措施。

2）承包商在签订合同时应全面考虑可能发生的费用，合同一经签订，就视为承包商已经认识到了保护环境可能面临的所有风险，除非按照合同中"法律变化引起的调整"条款导致承包商保护环境的费用增加，承包商不可就保护环境所发生的其他费用要求业主进行补偿。

3）《民法典》第一千二百三十条规定，因污染环境、破坏生态发生纠纷，行为人应当就法律规定的不承担责任或者减轻责任的情形及其行为与损害之间不存在因果关系承担举证责任。

7.3 合同收尾管理

7.3.1 竣工验收阶段的合同管理

1. 单位工程验收

（1）单位工程验收的情况　合同工程全部完工前进行单位工程验收和移交，可能涉及以下三种情况：一是专用条款内约定了某些单位工程分部移交；二是业主在全部工程竣工前希望使用已经竣工的单位工程，提出单位工程提前移交的要求，以便获得部分工程的运行收益；三是承包商从后续施工管理的角度出发而提出单位工程提前验收的建议，并经业主同意。

（2）单位工程验收后的管理　验收合格后，由监理人向承包商出具经业主签认的单位工程验收证书。单位工程的验收成果和结论作为全部工程竣工验收申请报告的附件。移交后的单位工程由业主负责照管。除了合同约定的单位工程分部移交的情况外，如果业主在全部工程竣工前，使用已接收的单位工程运行影响了承包商的后续施工，业主应承担由此增加的费用和（或）工期延误，并支付承包商合理利润。

2. 施工期运行

施工期运行是指合同工程尚未全部竣工，其中某项或某几项单位工程已竣工或工程设备安装完毕，需要投入施工期的运行时，须经检验合格能确保安全后，才能在施工期投入运行。

除了专用条款约定由业主负责试运行的情况外，承包商应负责提供试运行所需的人员、器材和必要的条件，并承担全部试运行费用。施工期运行中发现工程或工程设备损坏或存在缺陷时，由承包商进行修复，并按照缺陷原因由责任方承担相应的费用。

3. 合同工程的竣工验收

（1）承包商提交竣工验收申请报告　当工程具备以下条件时，承包商可向监理人报送竣工验收申请报告：

1）除监理人同意列入缺陷责任期内完成的尾工（甩项）工程和缺陷修补工作外，承包商的施工已完成合同范围内的全部单位工程以及有关工作，包括合同要求的试验、试运行以及检验和验收均已完成，并符合合同要求。

2）已按合同约定的内容和份数备齐了符合要求的竣工资料。

3）已按监理人的要求编制了在缺陷责任期内完成的尾工（甩项）工程和缺陷修补工作清单，以及相应施工计划。

4）监理人要求在竣工验收前应完成的其他工作。

5）监理人要求提交的竣工验收资料清单。

（2）监理人审查竣工验收报告　监理人审查承包商提交的竣工验收申请报告的各项内容，认为工程尚不具备竣工验收条件时，应在收到竣工验收申请报告后的28天内通知承包商，指出在颁发接收证书前承包商还需进行的工作内容。承包商完成监理人通知的全部工作内容后，应再次提交竣工验收申请报告，直至监理人同意为止。监理人审查后认为已具备竣工验收条件，应在收到竣工验收申请报告后的28天内提请业主进行工程验收。

（3）竣工验收

1）竣工验收合格，监理人应在收到竣工验收申请报告后的56天内，向承包商出具经业主签认的工程接收证书。以承包商提交竣工验收申请报告的日期为实际竣工日期，并在工程接收证书中写明。实际竣工日用以计算施工期限，与合同工期对照判定承包商是提前竣工还是延误竣工。

2）竣工验收基本合格但提出了需要整修和完善要求时，监理人应指示承包商限期修好，并缓发工程接收证书。经监理人复查确认整修和完善工作达到了要求，再签发工程接收证书，竣工日仍为承包商提交竣工验收申请报告的日期。

3）竣工验收不合格，监理人应按照验收意见发出指示，要求承包商对不合格工程认真返工或进行补救处理，并承担由此产生的费用。承包商在完成不合格工程的返工工作或补救工作后，应重新提交竣工验收申请报告。重新验收如果合格，则工程接收证书中注明的实际竣工日，应为承包商重新提交竣工验收报告的日期。

（4）延误进行竣工验收　业主在收到承包商竣工验收申请报告 56 天后未进行验收，视为验收合格。实际竣工日期以提交竣工验收申请报告的日期为准，但业主由于不可抗力不能进行验收的情况除外。当事人对建设工程实际竣工日期有争议的，按照以下情形分别处理：

1）建设工程经竣工验收合格的，以竣工验收合格之日为竣工日期。

2）承包商已经提交竣工验收报告，业主拖延验收的，以承包商提交验收报告之日为竣工日期。

3）建设工程未经竣工验收，业主擅自使用的，以转移占有建设工程之日为竣工日期。

4. 竣工结算

（1）承包商提交竣工付款申请单　工程进度款的分期支付是阶段性的临时支付，因此在工程接收证书颁发后，承包商应按专用合同条款约定的份数和期限向监理人提交竣工付款申请单，并提供相关证明材料。付款申请单应说明竣工结算的合同总价、业主已支付承包商的工程价款、应扣留的质量保证金、应支付的竣工付款金额。

（2）监理人审查　竣工结算的合同价格，应为通过单价乘以实际完成工程量的单价子目款、采用固定价格的各子项目包干价、依据合同条款进行调整（变更、索赔、物价浮动调整等）后构成的最终合同结算价。监理人对竣工付款申请单如果有异议，有权要求承包商进行修正和提供补充资料。监理人和承包商协商后，由承包商向监理人提交修正后的竣工付款申请单。

（3）签发竣工付款证书　监理人在收到承包商提交的竣工付款申请单后的 14 天内完成核查，将核定的合同价格和结算尾款金额提交业主审核并抄送承包商。业主应在收到后 14 天内审核完毕，由监理人向承包商出具经业主签认的竣工付款证书。监理人未在约定时间内核查，又未提出具体意见的，视为承包商提交的竣工付款申请单已经监理人核查同意。业主未在约定时间内审核又未提出具体意见，监理人提出业主到期应支付给承包商的结算尾款视为已经业主同意。

（4）支付　业主应在监理人出具竣工付款证书后的 14 天内，将应支付款支付给承包商。业主不按期支付，还应加付逾期付款的违约金。如果承包商对业主签认的竣工付款证书有异议，业主可出具竣工付款申请单中承包商已同意部分的临时付款证书；存在争议的部分，按合同约定的争议条款处理。

5. 竣工清场

（1）承包商的清场义务　工程接收证书颁发后，承包商应对施工场地进行清理，直至监理人检验合格为止。

1）施工场地内残留的垃圾已全部清除出场。

2）临时工程已拆除，场地已按合同要求进行清理、平整或复原。

3）按合同约定应撤离的承包商设备和剩余的材料，包括废弃的施工设备和材料，已按计划撤离施工场地。

4）工程建筑物周边及其附近道路、河道的施工堆积物，已按监理人指示全部清理。

5）监理人指示的其他场地清理工作已全部完成。

（2）承包商未按规定完成的责任　承包商未按监理人的要求恢复临时占地，或者场地清理未达到合同约定，业主有权委托其他人恢复或清理，所发生的金额从拟支付给承包商的款项中扣除。

7.3.2 缺陷责任期的合同管理

1. 缺陷责任

缺陷责任期自实际竣工日期起计算。在全部工程竣工验收前，已经业主提前验收的单位工程，其缺陷责任期的起算日期相应提前。

工程移交业主运行后，缺陷责任期内出现的工程质量缺陷可能是承包商的施工质量原因，也可能属于非承包商应负责的原因导致。应由监理人与业主和承包商共同查明原因，分清责任。对于工程主要部位承包商责任的缺陷工程修复后，缺陷责任期相应延长。任何一项缺陷或损坏修复后，经检查证明其影响了工程或工程设备的使用性能的，承包商应重新进行合同约定的试验和试运行，试验和试运行的全部费用应由责任方承担。

2. 监理人颁发缺陷责任终止证书

缺陷责任期满，包括延长的期限终止后14天内，由监理人向承包商出具经业主签认的缺陷责任期终止证书，并退还剩余的质量保证金。颁发缺陷责任期终止证书，意味着承包商已按合同约定完成了施工、竣工和缺陷修复责任的义务。

案例 7-5　建设工程质量纠纷案例分析

[案情简介]

2009年6月，甲房地产开发公司与乙施工单位签订施工合同，约定A大厦的土建安装工程发包给乙施工单位施工，并约定12个月的缺陷责任期，从工程交付使用之日起算；缺陷责任期满后，甲房地产开发公司向乙施工单位退还质量保证金。2011年6月，乙施工单位完成了A大厦的施工但因氨气超标未通过竣工验收。甲房地产开发公司要求乙施工单位整改，但仍未解决氨气超标问题。在合同履行过程中发生了以下事件：

事件1：在工程施工中，经过甲房地产开发公司和监理工程师的同意后，乙施工单位按照合同约定使用含氨的混凝土防冻添加剂，但是防冻添加剂的用法违反了国家建筑材料强制性标准。

事件2：缺陷责任期届满后，乙施工单位要求甲房地产开发公司返还质量保证金。

[问题]

1）试分析事件1中，乙施工单位对使用含氨的防冻剂是否存在过错？

2）试分析事件2中，乙施工单位的做法是否正确？

[答案]

1）事件1中，乙施工单位对使用含氨的防冻剂存在过错。虽然乙施工单位使用防冻剂的行为完全按照合同，且经甲房地产开发公司和监理工程师的认可，但该做法违反了国家强制性标准。作为专业的施工单位，乙施工单位应当知道该做法违反国家强制性标准，应当拒绝甲房地产开发公司的要求，并提出合理的建议。

2）事件2中，乙施工单位的做法不正确。虽然乙施工单位已按合同约定按时完成了A大厦工程，且缺陷责任期已满，但由于质量问题未能通过竣工验收，因此，甲房地产开发公司不能返还乙施工单位的质量保证金。

3. 最终结清

缺陷责任期终止证书签发后，业主与承包商进行合同付款的最终结清。结清的内容涉及质量保证金的返还、缺陷责任期内修复非承包商缺陷责任的工作、缺陷责任期内涉及的索赔等。

（1）承包商提交最终结清申请单　承包商按专用合同条款约定的份数和期限向监理人提交最终结清申请单，并提供缺陷责任期内的索赔、质量保证金应返还的余额等的相关证明材料。如果质量保证金不足以抵减业主的损失，承包商还应承担不足部分的赔偿责任。承包商再向监理人提交修正后的最终结清申请单。

（2）签发最终结清证书　监理人收到承包商提交的最终结清申请单后的 14 天内，提出业主应支付给承包商的价款送业主审核并抄送承包商。业主应在收到后 14 天内审核完毕，由监理人向承包商出具经业主签认的最终结清证书。监理人未在约定时间内核查，又未提出具体意见，视为承包商提交的最终结清申请已经监理人核查同意。业主未在约定时间内审核又未提出具体意见，监理人提出应支付给承包商的价款视为已经业主同意。

（3）最终支付　业主应在监理人出具最终结清证书后的 14 天内将应支付款支付给承包商。业主不按期支付的，还需将逾期付款违约金支付给承包商。承包商对最终结清证书有异议的，按合同争议处理。

（4）结清单生效　承包商收到业主最终支付款后结清单生效。结清单生效即表明合同终止，承包商不再拥有索赔的权利。如果业主未按时支付结清款，承包商仍可就此事项进行索赔。

思　考　题

1. 试分析工程合同的履行和监督在合同管理中的重要性。
2. 说明建立施工合同履行监督体系的意义。
3. 施工合同进度履行与监督的内容是什么？
4. 施工合同质量保证与监督的内容是什么？
5. 施工合同计量与支付的内容是什么？
6. 施工安全与环境管理的内容主要有哪些？

第 8 章

工程总承包合同履行与监督

学习目标

了解工程总承包合同下业主方、承包方和监理方各自的职责，熟悉承包商设计前期工作和监理、业主方对设计质量的管理内容方法，掌握总承包合同下工程质量管理、支付管理和变更管理的内容方法，了解总承包合同下的风险管理。

本章将从总承包合同管理各方的职责分析入手，探讨总承包合同履行的前期阶段、设计阶段和施工阶段的工程质量保证、合同支付和风险防控。

8.1 工程总承包合同各方管理职责

与 DBB 模式下的施工合同相比，对工程总承包合同，业主将工程项目设计、采购、施工等任务委托给总承包商，业主方承担签订合同阶段承包商无法合理预见的重大风险，承包商承担较多的工程实施风险。但因设计施工由一个单位总包，可以激发承包商的设计优化潜力，促进多方协同和工期优化。当然，和其他合同一样，做好总承包合同管理的前提是明确合同双方的权利义务，制订科学的管理计划。

下面根据我国《标准设计施工总承包招标文件》（2012 年版）中设计施工总承包合同文件来分析各方权利义务。考虑到设计施工总承包项目的投资主体、工作内容等方面的差异，《标准设计施工总承包招标文件》（2012 年版）根据我国目前工程项目总承包的实际情况，对第一节通用合同条款中第 1.13 款"业主要求中的错误"等 9 个条款采取了由合同当事人选择约定 A 或 B 条款的方法，供业主和承包商根据实际需要协商选择适用 A 条款或 B 条款。A 条款相对 B 条款来说，风险对承包商略小，风险分配也更平衡。招标人将工程建设项目的多数工作进行发包时，可以选择适用 A 条款；招标人将工程建设项目的全部工作进行发包时，可以选择适用 B 条款。但是，当事人仍可根据项目的实际情况，在专业人士的指导下分别选用 A 条款或者 B 条款。

8.1.1 业主（发包方）方义务

业主（发包方）是总承包合同的一方当事人，对工程项目的实施负责投资支付和项目建设有关重大事项的决定。

1）遵守法律。业主在履行合同过程中应遵守法律，并保证承包商免于承担因业主违反法律而引起的任何责任。

2）发出承包商开始工作通知。业主应委托监理人按第 11.1 款的约定，向承包商发出开始工作通知。

3）提供施工场地。业主应按专用合同条款约定向承包商提供施工场地及进场施工条件，并明确与承包商的交接界面。

4）办理证件和批件。法律规定和（或）合同约定由业主负责办理的工程建设项目必须履行的各类审批、核准或备案手续，业主应按时办理。法律规定和（或）合同约定由承包商负责的有关设计、施工证件和批件，业主应给予必要的协助。

5）支付合同价款。业主应按合同约定向承包商及时支付合同价款。专用合同条款对业主工程款支付担保有约定的，遵守其约定。

6）组织竣工验收。业主应按合同约定及时组织竣工验收。

7）其他义务。业主应履行合同约定的其他义务。

8.1.2　承包商义务

承包商是总承包合同的另一方当事人，按合同的约定承担完成工程项目的设计、招标、采购、施工、试运行和缺陷责任期的质量缺陷修复责任。

1. 一般义务

1）遵守法律。承包商在履行合同过程中应遵守法律，并保证业主免于承担因承包商违反法律而引起的任何责任。

2）依法纳税。承包商应按有关法律规定纳税，应缴纳的税金包括在合同价格内。

3）完成各项承包工作。承包商应按合同约定以及监理人根据第3.4款做出的指示，完成合同约定的全部工作，并对工作中的任何缺陷进行整改、完善和修补，使其满足合同约定的目的。除专用合同条款另有约定外，承包商应提供合同约定的工程设备和承包商文件，以及为完成合同工作所需的劳务、材料、施工设备和其他物品，并按合同约定负责临时设施的设计、施工、运行、维护、管理和拆除。

4）对设计、施工作业和施工方法，以及工程的完备性负责。承包商应按合同约定的工作内容和进度要求，编制设计、施工的组织和实施计划，并对所有设计、施工作业和施工方法，以及全部工程的完备性和安全可靠性负责。

5）保证工程施工和人员的安全。承包商应按第10.2款约定采取施工安全措施，确保工程及其人员、材料、设备和设施的安全，防止因工程施工造成的人身伤害和财产损失。

6）负责施工场地及其周边环境与生态的保护工作。承包商应按照第10.4款的约定，负责施工场地及其周边环境与生态的保护工作。

7）避免施工对公众与他人的利益造成损害。承包商在进行合同约定的各项工作时，不得侵害业主与他人使用公用道路、水源、市政管网等公共设施的权利，避免对邻近的公共设施造成干扰。承包商占用或使用他人的施工场地，影响他人作业或生活的，应承担相应责任。

8）为他人提供方便。承包商应按监理人的指示为他人在施工场地或附近实施与工程有关的其他各项工作提供可能的条件。除合同另有约定外，提供有关条件的内容和可能发生的费用，由监理人按第3.5款商定或确定。

9）工程的维护和照管。工程接收证书颁发前，承包商应负责照管和维护工程。工程接收证书颁发时尚有部分未竣工工程的，承包商还应负责该未竣工工程的照管和维护工作，直至竣工后移交给业主。

案例 8-1 某海上风电工程 EPC 总承包合同业主要求错误引发的纠纷

MT 公司于 2006 年 5 月中标了 E. ON 集团的海上风力发电厂的设计、制造、安装工程总承包项目。在招标文件中有业主方的相关技术要求，其中针对基础部分，要求符合由一家国际等级与证明机构专为海上风力涡轮装置制定的设计标准，即所谓的 J101，但是此后发现该所谓的 J101 标准内有一项错误，并将导致基础结构存在瑕疵。MT 公司被选为承包商后，严格遵照 E. ON 集团的招标文件以及其中所包括的设计标准和所谓的 J101 进行了设计和施工，但是，因为前述的瑕疵问题，最终导致基础结构倒塌并产生了高达 2625 万欧元的维修费用。此后，为了该笔巨额维修费用应当由哪一方予以承担，双方开始了长达数年的诉讼。最初的判决有利于业主方，上诉后改判有利于承包方，最终法院判决确定，应当由承包方承担全部的责任。法院的判决理由在于：该合同中有约定须确保该建筑物使用 20 年以上。法庭通常倾向于认为，即便业主方指定或批准了某一设计，但是最终的建筑产品仍应当符合既定的合同根本目的。一般来讲，如果承包方同意按照某一设计施工，而该设计又无法满足其已经承诺的合同根本目的实现的话，承包方就应当承担相应的责任。

2. 编制进度计划

（1）合同进度计划　承包商应按合同约定的内容和期限编制详细的进度计划，包括设计、承包商文件提交、采购、制造、检验、运达现场、施工、安装、试验的各个阶段的预计时间以及将设计和施工组织方案说明等报送监理人。监理人应在专用合同条款约定的期限内批复或提出修改意见，否则该进度计划视为已得到批准。经监理人批准的进度计划称合同进度计划，是控制合同工程进度的依据。承包商还应根据合同进度计划编制更为详细的分阶段或分项进度计划，报监理人批准。

（2）合同进度计划的修订　不论何种原因造成工程的实际进度与第 4.12.1 项的合同进度计划不符时，承包商都可以在专用合同条款约定的期限内向监理人提交修订合同进度计划的申请报告，并附有关措施和相关资料，报监理人批准；监理人也可以直接向承包商做出修订合同进度计划的指示，承包商应按该指示修订合同进度计划，报监理人批准。监理人应在专用合同条款约定的期限内批复。监理人在批复前应获得业主同意。

3. 建立质量保证体系

1）为保证工程质量，承包商应按照合同要求建立质量保证体系。监理人有权对承包商的质量保证体系进行审查。

2）承包商应在各设计和实施阶段开始前，向监理人提交其具体的质量保证细则和工作程序。

3）遵守质量保证体系，不应免除合同约定的承包商的义务和责任。

4. 关于分包工程的规定

在项目实施过程中可能需要分包人（如设计分包人、施工分包人、供货分包人等）承担部分工作。尽管委托分包人的招标工作由承包商完成，业主也不是分包合同的当事人，但为了保证工程项目能够完满实现业主预期的建设目标，通用条款中对工程分包做了如下的规定：

1）承包商不得将其承包的全部工程转包给第三人，也不得将其承包的全部工程肢解后以分包的名义分别转包给第三人。

2）分包工作需要征得业主同意。除业主已同意投标文件中说明的分包外，合同履行过程中承包商还需要分包工作，应征得业主同意。

3）承包商不得将设计和施工的主体、关键性工作的施工分包给第三人。要求承包商是具有实施工程设计和施工能力的合格主体。

4）分包人的资格能力应与其分包工作的标准和规模相适应，证明其资质能力的材料应经监理人审查。

5）业主同意分包的工作，承包商应向业主和监理人提交分包合同副本。

8.1.3 监理人职责

监理人的职责和权利与标准施工合同基本相同。

监理人受业主委托，享有合同约定的权利，其所发出的任何指示应视为已得到业主的批准。

业主应在发出开始工作通知前将总监理工程师的任命通知承包商。总监理工程师更换时，应提前14天通知承包商。总监理工程师超过2天不能履行职责的，应委派代表代行其职责，并通知承包商。总监理工程师可以授权其他监理人员负责执行其指派的一项或多项监理工作。总监理工程师应将被授权监理人员的姓名及其授权范围通知给承包商。被授权的监理人员在授权范围内发出的指示视为已得到总监理工程师的同意，与总监理工程师发出的指示具有同等效力。

总监理工程师不应将约定应由总监理工程师做出确定的权利授权或委托给其他监理人员。监理人应按约定向承包商发出指示，监理人的指示应盖有监理人授权的项目管理机构章，并由总监理工程师或总监理工程师约定授权的监理人员签字。

承包商对总监理工程师授权的监理人员发出的指示有疑问时，可在该指示发出的48小时内向总监理工程师提出书面异议；总监理工程师应在48小时内对该指示予以确认、更改或撤销。

8.2 工程总承包合同设计工作管理

8.2.1 承包商设计前期工作

1. 承包商现场踏勘

承包商应对施工场地和周围环境进行查勘，核实业主提供的资料，并收集与完成合同工作有关的当地资料，以便进行设计和组织施工。在全部合同履行过程中，视为承包商已充分估计了应承担的责任和风险。

业主应提供的施工场地及毗邻区域内的供水、排水、供电、供气、供热、通信、广播电视等地下管线位置的资料；气象和水文观测资料；相邻建筑物和构筑物、地下工程的有关资料，以及其他与建设工程有关的原始资料，并承担所提供资料错误的责任。承包商应对其阅读这些有关资料后所做出的解释和推断负责。

合同通用条款中对不可预见物质条件涉及的风险责任承担的规定有以下两个可供选择的条款：一是此风险由承包商承担；二是由业主承担。双方应当明确本合同选用哪一条款的规定。

对于后一种条款的规定是：承包商遇到不可预见物质条件时，应采取适应不利物质条件的合理措施继续设计和（或）施工，并及时通知监理人，通知应载明不利物质条件的内容以及承包商认为不可预见的理由。监理人收到通知后应当及时发出指示。指示构成变更的，按变更条款执行。监理人没有发出指示，承包商因采取合理措施而增加的费用和（或）工期延误，由业主承担。

2. 承包商编制实施项目计划

承包商应按合同约定的内容和期限编制详细的进度计划，包括设计、承包商提交文件、采购、制造、检验、运达现场、施工、安装、试验等各阶段的预期时间以及设计和施工组织方案说明等报送监理人。监理人应在专用条款约定的期限内批复或提出修改意见，批准的计划作为"合同进度计划"。监理人未在约定的期限内批准或提出修改意见，该进度计划视为已得到批准。

3. 开始工作

符合专用条款约定的开始工作条件时，监理人获得业主同意后应提前7天向承包商发出开始工作通知。合同工期自开始工作通知中载明的开始工作日期起计算。设计施工总承包合同未用开工通知是由于承包商收到开始工作通知后首先开始设计工作。

因业主原因造成监理人未能在合同签订之日起90天内发出开始工作通知的，承包商有权提出价格调整要求，或者解除合同。业主应当承担由此增加的费用和（或）工期延误，并向承包商支付合理利润。

8.2.2 设计工作管理

1. 承包商的设计工作

（1）设计满足标准规范的要求 承包商应按照法律规定，以及国家、行业和地方规范和标准完成设计工作，并符合业主要求。承包商完成设计工作所应遵守的法律规定，以及国家、行业和地方的规范以及标准，均应采用基准日适用的版本。基准日之后，规范或标准的版本发生重大变化，或者有新的法律，以及国家、行业和地方规范和标准实施时，承包商应向业主或监理人提出遵守新规定的建议。业主或监理人应在收到建议后7天内发出是否遵守新规定的指示。业主或监理人指示遵守新规定后，按照变更对待，采用商定或确定的方式调整合同价格。

（2）设计应符合合同要求 承包商的设计应遵守业主要求和承包商建议书的约定，保证设计质量。如果业主要求中的质量标准高于现行规范规定的标准，应以合同约定为准。对于业主要求中的错误导致承包商受到损失的后果责任，通用条款给出了两种供选择的条款。

1）无条件补偿条款。承包商复核时未发现业主要求的错误，实施过程中因该错误导致承包商增加了费用和（或）工期延误，业主应承担由此增加的费用和（或）工期延误，并向承包商支付合理利润。

2）有条件补偿条款。

① 复核时发现错误。承包商复核时对发现的错误通知业主后，业主坚持不做修改的，对确实存在错误造成的损失，应补偿承包商增加的费用和（或）顺延合同工期。

② 复核时未发现错误。承包商复核时未发现业主要求中存在错误的，承包商自行承担由此导致增加的费用和（或）工期延误。

无论承包商复核时发现与否，由于以下资料的错误，导致承包商增加费用和（或）延误的工期，均由业主承担，并向承包商支付合理利润：

a. 业主要求中引用的原始数据和资料。

b. 对工程或其任何部分的功能要求。

c. 对工程的工艺安排或要求。

d. 试验和检验标准。

e. 除合同另有约定外，承包商无法核实的数据和资料。

（3）设计进度管理 承包商应按照业主要求，在合同进度计划中专门列出设计进度计划，报业主批准后执行。设计的实际进度滞后计划进度时，业主或监理人有权要求承包商提交修正的进度计划、增加投入资源并加快设计进度。设计过程中因业主原因影响了设计进度，如改变业主要求文件中的内容或提供的原始基础资料有错误，应按变更对待。

案例 8-2 *设计基础数据与实际情况不符产生的纠纷*

2013 年 1 月 30 日，滁州市环卫中心就滁州市生活垃圾填埋场渗滤液处理站升级改造工程 EPC 总承包（二次）工程（以下简称"本工程"）对外发布招标文件，并载明招标需求如下：

1. 招标范围

本工程为"交钥匙工程"，原渗滤液处理站日处理能力为 200t，现对滁州市生活垃圾填埋场渗滤液处理站进行升级改造工程，承包方式为 EPC 总承包，改造后的渗滤液处理站日处理能力为 300t，净出水率不低于 70%，出水水质达到《生活垃圾填埋场污染控制标准》（GB 16889—2008）要求。

2. 技术标准和要求

设计进水参考水质 NH3-N 数值≤1500mg/L，投标人现场考察并预测未来渗滤液进水水质，今后运行中实际进水水质指标超过或低于本设计进水指标，导致处理后出水不达标的风险由投标人承担。

3. 工程建设

本项目的试运行期为 6 个月，若属于乙方自身原因导致未达标排放，将视为项目存在重大缺陷，合同自动终止，造成的一切损失均由乙方承担，本项目乙方的所有设施、设备、建筑物、构筑物和项目用地等无偿归甲方所有。

2013 年 2 月 18 日，凌志公司参与本工程投标，并最终获得中标资格。2013 年 4 月 28 日，滁州市环卫中心（业主）与凌志公司（承包商）签订的 EPC 总承包工程合同书（以下简称 EPC 合同），载明，"工程建设费用为固定价 8 800 000 元；项目工期为 2013 年 5 月 20 日至 2013 年 8 月 20 日，工期 90 日历天；本工程为'交钥匙工程'，承包方式为 EPC 总承包，原渗滤液处理站日处理能力为 200t，升级改造后的日处理能力为 300t，净出水率不低于 70%，出水不低于 210t，出水水质达到《生活垃圾填埋场污染控制标准》（GB 16889—2008）要求。本项目试运行期为六个月，若属于乙方自身原因导致未达标排放或处理规模达不到设计要求，将视为项目存在重大缺陷，合同自动终止，造成的一切损失均由乙方承担，本项目乙方的所有设施、设备、建筑物、构筑物和项目用地等无条件交给甲方"。

2013 年 10 月 16 日，本工程监理单位出具的《监理工程师通知单》载明，"凌志公司在设备安装过程中存在部分安装设备参数与设计文件不符合、现场安装部分设备品牌与投标文件中所报设备品牌不符"。

2014 年 3 月 13 日，滁州市环卫中心出具的《关于垃圾渗滤液处理站升级改造工程相关问题明确整改的函》载明，"滁州市环卫中心曾多次要求凌志公司将私自变更的设备更换为符合招标文件设计要求的设备，但截至目前，凌志公司仍未完成更换"。

2014 年 5 月 15 日，凌志公司出具的《关于垃圾渗滤液处理站未能完成试运行的回复函》载明，"本工程从 2014 年 2 月 13 日开始进入试运行阶段。在运行初期的 7 天，每天出水量达到 200t。随后出水量逐步下降，最后稳定在每天 60t。对水质非常规数据不充分了解是导致本工程试运行未完成的重大原因"。

2014 年 5 月 22 日，滁州市环境保护局出具的《关于对滁州市环境卫生社会化服务中心环境问题的监察通知》载明，"我局于 2014 年 2 月 13 日批复该处理站试运行，检查时处理站处于调试阶段，未向外排水，处理站日最高处理量 70t/天，远远低于设计处理量 210t/天，出水无法达到《生活垃圾填埋场污染控制标准》（GB 16889—2008）相关要求，处理工艺存在缺陷，无法满足运行负荷和排放标准要求"。

2015 年 3 月 31 日，滁州市环境保护局出具《项目竣工环境保护验收意见的函》并载明，本工程基本落实环评报告表及其批复中提出的主要环保措施和要求，同意通过竣工环保验收。

2015 年 3 月 10—20 日、2015 年 7 月 7 日至 11 月 30 日的《渗滤液处理站污水处理情况确认表》均载明："日处理量 0t，本月累计处理量 0t"，且凌志公司的工作人员在上述确认表上签名。

涉诉前，滁州市环卫中心已支付凌志公司 1 563 255 元。

后因工程款支付事宜等产生争议，双方涉入诉讼。

4. 主要诉请

滁州市环卫中心向安徽省滁州市琅琊区人民法院（以下简称"琅琊区法院"）提起诉讼，请求法院判令：解除 EPC 合同；凌志公司立即移交已经完成工程；凌志公司按照工程总价的 60% 赔偿 528 万元，同时扣除质量保证金 88 万元；凌志公司按照合同约定支付违约金 30 万元。

凌志公司提出反诉，请求法院判令：解除 EPC 合同；滁州市环卫中心支付工程价款 954.7549 万元；滁州市环卫中心支付违约金 33.3324 万元；滁州市环卫中心返还履约保证金 88 万元；滁州市环卫中心赔偿损失 147 万元。

5. 争议焦点及各方观点

本案的核心争议焦点应为：涉案工程水处理能力不达标到底是哪方责任？这个争议焦点又可细化为以下两个方面：

第一，滁州市环卫中心提供的进水水质参考指标与实际进水水质不符，该风险应由哪方承担？

第二，招标文件中约定条款"投标人现场考察并预测未来渗滤液进水水质，今后运行中实际进水水质指标超过或低于本设计进水水质指标，导致处理后出水不达标的风险由投标人承担"（以下简称"招标文件水质风险条款"）是否有效？

1) 当事人观点。凌志公司主张：凌志公司按照滁州市环卫中心及评审专家要求的进水水质 NH3-N 指标 1 500mg/L 的标准进行案涉工程的施工，在项目运行中，实际进水水质 NH3-N 指标在 2 500mg/L，即比环评与可研报告的数据翻了 2.5 倍，滁州市环卫中心提供的进水水质严重超标，显属违约。招标文件水质风险条款，违反《环境保护法》第 41 条以及《环境影响评价法》第 2 条等强制性规定，应当认定为无效条款，对双方均无约束力。

2) 滁州市环卫中心主张：凌志公司系环保专业公司，对生活垃圾填埋场渗滤液处理站所处理的生活垃圾填埋场渗滤液及变化情况是清楚的或者应该清楚。招标文件水质风险条款明确了进水水质变化的风险责任由投标人承担，滁州市环卫中心提供的进水水质只是参考，具体要求投标人现场考察，结合专业知识进行预测，并根据预测情况进行设计、施工，滁州市环卫中心对进水水质情况没有丝毫隐瞒，该内容完全符合法律规定，不存在违反《环境保护法》规定的任何情形。

3) 法院观点。琅琊区法院认为，滁州市环卫中心与凌志公司签订的 EPC 合同合法有效，双方应严格按约履行。EPC 合同约定了改造后的渗滤液处理站日处理能力、净出水率、出水率及出水水质标准。《关于垃圾渗滤液处理站升级改造工程相关问题明确整改的函》《关于垃圾渗滤液处理站未能完成试运行的回复函》、滁州市环保局《关于对滁州市环境卫生社会化服务中心环境问题的监察通知》《渗滤液处理站污水处理情况确认表》载明的内容显示，系凌志公司自身原因导致工程的处理规模并未达到合同约定的出水水质标准。招标文件载明："投标人现场考察并预测未来渗滤液进水水质，今后运行中实际进水水质指标超过或低于本设计进水指标，导致处理后出水不达标的风险由投标人承担。"对凌志公司称因进水水质严重超标，从而导致出水及出水量达不到合同要求的责任应由滁州市环卫中心承担的意见不予采纳。滁州中院认为，凌志公司与滁州市环卫中心签订的 EPC 合同系双方当事人真实意思的表示，内容不违反法律、行政法规的强制性规定，应为合法有效，双方当事人均应按照合同的约定履行自己的义务。凌志公司的主要合同义务，根据双方 EPC 合同的约定为完成案涉工程的设计、采购、施工等合同内容。经查，招标文件中所载明的 NH3-N≤1 500mg/L 系设计进水参考水质，在设计进水主要污染物指标参考水质表各项数值下方，已明确载明"投标人现场考察并预测未来渗滤液进水水质，今后运行中实际进水水质指标超过或低于本设计进水水质指标，导致处理后出水不达标的风险由投标人承担"。滁州市环卫中心在招标文件中已就进水水质对项目运行所带来的风险向凌志公司予以充分明示，凌志公司应实地考察垃圾渗滤液各项污染物的指标数值并据此做出是否参与投标的决定，一旦凌志公司向滁州市环卫中心做出投标报价，即表明其已经充分理解招标文件的各项条款，应受招标文件各项条款的约束。且上述招标文件的各项条款也属于双方 EPC 合同的一部分，同时，凌志公司也无其他证据证明滁州市环卫中心有故意隐瞒进水水质各项指标的情形，故凌志公司认为案涉 EPC 工程未能达到合同约定出水量的原因系滁州市环卫中心未能提供符合合同约定的进水水质的上诉理由不能成立，不予采纳。

2. 设计审查

（1）业主审查　承包商的设计文件提交监理人后，业主应组织设计审查，按照业主要求文件中约定的范围和内容审查是否满足合同要求。为了不影响后续工作，自监理人收到承包商的设计文件之日起，对承包商的设计文件的审查期限不超过 21 天。承包商的设计与合同约定有偏离时，应在提交设计文件的通知中予以说明。如果承包商需要修改已提交的设计文件，应立即通知监理人，在向监理人提交修改后的设计文件之后，审查期重新起算。业主审查后认为设计文件不符合合同约定的，监理人应以书面形式通知承包商，说明不符合要求的具体内容。承包商应根据监理人的书面说明，对承包商文件进行修改后重新报送业主审查，审查期限重新起算。合同约定的审查期限届满，业主没有做出审查结论也没有提出异议，视为承包商的设计文件已获业主同意。对于设计文件不需要政府有关部门审查或批准的工程，承包商应当严格按照经业主审查同意的设计文件进行后续的设计和实施工程。

（2）有关部门的设计审查　设计文件需政府有关部门审查或批准的工程，业主应在审查同意承包商的设计文件后 7 天内，向政府有关部门报送设计文件，承包商应予以协助。政府有关部门提出的审查意见，不需要修改"业主要求"文件，只需完善设计，承包商按审查意见修改设计文件；如果审查提出的意见需要修改业主要求文件，如某些要求与法律法规相抵触，业主应重新提出"业主要求"文件，承包商根据新提出的业主要求修改设计文件。后一种情况增加的工作量和拖延的时间按变更对待。提交审查的设计文件经政府有关部门审查批准后，承包商进行后续的设计和实施工程。

8.3　工程总承包合同施工阶段管理

8.3.1　工程质量管理

（1）承包商应按合同要求编制质量保证体系　在设计和施工每一阶段开始前，均应将所有工作程序的执行文件提交给工程师或业主代表，按照合同约定的细节要求对质量保证措施加以说明。工程师或业主代表有权审查和检查其中的任何方面，未通过的指令其改正。

（2）质量检查控制

1）施工文件应由业主代表进行施工前的检查和审核，否则不得施工。如果承包商的施工文件不符合业主要求中的规定，承包商应自费修正，并重新提交审核。施工必须按已批准的施工文件进行。如果业主代表为实施工程的需要指令提供进一步的施工文件，则承包商在接到该指令后应立即编制。若承包商要对任何设计和文件进行修改，须通知业主代表，并提交修改后的文件供其审核。

2）承包商应于施工前提供材料样品及资料供业主代表审核。如果承包商提出使用专利技术或特殊工艺，必须报工程师认可后实施。承包商负责办理申报手续并承担有关费用。对合同规定的所有试验，承包商应提供所需的全部文件和其他资料，提供所有装置和仪器、电力、燃料、消耗品、工具、材料，以及具有适当资质和经验的人员。

3）竣工检验。"竣工检验"开始前，承包商应对照有关规范和数据表制订一整套工程实施的竣工记录单；绘制该工程的竣工图；编制业主要求中规定的竣工文件以及操作和维修手册，并分别按要求提交业主代表，这是工程竣工移交的前提条件。承包商提交了"竣工图"及操作和维修手册以后，应进行竣工检验。一旦工程通过了竣工检验，承包商须向业主以及业主代表提交一份有关所有此类检验结果的证明报告。业主代表应对承包商的检验证书批注认可，就此向承包商颁发证书。如果工程或某区段未能通过竣工检验，则业主代表有权拒收。业主代表或承包商可要求按相同条款或条件重复进行此类检验以及对任何相关工作的检验。当该工程或区段仍未能通过按上述规定所进行的重复竣工检验时，业主代表有权拒收整个工程或某区段，并将具作为承包商违约处理，承包商应赔偿业主相应的损失；或业主可以接收，颁发移交证书，合同价格应相应地予以减少。

4）竣工后检验。总承包合同可以要求进行竣工后检验。该检验应在移交后尽快进行。竣工后检验的责任、程序、结果的处理由合同明确规定。

5）承包商的缺陷责任。由于工程的设计、工程设备、材料或工艺不符合合同要求，或承包商未履行其任何合同义务而引起工程的缺陷，由承包商自费进行维修；对其他情况引起的缺陷，则按变更处理。如果发生承包商缺陷责任的情况，而承包商不能按合同要求修补缺陷，那么业主可以：以合理方式由自己或他人进行此项工作，由承包商承担风险和费用，由业主从承包商处收回此费用；要求业主代表确定与证明合同价格的合理减少额；如果该缺陷导致业主基本无法享用工程带来的全部利益，那么业主有权对不能按期投入使用的部分工程终止合同、拆除工程、清理现场，并将工程设备和材料退还承包商。业主有权收回该部分工程价款和为上述工作所支付的全部费用。

8.3.2　合同支付管理

1. 合同价格

合同价格是根据合同规定并在合同协议书中写明，为工程的设计、实施与竣工以及修补缺陷应付给承包商的金额。通常总承包合同为总价合同，支付以总价为基础。

1）如果合同价格要随劳务、货物和其他工程费用的变化进行调整，应在专用条款中规定。如果发生任何未预见到的困难和费用，合同价格不予调整。

2）承包商应支付其为完成合同义务所引起的关税和税收，合同价格不因此类费用发生变化而进行调整，但因法律和法规变更的除外。

3）资料表中可能列出的任何工程量都仅为估算工程量，不得视为承包商履行合同规定义务应完成的实际或正确的工程量。

4）在总价合同中也可能有按照实际完成的工程量和单价支付的分项，即采用单价计价方式。有关其测量和估价方法可以在合同专用条款中进行规定。

2. 合同价格的期中支付

合同价格可以采用按月支付或分期（工程阶段）支付方式。如果分期支付，则合同应包括一份支付表，列明合同价格分期支付的详细情况。

3. 采购材料设备付款

对总承包商采购材料设备付款按合同约定支付，对拟用于工程但尚未运到现场的生产设备和材料，如果根据合同规定承包商有权获得期中付款，则必须具备下列条件之一：

1）相关生产设备和材料在工程所在国，并已按业主的指示，标明是业主的财产。

2）承包商已向业主提交保险的证据和符合业主要求的与该项付款相同的银行保函。

4. 工程范围不确定时支付管理

1）在总承包合同的执行中，承包商的索赔机会较少。在索赔的处理方法上，索赔的原因分析、索赔值的计算和最终解决难度较大。

2）承包商对报价负责，即使是报价中的数字计算错误，评标或工程结算时一般都不能修正，原因在于总价合同中总价优先，双方确认的是合同总价。

3）工作量和工程质量标准的不确定性。总承包合同通常都是总价合同，总承包商承担工作量和报价风险。承包商按照合同条件和业主要求确定的工程范围、工作量和质量要求报价。但业主要求主要是面对功能的，没有明确的工作量，总承包合同规定：工程的范围应包括为满足业主要求或合同隐含要求的任何工作，以及合同中虽未提及但是为了工程安全和稳定、工程的顺利完成和有效运行所需的所有工作。因此，总承包商在投标报价时对工作量和质量的细节是不确定的。合同签订后才有方案设计、详细设计和施工计划，但这些须经过业主的批准才能进一步实施。这样，最终按照详细设计核算的工程量与投标报价时的假定工作量之间可能存在很大的差异。在工程施工过程中，由于设计的修改或调整，或业主对工程具体要求的修改，工作量和工程质量还可能有变化。但是如果这些变化使最终完成的工程范围没有超过原先提出的业主要求；或是修改后工程的功能没有变化，那么这些变化将不作为变更，这是总承包商承担的风险。

8.3.3　工程变更

工程总承包合同，总承包商承担了设计和施工任务，能够将设计、施工和设备安装各方面因素统一考虑，就可以减少一些不可预见的矛盾，相对可减少变更因素。但是变更仍可能存在，如业主可能出于对工程的预期功能、提高部分工程的标准和因法律法规政策调整等方面的考虑而提出变更。承包商在实施过程中，可能提出对原来计划变更的建议，经业主同意也可以变更。

在工程总承包合同通用条款中对变更做了明确规定：

1）不允许业主以变更方式删减部分工作，而交给其他承包商完成。

2）承包商变更工作开始前必须编制和提交变更计划书，实施中做好变更工作的各项费用记录。

3）业主接到承包商延长工期要求，应对照以前的决定进行审查，合同工期可以增加，但对约定的总工期或已批准延长的总工期不得减少。

4）对待工程变更必须持严肃和慎重态度，业主不可随意提高质量标准和增加工程内容，而承包商应认真对待"建议变更"，不可轻易提出变更建议。任何一方提出的变更必须对工程建设、工程质量、施工期和工程成本控制有利。

5）按合同约定做好工程变更索赔。

8.3.4　风险管理

（1）承包商风险管理　承包商在实施工程总承包合同时应注意以下几个方面：

1）业主在招标过程中将十分关注投标主体条件，包括设计单位、施工单位以及供应商和分包商的经验和资信，特别是投标主体及其组成的项目管理团队成员是否具有管理同类型项目的经验及合作经验。因此，承包商要取得投标成功，应充分关注组成的设计单位、分包商和供应商的实力与合作经验，拟订的项目管理团队、设计方案的优化与报价的合理性。

2）承包商应注重审核业主招标文件的合理性和专业性，通过项目答疑会、现场调查、项目考察、合同谈判等加强对业主拟建项目的要求和建设标准的了解，减少工程质量方面的不确定性。

3）在工程总承包合同管理模式中，实现快速施工、设计优化、成本降低等目标主要依赖于设计单位和承包商之间的相互协作。因此，设计单位和承包商之间建立"伙伴关系"是项目成功的关键，也是承包商降低工程进度风险的主要措施。

4）设计施工总承包合同中常常有大量的设备采购，因此，承包商与分包商和供应商之间"伙伴关系"的建立也不容忽视。通过建立"伙伴关系"，可以减少承包商在专业工程施工、材料设备供应的进度等方面的不确定性因素，并能够确保工程质量、降低采购成本。此外，承包商在项目所在地具有良好的公共关系资源，也是降低项目进度风险很重要的一个方面。

5）承包商应加强对里程碑点的进度控制，严格控制工程质量，以降低工程项目成本超支的风险。

设计施工总承包合同成功的关键在于业主、设计单位和承包商及整个项目团队之间形成更为良好的"伙伴关系"，承包商对项目内容的充分理解，以及设计和施工工作之间更好地协调。与传统的合同管理模式相比，设计施工总承包合同管理模式对承包商提出了更高的要求，承包商也承担了更多的风险。但是，通过合理控制风险，承包商将能够获得比传统合同更多的利润，并由此形成企业实施项目设计施工总承包合同管理模式的核心竞争力。

（2）业主风险管理　应用工程总承包合同时，业主为了规避或控制风险，应注重以下几个重要方面：

1）选择有经验、有实力的设计施工总承包商。对总承包商的选择标准不能以价格作为最主要的依据，更应看重总承包商进行同类项目建设的经验、项目管理团队管理同类项目建设的经验、设计主体和施工主体的合作经验，以及总承包商与分包商的合作经验。

2）在签订工程合同之前，业主和设计施工总承包商应有充分的时间对设计方案进行深化和讨论。一方面，业主可以考察设计施工总承包商的设计能力、合作态度、工程建设经验、团队素质等；另一方面，也便于总承包商充分理解业主建设意图，合同双方统一建设标准和建设内容。统计表明，在设计施工总承包合同管理模式下，合同前的谈判越充分，合同履行过程中业主风险越低、管理压力越小、争端发生的可能性越小。

3）选用标准的合同文本。拟定设计施工总承包合同比传统合同需要更专业的知识，建议选用标准的合同文本，如《标准设计施工总承包招标文件》、《生产设备和设计-施工合同条件》（黄皮书）、《设计-采购-施工（EPC）/交钥匙工程合同条件》（银皮书）等。以缩短双方的合同谈判时间、降低争端发生的可能性。

4）业主的合理授权。一方面，业主应比传统合同授予设计施工总承包商更大的管理权；另一方面，业主应充分授权业主代表或监理（咨询）单位以实现快速决策。

总之，在设计施工总承包合同管理模式下，业主应将风险管理的重点前移，即注重考察设计施工总承包商和咨询单位的经验和实力、设计合理的管理机制等，为项目建设的顺利进行创造积极的条件。

案例8-3　工程总承包合同（设计-施工）下项目施工整改引起费用纠纷分析

[案情简介]

在某工业工程项目中，承包商与业主签订工程设计-施工合同，根据合同规定，承包商负责完成项目的设计和施工两项工作内容。在合同的技术文件中，业主规定了工厂内的照明应达到特定的照度要求。在完成照明系统的设计以后，承包商提交所有的设计文件给工程师审查，工程师同意了设计文件。在施工过程中，承包商也按照合同的规定向工程师提供了拟在工程项目中采用的照明灯具样品给工程师审查，这些样品也获得了工程师的同意。承包商按照工程师同意的照明设计图施工、也安装了工程师批准的照明灯具。但是，在项目的竣工验收检查时发现，工厂内的照明不能达到合同规定的照度值。业主和工程师要求承包商对已经施工完成的照明系统进行整改，并指定承包商承担所有的返工费用。但是，承包商认为照明系统的设计图和灯具样品都已经得到了工程师的审查同意，因此，业主应承担全部或部分整改费用。双方由此产生了争议。

[案例分析]

在工程设计-施工合同中，工程师具有充分的审查权、同意（拒绝）权，对承包商实施工程项目的影响最大。然而，工程师对其审查、同意（拒绝）应承担什么责任、多少责任、能否解除或减少承包商的责任，是工程实践中（以本案例为例）经常引发争议的关键。基于FIDIC"黄皮书"以及国际工程惯例，在本案例中，承包商应负责整改、达到业主合同规定的照明要求并承担相应的返工费用，工程师的审查同意并不解除承包商对该项工程内容所应承担的责任。主要原因如下：

1）对于承包商而言，竣工的工程达到业主规定的要求，是一个有经验的设计施工承包商应该承担的责任。根据FIDIC"黄皮书"第4.1款"承包商的一般义务"的规定，承包商应按照合同设计、实施和完成工程，并修补工程中的任何缺陷。竣工后的工程应能满足合同规定的工程预期目的。此外，承包商应对所有的现场作业、所有的施工方法和全部工程的完备性、稳定性和安全性负责。在设计方面，根据FIDIC"黄皮书"的规定，承包商应进行工程的设计并对其负责。如果在承包商文件中发现有错误、遗漏、含糊、不一致、不适当或其他缺陷，尽管工程师已经根据合同做出了任何同意或批准，承包商也应自费对这些缺陷和其带来的工程问题进行改正。

2）对于工程师而言，工程师有权审查承包商的设计图和样品，但是，工程师的审查并不解除承包商的上述合同义务。根据FIDIC"黄皮书"第3.1款的规定，工程师的任何批准、校核、证明、同意、检查、检验、指示、通知、建议、要求、试验或类似行为（包括未表示不批准），不应解除承包商根据合同应承担的任何职责，包括对其错误、遗漏、误差和未遵守的职责。从这个规定可以明显地看出，该案例中，照度值不能达到业主规定的要求，不论是由于承包商的设计错误还是灯具类型选择的错误，即使获得了工程师的审查同意，责任也应该完全由承包商承担。为了明确工程师的审查同意与承包商应承担的责任之间的界限，FIDIC"黄皮书"的其他条款还有类似的规定，包括：①第7.3款规定，工程师对材料和工艺的检查不解除承包商的任何义务和职责。②第14.6款规定，工程师颁发的付款证书不应被认为表明工程师的接受、批准、同意或满意。从上述两个方面的分析可以得出，本案例中，承包商应负责自费整改工程内容，达到业主规定的标准。

案例 8-4　EPC 项目工期延误引起的索赔分析

[案情简介]

本案中雇主 BDWF 于 2005 年 11 月 4 日与承包商 AMBS 订立合同，该合同基于 1999 年版 FIDIC《设计-采购-施工（EPC）/交钥匙工程合同条件》签订。项目位于距苏格兰斯特林约 18km 的地方。

该项目涉及两家承包商：V-K 风力技术有限公司（简称 V-K 公司）以及 AMBS。V-K 公司负责自行设计、供应、建造和安装 36 台风力发电机。AMBS 负责设计和完成其余大部分工程，如风力发电机组的基础工程、其他民用和建筑工程、将风力发电机连接到交换机房和其他连接工程的电力工程等。

AMBS、雇主和 V-K 公司之间还有一个"界面协议"，即这些当事方通过签署协议，就该项目在空间位置和工作内容上进行了具体界定和协调。雇主和承包商之间签订的 EPC 合同受英格兰和威尔士法律的管辖，并赋予英国法院专属管辖权，以解决根据英国的《建筑业示范仲裁规则》（*Construction Industry Model Arbitration Rules*）进行仲裁所产生的争议。双方约定仲裁地点在格拉斯哥。

工程进行过程中，由于风力发电机承包商的个别风力发电机组出现安装拖延问题，AMBS 未能如期完工。

按照雇主与 AMBS 的合同约定，如果未满足第 8.2 款 [竣工时间] 的要求："承包商应在工程或单位工程（视情况而定）的竣工时间内，完成整个工程和每个单位工程（如果有），包括：（1）竣工试验获得通过；（2）完成合同提出的、工程和单位工程按照第 10.1 款 [工程和单位工程的接收] 规定的接收要求竣工所需要的全部工作。"那么，AMBS 应按照第 8.7 款 [误期损害赔偿费] 中约定的费率向雇主支付误期损害赔偿费，即 10 月 1 日至 3 月 31 日期间每天每兆瓦的误期损害赔偿费为 642 英镑，4 月 1 日至 9 月 30 日期间每天每兆瓦误期损害赔偿费为 385 英镑，这些误期损失应按照相应的"竣工时间"至"接收证书"颁发之日（包括颁发日）之间的天数计算。对由其他承包商造成的任何延期，AMBS 将有权根据第 8.4 款 [竣工时间的延长]（3）要求延长竣工时间，但须遵守承包商在本合同和界面协议下的相关义务。同时，AMBS 所支付误期损害赔偿费最高不得超过合同价格的 50%。

雇主认为 AMBS 延误了工程，故其有权根据合同第 8.7 款 [误期损害赔偿费] 获得误期损害赔偿。然而，AMBS 认为依据合同第 8.4 款 [竣工时间的延长]，工程延期是由雇主雇佣的 V-K 公司造成的，故 AMBS 有权要求延长工期来减少或消除延期责任。双方争端由此产生，随后提交仲裁。

[案例分析]

在本案中，雇主是否有权在没有延长工期的情况下，从工程款中扣除 AMBS 工程延期引起的误期损害赔偿费。仲裁员认为，在本案中，雇主依据合同第 8.7 款 [误期损害赔偿费] 要求 AMBS 支付相应的误期损害赔偿费，但实际上这些误期损害赔偿费不是由于承包商的违约产生的，因此雇主不应该按照合同第 8.7 款 [误期损害赔偿费] 行使合同权利。仲裁员裁定，雇主没有权利从工程款中扣除或抵消并非由承包商造成的包括增值税和利息在内的共计 2 836 840.3 英镑的误期损失。

由于雇主不满意第一次仲裁结果，故其继续上诉至英格兰及威尔士上诉法院。AMBS 却认为该法院无权受理该上诉申请并请求执行原来的裁决。

经过对合同第8.4款［竣工时间延长］规定的适用范围，以及第8.7款［误期损害赔偿金］的解读，上诉法院的法官认为，AMBS有权因风力发电机承包商造成误期而延长竣工时间，故驳回雇主上诉理由，予以执行原裁决结果。

该案例给国际投资者带来了一定的启示。本案的审理过程说明法定仲裁地不一定与上诉地点一致。如果没有指定，那么仲裁地点将决定仲裁的法律管辖权。另外，本案中误期损害赔偿费的计算方式，以及法官对于禁止反言原则的深入解释给实践中合同的起草与执行提供了参考。

误期损害赔偿费是一种真实的、契约化的对损失的预估金额。误期损害赔偿费为法律和法院所允许，具有强制执行性；并且不同于一般的损害赔偿，误期损害赔偿费通常是一笔固定的金额。在实践中，可在投标附录中用多种方式约定误期损害赔偿费的计算方式：①一个具体金额；②一个具体百分比；③一个具体计算公式。

思　考　题

1. 与施工合同相比，工程总承包合同对发包方有哪些优点？
2. 在工程总承包合同下，业主与承包商的主要权利义务有哪些？
3. 如何做好工程总承包合同下的设计管理？
4. 如何做好工程总承包合同下的施工质量管理？
5. 如何做好工程总承包合同下的支付管理？
6. 在工程总承包合同下，业主与承包商有哪些主要风险？如何应对？

第 9 章

工程合同风险管理

学习目标

熟悉风险识别、评估和应对的基本理论和方法，掌握工程合同履行中的施工合同风险管理和 EPC 工程合同风险管理的程序，掌握风险管理理论方法的实际应用，熟悉合同履行偏差分析的内容方法和纠偏办法。

合同风险管理是合同双方对合同履行的不确定性进行辨识、评估、预防和控制的过程，是用最低的费用把工程合同中可能发生的各种风险控制在最低限度的一种管理体系。建立工程合同风险的管理程序及应对机制，可以有效降低合同风险发生的可能性；或一旦风险的确发生，风险对于合同履行造成的不利后果能够最小。风险管理是一个系统的、完整的过程，同时也是一个循环过程。

9.1 施工合同风险管理概述

施工合同的风险管理程序由风险识别、风险评估、风险对策和风险监测四个主要环节组成，如图 9-1 所示。

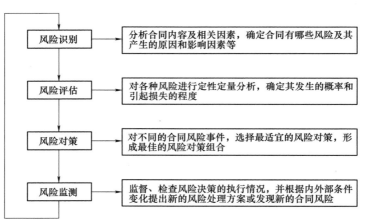

图 9-1 施工合同风险管理程序

9.1.1 风险识别

1. 风险类型

不同的采购模式下，合同各方所面临的风险和责任并不相同，这些风险和责任总是多方面的、相互的和不可避免的。FIDIC 红皮书（2017 版）将风险划分为承包商承担的风险、业主承担的风险以及双方共同承担的风险三类。

（1）承包商承担的风险　一般情况下，项目的合同文件中已经明确了双方各自负责的风险事件，项目开工之后，承包商承担的风险来自于第三方的索赔、损坏、损失以及费用。主要包括发生在承包商实施项目过程中，或在项目实施的时候，或承包商实施项目的原因引起的任何人身伤害、疾病、传染病或者死亡，除非是由于业主、业主人员，或业主的任何代理人的疏忽、恶意行为或违约引起的。只要是由于承包商的原因所导致的第三方人身伤亡的事件，都属于承包商的赔偿责任，除非是业主及其代理人引起的。对第三方的财产、不动产或个人财产，除了工程之外，造成的任何损坏或损失，这些是由于承包商实施工程师、在实施工程过程中或由于实施工程的原因引起的，以及由于承包商、承包商人员及其代理人，或他们直接或间接雇佣的人的疏忽、恶意行为或违约行为引起的。对于由于承包商的原因，导致第三方的财产损坏或损失的风险事件，均由承包商承担。此外，依据合同要求，承包商在开展其负责的设计义务时，由于承包商的任何行为、错误或省略，导致工程结束后，发生未达到符合预期目的的风险，由承包商承担。

（2）业主承担的风险　对于由于业主、业主人员或其任何代理人的疏忽、恶意行为或违约，导致的人身伤害、疾病、传染病或死亡，或对任何财产，而不是工程的损失或损坏的风险，即业主人员的原因引起的人身和财产风险事件，都由业主承担。由于战争、敌对行动、承包商人员以外的人员所发生的混乱、工程所在国的爆炸物质、超音速飞机造成的压力波等承包商不可预见的任何自然力作用的事件，发生对任何财产、不动产或个人的财产造成损坏或损失的风险，由业主承担，且业主应负责赔偿第三方。但是，如果承包商也因这些事件而产生了延误或额外费用，承包商也可依据合同向业主进行工期和费用索赔。以 FIDIC 施工合同条件为例，业主的风险（第17.3 款）主要有以下八点：

① 战争、敌对行动（不论宣战与否）、入侵和外敌行动。

② 工程所在国内的叛乱、恐怖活动、革命、暴动、军事政变或篡夺政权或内战。

③ 暴乱、骚乱或混乱，完全局限于承包商的人员以及承包商和分包商的其他雇用人员中间的事件除外。

④ 工程所在国的军火、爆炸性物质、离子辐射或放射性污染，但由承包商使用此类军火、爆炸性物质、辐射或放射性活动的情况除外。

⑤ 以音速或超音速飞行的飞机或其他飞行装置产生的压力波。

⑥ 业主使用或占用永久工程的任何部分，但合同中另有规定的除外。

⑦ 因工程任何部分设计不当而造成的风险，而此类设计是由业主的人员提供的，或由业主所负责的其他人员提供的。

⑧ 一个有经验的承包商不可预见的或无法合理防范的自然力的作用。

此外，还规定在以下两种情况下，业主除了应给予承包商工期延长和费用补偿之外，还应当补偿合理利润，即：

① 除合同规定之外雇主使用或占有永久工程的任何部分。

② 由雇主负责或提供的任何部分的设计。

（3）双方共同承担的风险　对于承包商和业主都应负责的事件造成的损坏、损失、伤害风险，由双方共同承担，减少互相对对方的赔偿。

（4）业主与承包商施工合同风险分担对比　根据《建设工程施工合同（示范文本）》（GF—2017—0201）重要风险点的分担分析，业主与承包商施工合同风险分担对比见表 9-1。

表 9-1　业主与承包商施工合同风险分担对比

序号	业主承担的风险	承包商承担的风险
1	施工现场发现文物、化石而增加的费用和（或）延误的工期	不可抗力造成的损失
2	不可抗力造成的损失	法律变化导致承包商在合同履行中费用增加（业主与承包商商定）
3	法律变化导致承包商在合同履行中费用增加（业主与承包商商定）	因承包商原因造成工期延误，在工期延误期间出现法律变化，由此增加费用和延误工期
4	物价波动引起的成本增加	物价波动引起的成本增加
5	业主要求一般错误导致承包商增加费用、工期延误以及合理利润损失的	保证工程施工和人员的安全
6	业主要求严重错误导致承包商增加费用、工期延误以及合理利润损失的（如要求引用的原始数据资料错误的）	施工场地及其周边环境与生态保护工作
7	按时办理工程建设项目必须履行的各类审批、核准和备案手续	避免施工对公众与他人利益造成损害
8	编制设计并对所有设计的完备性和安全可靠性负责	—
9	提供施工场地及毗邻区域内的地下管线资料、气象和水文观测资料，以及与建设工程有关的原始资料并保证真实、准确、完整	—
10	不可预见的物质条件造成的费用增加或工期延长	—
11	与设计有关的法律或标准变化	—
12	设计文件存在错误、含糊、遗漏、矛盾、不充分或其他缺陷	—
13	办理取得出入施工场地以及取得工程建设所需设施，并承担有关费用	—
14	异常恶劣的气候条件	—

2. 风险因素的识别

风险识别是指双方根据合同中约定的风险承担类型，采用头脑风暴法、德尔菲法、核对表法、流程图法等进行风险事件和因素识别，建立建设工程风险清单。其中，头脑风暴法是借助专家的经验，通过会议广泛获取信息的一种直观的预测和识别方法。德尔菲法又称专家调查法，首先由项目风险管理人员选定和该项目有关的领域专家，通过函询进行调查，收集意见后加以综合整理，然后将整理后的意见通过匿名的方式返回专家再次征求意见，如此反复多次后，专家意见会趋于一致，可作为最后预测和识别的依据。核对表法是指对同类已完工程的环境与实施过程进行归纳总结后，可建立该类项目的基本风险结构体系，并以表格形式按照风险来源排列，该表称为风险识别核对表。流程图法是指根据生产建设过程或管理流程来识别风险的方法。

工程合同风险识别的过程如图 9-2 所示。

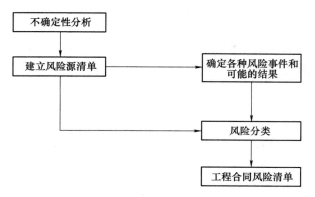

图 9-2　工程合同风险识别的过程

案例 9-1　某交叉建筑物的风险识别

　　某总干渠与大量的江、河、沟、渠相交。为提高供水保证率，防止总干渠水质污染，并为便于运行管理，总干渠与沿线途经的大小河道交叉工程全部按立体交叉设计，渠河分流，互不干扰。从总干渠与交叉河流的相对位置分，可划分为以下两大类交叉建筑物：渠穿河类建筑物，即通过修建人工输水通道让总干渠穿过（或跨越）天然河流；河穿渠类建筑物，即通过修建人工排洪通道让天然河水穿过（或跨越）总干渠。交叉建筑物的结构形式有梁式渡槽、涵洞式渡槽、渠道倒虹吸、暗渠、排洪渡槽、河道倒虹吸和排洪隧洞七种。前四种属总干渠穿河流建筑物，后三种属河流穿（跨）总干渠建筑物。

　　对跨流域调水工程交叉建筑物进行风险因子识别，是对交叉建筑物系统潜在的各种故障模式及其对系统功能的影响进行分析，以便于提出可能采取的预防改进措施，提高系统的稳定性。该总干渠交叉建筑物类型主要有：渡槽、倒虹吸、涵洞。根据每一类建筑物的失效模式识别各类建筑物的风险因子。如图 9-3 所示，导致交叉建筑物发生整体失稳、渗漏水、裂缝等失效模式的原因主要来自于超标洪水、地震灾害、冰冻灾害，以及设计施工与运行养护中的不到位。

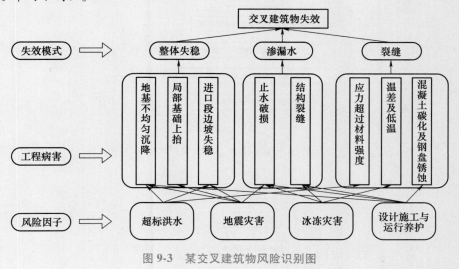

图 9-3　某交叉建筑物风险识别图

9.1.2　风险评估

风险评估是将建设工程风险事件的发生可能性和损失后果进行定量化的过程。这个过程在系统地识别建设工程风险与合理地做出风险对策之间起着重要的桥梁作用。风险评估的结果主要在于确定各种风险事件发生的概率及其对建设工程目标影响的严重程度，如投资增加的数额、工期延误的天数等。

常用的风险评估方法主要有调查打分法（Checklist）、层次分析法（AHP）、蒙托卡罗模拟、敏感性分析、模糊数学法等。其中，调查打分法最为常用，该方法主要包括三部分工作内容：

1）识别出工程项目可能遇到的所有风险，并列出风险表。

2）将列出的风险表提交给有关专家，利用专家经验，对风险的重要性进行评估。

3）收集专家意见，对专家评估结果做计算分析，综合整个项目风险分析概况，将每项风险因素的发生概率与相应的后果等级相乘，并乘以每位专家的权威性权重值，从而确定出主要风险因素。

风险评估的基本程序为：

1）充分了解所需要研究的工程情况，收集资料，包括工程背景、设计资料、气象资料、地质资料、工程已有的研究报告等。

2）划分评价层次单元和研究专题。

3）对各评价单元的可能发生的风险事故进行分类识别。

4）分析各风险事故的原因、损失、后果。

5）采用定性与半定量的评价方法对风险事故进行评价。

6）对各风险事故提出控制措施的建议。

7）对各评价单元的风险进行评价。

8）残余风险评估。

9）给出结论和建议。

10）编制风险评估报告。

工程风险评估的程序如图9-4所示。

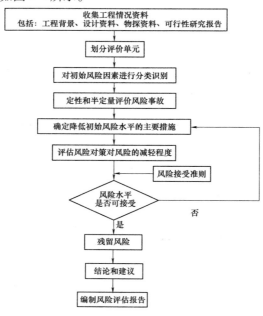

图9-4　工程风险评估的程序

为了对工程的风险事故有一个大体的、定性的把握，以便指导风险决策的开展，需对不同的风险事故进行风险等级划分。风险等级标准包括风险事故发生概率的等级标准（简称风险概率等级）和风险事故发生后损失的等级标准（简称风险损失等级），根据风险的基本定义（$R = PC$），制定相应风险的等级标准和接受准则。

案例9-2 某隧道工程施工风险评估

根据国内隧道及地下工程领域风险管理研究中已提出的定性的风险接受准则，对某隧道工程进行施工风险评估，提出定性的隧道工程施工风险接受准则。风险矩阵法是最常用且被普遍接受的定性风险分析方法。下面根据不同的风险概率等级和损失后果等级，建立风险等级评价矩阵，见表9-2。

风险接受准则作为可接受风险水平的评判标准，其评判对象就是通过风险分析方法得出的风险水平。依据风险矩阵法这一被普遍运用和接受的定性风险分析方法，提出定性的隧道工程施工风险接受准则。不同的风险水平需采用不同的风险管理与控制措施，结合风险评估矩阵，不同等级风险的接受准则和相应的控制对策，见表9-3。

表9-2 风险等级评价矩阵

风 险		事故损失				
		1. 可忽略的	2. 需考虑的	3. 严重的	4. 非常严重	5. 灾难性
发生概率	A：$P<0.01\%$	1A	2A	3A	4A	5A
	B：$0.01\%\leqslant P<0.1\%$	1B	2B	3B	4B	5B
	C：$0.1\%\leqslant P<1\%$	1C	2C	3C	4C	5C
	D：$1\%\leqslant P<10\%$	1D	2D	3D	4D	5D
	E：$P\geqslant10\%$	1E	2E	3E	4E	5E

表9-3 风险接受准则

等级	风 险	接受准则	控制对策
一级	1A、2A、1B、1C	可忽略的	日常管理和审视
二级	3A、2B、3B、2C、1D、1E	可容许的	需注意，加强日常管理审视
三级	4A、5A、4B、3C、2D、2E	可接受的	引起重视，需防范、监控措施
四级	5B、4C、3D、4D、3E	不可接受的	需决策，制订控制、预警措施
五级	5C、5D、4E、5E	拒绝接受的	立即停止，整改、规避或启动预案

根据《勘察报告》，该工程基坑开挖范围内多为黏性土、淤泥质土，坑底粉质黏土层以下的粉细砂、卵石层含承压水，主要接受江水补给（可以是其他工程），承压水水头高。施工过程中如果措施不力极易产生涌水、涌砂和盾尾密封难度大等风险。风险分析结果见表9-4。

表9-4 隧道地质状况风险分析表（风险大类）

序号	风险因素（子风险）	发生概率	事故损失	风险等级
1	地质勘察的准确度和可靠度	C	2	二
2	软土层	C	4	四
3	液化土层	C	3	三
4	软、硬混合地层	D	4	四
5	软岩	B	4	三
6	高承压水	D	4	四

9.1.3 风险对策

风险对策是根据风险评估的结果，采取相应的措施，以形成建设工程合同风险事件最佳对策组合的过程。一般来说，风险管理中所运用的对策有以下四种：风险回避、风险控制、风险自留和风险转移。这些风险对策的适用对象各不相同，需要根据风险评价的结果，对不同的风险事件选择最适宜的风险对策，从而形成最佳的风险对策组合。

1. 风险回避

风险回避就是以一定的方式中断风险源，使其不发生或不再发展，从而避免可能产生的潜在损失。采用风险回避这一对策时，有时需要做出一些牺牲，但较之承担风险，这些牺牲比风险真正发生时可能造成的损失要小得多。如某承包商参与某建设工程的投标，开标后发现自己的报价远远低于其他承包商的报价，经仔细分析发现，自己的报价存在严重的误算和漏算，因而拒绝与业主签订施工合同。虽然这样做将被没收投标保证金或投标保函，但比承包后严重亏损的损失要小得多。

在采用风险回避对策时需要注意以下问题：

1）回避一种风险可能产生另一种风险。在建设工程实施过程中，绝对没有风险的情况几乎不存在。就技术风险而言，即使是相当成熟的技术也存在一定的风险。例如，在地铁工程建设中，采用明挖法施工有支撑失败、顶板坍塌等风险。如果为了回避这种风险而采用逆作法施工方案的话，又会产生地下连续墙失败等其他新的风险。

2）回避风险的同时也失去了从风险中获益的可能性。由风险的特征可知，它具有损失和获益的两重性。例如，在涉外工程中，由于缺乏有关外汇市场的知识和信息，为避免承担由此而带来的经济风险，决策者决定选择本国货币作为结算货币，从而也就失去了从汇率变化中获益的可能性。

3）回避风险可能不实际或不可能。例如，从承包商的角度，投标总是有风险的，但绝不会为了回避投标风险而不参加任何建设工程的投标。建设工程的几乎每一个活动都存在大小不一的风险，过多地回避风险就等于不采取行动，而这可能是最大的风险所在；因此，不可能回避所有的风险，这就需要其他不同的风险对策。

2. 风险控制

风险控制是一种主动、积极的风险对策。风险控制可分为预防损失和减少损失两方面工作。预防损失措施的主要作用在于降低或消除（通常只能做到减少）损失发生的概率；减少损失措施的作用在于降低损失的严重性或遏制损失的进一步发展，使损失最小化。一般来说，风险控制方案都应当是预防损失措施和减少损失措施的有机结合。

3. 风险转移

风险转移是建设工程合同风险管理中非常重要而且广泛应用的一项风险对策，是指借用合同或协议，在风险事件发生时，将损失的一部分或全部转移到有相互经济利益关系的另一方。风险转移分为保险风险转移和非保险风险转移两种形式。

1）保险风险转移。保险是最重要的风险转嫁方式，是指通过购买保险的办法将风险转移给保险公司或保险机构。工程保险是业主和承包商转移风险的一种重要手段。当出现保险范围内的风险且造成财务损失时，承包商可以向保险公司索赔，以获得一定数量的赔偿。一般在合同文件中，业主都已指定承包商投保的种类，并在工程开工后就承包商的保险做出了审查和批准。通常，承包工程保险有工程一切险、施工设备保险、第三者责任险、人身伤亡保险等。现代工程采取较为灵活的保险策略，即保险范围、投保人和保险责任可以在业主和承包商之间灵活地确定。承包商应充分了解这些保险所保的风险范围、保险金计算、赔偿方法、程序、赔偿额等详细情况，以做出正确的保险决策。

2）非保险风险转移，又称合同转移，一般是通过签订合同的方式将工程风险转移给非保险人的对方当事人。建设工程风险最常见的非保险风险转移有以下三种情况：

① 业主将合同责任和风险转移给对方当事人，一般情况下被转移者多数是承包商。

② 承包商进行合同转让或工程分包。

③ 第三方担保，合同一方当事人要求另一方为其履约行为提供第三方担保。

通过转嫁方式处置风险，风险本身并没有减少，只是风险承担者发生了变化。因此，转移出去的风险应尽可能让最有能力的承受者分担，否则，就有可能给项目带来意外的损失。

4. 风险自留

风险自留可分为非计划性风险自留和计划性风险自留两种类型。

1）非计划性风险自留。由于风险管理人员没有意识到工程某些风险的存在，或者没有有意识地采取有效措施，以致风险发生后只好由自己承担，这样的风险自留就是非计划性的和被动的。导致非计划性风险自留的主要原因有：缺乏风险意识、风险识别失误、风险评价失误、风险决策延误、风险决策实施延误。事实上，对于大型、复杂的建设工程，风险管理人员几乎不可能识别出所有的工程风险。从这个意义上讲，非计划性风险自留有时是无可厚非的，因而也是一种适用的风险处理策略。但是风险管理人员应当尽量减少风险识别和风险评价的失误，要及时做出风险对策策略，并及时实施对策，从而避免被迫承担重大和较大的工程风险。总之，虽然非计划性风险自留不可能不用，但应尽可能少用。

2）计划性风险自留。计划性风险自留是主动的、有意识的、有计划的选择，是风险管理人员在经过正确的风险识别和风险评价后做出的风险对策策略，是整个建设工程风险对策计划的一个组成部分。也就是说，风险自留绝不可能单独运行，而应与其他风险对策结合使用。在实行风险自留时，应保证重大和较大的建设工程风险已经进行了工程保险或实施了损失控制计划。计划性风险自留的计划性主要体现在风险自留水平和损失支付方式两方面。所谓风险自留水平，是指选择哪些风险事件作为风险自留的对象。确定风险自留水平可以从风险量数值大小的角度考虑，一般应选择风险量小或较小的风险事件作为风险自留的对象。计划性风险自留还应从费用、期望损失、机会成本、服务质量和税收等方面与工程保险比较后才能得出结论。损失支付方式的含义比较明确，即在风险事件发生后，对所造成的损失通过什么方式或渠道来支付。

案例 9-3　施工工程地层风险对策

案例 9-2 隧道工程地质风险评估后，为应对软土层、液化土层、盾构穿越软硬复合地层等可能带来的风险，经分析研究，决定采取以下风险对策：

（1）工程地质勘察的准确度和可靠度

1）在设计勘探地质资料的基础上，加强施工地质勘探工作。工程施工前，通过补充地质钻孔和采用双频回声测深仪，进一步查清过江隧道的地质条件和覆土厚度，为盾构掘进参数的选取及制订相应的辅助措施提供依据。由于补勘范围内原钻探情况不能完全满足现场实际施工需要，根据施工现场情况及设计地质断面图，本段工程主要勘测工作井井端头、隧道中段风井端头、沿线不良地质地段及可能换刀处的地质情况。根据不同情况制订不同的布孔原则，各部分钻孔布置如下：

① 盾构机进出洞端头：每个端头位置，离开连续墙 1m 布置一个钻孔，当该位置有原钻孔时，不必重复布设。

② 隧道中段风井端头：每个端头位置，离开连续墙 1m 布置一个钻孔，当该位置有原钻孔时，不必重复布设。

③ 预计换刀位置：盾构机预计换刀位置布置一个钻孔，当该位置有原钻孔时，不必重复布设。

2）通过盾构机上配有的超前地质钻机在施工中对掌子面前方地层进行探测。

3）施工中通过掘进出渣颗粒分析对掌子面前方地质进行判断，采取有效的应对措施。

（2）软土层对工程施工的风险

某工程应对地面沉降及不均匀沉降问题应予以足够重视：

1）明挖段和工作井工程主要围护结构采用钻孔灌注桩或地下连续墙结合内支撑体系进行围护。开挖时，应采取适当的降水措施，对基坑附近的软土宜进行加固处理。施工中，必须进行信息化施工，用监测数据指导基坑的开挖和施工。

2）采用复合式泥水加压盾构，严格控制盾构参数，及时均匀地进行同步注浆，在保证地层稳定的条件下，尽量增大注浆压力和注浆量，保持切口泥水压的稳定性和推进速度的均匀性，加强施工监测和地质预报工作，在沉降变形异常时采取有效措施。

（3）液化土层对工程施工的风险

1）明挖段及工作井工程施工要按具体的工程地质和水文地质条件以及施工条件，预测周围地层位移并经过精心优化围护结构设计及开挖施工工艺后，预测基坑周边地层位移如果仍大于保护对象的允许变形量时，就必须考虑在计算分析所显示的基坑地基薄弱部分预先进行可靠而合理的地基加固，以抵抗基坑坑底承压水水压的顶托力；或在基坑外设防水帷幕；或在坑内采用降水预固结地基法；或在基坑外侧或内侧以深井点降低承压水水压，同时在附近建筑物旁边地层中用回灌水法来控制地层沉降保护防洪大堤等建筑设施。当基坑处于空旷地区时，可不用回灌水措施。对于风险性特大处的地基加固的安全系数应适当提高，并采取在开挖施工中跟踪注浆等防微杜渐的加固方法，以可靠地控制保护对象的差异沉降。对于有管涌和水土流失危险之处，则更需预先进行可靠的预防性地基处理。地基加固的部位、范围、加固后介质性能指标及加固方式选择均应经过计算分析，还要明确提出检验加固效果的规定。

2）盾构施工过程中应采用复合式泥水加压盾构施工，施工中严格控制盾构参数，减少盾构施工对土体的扰动，加强施工监测和地质预报工作，降低水下刀仓换刀及更换密封部件的风险，制订紧急事故处理预案，一旦发现异常情况要及时处理，防止事故发生。

（4）盾构穿越软硬复合地层的风险

1）含砾中粗砂及卵砾石地层可采用耐磨刀具，选择合理的掘井参数和泥浆配比。在选择刀盘及刀具型号及参数时，应采用小粒径卵砾石，尽可能地用排出的方式进行解决，对通不过的大粒径卵砾石才采用破碎的方式。在能够保证掌子面稳定的情况下，应选择开口率较大的刀盘面板布置，尽量不对卵石进行破碎，使较大直径卵石可以通过破碎排出，以提高掘进速度，缩短土体与刀盘、刀具的磨损轨迹，有效降低相关部件的磨损。

2）软硬不均复合地层盾构段应合理配置组合刀具，选用耐磨、硬度大、适用的破岩刀具及优质密封件，合理调整掘进参数及泥浆配比，控制施工速度，加强监测，对偏离位置的盾构机应及时纠正，降低开仓换刀的风险。

（5）盾构穿越软岩地层的风险

泥水盾构机施工中采用复合式泥水加压盾构，严格控制盾构参数，加强管片背后同步和补充注浆。

（6）高承压水

在基坑施工前，应做好勘查工作，必须搞清场区及附近各含水层的特征，及含水层间、与地表水体间的水力联系，并做好降水设计；做好监测工作，随时注意监测数据的变化，发现异常情况立即采取抢险措施。

9.1.4 风险监测

在建设工程实施过程中，要对各项风险对策的执行情况不断地进行检查，并评价各项风险对策的执行效果；在工程实施条件发生变化时，要确定是否需要提出不同的风险处理方案。除此之外，还需要检查是否有被遗漏的工程风险或者发现新的工程风险，也就是进入新一轮的风险识别，开始新一轮的风险管理过程。

案例9-4 *施工安全巡视检测*

某工程在施工过程中，通过建立安全风险、安全隐患、安全管理标准库，制订安全检查计划，采用移动互联、二维码等技术，解决现场施工过程中的人员、车辆、违章作业现场施工安全管控，实现安全移动巡检，实时查询施工人员、车辆信息，对施工违章作业，安全隐患等及时发现、通知、整改，有效加强施工安全。

通过采用移动互联、综合统计分析等技术，对现场施工过程中的安全隐患、违章作业等现场施工安全检查进行及时发现、通知、整改、统计，实现安全移动巡检，有效预防因安全隐患带来的工程事故同时提升施工安全管理水平（见图9-5）。

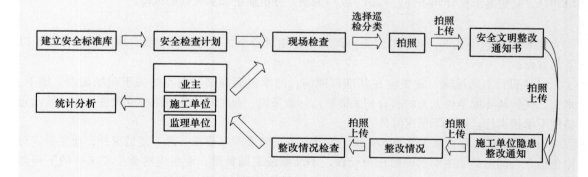

图9-5 安全巡检管理示意图

此外，建立风险管控与远程监控数据管理标准规范，隧道施工作业面视频监控数据，集成工程视频监控摄像头数据，建立风险作业安全技术措施库和风险源库，安全风险识别与施工部位关联，实现安全施工作业票管理，落实风险预控措施的监控。如图9-6所示。

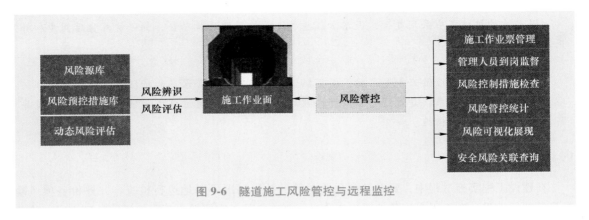

图 9-6　隧道施工风险管控与远程监控

9.2　EPC 工程合同风险管理

EPC 工程项目具有建设周期固定、投入大、业主介入程度低、承包商统筹协调程度大、涉及技术范围广等特点，这使 EPC 工程项目的业主和总承包商在建设过程中面临多样的风险，也给工程合同的履行带来不确定性。EPC 工程合同风险引起的纠纷将严重影响成本控制、工期进度和工程质量。正确识别 EPC 工程合同存在的风险、进行有效评估并加以应对，是 EPC 工程合同风险管理的重要内容。

9.2.1　风险识别

EPC 工程项目施工的风险与 DBB 模式下施工合同风险基本一致，由于 EPC 工程项目融合设计、采购和施工为一体，相较于其他发包模式的工程项目，设计、采购的合同风险以及设计、采购和施工协调上的合同风险是 EPC 工程合同风险管理重点。以下以 FIDIC《设计采购施工（EPC）／交钥匙工程合同条件》（2017 版）为例，分析业主和承包商的风险。

1. 业主的主要风险

在 EPC 发包模式下，业主的组织协调工作量相对较小，参与程度较低，风险主要存在于以下几方面：

（1）设计上的风险　业主应在基准日期前，向承包商提供其拥有的关于现场地形、地下、水文、气候和环境条件方面的所有相关资料。一般来说，业主对这些数据的准确性、充分性或完整性不承担责任。但以下情况除外：

1）在 EPC 工程合同条件第 5.1 款（设计义务一般要求）要求：除下述情况外，业主不应对原包括在合同内的业主要求中的任何错误、不准确或遗漏负责；业主应对业主要求中的下列部分，以及由（或代表）业主提供的下列数据和资料的正确性负责，包括：

① 在合同中规定的由业主负责的，或不可变的部分、数据和资料。

② 对工程或其任何部分的预期目的的说明。

③ 竣工工程的试验和性能的标准。

④ 除合同另有说明外，承包商不能核实的部分、数据和资料。

这四种情况下，由于数据和资料不准确带来的工程损失都应由业主承担。

2）EPC 工程合同要求第 17.2 款（工程照管的责任）要求：若因业主在工程设计的任何部分中存在的错误、缺陷或遗漏（合同规定的承包商义务进行的设计除外）而使承包商因纠正损失和/或损害而遭受延误和/或招致费用，承包商应根据第20.2款（付款和工期延长索赔）的规定，按一定比例的工期延长和/或成本加利润的比例向业主提出索赔。

（2）采购上的风险　采购阶段，业主有权对进场的所有仪器、设备、材料、工具和工艺进行校验，检验其质量是否符合合同要求。该阶段业主的合同风险为：EPC工程合同条件第7.4款（承包商所要进行的试验）要求：业主应至少提前72小时将参加试验的意图通知承包商。如果业主没有在商定该子条款规定中说明的时间和地点参加试验，除非业主另有指示，否则承包商可以自行进行试验。这些试验应被视为是在业主在场情况下进行的。倘若承包商因遵照任何此类指示遭受延误和（或）招致增加费用或该误期是因业主的责任造成的，则承包商有权遵照子条款20.2（付款和工期延长索赔）提出对延期补偿和合理利润给予支付。

2. 承包商的主要风险

由于EPC模式下总承包商能使设计、采购和施工阶段高效搭接，提高分包商间的协调沟通效率，以掌控项目的成本、进度和质量。在这种承包商提供全过程服务的模式下，承包商面临的合同风险将远大于业主。EPC合同下承包商风险有：

（1）设计上的风险

1）EPC工程合同条件第2.5款（现场资料和参考项目）中指出：除第5.1款（总体设计义务）中规定的情况外，业主不对该等数据和（或）参考项目的准确性、充分性或完整性负责。第4.10款（现场数据的使用）要求，承包商应负责核实和解释业主根据第2.5款（现场数据和参考项目）提供的所有数据。

2）EPC工程合同条件第4.12款（不可预见的困难）中指出：承包商应被认为已取得了对工程可能产生影响和作用的有关风险、意外事件和其他情况的全部必要资料；通过签署合同，承包商接受对预见到的为顺利完成工程的所有困难和费用的全部职责；合同价格对任何未预见到的困难和费用不应考虑予以调整。

这就意味着，在EPC工程合同条件下，无论是设计、采购还是施工阶段，承包商都要单方面承担"不可预见的困难"这一风险，这大大增加了承包商的风险。

3）EPC工程合同条件第5.1款（设计义务一般要求）中规定：承包商应被视为，在基准日期前已仔细审查了业主要求（包括设计标准和计算），如果有承包商应实施并负责工程的设计，并在除下列业主应负责的部分外，对业主要求（包括设计标准和计算）的正确性负责。

除业主设计风险中1）的情况外，业主不应对原包括在合同内的业主要求中的任何错误、不准确，或遗漏负责，并不应被认为，对任何数据或资料给出了任何不准确性或完整性的表示。承包商从业主或其他方面收到任何数据或资料，不应解除承包商对设计和工程施工承担的职责。

4）EPC工程合同条件第5.2.2条（承包商文件——业主审核）规定：如果业主认为承包商的文件（在说明的范围）不符合业主的要求或合同要求，那么承包商对于任何此类修订和重新提交和/或业主随后审查造成的任何延误，无权获得工期延长。如果业主因此类重新提交和随后的审查而招致额外费用，业主有权根据第20.2款（付款和工期延长索赔），要求承包商支付合理发生的费用。

5）EPC工程合同条件第5.8款（设计错误）规定：若在承包商的设计和（或）文件中发现错误、遗漏、含糊等缺陷，承包商应对这些缺陷和其带来的工程问题进行纠正，所有更正和重新提交应由承包商承担风险和费用。

（2）采购上的风险

1）EPC工程合同条件第4.12款（不可预见的困难）规定。

2）EPC工程合同条件第4.16款（混物运输）规定：承包商应负责工程需要的所有货物和

其他物品的包装、装货、运输、接收、卸货、存储和保护；承包商应保障并保持业主免受因进口、货物运输引起的所有损害赔偿费、损失和开支（包括法律费用和开支）的伤害，并应协商和支付由于货物运输引起的所有第三方索赔。

3）EPC 工程合同条件第 7.4 款（承包商所要进行的试验）规定：如果这些变更或附加的试验表明，经过试验的生产设备、材料，或工艺不符合合同要求，那么承包商应负担进行本项变更和任何误期招致的费用。

4）EPC 工程合同条件第 7.5 款（缺陷和拒收）规定：修补任何设备、材料、设计或工艺上的缺陷后，如果业主有重新试验的要求时，承包商应自担风险和费用，依据第 7.4 款（承包商所要进行的试验）重复进行试验。如果此项拒收和再次试验使业主增加了费用，那么承包商应遵照第 20.2 款（付款和工期延长索赔）的规定，提出让承包商对这些费用给予支付。

5）EPC 工程合同条件第 7.6 款（修补工作）规定：业主可以指示承包商将不符合要求的任何设备或材料进行修补、移出现场，并进行更换；修补，去除不符合合同的任何其他工作，并重新实施；从事因意外、不可预见的事件或其他原因引起的、为工程的安全迫切需要的任何修复工作。

承包商应负担本款规定的所有补救工作的费用，但上述第三项规定的任何工作归因于下列原因的除外：任何业主或业主人员的行动；例外事件可以适用于第 18.4 款（例外事件的后果）。

6）EPC 工程合同条件第 17.1 款（工程照管的义务）规定：如果在承包商负责照管期间，由于第 17.2 款（工程照管的责任）中所列以外的原因，致使工程、货物或承包商文件发生任何损失或损害，承包商应自行承担风险和费用，修正该项损失或损害，使工程、货物和承包商文件符合合同要求。

7）EPC 工程合同条件第 17.2 款（工程照管的责任）规定：承包商应对颁发接收证书后由承包商造成的对工程、货物和承包商文件的任何损失或损害负责。承包商还应对颁发接收证书后发生的，由承包商负责的颁发接收证书前发生的事件所引起的任何损失或损害负责。

EPC 工程合同条件下，承包商要承担远多于其他合同条件下的风险，这无疑大大增加了承包商成功实施工程的难度。EPC 工程项目实际操作中，承包商几乎要承担全部工作量和报价风险，对业主要求的理解负责，并要承担现场环境和水文地质条件等风险。这些风险在其他合同条件下大都由业主承担。

3. EPC 工程合同业主与承包商的风险分担对比

根据《中华人民共和国标准设计施工总承包招标文件》（2012 年版）重要风险点的分担分析，业主与承包商施工合同风险分担对比见表 9-5。

表 9-5　设计施工合同下业主与承包商施工合同风险分担对比

序号	业主承担的风险	承包商承担的风险
1	施工现场发现文物、化石而增加的费用和（或）延误的工期	
2	不可抗力造成的损失	不可抗力造成的损失
3	法律变化导致承包商在合同履行中费用增加（业主与承包商商定）	法律变化导致承包商在合同履行中费用增加（业主与承包商商定）
4	物价波动引起的成本增加（A 方案：业主与承包商）	物价波动引起的成本增加（B 方案：承包商）

（续）

序号	业主承担的风险	承包商承担的风险
5	业主要求一般错误导致承包商增加费用、工期延误以及合理利润损失的（A方案：业主）	保证工程施工和人员的安全
6	业主要求严重错误导致承包商增加费用、工期延误以及合理利润损失的（如要求引用的原始数据资料错误的）	施工场地及其周边环境与生态保护工作
7	按时办理工程建设项目必须履行的各类审批、核准和备案手续	避免施工对公众与他人利益造成损害
8	提供施工场地及毗邻区域内的地下管线资料、气象和水文观测资料，以及与建设工程有关的原始资料并保证真实准确完整	—
9	不可预见的物质条件造成的费用增加或工期延长（A方案：业主）	不可预见的物质条件造成的费用增加或工期延长（B方案：承包商）
10	与设计有关的法律或标准变化（业主与承包商商定）	设计文件存在错误、含糊、遗漏、矛盾、不充分或其他缺陷
11	办理取得出入施工场地以及取得工程建设所需设施，并承担有关费用（A方案：业主）	办理取得出入施工场地以及取得工程建设所需设施，并承担有关费用（B方案：承包商）
12	异常恶劣的气候条件	—
13	行政审批迟延	—

4. 业主与承包商的风险识别

采用专家法、头脑风暴、因果分析等方法，结合 EPC 工程项目实际情况，明确风险源及其产生条件，识别出业主和承包商不同风险类型下的子风险，形成 EPC 工程项目风险长清单。例如，由于设计分包商对地质条件勘探不足，导致设计方案存在缺陷和错误等风险。对于国际 EPC 工程项目，还应考虑国际地区风险，如战争、动乱、通货膨胀、治安差等风险。下文通过案例展示 EPC 工程项目风险识别过程。

案例9-5　**M 国 D 市污水处理厂国际 EPC 工程项目合同风险管理实例——风险识别**

1. 项目概况

项目所在地位于印度半岛恒河冲积三角洲某河北岸。拟建污水处理厂位于 D 市某河的东侧，主要处理 D 市及周边地区的污水，以消除目前生活污水对该河的污染。

本项目由场外污水提升泵站（6m/s）、长约 4.8km 的输水管线和污水处理厂（50 万 t/日）三部分组成。项目 EPC 总承包商为 S 公司，业主为 M 国 A 公司，项目资金为 Z 国进出口银行优惠贷款项目，项目商务合同协议已经签订（采用合同修改版 FIDIC 银皮书为模板）。

项目自然环境和社会环境情况见表9-6。

2. 工程特点

1）该工程合同条件以修改版 FIDIC 银皮书为蓝本，严格、规范的合同管理，项目管理的协调界面相当复杂。

表 9-6　项目自然环境和社会环境情况

自然环境		社会环境	
气温	年平均气温为 26.5℃ 夏季最高温度达 45℃ 雨季平均温度 30℃	人口总数	1.5805 亿人
降雨量	年降雨量为 1194~3454mm 全年降雨量的 85% 集中在雨季	人口密度	1100 人/km² 以上
恶劣天气	飓风经常肆虐沿海地区 内地经常遭受龙卷风袭击	经济	经济基础薄弱，国民经济主要依靠农业
自然灾害	频发	宗教	信奉伊斯兰教的占 88.3%，信奉印度教的占 10.5%

2）该国实行土地私有制，各种法规相对完善，建设过程中不排除外部干扰、劳工罢工等现象的发生。

3）本项目施工路线较长，特别是约 5km 的输水管线部分要经过一所大学和居民区，施工干扰较大，管线部分的路面开挖和恢复则需要当地原土地所有者公司的协助。另外，施工期间有大量工作需要当地各政府部门的协助完成，如施工用水用电、海关清关等。

4）受当地水文气候的影响，污水厂区域在每年雨季都会被淹没，常年水位都在现有地面高程以上 3m 左右，而本项目的关键线路是污水厂的施工，整个雨季将无法进行污水厂工程的施工，随之极可能造成整个工期的延误。

3. 风险识别

采用头脑风暴法，根据风险清单模型，结合项目自身情况，列出本项目的风险长清单。识别出四类风险，分别为：国际与地区风险、行业风险、项目外部风险和项目内部风险。每类风险的子风险见表 9-7。

表 9-7　项目风险长清单

国际与地区风险	行业风险	项目外部风险	项目内部风险
战争、动乱	仲裁体制不完善	业主要求不明确	管理不到位、项目经理选择不当
政府政策缺乏继承性	专利保护	对承包商不利的合同条件	资金需求不平衡
政局不稳	进出口限制	业主工程师不称职、不公正/正义	人为失误
税率变动	雇佣限制	不符合属地的标准及规范	人力资源短缺
通货膨胀	排他性施工技术标准	设计存在缺陷和错误	未能充分保险
外汇兑换/波动	设计与施工衔接	缺少对施工方法的了解	通信与协调工作不利
语言差异	安全与卫生特殊规定	直接的劳务纠纷	进度延误
社会治安	环保特殊规定	分包商施工失误	成本上升

（续）

国际与地区风险	行业风险	项目外部风险	项目内部风险
贪污腐败	设计规范、施工规范、验收规范、设计审批、工艺技术等	供应商不能正常供货	不能及时进入现场
公共关系	—	材料与设备验收不合格	地下条件不明
卫生状况	—	劳动及材料的价格上涨	工程规范不明确
—	—	自然力或不可抗力	生产率降低
—	—	材料缺陷	非标准合同格式
—	—	质量控制困难	合同条款不严谨
—	—	—	缺陷合同责任的规定
—	—	—	当地的特殊要求以及待遇与歧视性、技术性障碍

9.2.2 风险评估

风险评估的程序和方法与9.1节相同。这里通过案例阐述风险评估方法、过程和结果。

案例9-6 **M国D市污水处理厂国际EPC工程项目合同风险管理实例——风险评估**

运用风险矩阵法，通过会议的形式对项目风险长清单中的各项风险单元按照风险影响程度标准和风险发生概率的取值方式对风险影响等级和风险发生概率进行集体评估。风险评分＝风险影响程度×风险发生可能性。评分为1~3分的风险等级为"低"，评分为4~9分的风险等级为"中等"，评分为10分以上的风险等级为"重要"。选取项目风险长清单中与工程设计方面相关的风险并对其进行评估，结果见表9-8。可见，与设计相关的风险要素均为中等及以上的风险等级。

表9-8 与设计相关的风险评估结果

风险要素	风险影响程度	风险发生可能性	风险评分	风险等级
设计、施工、验收规范，设计审批，工艺技术等	4	4	16	重要
业主要求不明确	4	3	12	重要
设计存在缺陷和错误	3	3	9	中等
设计与施工衔接	3	2	6	中等

9.2.3 风险应对

1. 业主的风险应对

（1）设计风险应对 业主应参与各阶段设计文件的审查，并聘请有资质的单位对设计文件进行审查，确保设计文件符合技术安全经济要求，减少由于数据和资料不准确带来的工程损失。

（2）采购风险应对 严格参与设备和材料进场审查，保证工程项目如期进行，避免因业主原因造成延期或损失而引起索赔问题。

2. EPC 承包商的风险应对

EPC 承包商自身能力建设是做好风险应对最重要的环节。EPC 承包商应不断总结投标报价的经验，改善企业的技术力量和装备条件。同时，承包商还要努力提高设计管理的水平，充分发挥设计的主导作用，积极拓宽设备材料的采购渠道，增强 EPC 项目的管理能力。

（1）项目设计风险的应对　承包商要争取设计能够一次成功，通过业主的审核，尽量减少设计的多次返工。在进行深化设计和优化设计时，因业主变更项目建设的预期目标和功能要求而引起费用增加和工期延长，承包商应及时向业主提出索赔。

（2）项目采购风险的应对　在采购过程中，承包商要从技术上和时间上分析供货商的履约能力，并要求供货商承担违约赔偿责任。由于 EPC 项目中设备材料费用占工程总投资的比例很高，承包商还可以通过投保的方式将设备材料运输过程中发生损失的风险转移给保险公司。

案例 9-7　M 国 D 市污水处理厂国际 EPC 工程项目合同风险管理实例——风险应对

以 9.2.2 小节案例中"设计、施工、验收规范，设计审批、工艺技术等"和"业主要求不明确"两个风险要素为例，制订风险对策。

1. "设计、施工、验收规范，设计审批、工艺技术等"风险

（1）风险描述

选取该风险中的"设计规范与审批子风险"进行说明。

1）该项目涉及多国多行业的规范标准，如 M 国标准、Z 国标准、BS-EN 标准和 ASTM 标准。工程设计人员在短期内难于熟练应用这些标准开展设计工作，可能存在设计进度滞后及标准不熟悉导致的设计质量风险。

2）设计工作共分为初步设计和施工图设计两个阶段，每个阶段咨询工程师都要进行审查，如审查未通过，可能致施工工期严重拖延，面临业主高额的罚金，并影响企业声誉。

（2）风险对策

1）本项目技术建议书尚未正式签署，项目属 Z 国进出口银行优惠贷款，且 Z 国内已建成大批 50 万 t/天及以上处理能力的污水处理厂，形成了完整的技术标准，因此应积极配合国际顾问说服业主并明确优先采用 Z 国标准。

2）迅速组织相关设计人员学习上述规范标准，在国内外聘请有类似项目 BS-EN（ASTM）标准设计经验的公司进行咨询或联合设计，以通过设计图审查。

2. "业主要求不明确"风险

（1）风险描述

根据合同要求，承包商完成的工作应满足《技术条件书》的要求，但现阶段《技术条件书》和《技术建议书》作为项目的技术部分还未正式签字。根据 S 承包商和业主的谈判结果，这两部分内容均由 S 承包商编写，由业主审核。由于项目《技术条件书》未批准，项目咨询工程师未确定，咨询工程师的偏好和要求现阶段无法掌握，因此也为后期设计和施工带来较大的不确定性。

（2）风险对策

充分利用承包商编制"技术条件书"的权利，尽早完成项目技术条件书，将有利的技术和验收条件补充进去，督促说服业主认可优化后的设计方案，为项目执行提供有利条件。

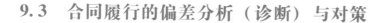

9.3　合同履行的偏差分析（诊断）与对策

9.3.1　合同跟踪

在工程实施过程中，由于实际情况千变万化，导致合同实施与预定目标（计划和设计）的偏离，如果不采取措施，这种偏差常常由小到大，日积月累。这就需要对合同实施情况进行跟踪，以便及时发现偏差，不断调整合同实施，使之与总目标一致。

1. 合同跟踪的依据

合同跟踪时，判断实际情况与计划情况是否存在差异的依据主要有：合同和合同分析的结果，如各种计划、方案、合同变更文件等，它们是比较的基础，是合同实施的目标和方向；各种实际的工程文件，如原始记录、各种工程报表、报告、验收结果、量方结果等；工程管理人员每天对现场情况的直观了解，如施工现场的巡视、与各种人谈话、召集小组会议、检查工程质量等。

2. 合同跟踪的对象

合同实施情况追踪的对象主要有以下几个方面：

（1）具体的合同事件　对照合同事件表的具体内容，分析该事件的实际完成情况。下面以设备安装事件为例进行分析：

1）安装质量，如标高、位置、安装精度、材料质量是否符合合同要求？安装过程中设备有无损坏？

2）工程数量，是否全都安装完毕？有无合同规定以外的设备安装？有无其他的附加工程？

3）工期，是否在预定期限内施工？工期有无延长？延长的原因是什么？该工程工期变化原因可能是：业主未及时交付施工图；生产设备未及时运到工地；基础土建工程施工拖延；业主指令增加附加工程；业主提供了错误的安装图，造成工程返工；工程师指令暂停施工。

4）成本的增加和减少等。

将上述内容在合同事件表上加以注明，这样可以检查每个合同事件的执行情况。对一些有异常情况的特殊事件，即实际和计划存在大的偏离的事件，可以列特殊事件分析表，做进一步的处理。从这里可以发现索赔机会，因为经过上面的分析可以得到偏差的原因和责任。

（2）工程小组或分包商的工程和工作　一个工程小组或分包商可能承担许多专业相同、工艺相近的分项工程或许多合同事件，因此必须对它们实施的总体情况进行检查分析。在实际工程中，常常因为某一工程小组或分包商的工作质量不高或进度拖延而影响整个工程施工。合同管理人员在这方面应给他们提供帮助，如协调他们之间的工作，对工程缺陷提出意见、建议或警告，责成他们在一定时间内提高质量、加快工程进度等。作为分包合同的发包方，总承包商必须对分包合同的实施进行有效的控制，这是总承包商合同管理的重要任务之一。分包合同控制的目的如下：

1）控制分包商的工作，严格监督他们按分包合同完成工程责任。分包合同是总承包合同的一部分，如果分包商完不成其合同责任，那么总承包商就不能顺利完成总承包合同责任。

2）为向分包商索赔和对分包商反索赔做准备。总承包商和分包商之间利益是不一致的，双方之间常常有尖锐的利益争执。在合同实施中，双方都在进行合同管理，都在寻求向对方索赔的机会，因此双方都有索赔和反索赔的任务。

3）对分包商的工程和工作，总承包商负有协调和管理的责任，并承担由此造成的损失。因此，分包商的工程和工作必须纳入总承包工程的计划和控制中，防止因分包商工程管理失误而影响全局。

（3）业主和工程师的工作　业主和工程师是承包商的主要工作伙伴，对他们的工作进行监督和跟踪是十分重要的。

1）业主和工程师必须正确、及时地履行合同责任，及时提供各种工程实施条件，如及时发布施工图、提供场地、及时下达指令和做出答复、及时支付工程款等。这常常是承包商推卸工程责任的托词，因此要特别重视。在这里合同工程师应寻找合同中以及对方合同执行中的漏洞。

2）在工程实施中承包商应积极主动地做好工作，如提前催要施工图、材料，对工作事先通知。这样不仅可以让业主和工程师及时准备，以建立良好的合作关系，保证工程顺利实施，而且可以避免自己的责任。

3）有问题及时与工程师沟通，多向工程师汇报情况，及时听取工程师的指示（书面的）。

4）及时收集各种工程资料，对各种活动、双方的交流进行记录。

5）对有恶意的业主提前防范，并及时采取措施。

（4）工程总的实施状况

1）工程整体施工秩序状况。如果出现以下情况，合同实施必定存在问题：现场混乱、拥挤不堪；承包商与业主的其他承包商、供应商之间协调困难；合同事件之间和工程小组之间协调困难；出现事先未考虑到的情况和局面；发生较严重的工程事故等。

2）已完工程没有通过验收，出现大的工程质量事故，工程试运行不成功或达不到预定的生产能力等。

3）施工进度未能达到预定计划，主要的工程活动出现拖期，在工程周报和月报上计划和实际进度出现大的偏差。

4）计划和实际的成本曲线出现大的偏离。在工程项目管理中，工程累计成本曲线对合同实施的跟踪分析起着很大的作用。计划成本累计曲线通常在网络分析、各事件计划成本确定后得到，在国外又被称为工程项目的成本模型。而实际成本曲线由实际施工进度安排和实际成本累计得到，两者对比，可以分析出实际和计划的差异。

通过合同实施情况追踪、收集、整理，能总结出工程实施状况的各种工程资料和实际数据，如各种质量报告、各种实际进度报表、各种成本和费用收支报表及其分析报告。将这些信息与工程目标，如合同文件、合同分析的资料、各种计划、设计等进行对比分析，可以发现两者的差异。根据差异的大小确定工程实施偏离目标的程度。如果没有差异或差异较小，则可以按原计划继续实施工程。

9.3.2　合同实施情况偏差分析

合同实施情况偏差表明工程实施偏离了工程目标，应加以分析调整，否则这种差异会逐渐积累，越来越大，最终导致工程实施远离目标，使承包商或合同双方受到很大的损失，甚至可能导致工程的失败。合同实施情况偏差分析，指在合同实施情况追踪的基础上，评价合同实施情况及其偏差，预测偏差的影响及发展的趋势，并分析偏差产生的原因，以便对该偏差采取调整措施。

合同实施情况偏差分析的内容包括：

1. 合同执行差异的原因分析

通过对不同监督和跟踪对象的计划和实际的对比分析，不仅可以得到合同执行的差异，而且可以探索引起这个差异的原因。原因分析可以采用鱼刺图、因果关系分析图（表）、成本量差、价差、效率差分析等方法定性或定量地进行。例如，通过计划成本和实际成本累计曲线的对比分析，不仅可以得到总成本的偏差值，而且可以进一步分析差异产生的原因。引起上述计划和实际成本累计曲线偏离的原因可能有：整个工程加速或延缓；工程施工次序被打乱；工程费用支出增加，如材料费、人工费上升；增加新的附加工程，使主要工程的工程量增加；工作效率低下，资源消耗增加等。

上述每一类偏差的原因还可进一步细分，如引起工作效率低下的原因可以分为：

1）内部干扰，如施工组织不周，夜间加班或人员调遣频繁；机械效率低，操作人员不熟悉新技术，违反操作规程，缺少培训；经济责任不落实，工人劳动积极性不高等。

2）外部干扰，如设计图出错，设计修改频繁；气候条件差；场地狭窄，现场混乱，水、电、道路等施工条件受到影响等。在上述基础上，还应分析出各原因对偏差影响的权重。

2. 合同差异责任分析

合同差异责任分析，即这些原因由谁引起，该由谁承担责任，这常常是索赔的理由。一般只要原因分析详细、有根有据，则责任分析自然清楚。责任分析必须以合同为依据，按合同规定落实双方的责任。

3. 合同实施趋向预测

分别考虑不采取调控措施和采取调控措施，以及在采取不同的调控措施的情况下合同的最终执行结果：

1）最终的工程状况，包括总工期的延误、总成本的超支、质量标准、所能达到的生产能力（或功能要求）等。

2）承包商将承担什么样的后果，如被罚款、被清算，甚至被起诉，对承包商资信、企业形象、经营战略的影响等。

3）最终工程经济效益（利润）水平。

9.3.3 合同实施情况偏差处理

根据合同实施情况偏差分析的结果，承包商应采取相应的调整措施。调整措施可分为：

1）组织措施，如增加人员投入、调整人员安排、调整工作流程和工作计划等。

2）技术措施，如变更技术方案、采用更高效率的施工方案。

3）经济措施，如增加投入、采取经济激励措施等。

4）合同措施，如进行合同变更、签订附加协议、采取索赔手段等。

合同措施是承包商的首选措施，该措施主要由承包商的合同管理机构来实施。承包商采取合同措施时通常应考虑：

1）如何保护和充分行使自己的合同权力，如通过索赔来降低自己的损失。

2）如何利用合同使对方的要求降到最低，即如何充分限制对方的合同权力，找出业主的责任。如果通过合同诊断，承包商已经发现业主有恶意不支付工程款或自己已经陷入合同陷阱中，或已经发现合同亏损而且估计亏损会越来越大，则要及早确定合同执行战略。例如：及早解除合同，降低损失；争取道义索赔，取得部分补偿；采用以守为攻的办法拖延工程进度，消极怠工。因为在这种情况下，承包商投入资金越多，工程完成得越多，承包商越被动，损失会越大，等到工程完成交付使用时，承包商就丧失了主动权。

9.3.4 合同清理

通过合同跟踪工作能够及时掌握合同履行状态和整个工程的进展状况。根据合同履行的实际状态，可能需要对后续合同工作计划进行动态的调整，特别是对于大型项目，因合同种类、数量众多，合同关系复杂，应定期或不定期地对合同进行清理，根据合同清理的工作成果及时对合同工作计划进行调整。所谓合同清理，是指在项目实施过程中对所有合同的履行情况进行全面综合性分析，不仅要发现各合同存在或需要解决的主要问题，而且要发现不同合同之间的相互影响，包括已签订的合同之间的相互影响和已签订合同对尚未签订合同的影响，从而抓住主要矛盾加以解决。有时需对尚未签订的合同做出必要的调整。

合同清理工作可以由合同主管部门主持，工程管理部门的主要负责人参加。这些部门的负责人分别管理设计、施工、监理和设备材料采购等合同，他们不仅对自己分管合同的履行情况了如指掌，而且对相关合同的要求也心中有数，一般可采用联席会议的方式进行相互交流和沟通。合同清理工作分为经常性清理和全面性清理两种，可以定期或不定期进行，主要是根据合同实际履行情况和工作需要来安排合同清理工作。合同清理工作对尚未签订的合同的作用相对较大，对解决已签订且已实施合同扫尾工作或遗留问题也有重要作用。根据合同清理工作的结果，对下一步合同工作及时做出调整，以利于项目目标的实现。

思　考　题

1. 施工合同下，业主与承包商各自承担的风险主要有哪些？
2. 施工合同风险常用的应对策略有哪些？
3. 采用风险回避对策时需要注意哪些问题？
4. 在总承包合同下，业主与承包商各自承担的风险主要有哪些？
5. 举例说明总承包合同下的风险应对策略。
6. 施工合同实施过程中，合同跟踪的对象主要有哪些？
7. 在合同管理中经常使用的合同偏差处理的方法主要有哪些？
8. 建设工程合同清理的主要程序和内容是什么？

第 10 章

工程变更与索赔

学习目标

熟悉工程变更与索赔的概念、产生的原因和分类，熟悉工程变更程序，掌握工程变更价格计算，了解工程变更责任分析，熟悉工程索赔的概念、起因，熟悉索赔程序，掌握索赔分析计算。

对于任何一个建设项目而言，由于市场、自然环境、政策法规、施工技术要求等的变化，引发工程变更是难免的。不确定性事件或合同当事人的行为过错会引起索赔，同时工程变更有时也会引发工程索赔。因此，工程变更与索赔是工程合同履行过程中的常见现象，是合同管理的重要组成部分。增强合同主体各方的主观能动性，对工程变更实施有效的管理和控制，强化风险意识，充分做好预案，减少索赔事件发生，提高工程合同管理的水平，对实现工程项目合同管理目标具有重要意义。

10.1 工程变更

工程项目的复杂性决定了业主在项目前期阶段所确定的方案可能存在某方面的不足，且随着工程的进展和对工程本身认识的加深，以及工程环境和施工条件等的影响，需要对工程的范围、技术要求等不断进行修改，而这些修改一般都会引发工程变更。因此，工程变更管理在合同管理中占有举足轻重的地位。

10.1.1 工程变更的概念和内容

1. 合同变更与工程变更

合同变更，在广义上是指改变原合同关系，包括合同主体的变更和合同内容的变更；在狭义上仅指合同内容的变更，而不包括合同主体的变更。合同内容的变更主要包括：标的的变更、标的物数量的增减、标的物品质的改变、价款或酬金的增减、履行期限的变更、履行地点的改变、履行方式的改变、结算方式的改变、所附条件的增添或除去、单纯债权变为选择债权、担保的设定或消失、违约金的变更、利息的变化等。

就工程合同的变更而言，一般是指合同变更的狭义概念，即指工程合同内容的变更。从工程合同管理的实践来看，工程合同的变更大致有两类：一类是合同条款的变更，如支付条件改变、风险的重新分配、保险要求的提高等；另一类则是工程变更，指在工程实施过程中，合同双方经合同约定的相关程序，在合同约定范围内对工程范围、质量、数量、性质、施工次序和经工程师批准的实施方案等做出变更。这是最常见的工程合同变更类型，也是本书要重点讨论的内容。

2. 工程变更的内容

工程变更涉及合同双方权利、义务的变化，合同双方都会十分重视，因此在合同中会对工程变更的内容以及变更程序做出详细的规定，不同的合同范本会略有不同。

案例 10-1　2017 FIDIC 条款（红皮书）

2017 FIDIC 条款（红皮书）对工程变更的内容做了如下规定：

1）合同中任何工作的工程量的改变（但此类工程量的变化不一定构成变更）。

2）任何工作的质量或其他特性的改变。

3）工程任何部位的标高、位置和（或）尺寸的变化。

4）任何工作的删减，但删减未经双方同意由他人实施的除外。

5）永久工程所需的任何附加工作、生产设备、材料或服务，包括任何相关的竣工试验、钻孔、其他试验或勘测工作。

6）实施工程的顺序或时间安排的变动。

案例 10-2　《建设工程施工合同（示范文本）》（GF—2017—0201）及《水利水电土建工程施工合同条件》（GF—2016—0208）

住房城乡建设部颁布执行的《建设工程施工合同（示范文本）》（GF—2017—0201）规定了如下需要进行工程变更的情形：

1）增加或减少合同中任何工作，或追加额外的工作。

2）取消合同中任何工作，但转由他人实施的工作除外。

3）改变合同中任何工作的质量标准或其他特性。

4）改变工程的基线、标高、位置和尺寸。

5）改变工程的时间安排或实施顺序。

水利部颁布执行的《水利水电土建工程施工合同条件》（GF—2016—0208）对工程变更内容和范围进行了如下规定：

1）增加或减少合同中任何一项工作内容。

2）增加或减少合同中关键项目的工程量超过专用合同条款规定的百分比。

3）取消合同中任何一项工作（但被取消的工作不能转由发包或其他承包实施）。

4）改变合同中任何一项工作的标准或性质。

5）改变工程建筑物的形式、基线、标高、位置或尺寸。

6）改变合同中任何一项工程的完工日期或改变已批准的施工顺序。

7）追加为完成工程所需的任何额外工作。

同时，《建设工程施工合同（示范文本）》（GF—2017—0201）将工程变更分为工程设计变更和其他变更。施工中业主如需要对原工程设计进行变更，应提前（通常为 14 天）以书面的形式向承包商发出变更通知，承包商对业主的变更通知没有拒绝的权力。变更超过原设计标准或批准的建设规模时，业主应报规划管理部门和其他有关部门重新审查批准，并由原设计单位提供变更的相应施工图和说明。

施工中承包商不得对原工程设计进行变更。因承包商擅自变更设计发生的费用和由此导致业主的直接损失，由承包商承担，延误的工期不予顺延。承包商在施工中提出的合理化建议涉及对设计图或施工组织设计的更改及对材料、设备的换用，须经工程师同意。未经同意擅自更改或换用时，承包商承担由此发生的费用，并赔偿业主的有关损失，延误的工期不予顺延。若工程师同意采用承包商合理化建议，则所发生的费用和获得的收益由业主和承包商另行约定分担或分享。

从合同角度看，除设计变更外，其他能够导致合同内容变更的都属于其他变更。如双方对工程质量要求的变化（如涉及强制性标准的变化）、双方对工期要求的变化、由于施工条件和环境的变化导致的施工机械和材料的变化等，由双方协商解决。

但是，如果没有得到工程师的变更指令，承包商不得对永久工程做任何变动。而且，工程师发布的变更指令内容，必须是属于合同范围内的变更，即要求变更不能引起工程性质有很大的变动，否则应重新订立合同。若对合同实质性内容改变较大时，可能已经违背了合同订立的原意，除非合同双方都同意将其作为原合同的变更，否则工程师无权发布不属于本合同范围内的工程变更指令，且承包商也可以拒绝。

10.1.2　工程变更的程序

由于工程变更对工程实施过程影响很大，会造成工期的拖延和费用的增加，容易引起双方的争执，因此合同双方都非常重视工程变更管理问题。工程变更的处理程序应该在合同执行的初期确定，并要保持连续性。工程变更一般按照如下程序进行。

1. 工程变更的提出

无论是业主、监理单位、设计单位还是承包商，认为原设计图或技术规范不适应工程实际情况时，均可向监理工程师提出变更要求或建议，提交书面变更建议书。工程变更建议书包括以下主要内容：

1）变更的原因及依据。

2）变更的内容及范围。

3）变更引起的合同价款增加或减少。

4）变更引起的合同工期的提前或延长。

5）为审查所必须提交的附图及其计算资料等。

2017版FIDIC系列合同条件中，根据变更发起人的不同将变更分为由业主方/工程师发起的变更和由承包商发起的变更。业主方发起的变更又可分为业主方直接签发变更指示发起变更（"指示变更"）和业主方要求承包商提交变更建议书发起变更（"征求建议书变更"）；承包商发起的变更由承包商从价值工程的角度自发提交变更建议书，由业主方确认是否变更，其流程与业主方征求建议书变更基本相同。

工程变更指令单和工程变更申请表的格式和内容可以按具体工程需要设计。表10-1为某工程项目的工程变更指令单。

表10-2为某工程项目的工程变更申请表。

2. 工程变更建议的审查

监理工程师负责对工程变更建议书进行审查，审查的基本原则是：

1）工程变更的必要性与合理性。

2）变更后不降低工程的质量标准，不影响工程完建后的运行与管理。

3）工程变更在技术上必须可行、可靠。

4）工程变更的费用及工期是经济合理的。

表 10-1　工程变更指令单

致：（施工单位） 工程变更内容 请参照以上内容尽快施工。 工程部：总经理（盖章）
施工单位签收： 技术负责人：项目负责人：（盖章）
监理单位签收： 专业监理工程师：总监理工程师：（盖章）

　　注：本指令单不得单独作为结算依据，工作内容施工完后应及时办理工程变更经济签证。

表 10-2　工程变更申请表

申请人		申请表编号		合同号	
相关的分项工程和该工程的技术资料说明 工程号图号 施工段号					
变更的依据			变更说明		
变更涉及的标准					
变更所涉及的资料					
变更影响（包括技术要求、工期、材料、劳动力、成本、机械、对其他工程的影响等）					
变更类型			变更优先次序		
审查意见： 计划变更实施日期：					
变更申请人（签字）					
变更批准人（签字）					
变更实施决策/变更会议					
备注					

5）工程变更尽可能地不对后续施工在工期和施工条件上产生不良影响。

监理工程师在工程变更审查中，应充分与业主、设计单位、承包商进行协商，对变更项目的单价和总价进行估算，分析因此而引起的该项工程费用增加或减少的数额。通过前期协商，使合同双方对变更价款、工期影响等尽早达成一致，以利于后期工作的开展。

3. 工程变更的批准与设计

一般来说，由承包商提出的工程变更，应该交由监理工程师审查并经业主批准；由设计方提出的工程变更应与业主协商并经业主审查批准；由业主提出的工程变更，涉及设计修改的应该与设计单位协商；由监理工程师提出的变更，若该项工程变更属于合同中约定的监理工程师权限范围之内的，监理工程师可做出决定；若不属于监理工程师权限范围之内的工程变更，则应提交给业主，由其在规定的时间内给予审批。

另外，对于涉及工程结构、重要标准，以及影响较大的重大变更，有时需要业主向上级主管部门报批。此时，业主在申报上级主管部门批准后再按照合同规定的程序办理。

工程变更获得批准后，涉及设计修改的，应由业主委托设计单位负责完成具体的工程变更设计工作。设计单位在规定时间内提交工程变更设计文件（包括施工图），最后再报由监理工程师审核。

4. 工程变更指令的发布与实施

在对变更价款初步达成一致的基础上，监理工程师向承包商下达工程变更指令，承包商据此组织工程变更的实施。当变更时间紧迫或对变更价款还未达成一致意见时，为了避免影响工程进度，监理工程师可先行发布变更指令。一旦发出变更指令，承包商必须予以执行。承包商若有意见，则在执行变更的同时与工程师和业主协商解决。

工程变更指令必须以书面形式发布。当监理工程师发出口头指令时，其必须在规定的时间内予以书面证实。承包商在没有得到工程师的变更指令时，不能做任何变更。如果承包商在没有工程师变更指令的情况下进行了变更，由此造成的后果由承包商自己承担。

工程变更的决定权在业主，业主能够决定是否变更、如何变更。原则上，业主签发变更指令后，如无合同规定的例外情况，承包商应接受该变更并按其指示实施变更。对于业主发起的变更，承包商需注意在业主确定变更的意向时，积极与业主进行谈判，争取合理的时间和费用。承包商可以以合理理由拒绝接受变更或拒绝提交变更建议书。FIDIC系列合同规定了如下承包商可以拒绝接受变更的理由：

1）从工程的范围和性质考虑，该变更工作是不可预见的。

2）承包商不能获得实施变更所需的物资。

3）该变更会严重影响承包商履行其他相关工程义务。

4）该变更会严重影响性能保证值的实现。

收到承包商的拒绝通知后，业主可以取消、确认或修改变更指令。如双方不能达成一致意见，则需在合同规定的时间内发出不满意通知，将该事宜提交DAAB（Dispute Avoidance/Adjudication Board，争端避免/裁决委员会）处理。

DAAB，即争端避免/裁决委员会，其成员原则上由业主和承包商协商，从专用合同条件的合同数据列明的备选名单中选取奇数候选人（通常为3人，业主和承包商各自确定一名并报对方认可，双方及两名候选人共同协商确定第三名候选人并指定其为DAAB主席）成立。DAAB的主要责任是合同实施过程中的争端避免和裁决，并在承担责任的同时享有相应报酬。在争端避免方面，DAAB可应各方请求或主动提供协助，启动非正式讨论，尝试解决合同履行期间产生的任何问题。争端裁决方面，DAAB 接受任一方关于争端裁决的委托，进行必要的调查，并在期限内给出有理有据的决定。DAAB 的裁决行为不被视作仲裁，DAAB 成员也不以仲裁员的身份开展工作。

5. 工程变更价款的估算

变更指令发布后，承包商应响应监理工程师的要求，在变更建议书估价的基础上，提出详细的工程变更的价款估算和相关工期要求，并报监理工程师审查、业主核批。工程价款变更通常应按下列原则和办法进行：合同中已有适用于变更工程单价的，按合同已有的单价计算和变更合同价款；合同中只有类似于变更工程的单价，可参照它来确定变更价格和变更合同价款；合同中没有上述单价时，由承包商提出相应价格，经监理工程师确认后执行。承包商变更项目价格申报见表 10-3。

表 10-3　变更项目价格申报表

（承包 ［　　］ 变价号）
合同名称：　　合同编号：
承包商：

致：（监理机构） 根据工程变更指示（监理 ［　　］ 变指号）的工程变更内容，对下列项目单价申报如下，请审核。 附件：变更单价报告（原因、工程量、编制说明、单价分析表）				
序号	项目名称	单位	申报单价	备注
1				
2				
（填报说明） 　　　　　　　　　　　　承包商：（全称及盖章） 　　　　　　　　　　　　项目经理：（签名） 　　　　　　　　　　　　日期：　年　月　日				
监理机构将另行签发批复意见。 　　　　　　　　　　　　监理机构：（全称及盖章） 　　　　　　　　　　　　签收人：（签字） 　　　　　　　　　　　　日期：　年　月　日				

说明：本表一式＿＿＿＿份，由承包商填写并报监理机构审签，业主＿＿＿＿份、监理单位＿＿＿＿份、承包商＿＿＿＿份。

变更价款的报告需要承包商在变更发生后的 14 天内提出，监理工程师需在 14 天内审查确认完毕，然后上报给业主审批。倘若变更发生后 14 天内承包商未提出变更价款的申请，则视为该工程变更无须进行价款调整；而在监理单位收到工程价款变更申请后的 14 天内，监理单位无正当理由不进行审查确认时，价款变更报告自动生效。

6. 工程变更计量与支付

承包商在完成工程变更的内容后，根据按月支付的要求申请进行工程计量与支付。

工程变更的一般流程图如图 10-1 所示。

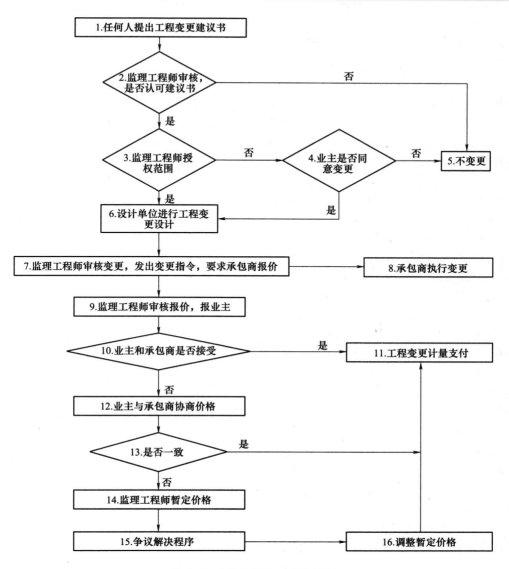

图 10-1　工程变更的一般流程图

10. 1. 3　工程变更价格的调整

工程变更引起的价格调整有两种情况，一种是工程变更引起本项目和其他项目单价或合价的调整，另一种是工程变更引起的工程量或总价款超出合同规定值导致合同价格的调整。

1. 工程变更引起本项目和其他项目单价或合价的调整

任何一项工程变更都有可能引起变更项目和有关其他项目的施工条件发生变化，以致影响本项目和其他项目的单价或合价，此时，业主和承包商均可提出对单价或价格的调整。这种情况下按以下原则进行价格调整：

1）变更的项目与工程量清单中某一项目施工条件相同时，则采用该项目的单价。

2）如工程量清单中无相同的项目，则可选用类似项目的单价作为基础，适当调整后采用。

3）如既无相同项目，也无类似项目，则应由监理工程师、业主和承包商进行协商以确定新的单价或价格。

4）如协商不成，可由监理工程师暂定价格，业主和承包商任何一方对此不满意，均有日后就此提出索赔的权利。但承包商不得因不满意此暂定价格而拒绝实施工程变更。

《建设工程施工合同（示范文本）》（GF—2017—0201）约定：如双方不能达成一致意见，双方可提请工程所在地工程造价管理机构进行咨询或按合同约定的争议或纠纷解决程序办理。

FIDIC施工合同条件下工程变更价款的确定方法：

（1）工程变更价款确定的一般原则 承包商按照工程师的变更指令实施变更工作后，往往会涉及对变更工程价款的确定问题。变更工程的价格或费率往往是双方协商时的焦点。计算变更工程应采用的费率或价格，可分为三种情况：

1）变更工作在工程量表中有同种工作内容的单价，应以该费率计算变更工程费用。

2）工程量表中虽然列有同类工作的单价或价格，但对具体变更工作而言已不适用，应在原单价和价格的基础上制订合理的新单价或价格。

3）变更工作的内容在工程量表中没有同类工作的费率和价格，应按照与合同单价水平相一致的原则确定新的费率或价格。

（2）工程变更采用新费率或价格的情况

第一种情况：

1）如果此项工作实际测量的工程量比工程量表或其他报表中规定的工程量的变动大于10%。

2）工程量的变化与该项工作规定的费率的乘积超过了中标的合同金额的0.01%。

3）此工程量的变化直接造成该项工作单位成本的变动超过1%。

4）此项工作不是合同中规定的"固定费率项目"。

第二种情况：

1）此工作是根据变更与调整的指示进行的。

2）合同没有规定此项工作的费率或价格。

3）由于该项工作与合同中的任何工作没有类似的性质或不在类似的条件下进行，故没有一个规定的费率或价格适用。

每种新的费率或价格均应考虑以上描述的有关事项对合同中相关费率或价格加以合理调整后得出。如果没有相关的费率或价格可供推算新的费率或价格，则应根据实施该工作的合理成本和合理利润，并考虑其他相关事项后得出。

与1999年版FIDIC合同条件相比，2017年版FIDIC合同条件对第13条［变更与调整］做了如下修订：

1）在第2.4款［业主的资金安排］增加了对变更费用的支付保证。如果单次变更价格超过了中标合同金额的10%或累积变更价格超过中标合同金额的30%，承包商可要求业主提供相关的资金安排证明，以证明其有能力对该变更费用进行支付。

2）将履约保证与变更进行了关联。第4.2款［履约担保］中规定当变更导致合同价格累计增加或减少超过中标合同金额的20%时，如业主要求，需要对履约担保额度进行相应调整。

案例 10-3

某工程施工合同，其中钻孔桩的工程情况是：直径为1.0m的共计长1501m；直径为1.2m的共计长8178m；直径1.3m的共计长2017m。原合同规定选择直径为1.0m的钻孔桩做静载破坏试验。在合同实施过程中，监理工程师和承包商一致认为，如果选择直径为1.2m的钻孔桩做静载破坏试验对工程更具有代表性和指导意义。因此经业主同意，指示变更。但在原工程量清单中仅有直径为1.0m桩静载破坏试验的价格，没有直接可套用的价格供参考。

[案例分析]

监理工程师认为钻孔桩做静载破坏试验的费用主要有两部分构成：一部分为试验费用；另一部分为桩本身的费用，而试验方法及设备并未因试验桩直径的改变而发生变化。因此，可认为试验费用没有增减，费用的增减主要是由钻孔桩直径变化而引起的桩本身的费用的变化。直径为1.2m的普通钻孔桩的单价在工程量清单中就可以找到，且地理位置和施工条件相近。因此，采用直径为1.2m的钻孔桩做静载破坏试验的费用为：直径为1.0m静载破坏试验费+直径为1.2m的钻孔桩的清单价格。

案例 10-4

某工程合同在路堤土方工程完成后，发现原设计在排水方面考虑不周，为此业主同意在适当位置增设排水管涵。因在工程量清单上有100多道类似管涵，业主建议直接套用类似管涵的单价，但承包商不同意。

[案例分析]

承包商认为变更设计提出时间较晚，其土方已经完成并准备开始路面施工，新增工程不但打乱了其进度计划，而且二次开挖土方难度较大，特别是重新开挖用石灰土处理过的路堤，与开挖天然表土不能等同。监理工程师认为承包商的意见可以接受，不宜直接套用清单中的管涵价格。经与承包商协商，决定采用工程量清单上的几何尺寸、地理位置等条件相近的管涵价格作为新增工程的基本单价，但对其中的"土方开挖"一项在原报价基础上按某个系数予以适当提高，提高的费用叠加在基本单价上，构成新增工程价格。

案例 10-5

某工程项目合同，采用以直接费为计算基础的全费用综合单价计价，混凝土分项工程的全费用综合单价为446元/m³，直接费为350元/m³，间接费费率为12%，利润率为10%，增值税率为9%，材料、机械进项税为25元/m³，城市维护建设税税率为7%，教育费附加费为3%。施工合同约定：工程无预付款，进度款按月结算，工程量以监理工程师计量的结果为准，工程保留金按工程进度款的3%逐月扣留，监理工程师每月签发进度款的最低限额为25万元。

施工进程中，按建设单位要求设计单位提出了一项工程变更，施工单位认为该变更使混凝土分项工程量大幅减少，要求对合同中的单价做相应调整。建设单位则认为应按原合同单价执行，双方意见分歧，要求监理单位调解。经调解，各方达成如下共识：若最终减少的该混凝土分项工程量超过原先计划工程量的15%，则该混凝土分项的全部工程量执行新的全费用综合单价，新的全费用综合单价的间接费和利润调整系数分别为1.1和1.2，其余数据不变。该混凝土分项工程的计划工程量和经专业监理工程师计量的变更后实际工程量见表10-4。

表10-4　混凝土分项工程计划工程量和实际工程量表

月份	1	2	3	4
计划工程量/m³	500	1200	1300	1300
实际工程量/m³	500	1200	700	800

[问题]

（1）如果建设单位和施工单位未能就工程变更的费用等达成协议，监理单位将如何处理？该项工程款最终结算时应以什么为依据？

（2）计算新的全费用综合单价。

（3）每月的工程应付款是多少？总监理工程师签发的实际付款金额应是多少？

[参考答案]

问题1：监理单位应提出一个暂定的价格，作为临时支付工程进度款的依据。经监理单位协调：

如建设单位和施工单位达成一致，以达成的协议为依据；如建设单位和施工单位不能达成一致，以法院判决或仲裁机构裁决为依据。

问题2：计算新的全费用综合单价，见表10-5。

表10-5　新的全费用综合单价

序号	费用项目	全费用综合单价/（元/m³）	
		计算方法	结果
1	直接费	…	350
2	间接费	直接费×12%×1.1	46.2
3	利润	（直接费+间接费）×10%×1.2	47.54
4	税费	［（直接费+间接费+利润）×9%-25］×（1+7%+3%）	16.43
5	含税造价	直接费+间接费+利润+税费	460

注：一般纳税人提供建筑服务适用的税率为9%。

问题3：一月：

完成工程款：500m³×446元/m³=223 000元

本月应付款：223 000元×（1-3%）=216 310元

216 310元<250 000元，不签发付款签证。

二月：

完成工程款：1 200m³×446元/m³=535 200元

本月应付款：535 200元×（1-3%）=519 144元

519 144元+216 310元=735 454元>250 000元

应签发的实际付款金额：735 454元

三月：

完成工程款：700m³×446元/m³=312 200元

本月应付款：312 200元×（1-3%）=302 834元

302 834元>250 000（元）。

应签发的实际付款金额：302 834元。

四月：

最终累计完成工程量：500m³+1 200m³+700m³+800m³=3 200m³

较计划减少：（4 300-3 200）m³÷4 300m³×100%≈25.6%>15%。

本月应付款：3 200m³×460元/m³×（1-3%）-735 454元-302 834元=389 552元

应签发的实际付款金额：389 552元。

2. 工程变更引起的工程量或总价款超出合同规定值导致合同价格的调整

在竣工结算时，如发现所有合同变更引起的工程量或总价款变化超出合同规定（不包含暂定金）的某一数值（如15%，具体视合同约定）时，除了上述单价或合价的调整外，还应对合同价格进行调整。调整的原则是：当变更价款导致合同价格增加时，业主在支付时应减少一笔费用；当变更价款导致合同价格减少时，则业主在支付时应增加一笔费用。应注意的是，在调整时仅考虑超出合同价格（不包括暂定金）合同规定值（如15%）的部分。

这种调整主要是基于：承包商投标时，将工程的各项成本、利润和税费等都分摊到各项目的单价中，其中包含部分固定成本，如总部管理费、启动费、遣散费等，该部分固定成本是不随工程量变化而变化的费用。当工程变更价款导致合同价格大幅增加时，增加部分并未引起上述固定成本的增加，但因计价等原因，在计算工程变更价款时仍然计取了增加部分的固定成本，因而在支付时应相应减少一笔费用，即增加部分的固定成本。同理，当工程变更价款导致合同价格大幅减少时，在扣减工程变更价款的同时也扣减了该部分的固定成本，而该部分固定成本并不因变更工程量或价款的减少而减少，因此在支付时，对减少部分的固定成本应予补偿。

在工程实践中，因具体合同条款不同，规定的值（如15%）也有所不同，承包商应在投标时特别关注此方面的内容，以防增加不必要的风险。业主在招标时对合同文本的选择也应注意该方面的内容，因为合理的分担工程风险有助于工程合同的顺利实施。

某些合同条款规定，当一项工程变更的增减量超出规定值时，也需调整。

10.1.4　工程变更的责任分析

工程变更会引起合同工期和费用的变化，合同双方对于工期和费用补偿常常会有不同意见，从而引起争议。工程变更的责任分析是解决由工程变更引起的纠纷和索赔等问题的前提。

1. 设计变更责任分析

设计变更是指在建设工程合同的履行过程中，由工程的不同参与方提出，最终由设计单位以设计变更或设计补充文件形式发出的工程变更指令。设计变更包含的内容十分广泛，是工程变更的主体内容。可根据其起因的不同进行不同的责任划分：

1）由于业主要求、政府部门要求、环境变化、不可抗力、原设计错误等导致设计的修改，业主应承担相应责任。

2）由于承包商施工过程、施工方案出现错误、疏忽而导致设计的修改，则由承包商承担相应责任。

3）在项目总承包合同中（如 EPC 合同、DB 合同等），承包商承担设计工作，承包商提出的设计必须经过工程师（或业主）的批准。如果承包商的设计不符合招标文件中业主对工程设计的要求，工程师有权不予认可，并要求承包商修改，承包商承担相应的责任。这种修改不属于工程变更。

案例 10-6

某项目设计变更中，设计单位提出增加某层梁板节点，施工单位依据设计变更单提出增加量价，经审核，发现原设计图已有相应节点图，只因设计人员未在平面图相应部位标明节点剖切符号。经查阅合同相关条款，补充协议中明确说明：如因设计人员对设计图标注失误遗漏等进行澄清说明，只作为技术核定，不按变更处理。因此，对于设计变更，哪些作为结算时增加价款的依据，哪些只归结为技术核定，签订施工合同时要明确约定，以避免不必要的纠纷。

2. 施工方案变更责任分析

施工方案变更是指在施工过程中，承包商因工程地质条件变化、施工环境或施工条件的改变等因素影响，向监理工程师和业主提出的改变原施工方案。施工方案变更的责任分析稍复杂。

1）按照规范修改施工方案不属于工程变更。规范作为施工合同的一部分，对工程的施工方法和临时工程等做了详细的规定，承包商必须按照相关规范进行投标。如果承包商的施工方法与规范不同，工程师有权要求承包商按照规范进行修改，此种情形不属于工程变更。

案例 10-7

在某工程中，工程师向承包商颁发了一份设计图，设计图上有工程师的批准及签字。但这份设计图的部分内容违反本工程的专用规范（即工程说明），待实施到一半后工程师发现了这个问题，要求承包商返工并按规范施工。承包商认为该返工为工程变更，并据此向工程师提出索赔要求，但被工程师否定。

［案例分析］

在建设工程合同中，通常专用规范是优先于设计图的，承包商有责任遵守合同规范。承包商在收到一个与规范不同的或有明显错误的设计图后，有责任在施工前将问题呈交给工程师。如果工程师书面肯定设计图变更，则形成有约束力的工程变更。而在本案例中，承包商没有向工程师核实，则不能构成有约束力的工程变更。因此，承包商没有索赔理由。

2）如果规范没有规定详细的施工方法，一般来说，承包商应对施工方案负责。对此应注意如下几个问题：

① 施工方案虽不是合同文件，但它也有约束力。为了保证实现合同目标，业主可要求承包商对施工方案做出说明或提出修改方案，以保证完成合同任务。

② 施工合同规定，承包商应对所有现场作业和施工方法的完备、安全、稳定负全部责任，即在通常情况下由于承包商自身原因（如失误或风险）修改施工方案所造成的损失；在投标书中的施工方案被证明不可行且工程师不批准导致的施工方案改变；承包商为保证工程实施方案的安全和稳定所增加的工程量，均不构成变更，由承包商负责。

③ 施工方案在作为承包商责任的同时，又隐含了承包商对决定和修改施工方案具有的相应的权利，即业主不能随便干预承包商的施工方案；为了更好地完成合同目标（如缩短工期），或在不影响合同目标的前提下，承包商有权采用更为科学和经济合理的施工方案，业主也不得随便干预。而重新选择施工方案的风险由承包商承担。

④ 采用或修改实施方案都要经过工程师的批准或同意，如果工程师无正当理由地不同意，则可能会导致一个变更指令。这里的正当理由包括：工程师有证据证明或认为使用这种方案，承包商不能圆满地完成合同责任。

案例 10-8

在某水利工程中，按合同规定的工期计划，应于××××年×月×日开始现场搅拌混凝土。因承包商的混凝土拌和设备迟迟运不到工地，承包商决定使用商品混凝土，但为业主否决。而在承包合同中未明确规定使用何种混凝土。承包商不得已，只有继续组织设备进场，由此导致施工现场停工、工期拖延和费用增加。承包商对此提出工期和费用索赔。而业主以如下两点理由否定了承包商的索赔要求：

① 已批准的施工进度计划中确定承包商用现场搅拌混凝土，承包商应遵守。

② 拌和设备运不到工地是承包商的失误，其无权要求赔偿。

案例分析：

因为合同中未明确规定一定要用工地现场搅拌的混凝土（施工方案不是合同文件），则商品混凝土只要符合合同规定的质量标准也可以使用，不必经业主批准。因为按照惯例，实施工程的方法由承包商负责，其在不影响或为了更好地保证合同总目标的前提下，可以选择更为经济合理的施工方案，业主不得随便干预。在这一前提下，业主拒绝承包商使用商品混凝土，是一个变更指令，对此可以进行工期和费用索赔。但该项索赔必须在合同规定的索赔有效期内提出。当然，承包商不能因为用商品混凝土而要求业主补偿任何费用。

3）重大的设计变更常常会导致施工方案的变更。如果设计变更由业主承担责任，则相应的施工方案的变更也由业主负责；反之，则由承包商负责。

4）不利的、异常的地质条件所引起的施工方案的变更，一般归为业主的责任。一方面，这是一个有经验的承包商无法预料现场气候条件除外的障碍或条件，另一方面业主负责地质勘察和提供地质报告，则其应对报告的正确性和完备性承担责任。当然，如果在招标文件中已经隐含了相关信息并足以判断出异常情况时，作为一个有经验的承包商应可以预见，那么此种情况导致的施工方案变化就不属于工程变更。

5）施工进度计划的变更。施工进度计划的变更十分频繁：在招标文件中，业主给出工程的总工期目标；承包商在投标文件中有总进度计划；中标后，承包商还要提出详细的进度计划，由工程师批准（或同意）；在工程开工后，每月都可能有进度计划的调整。通常只要工程师（或业主）批准（或同意）承包商的进度计划（或调整后的进度计划），新的进度计划就有约束力。如果业主不能按照新进度计划完成合同中约定的应由业主完成的义务，如及时提供施工图、施工场地、水电等，则属业主违约，业主应承担责任。但若该违约行为未造成进度计划关键路线的改变，则该进度计划的改变不属于工程变更。反之，属于工程变更，承包商有权要求改变后期进度计划和一定的费用补偿。若承包商未按批准的进度计划完成工程内容，承包商则应按合同约定承担相应的责任。

案例 10-9

在某工程中，业主在招标文件中提出工期为48个月。在投标书中，承包商的进度计划也是48个月。中标后，承包商向工程师提交了一份详细进度计划，说明45个月即可竣工，并论述了45个月工期的可行性。工程师批准了承包商的计划。

在工程中，由于业主原因（设计图拖延等）造成工程停工，影响了工期，虽然实际总工期仍小于48个月，但承包商仍成功地进行了工期和与工期相关的费用索赔，因为45个月工期计划是有约束力的。

[案例分析]

合同规定，承包商必须于合同规定竣工之日或之前完成工程，合同鼓励承包商提前竣工（提前竣工奖励条款）。只要承包商在保证不拖延合同工期和不影响工程质量的前提下，可以进行工期优化并实施方案以追求最低费用（或奖励），这是承包商的权利。在本案例中，承包商调整的新进度计划被工程师所批准，则该进度计划具有约束利。由于业主原因造成了工程停工并影响了工期，属于业主违约，业主应承担相应的责任。承包商有权要求工期补偿和一定的费用补偿。

10.2 工程索赔

工程索赔是建设工程合同管理的一个重要内容，是工程项目建设过程中投资者或业主控制工程投资的重要措施；是承包商保护自身正当利益，弥补工程损失，提高利润空间的有效手段。随着工程项目合同管理的不断完善和强化，做好工程索赔和索赔管理的重要性和必要性也日益凸显。

10.2.1 工程索赔概论

1. 工程索赔的概念

2017 年版 FIDIC 系列合同条件对索赔的概念给予了明确的定义：索赔是指一方向另一方要求或主张其在合同条件中的任何条款下，或与合同、工程实施相关，或因其产生的权利或救济。

建设工程索赔通常是指在工程合同履行过程中，合同当事人一方因对方不履行或未能正确履行合同或者由于其他非自身因素而遭受经济损失或权利损害，通过合同规定的程序向对方提出经济或时间补偿要求的行为。

2017 年版 FIDIC 系列合同条件中将索赔明确分为三类，首次引入了第三类索赔。

第一类：业主关于额外费用增加（或合同价格扣减）和（或）缺陷通知期（Defects Notification Period，DNP）延长的索赔；第二类：承包商关于额外费用增加和（或）工期延长（Extension of Time，EOT）的索赔；第三类：合同一方向另一方要求或主张其他任何方面的权利或救济，包括对工程师（业主）给出的任何证书、决定、指示、通知、意见或估价等相关事宜的索赔，但不包含与上述第一类和第二类索赔有关的权利。

第三类索赔可以包括：对合同某一条款的解释；对已发现合同文件中模糊或矛盾部分的修改；索赔方提出的申诉；现场或工程实施所在地的进入；其他任何合同项下或与合同有关的权利，但不包括一方对另一方的支付以及（或者）EOT 或 DNP 的延长。

第三类索赔起点并非为某一事件或情况的发生时点，而是业主和承包商对某一事项（matter）产生分歧（disagreement），索赔方应在产生分歧后一定的时间内，将索赔通知提交至工程师。该索赔通知应包含索赔事项以及分歧的内容，与前两种不同的是，工程师仅依据该索赔通知，无须提交正式索赔报告即可进行商定或决定。

索赔是一种正当的权利要求，以法律和合同为依据，是工程建设中经常发生的现象。在工程建设的各个阶段，都有可能发生索赔。

索赔具有广义和狭义两种解释：广义的索赔是指合同双方向对方提出索赔，既包括承包商向业主的索赔，又包括业主向承包商的索赔；狭义的索赔一般是指承包商向业主的索赔。

2. 工程索赔的特征

工程索赔具有以下特征：

1）索赔作为一种合同赋予双方的具有法律意义的权利的主张，其主体是双向的。不仅承包商可以向业主索赔，业主同样也可以向承包商索赔。由于在实践中，业主向承包商索赔发生的频率相对较低，而且在索赔处理中，业主始终处于主动和有利地位，一般无须经过烦琐的索赔程序，其遭受的损失可以从应付工程款中扣抵、扣留保留金或通过履约保函来兑取。因此在工程实践中大量发生的、处理比较困难的是承包商向业主的索赔，合同条款多数也是规定承包商向业主索赔的处理程序和方法。

2）索赔应由对方承担责任或风险的事件所造成，且索赔方无过错。这一特征也体现了索赔成功的一个重要条件，即索赔一方对造成索赔的事件不承担责任或风险，而是根据法律法规、合同文件或交易习惯应由对方承担风险，否则索赔不可能成功。当然，由对方承担风险不一定对方有过错，如物价上涨，发生不可抗力等，均不是业主的过错造成。若在合同条款的规定下，这些风险由业主承担，则当此类事件给承包商造成损失时，承包商可以向业主索赔。

3）索赔必须建立在损害后果已客观存在的基础上。只有实际发生了经济损失或时间损失，一方才能向对方索赔。

4）索赔是一种未经对方确认的单方行为。它与我们通常所说的工程签证不同。在施工过程中签证是承发包双方就额外费用补偿或工期延长等达成一致的书面证明材料和补充协议，它可以直接作为工程款结算或最终增减工程造价的依据。索赔则是单方面行为，对对方尚未形成约束力，这种索赔要求能否得到最终实现，必须要通过确认（如双方协商、谈判、调解或仲裁、诉讼）后才能实现。

5）索赔没有固定的模式，没有额定的统一的标准。这项是由工程项目的唯一性所决定的。另外，索赔应采用明示的方式，即索赔应有书面文件，且内容和要求应该明确而肯定。对于特定干扰事件的索赔要想达到索赔的目的，需要弄清楚导致索赔的主要影响因素。

3. 工程索赔的分类

由于工程索赔存在广义和狭义两种解释，在文中若无特别说明，都仅指狭义上的承包商向业主的索赔。工程索赔按照不同的分类方法，所得的分类结果不同。

（1）按索赔的合同依据分类

1）合同中明示的索赔，是指承包商所提出索赔的根据是明确规定应由业主承担责任或风险的合同条款，而这些合同条款被称为明示条款一般情况下，合同中明示的索赔处理和解决方法比较容易。

2）合同中默示的索赔，是指虽然合同条款中未明确写明，但根据条款隐含的意思可以推定出应由业主承担赔偿责任的情况，以及根据适用法律规定的业主应承担责任的情况。这种索赔要求同样具有法律效力，承包商有权得到相应的经济补偿。这种有经济补偿含义的条款，在合同管理工作中被称为"默示条款"或称为"隐含条款"。

3）道义索赔，也称通融索赔，是指承包商在合同内和合同外都找不到可以索赔的合同依据或法律根据，因而没有提出索赔的条件和理由。但是承包商认为自己有要求补偿的道义基础，而对其所受的损失提出具有优惠性质的补偿要求。道义索赔的主动权由业主掌握，业主在以下四种情况下，可能会接受这种索赔：若另找其他承包商，费用会更高；为了树立自己的形象；出于对承包商的同情和信任；寻求与承包商的相互理解和更长久的合作。

（2）按索赔的目的分类

1）工期索赔。由于非承包商责任的原因而导致施工进程延误，要求批准顺延合同工期的索赔，称之为工期索赔。工期索赔形式上是对权利的要求，以避免在原定合同竣工日当日或之前不能完工时，被业主追究拖期违约责任。一旦获得批准合同工期顺延后，承包商不仅免除了承担拖期违约赔偿费的严重风险，还可能因为工期的提前而得到奖励。

2）费用索赔。合同履行过程中，一方在非自身原因而应由对方承担责任或风险的情况下，承担了额外的费用支出或损失。此时，受损失的一方可以就该事件向对方提出费用索赔。费用索赔的目的是要求经济补偿。

3）综合索赔。综合索赔是指承包商对某一事件提出费用赔偿与工期延长两项索赔要求。按国际惯例，一份索赔报告只能提出一种索赔要求，因此对于综合索赔，虽然是同一件事，但是工期及经济的索赔，要分别编写两份报告。

（3）按索赔事件的性质分类

1）工程延误索赔。因业主未按合同规定提供施工条件，如未及时交付设计图、施工现场、道路等，或因业主指令工程暂停或不可抗力事件等原因造成工期拖延的，承包商对此提出索赔。这是工程中常见的一类索赔。

2）工程变更索赔。由于业主或监理工程师指令增加或减少工程量或增加附加工程、修改设计、变更工程顺序等，造成工期延长和费用增加，承包商对此提出索赔。

3）合同被迫终止的索赔。由于业主或承包商违约以及不可抗力事件等原因造成合同非正常终止，无责任的受害方因自身蒙受经济损失而向对方提出索赔。

4）工程加速索赔。由于业主或工程师指令承包商加快施工速度、缩短工期，引起承包商人、财、物的额外开支而提出的索赔。

5）意外风险和不可预见因素索赔。在工程实施过程中，因人力不可抗拒的自然灾害、特殊风险以及一个有经验的承包商通常不能合理预见的不利施工条件或外界障碍（如地下水、地质断层、溶洞、地下障碍物等）等原因引起的索赔。

6）其他索赔。因货币贬值、汇率变化、物价、工资上涨、政策法令变化等原因引起的索赔。

4. 索赔与变更

工程变更是对原工程设计做出任何方面的变更，而由监理工程师指令承包商实施。承包商完成变更工作后，业主应予以支付。从这个意义上讲，工程变更支付与索赔相类似，都是在工程量清单以外，业主对承包商的额外费用进行补偿。但是，二者是有区别的，主要表现在以下两方面：

1）起因与内容上的不同。索赔是承包商为履行合同，由于不是承包商的原因或责任受到损失而要求的补偿；而工程变更是承包商接受监理工程师的指令，完成了与合同有关但又不是合同规定的额外工作，为此而取得业主的支付。当工程变更的费用和工期补偿不能令承包商满意时，也会引起索赔。

2）处理与费用上的不同。一般说，工程变更是事先处理，即监理工程师在下达工程变更指令时，通常已事先与业主、承包商就工期或金额的补偿问题进行过协商，而把协商结果包括在指令之内下达给承包商；而索赔则是事后处理，即承包商由于事件发生受到了损失，因而提出要求，再经业主同意取得补偿的。

从补偿的费用说，工程变更是多做或少做了某些工作，其补偿除了工程成本外，还应包括相应的利润；而索赔则纯属赔偿损失，其费用只计成本而不包括利润。

10.2.2 索赔的起因及根据

1. 索赔的起因

工程施工中常见的索赔，其原因大致可以从以下几个方面进行分析。

（1）合同文件引起的索赔

1）合同文件的组成问题引起的索赔。有些合同文件是在投标后通过讨论修改拟定的，如果在修改时已将投标前后承包商与业主的往来函件澄清后写入合同补遗文件中并签字，则应说明正式合同签字以前的各种往来文件均已不再有效。有时业主因疏忽，未宣布其来往的信件是否有效，此时，如果信件内容与合同内容发生矛盾，就容易引起双方争执并导致索赔。例如，业主发出的中标函写明："接受承包商的投标书和标价"，而该承包商的投标书中附有说明："钢材投标价是采用当地生产供应的钢材的价格"。在工程施工中，由于当地钢材质量不好而为工程师拒

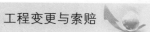

绝，承包商不得不采用进口钢材，从而增加了工程成本。由于业主已明确表示了接受其投标书，因此承包商可就此提出索赔。

2）合同缺陷引起的索赔。合同缺陷是指合同文件的规定不严谨，甚至前后有矛盾、内容有遗漏或错误。合同缺陷不仅包括条款中的缺陷，还包括技术规程和图中的缺陷。监理工程师有权对此做出解释，但如果承包商执行监理工程师的解释后造成成本增加或工期延误，则有权提出索赔。

（2）不可抗力和不可预见因素引起的索赔

1）不可抗力的自然灾害，是指飓风、超标准的洪水等自然灾害。一般条款规定，这类自然灾害引起的损失应由业主承担。但是条款也指出，承包商在这种情况下应采取措施，尽力减小损失。对由于承包商未尽努力而使损失扩大的那部分，业主不承担赔偿的责任。

2）不可抗力的社会因素，是指发生战争、核装置的污染和冲击波、暴乱、承包商和其分包商的雇员以外人员的动乱和骚扰等而使承包商受到的损害。这些风险一般由业主承担，承包商不对由此造成的工程损失或人身伤亡负责，应得到损害前已完成的永久工程的付款和合理利润，以及一切修复费用和重建费用。这些费用还包括由于特殊风险而引起的费用增加。如果由于特殊风险而导致合同中止，承包商除可以获得应付的一切工程款和上述的损失费用外，还有权获得施工机具、设备的撤离费用和人员的遣返费用等。

3）不可预见的外界条件，是指即使是有经验的承包商在招标阶段根据招标文件中提供的资料和现场勘察，都无法合理预见到的外界条件（如地下水、地质断层、溶洞等），但其中不包括气候条件（异常恶劣天气条件除外）。遇到此类条件，承包商受到损失或增加额外支出，经过监理工程师确认，承包商可获得经济补偿和工期顺延的天数。但如果监理工程师认为承包商在提交投标书前根据介绍的现场情况、地质勘探资料应能预见到的情况，承包商在做标时理应予以考虑，可不同意索赔。

4）施工中遇到地下文物或构筑物。挖方工程如发现图中未注明的文物（不管是否有考古价值）或人工障碍（如公共设施、隧道、旧建筑物等），承包商应立即报告监理工程师到现场检查，共同讨论处理方案。如果新施工方案导致工程费用增加（如原计划的机械开挖改为人工开挖等），承包商有权提出经济索赔和工期索赔。

（3）业主方原因引起的索赔

1）拖延提供施工场地及通道。因自然灾害影响或施工现场的搬迁工作进展不顺利等原因，业主没能如期向承包商移交合格的、可以直接进行施工的现场，会导致承包商提出误工的经济索赔和工期索赔。

2）拖延支付工程款。合同中均有支付工程款的时间限制，如果业主不能按时支付工程进度款，承包商可按合同规定向业主索付利息。严重拖欠工程款而使得承包商资金周转困难时，承包商除向业主提出索赔要求外，还有权放慢施工进度，甚至可以因业主违约而解除合同。

3）指定分包商违约。指定分包商违约常常表现为未能按分包合同规定完成应承担的工作而影响了总承包商的施工，业主对指定分包商的不当行为也应承担一定责任。例如，某地下电厂的通风竖井由指定分包商负责施工，因其管理不善而拖延了工程进度，影响了总承包商的施工。总承包商除根据与指定分包商签订的合同索赔窝工损失外，还有权向业主提出延长工期的索赔要求。

4）业主提前占有部分永久工程。工程实践中，往往会出现业主从经济效益方面考虑，使部分单项工程提前投入使用或从其他方面考虑提前占有部分工程。如果合同未规定可提前占用部分工程，则提前使用永久工程的单项工程或部分工程所造成的后果由业主承担；另一方面，提前占有部分永久工程影响了承包商的后续工程施工及其施工组织计划，增加了施工难度的，承包商有权提出索赔。

5）业主要求加速施工。一项工程遇到不属于承包商责任的各种情况，或业主改变了部分工程的施工内容而必须延长工期，但是业主又坚持要按原工期完工，这就迫使承包商赶工，投入更多的机械、人力，从而导致成本增加。承包商可以要求赔偿赶工措施费用，如加班工资、新增设备租赁费和使用费、增加的管理费用、分包的额外成本等。

6）业主提供的原始资料和数据有差错。由此而引起的损失或费用增加，承包商可要求索赔。如果数据无误，而是承包商在解释和运用上所引起的损失，那么应由承包商自己承担责任。

（4）监理工程师方原因引起的索赔

1）延误提供施工图或拖延审批施工图。如监理工程师延误向承包商提供施工图，或者拖延审批承包商负责设计的施工图，致使施工进度受到影响，承包商可以索赔工期，还可对延误导致的损失要求经济索赔。

2）发布的指令、通知有误。监理工程师未按合同规定及时提供必须由其发出的指令，或发出的指令或通知有误，影响了施工的正常进行或对施工造成了不利影响，此时，承包商有权获得补偿。

3）重新检验和检查。监理工程师为了对工程的施工质量进行严格控制，除了要进行合同中规定的检查试验外，还有权要求重新检验和检查。例如，对承包商的材料进行多次抽样试验，或对已施工的工程进行部分拆卸或挖开检查，以及监理工程师要求的在现场进行工艺试验等。如果这些检查或检验表明其质量未达到技术规程所要求的标准，则试验费用由承包商承担；如果检查或检验证明符合合同要求，则承包商除了可向业主提出偿付这些检查费用和修复费用外，还可以对由此引起的其他损失，如工期延误、工人窝工等要求赔偿。

4）工程质量要求过高。合同中的技术规程对工程质量，包括材料质量、设备性能和工艺要求等均做了明确规定。但在施工过程中，监理工程师有时可能不认可某种材料，而迫使承包商使用比合同文件规定的标准更高的材料，或者提出更高的工艺要求，则承包商可就此要求对其损失进行补偿或重新核定单价。

5）对承包商的施工进行不合理干预。合同条款规定，承包商有权采取任何可以满足合同规定的进度和质量要求的施工顺序和方法。如果监理工程师不是采取建议的方式，而是对承包商的施工顺序及施工方法进行不合理的干预，甚至正式下达指令要承包商执行，而对施工造成不利的影响，那么承包商可以就这种干预所引起的费用增加和工期延长提出索赔。

6）暂停施工。项目实施过程中，监理工程师有权根据承包商违约或破坏合同的情况，或者因现场气候条件不利于施工，以及为了工程的合理进行（如某分项工程或工程任何部位的安全）而有必要停工时，下达暂停施工的指令。如果这种暂停施工的指令并非由承包商的责任或原因所引起的，那么承包商有权要求工期赔偿，同时可以就其停工损失而获得合理的额外费用补偿。

（5）其他承包商的干扰　大型工程往往有多个承包商同时在现场施工。各承包商之间没有合同关系，他们各自与业主签订合同，因此监理工程师有责任协调好各承包商之间的工作，以免彼此干扰，影响施工而引起承包商的索赔。如其中一个承包商不能按期完成自身的那份工作，其他承包商的相应工作也将会因此而推迟。在这种情况下，被迫延迟的承包商就有权提出索赔。在其他方面，如场地使用、现场交通等，各承包商之间都有可能发生相互干扰的问题。

（6）价格调整引起的索赔　对于有调价条款的合同，在物资、劳务价格上涨时，业主应对承包商所受到的损失给予补偿。此补偿的计算不仅涉及价格变动的依据，还存在着对不同时期已购买材料的数量和涨价后所购材料的数量的核算，以及对未及早订购材料的责任等问题的处理。

（7）相关规定变化引起的索赔 如果在工程的递交投标书截止日之前的 28 天之后，本工程所在国的国家和地方的法令、法规或规章发生了变化，由此引起了承包商施工费用的额外增加，如车辆养护费的提高、水电费涨价、工作日的减少（6 天工作制改为 5 天工作制）、国家税率增加或提高等，承包商有权提出索赔，监理工程师应与业主协商后，对所增加的费用予以补偿。

2. 索赔的根据

索赔的根据是指承包商提出索赔所依据的合同条款。表 10-6、表 10-7 分别列举了不同合同条件中承包商可向业主索赔的有关条款。

表 10-6　2017 版 FIDIC（红皮书）承包商可向业主索赔的有关条款

序号	条款号	条款主要内容
1	1.9	业主要求中的错误
2	1.13	遵守法律
3	2.1	现场进入权
4	4.6	合作
5	4.7.3	整改措施，延误和/或成本的商定或决定
6	4.12.4	延误和/或费用
7	4.15	进场道路
8	4.23	考古和地理发现
9	7.4	承包商试验
10	7.6	修补工作
11	8.5	竣工时间的延长
12	8.6	当局造成的延误
13	8.10	业主暂停的后果
14	9.2	延误的试验
15	10.2	部分工程的接收
16	10.3	对竣工检验的干扰
17	11.7	接收后的进入权
18	11.8	承包商的调查
19	12.2	延误的试验
20	12.4	未能通过竣工后试验
21	13.3.2	要求提交建议书的变更
22	13.6	因法律改变的调整
23	15.5	业主自行终止合同
24	16.1	承包商暂停的权利
25	16.2.2	承包商自行终止合同
26	16.3	合同终止后承包商的义务
27	16.4	由承包商终止合同后的付款
28	17.2	工程照管的责任
29	17.3	知识和工业产权
30	18.4	例外事件的后果
31	18.5	自主选择终止合同
32	18.6	依据法律解除履约

表 10-7 《水利水电土建工程施工合同条件》（GF—2016—0208）承包商可向业主索赔的有关条款

序号	条款号	条款主要内容
1	4.4，4.5	延误提供施工场地，施工准备工程
2	4.6	提供测量基准有误
3	4.8	提供的数据、资料有误
4	4.9	延误提供设计图（或施工图）
5	4.10，33.4，35.2，36.3	延误支付
6	11.2	指定分包商使承包商增加支出
7	18.2	业主延误开工
8	19.2，19.3	业主或监理工程师暂停施工
9	19.5	暂停施工超过 56 天，监理工程师未下复工令
10	20.1	业主延误工期
11	21.2	业主要求提前完工
12	23.2，23.5	监理工程师指令重新检验或检查，结果合格
13	24.2	监理工程师要求额外现场工艺试验
14	25.2	监理工程师延误隐蔽工程检查
15	28	补充地质勘探
16	39.7	工程变更总增减值超过 15% 有效合同价
17	42.2	业主违约，承包商暂停施工
18	42.3，42.4	业主违约，承包商解除施工
19	47.1	业主的风险
20	47.4	不可抗力解除合同
21	50.1	业主责任造成人身和财产损失
22	52.7	业主不及时完工验收
23	53.2	非承包商原因的缺陷修补
24	57	监理工程师指令对化石和文物的处理
25	58	业主侵犯专利权等知识产权

10.2.3 索赔的程序

索赔程序一般是指从出现索赔事件到最终处理完全过程所包括的工作内容及步骤。其详细的步骤如图 10-2 所示，所提的索赔主要是指承包商向业主的索赔。

索赔程序的主要步骤有：

1. 索赔的提出

（1）索赔意向书 承包商如要对某一事件进行索赔，其应在索赔事件发生后的 28 日内，向业主和监理工程师提交索赔意向书，目的是要求业主及时采取措施消除或减轻索赔起因，以减少损失，并促使合同双方重视收集索赔事件的情况和证据，以利于索赔的处理。

（2）索赔申请报告 承包商在发出索赔意向书后 28 日内，应向监理工程师提交索赔申请报告，其内容一般应包括索赔事件的发生情况与造成损害的情况、索赔的理由和根据、索赔的内容

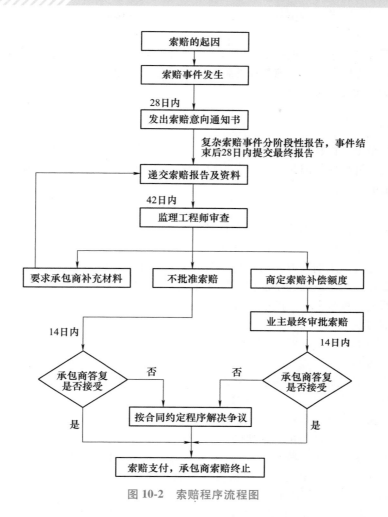

图 10-2　索赔程序流程图

与范围、索赔额度的计算依据与方法等，并应附上必要的记录和证明材料。

如果索赔事件造成的延误时间较长，那么承包商还应每隔一段时期向监理工程师提交一次中间索赔申请报告，并在索赔事件影响结束后 28 日内，向业主和监理工程师提交最终索赔申请报告。

2. 索赔的处理

1）监理工程师收到索赔意向书后，应及时核查承包商的当时记录，并可要求承包商提交全部记录的副本。此外，监理工程师还应及时调查并收集事件有关情况的资料。

2）监理工程师在收到索赔申请报告或最终申请报告后 42 日内，应进行审核报告，认真研究和核查承包商提供的记录和证据，必要时可向承包商质疑，要求答复。监理工程师处理时应分清合同双方对事件应负的责任，分析承包商所提供索赔额度计算方法的合理性与准确性，做出判断并提出初步的处理意见，报由业主进行审批，并与承包商协商后做出决定。

3. 索赔的支付

业主和承包商在收到监理工程师的索赔处理决定后，应在 14 日内答复监理工程师是否同意。若双方均同意监理工程师的决定，则监理工程师应在收到答复后 14 日内，将确定的索赔金额列入当月付款证书中予以支付。

4. 提交争议调解组进行评审

承包商接受最终的索赔处理决定，索赔事件的处理即告结束。如果承包商不同意，就会导致合同争议。通过双方协商形成互谅互让的解决方案，是处理争议最理想的方式。如达不成谅解，承包商有权提交仲裁或诉讼解决。

10.2.4 索赔计算

索赔的发生是由工程建设的复杂性所决定的，也是不可避免的。索赔的结果一般是索赔方获得工期补偿或经济赔偿。因此，对于索赔的计算，就应该是在索赔分析的基础上关于工期索赔值和费用索赔值的计算。

1. 工期索赔值的计算

在合同条款中，工期的概念是：原合同所规定的竣工期加上工程延期。其中，工程延期是指，按合同有关规定，由于并非承包商自身的原因所造成的、经监理工程师书面批准的合同竣工期限的延长。规定合同工期一方面可以使工程项目能够及时投入使用，这直接关系到各建设参与单位的经济效益；另一方面为不能按合同工期完成工作所引发的合同纠纷和争议提供了参考指标。因此，研究工程延期索赔问题具有十分重要的意义。

（1）工程延期

1）工程延期的概念。工程延期即工期延误，是指总工期的延误。索赔的工期延误指的是总工期的延误。对水利水电工程来讲，工期延误也可以指重要的阶段工期（里程碑事件的工期），如截流、第一台机组发电等，因为这种延误会影响竣工期。在实际工程中，工期延误总是发生在一项具体的工序或作业上，因此工期索赔分析必须要判断发生在工序或作业上的延误是否会引起总工期或重要阶段工期的延误。用网络计划分析，一般来说，发生在关键线路上的关键工序的延误会影响到总工期，因此是可以索赔的。而发生在非关键线路上的工序的延误，因其不影响总工期而不能索赔。但是，关键线路是动态的，施工进度的变化也可能使非关键线路变成关键线路，因而发生在非关键线路上的工序的延误也可能导致总工期的延误。这取决于工序的时差与延误时间的长短，需进行具体分析才能确定。

2）工程延期的原因。在工程施工过程中，往往会发生一些未能预见的干扰事件使施工不能顺利进行，使预定的施工计划受到干扰，因而造成工期延误。对于并非承包商自身原因所引起的工程延误，承包商有权提出工期索赔，监理工程师则应在与业主和承包商协商一致后，决定竣工期延长的时间。导致工期延长的原因有：

① 任何形式的额外或附加工程。

② 合同条款所提到的任何延误理由（如，延期交图、工程暂停、延迟提供现场等）。

③ 不可抗力。

④ 由业主造成的任何延误、干扰或阻碍。

⑤ 非承包商的原因或责任造成的其他不可预见事件。

⑥ 专业条款中约定或工程师同意工期顺延的其他情况。

工期延误对合同双方都会造成一定的损失，业主会因工程不能及时交付使用、投入生产而无法按计划实现投资目的，失去盈利的机会；承包商则会因工期延误增加管理成本及其他费用支出。如果工期延误是由于承包商的失误，则承包商必须设法自费赶上工期，或按规定缴纳误期赔偿金并继续完成工程，或按照业主的安排另行委托第三方完成所延误的工作并承担费用；如果工期延长并非承包商的原因所致，则承包商可按合同规定和具体情况提出工期索赔，并进行因工期延长而造成费用损失的索赔。

3）工程延期的分类。在工程施工索赔工作中，通常把工期延误分成两类：

① 可原谅的延误。这是指由于业主原因或客观影响引起的工程延期。也就是说，这类工期延误不是承包商的责任，承包商是可以得到原谅的。对于这类延误，承包商可以索赔。

② 不可原谅的延误。这一类工期延误是由于承包商的原因引起的，如施工组织不好、工效不高、设备材料供应不足等，以及由承包商承担风险的工期延误（如一般性的天气不好影响了施工进度）。

对于不可原谅的延误，承包商是无权索赔的。

（2）工期索赔　工期索赔除了必须符合条款规定的索赔根据和索赔程序外，在具体分析应延长工期的时间时，还必须注意如下几个问题。

1）工期索赔处理原则。

① 按照不同类型的延误处理。对于上述两类不同的延误，索赔处理的原则是截然不同的。可原谅的延误情况，如果延误的责任者是业主或咨询工程师，那么承包商不仅可以得到工期延长，还可以得到经济补偿。这种延误被称为"可原谅并给予补偿的延误"。如果是可原谅的延误，但其责任者不是业主，而是由于客观原因时，则承包商可以得到工期延长，但得不到经济补偿。这种延误被称为"可原谅但不给予补偿的延误"。不可原谅的延误情况，由于责任者是承包商，而不是由于业主或客观的原因，承包商不但得不到工期延长，也得不到经济补偿；并且，这种延误所造成的损失完全由承包商承担。

工期延误的分类与索赔处理原则见表10-8。

表10-8　工期延误的分类与索赔处理原则

索赔原因	是否可原谅	延误原因	责任者	处理原则
进度延误	可原谅的延误	修改设计 施工条件变化 业主原因拖期 工程师原因拖期	业主	可给予工期延长 可补偿经济损失
		特殊反常的天气 工人罢工 天灾	客观原因	可给予工期延长 不给予经济补偿
	不可原谅的延误	工效不高 施工组织不好 设备材料不足	承包商	不延长工期 不补偿损失 承担工期延误损害赔偿费

② 共同延误的处理。在实际施工过程中，工期延误有时是由两种（甚至三种）原因（承包商的原因，业主的原因，客观的原因）同时发生而形成的，这就是所谓的"共同延误"。在共同延误的情况下，要具体分析哪一种情况的延误是有效的。一般遵照以下的原则，即在共同延误的情况下，应该判别哪一种原因是最先发生的，即找出"初始延误者"，它对延误负责。在初始延误发生作用的期间，其他并发的延误不承担延误的责任。

案例 10-10

某工程在一段时间中，发生了设备损坏以及大雨、施工图供应延误三个事件，造成了关键工序的工期延误，分别是6天（7月1—6日）、9天（7月4—12日）和7天（7月9—15日）。试分析其应延长工期的天数。

[案例分析]

设备损坏是承包商的过失，属不可原谅的工期延误，后两事件为异常恶劣天气条件及监理工程师的差错，属可原谅的工期延误，应予以工期赔偿。

设备损坏的延误：

1	2	3	4	5	6

大雨的延误：

4	5	6	7	8	9	10	11	12

施工图供应误期的延误：

9	10	11	12	13	14	15

1）1—3 日为不可原谅的延误，不予赔偿。

2）4—6 日为不可原谅延误与可原谅延误的重叠期，根据"初始延误"原则，按不可原谅延误计，不予赔偿。

3）7—8 日为可原谅延误，补偿 2 天。

4）9—12 日为两个可原谅延误重叠，可予赔偿，但只计一次，故补偿 4 天。

5）13—15 日为可原谅延误，补偿 3 天。

故总计应补偿 9 天，即延长工期 9 天。

2）合理选用参数及计算方法。当具体计算一个干扰事件的延误时间时，将要采用各种数据和计算方法。这时，承包商与业主都可能从各自的利益出发而选用对自己有利的算法。监理工程师应在与业主和承包商协商的基础上，确定合理的数据与计算方法。

案例 10-11

某公路工程建设期间，7 月和 8 月连续下雨超过正常情况，致使土方工程停止施工，直接影响总工期而致延误工期。承包商提出工期索赔，并根据以下实际资料计算要求延长天数。

资料（1）当地 7 月、8 月的 20 年降雨量平均值：

月份	降雨量/mm	降雨天数（天）
7	175	14.1
8	181.2	12.8

资料（2）当地 7 月、8 月当年的降雨量及雨日数：

月份	降雨量/mm	降雨天数（天）
7	243	16.7
8	254.5	15.0

资料（3）当年 7 月、8 月的实际工作天数：

月份	实际工作天数（天）
7	6
8	0

[参考答案]

根据以上资料，分析计算如下：

（1）承包商提出延长天数的计算式为：

月份	预计可工作天数（天）	实际工作天数（天）	损失工作天数（天）
7	31−14.1×0.7[①]=21.1	6	15.1
8	31−12.8×0.7=22.0	0	22.0

[①] 一个雨天影响工作 0.7 天。

按上表所列，故要求补偿 37.1 天。

（2）业主同意补偿，但提出不同的计算式：

月份	下雨天影响工作天数（天）		补偿天数（天）
	20 年平均	当年	
7	14.1×1.5[①]=21.15	16.7×1.5=25.05	3.9
8	12.8×1.5=19.2	15×1.5=22.5	3.3

[①] 一个雨天影响工作 1.5 天。

故业主提出补偿 7.2 天。

（3）监理工程师在与业主、承包商协商，提出的计算式

协商结果认为：雨天影响工作天数，承包商的数据（0.7 天）不合理，应采用业主的数据（1.5 天）。对于计算方法，业主的计算式未考虑承包商在七、八两月中实际工作的情况，故选用了承包商的算式，计算结果见下表。

月份	预计可工作天数（天）	实际工作天数（天）	损失工作天数（天）
7	31−14.1×1.5=9.85	6	3.85
8	31−12.8×1.5=11.8	0	11.8

故监理工程师决定补偿 15.65≈16 天，即工期延长 16 天，业主与承包商均同意。

（3）工期索赔的计算方法

1）网络分析法。网络分析法基本思路为：在执行原网络计划的施工过程中，发生了一个或一些干扰事件，使网络中的某个或某些作业受到干扰而延长持续时间，将这些作业受干扰的持续时间输入网络中，重新进行网络分析，得到一个新的计划工期。新计划工期与原计划工期之差即为总工期的影响，即工期索赔值。通常，如果该作业在关键线路上，那么该作业持续时间的延长即为总工期的延长值。如果该作业在非关键线路上，其作业时间的延长对工程工期的影响取决于这一延长超过其总时差的幅度。应用网络分析法计算工期延长是一种科学合理的分析方法。在明确了干扰事件对各项作业时间的影响后，网络分析方法适用于各种干扰事件的工期值索赔计算。

案例 10-12

某工程的合同实施中，由承包商提供经监理工程师同意的施工进度计划，如图 10-3 所示。经分析知，计划的关键路线为 A-B-E-K-J-L 和 A-B-G-F-J-L，计划工期为 23 周。

在计划实施中受到外界干扰，产生如下变化：作业 E 的进度拖延 2 周，即实际上占用 6 周时间完成；作业 H 的进度拖延 3 周，即实际上占用 8 周时间完成。

案例分析：

上述干扰事件的影响都不属于承包商的责任和风险，有理由向业主提出工期索赔要求。将这些变化纳入施工进度计划中重新得到一个新计划，如图 10-4 所示。经分析，关键路线为 A-B-E-K-J-L，总工期为 25 周；受到外界干扰，总工期延长 2 周。承包商在索赔报告中有理由提出工期延长 2 周。

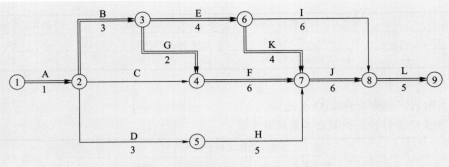

图 10-3　初始施工进度计划分析图

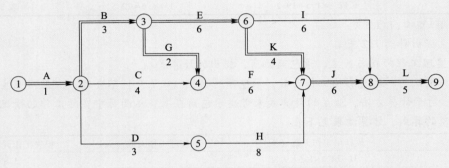

图 10-4　干扰后施工进度计划分析图

2）按实分析法。在合同实施中，由于推迟提供施工场地、对外交通、施工图，或由于监理工程师指令暂停施工，或由于罢工、恶劣气候条件和其他不可抗力因素，或由于业主的其他责任，都会直接造成施工进度的拖延或中断，从而影响整个工程的工期。在这种情况下，一般其工期索赔值按工程实际停滞时间，即从工程停工到重新开工这段时间计算。但如果干扰事件有后果要处理，还要加上清除后果的时间。例如，恶劣气候条件造成工地混乱，需要在开工前清理场地；需要重新招雇工人组织施工；重新安装和检修施工机械设备等。在这种情况下，可以以监理工程师填写或签证的现场实际工程记录为证据提出索赔。

案例 10-13

　　某一工程，合同规定工程师应于 2019 年 3 月 31 日前向承包商提供施工图。但在实施过程中，监理工程师在 2019 年 4 月 30 日前才提供了 70% 的施工图，其余 30% 直到 2019 年 8 月 31 日前才提供。由于施工图提供的不及时，影响了施工进度。承包商的工期索赔值如何计算？

　　[参考答案]

索赔工期延长时间由下式计算

$$70\% \times 1 \text{ 个月} + 30\% \times 5 \text{ 个月} = 2.2 \text{ 月}$$

3）比例分析法。如果某些工程无条件采用网络分析法，也可按比例分析法大致计算工期延长值。

① 工程量变化引起的工期延长。如工程量增加超过合同规定的承包商应承担的风险范围时，承包商可以进行工期索赔，其计算公式为

$$T_C = T \cdot \left(\frac{Q_F}{Q_C} - 1 \right) \qquad (10\text{-}1)$$

$$Q_C = Q \cdot (R + 1) \qquad (10\text{-}2)$$

式中 T_C——工期索赔值；

T——合同工期；

Q_F——现场实际发生的工程量；

Q_C——承包商应承担的工程量（含风险）；

Q——工程量清单中的估计工程量；

R——合同规定的承包商应承担的工程量变化风险率。

式（10-1）和式（10-2）也可用于本节上文介绍的网络分析计算中作业时间延长的计算。此时，T_C 为作业时间增加值；T 为此作业的原计划时间，而工程量均指此作业的工程量。

② 新增项目引起的工期延长。可以价款为参数采用比例法进行计算

$$T_C = \frac{C_N}{C} \cdot T_N \qquad (10\text{-}3)$$

式中 T_C——工期延长值；

C——原合同价；

C_N——新增工程价款；

T_N——新增工程实际作业时间。

③ 部分工程项目停工、返工、窝工、等待引起的工程工期延长，或业主的原因或风险引起部分工程项目作业时间的延长，也可按比例法计算

$$T_C = \frac{C_d}{C} \cdot T_d \qquad (10\text{-}4)$$

式中 T_C——工期延长值；

C——原合同价；

C_d——受干扰部分工程的合同价；

T_d——受干扰部分工期的实际施延值。

案例 10-14

在某工程施工中，业主推迟工程室外楼梯设计图的批准，导致该楼梯的施工延期 5 天。该室外楼梯工程的合同造价为 30 万元，而整个工程的合同造价为 300 万元，承包商的工期索赔值如何计算？

[参考答案]

局部工期延误的时间并不能代表整个工程的延误时间，可以通过受干扰部分工程造价与整个工程合同造价的比值，计算出整个工程的索赔时间。采用比例分析法，工期索赔计算如下

$$工期索赔 = \frac{受干扰部分工程造价}{工程合同总造价} \times 受干扰部分的工期$$

$$= \frac{30 \ 万元}{300 \ 万元} \times 5 \ 天 = 0.5 \ 天$$

承包商应提出 0.5 天的工期索赔。

2. 费用索赔值的计算

（1）索赔金额分析的原则 在确定赔偿金额时，应遵循下述两个原则：

1）所有赔偿金额，都应该是承包商为履行合同所必须支出的费用。

2）按此金额赔偿后，应使承包商恢复到假如未发生事件时的财务状况，即承包商不因索赔事件而遭受任何损失，但也不得因索赔事件而获得额外收益。

根据上述原则可以看出，索赔金额是用于赔偿承包商因索赔事件而受到的实际损失（包括支出的额外成本和失掉的可得利润），而不考虑利润。因此，索赔金额的计算基础是成本，用由索赔事件影响所发生的成本减去无事件影响时所应有的成本，其差值即为赔偿金额。

（2）合同价的组成分析　在索赔工作中，当计算或协商确定索赔金额时，经常要对原合同价进行分析和测算，以取得合同价中各组成部分的金额及其所占比例，从而推算索赔金额。

（3）可索赔费用的组成　根据索赔金额分析原则，可索赔费用组成如图10-5所示。

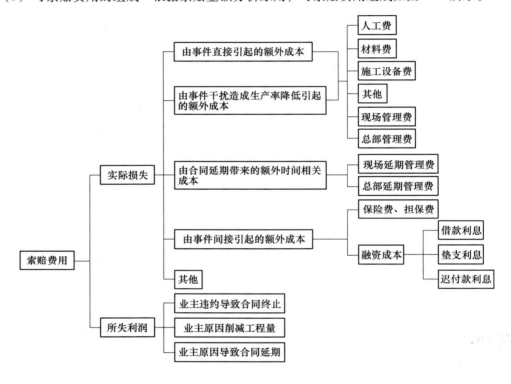

图 10-5　可索赔费用的组成

1）人工费。人工费的索赔通常包括：因事件影响而直接导致额外劳动力雇佣的费用和加班费；由于事件影响而造成人员闲置和劳动生产率降低引起的损失；以及有关的费用，如税收、人员的人身保险、各种社会保险和福利支出（如工资调升等），均应计入索赔金额内。

2）材料费。材料费的索赔包括：因事件影响而直接导致材料消耗量增加的费用；材料价格上涨所增加的费用；所增加的材料运输费和储存费等；以及合理破损比率的费用。材料费索赔的计算，一般是将实际所用材料的数量及单价与原计划的数量及单价相比即可求得。

3）施工设备费。施工设备费的索赔包括：因事件影响使设备增加运转时数的费用、进出现场费用、由于事件影响引起设备闲置损失费用和新增设备的增加费用。索赔中一般也包括小型工具和低值易耗品的费用。在计算中，对承包商自有的设备，通常按有关的标准手册中关于设备工作效率、折旧、大修、保养及保险等定额标准进行计算，有时也可用台班费计价。闲置损失可按折旧费计算。对租赁的设备，只要租赁价格合理，就可以按租赁价格计算。对于新购设备，要计算其采购费、运输费、运转费等，增加的款额甚大，要慎重对待，必须得到工程师或业主的正式批准。

4）现场管理费。通常按索赔的直接费金额乘以现场管理费率计算。国际工程中，此费率一般为10%～15%。

5）总部管理费索赔额按下式计算

$$总部管理费索赔额 = 费率 \times （直接费索赔额 + 现场管理费索赔额） \tag{10-5}$$

式中 费率一般为7%～10%。

6）保险费、担保费，是指由于事件影响而增加工程费用或延长工期，承包商必须相应地办理各种保险和保函的延期或增加金额的手续，由此而支出的费用。此费用能否索赔，取决于原合同对保险费、担保费的规定。如果合同规定，此费用在工程量清单中单列，则可以索赔；但如果合同规定，保险、担保费用归入管理费，不予以单列时，则此费用不能列入索赔费用项目。

7）融资成本。由于事件影响增加了工程费用，承包商因此需加大贷款或垫支金额，多付出的利息以及因业主推迟付款产生的利息也可向业主提出索赔。前者按贷款数额、银行利率及贷款时间计算，后者按迟付款额及合同规定的利率进行计算。

8）现场延期管理费。现场延期管理费是指由于工期延长而致管理工作也相应延长所增加的费用。现场延期管理费可由下式进行计算

$$现场延期管理费 = \frac{原工程直接费 \times 现场管理费率（\%）}{原工程工期（日数）} \times 延长时间（日数） \tag{10-6}$$

9）总部延期管理费。国际工程中，总部延期管理费常采用恩克勒（Eichleay）公式计算，其方法如下：

① 用于被延期合同的总部管理费 A_0

$$A_0 = \frac{被延期合同的价值}{合同期内承包商完成所有合同的总价值} \times 合同期内承包商所有合同提交的总部管理费总额 \tag{10-7}$$

② 用于被延期合同的总部管理费日费率 B_0

$$B_0 = \frac{A_0}{被延期合同的工期（日数）} \tag{10-8}$$

③ 可索赔的总部延期管理费 A：

$$A = B_0 \times 延期时间（日数） \tag{10-9}$$

当确定延期管理费索赔金额时，应注意避免与成本费中管理费的重复索赔问题。如果工程延期是由于施工图提供延误或现场提供延误等原因所致，而未引起工程量增加，则可按上述方法计算延期管理费。如果工程延期是全部或部分由于增加了工程内容所引起的，由于在这些所增加的工程成本索赔费中已包括管理费索赔金额，若仍按上述方法计算，则算出的索赔管理费中就会出现重复索赔问题。在这种情况下，通常采用的方法是将成本索赔费用中的管理费索赔与按上述方法计算的延期管理费金额相比较，如前者大于后者，则不应再索赔延期管理费；反之，如后者较前者大，则以二者之差值作为延期管理费的索赔金额。

10）其他。凡承包商认为在完成合同过程中其所支付的合理的额外费用，均可向业主要求索赔。

11）所失利润。所失利润也称可得利润，是指承包商由于事件影响所失去的而按原合同他应得到的那部分利润。承包商有权向业主索赔这部分所失利润。索赔所失利润通常出现在下述

三种情况中：

① 业主违约导致终止合同，则合同未完成部分的利润即为所失利润。

② 由于业主方的原因而大量削减原合同的工程量，则被削减工程量的利润即为所失利润。

③ 由于业主方原因而引起的合同延期，导致承包商这部分的施工力量因工期延长而丧失了投入其他工程的机会，由此所引起的利润损失。

（4）一些不可索赔的费用　部分与索赔事件有关的费用，按国际惯例是不可索赔的，包括：

1）承包商为进行索赔所支出的费用。

2）因事件影响而使承包商调整施工计划，或修改分包合同等而支出的费用。

3）因承包商的不适当行为或未能尽最大努力而扩大的部分损失。

4）除确有证据证明业主或监理工程师有意拖延处理时间外，索赔金额在索赔处理期间的利息。

（5）索赔计价方法　在工程施工索赔中，索赔款额的计价方法很多，常用的有以下三种：实际费用法、总费用法和修正的总费用法。

1）实际费用法。实际费用法也称为实际成本法，是工程施工索赔计价时最常用的计价方法。它实质上就是额外费用法（或称额外成本法）。它能够客观反映出由于索赔事件造成的工程成本的增加值，即承包商有权索取的额外费用，而且这些费用有确凿的支付单据等证据资料，是计算索赔款额最常用的、合理的计价方法。实际费用法计算的原则是，以承包商为某项索赔工作所支付的实际开支为根据，向业主要求经济补偿。每一项工程索赔的费用，仅限于由于索赔事件引起的、超过原计划的费用，即额外费用，也就是在该项工程施工中所发生的额外人工费、材料费和设备费，以及相应的管理费。这些费用即是施工索赔所要求补偿的经济部分。由于实际费用法所依据的是实际发生的成本记录或单据，因此，在施工过程中系统而准确地积累并记录资料是非常重要的。这些记录资料不仅是施工索赔必不可少的，也是工程项目施工总结的基础依据。

2）总费用法。总费用法即总成本法，就是当发生多次索赔事件以后，计算出该工程项目的实际总费用，再从这个实际总费用中减去投标报价时的估算总费用，即为要求补偿的索赔总款额。这种计算方法不尽合理，一方面因为实际总费用中可能包括由于承包商的原因，如管理不善、材料浪费、效率低下等所增加的费用，而这些费用是不该索赔的；另一方面，原投标报价的估算总费用可能因想中标而报价过低，不能代表真正的工程费用。因此采用此法往往会引起争议，故一般不用。在某些特殊情况下，如要具体按实际计算索赔金额很困难，甚至不可能时，则也有采用此法的。在这种情况下，应具体审核每个项目的报价和已支出的实际费用，取消其中不合理的部分，以求接近实际情况。

3）修正的总费用法。修正的总费用法，是对总费用法的改进，即在总费用计算的原则上，对总费用法进行相应的修改和调整，去掉一些比较不确切的可能因素，使其更合理。修正的内容主要是：

① 计算索赔金额的时期仅限于受事件影响的时间，而不是整个工期。

② 只计算在该时期内受影响项目的费用，而不是该时期内所有工作项目。

③ 不直接采用该项目原合同报价，而是采用在该时期内如未受事件影响而完成该项目的合理费用。

修正的总费用法与总费用法相比，有了实质性的改进，能比较合理地算出由于事件影响而实际增加的费用，准确度接近于实际费用法，为一些工程所采用。

（6）生产率降低的计价法　工程施工中，由于各种因素的干扰，引起生产率降低而造成成本增加是比较常见的。在计算生产率降低引起的工程成本增加款额时，需要参照承包商在投标报价书中列入的生产率计算基础资料。根据这些基数来确定生产率降低的具体数量，由此计算出工程成本增加的数值作为索赔的依据。例如，为了完成同样的工程量，在正常状况下需要 800 个工时，人工费为 16 000 元；生产率降低时（雨天），实际消耗 1 028 个工时，人工费为 20 560 元。这超支的 4 560 元人工费，就是因为生产率降低而得到的经济补偿。

案例 10-15

表 10-9 为承包商对某工程的投标报价汇总表（经审核无误，中标后即为该工程的合同价汇总表），以及对合同价的简要分析。

表 10-9　投标报价汇总表及分析

项　目	金额（美元）	价格比例分析（%）		
1. 人工费	2 530 553	占直接费　34.50	占总报价　24.40	占有效合同价 27.10
2. 设备费	1 555 006	21.20	15.00	16.60
3. 材料费	3 249 378	44.30	31.40	34.70
（直接费）	7 334 937			
4. 工地管理费	916 867	直接费的　12.50	8.80	9.80
5. 总部管理费	8 251 804 618 885	1~4 项的　7.50	6.00	6.60
6. 利润	8 870 689 487 888	1~5 项的　5.50	4.70	5.20
7. 有效合同价	9 358 577			
8. 备用金	1 000 000		9.70	
总计	10 358 577		100.00	100.00

该工程一次索赔中，计得其直接费赔偿额为 56 145 美元，在计算管理费赔偿额时，双方同意直接采用报价汇总表分析的比例。

[参考答案]

工地管理费赔偿额 = 56 145 美元×12.5% ≈ 7 018 美元

总部管理费赔偿额 =（56 145+7 018）美元×7.5% ≈ 4 737 美元

由此得总赔偿额 = 56 145 美元+7 018 美元+4 737 美元 = 67 900 美元。

在二次索赔中，双方协商以工程量清单中单价为计算基础，并需要分离出工地与现场管理费金额。用单价计得总额为 62 728 美元。计算如下：

$$利润 = 67 628 \text{ 美元} \times \frac{0.055}{1.0+0.055} \approx 3 526 \text{ 美元}$$

扣除利润后总额 = 62 728 美元 - 3 526 美元 = 59 202 美元

$$总部管理费 = 59 202 \text{ 美元} \times \frac{0.075}{1.0+0.075} \approx 4 130 \text{ 美元}$$

$$工地管理费 =（59 202-4 130）\text{ 美元} \times \frac{0.125}{1.0+0.125} \approx 6 119 \text{ 美元}$$

案例 10-16 变更与索赔

某引水渠工程长5km，渠道断面为梯形开敞式，用浆砌石衬砌。采用单价合同发包给承包商A。合同条件采用《水利水电工程标准施工招标文件》条款签订。合同开工日期为3月1日。合同工程量清单中土方开挖工程量为10万 m^3，单价为10元/m^3。合同规定工程量清单中项目的工程量增减变化超过20%时，属于变更。

在合同实施过程中发生下列要点事项：

事项1. 项目法人采用专家建议并通过专题会议论证，拟采用现浇混凝土板衬砌方案。承包商通过其他渠道得到信息后，在未得到监理工程师指示的情况下对现浇混凝土板衬砌方案进行了一定的准备工作，并对原有工作（如石料采购、运输、工人招聘等）进行了一定的调整。但是，由于其他原因现浇混凝土板衬砌方案最终未予正式采用实施。承包商在分析了由此造成的费用损失和工期延误的基础上，向监理工程师提交了索赔报告。

事项2. 合同签订后，承包商按规定时间向监理工程师提交了施工总进度计划并得到监理工程师的批准。但是，由于6~9月为当地的雨季，降雨造成了必要的停工、工效降低等，实际施工进度比原施工进度计划缓慢。为保证工程按照合同工期完工，承包商增加了挖掘、运输设备操作和衬砌工人。因此，承包商向监理工程师提交了索赔报告。

事项3. 渠线某段长500m，为深槽明挖段。实际施工中发现，地下水位比招标资料提供的地下水位高3.10m（属于业主提供资料不准），需要采取降低地下水位措施才能正常施工。据此，承包商提出了降低地下水位措施并按规定程序得到了监理工程师的批准。同时，承包商提出了费用补偿要求，但未得到业主的同意。业主拒绝补偿的理由是：地下水位变化属于正常现象，属于承包商风险。在此情况下，承包商采取了暂停施工的做法。

事项4. 在合同实施中，承包商实际完成并经监理工程师签认的土方开挖工程量为12万 m^3，经合同双方协商，对超过合同规定百分比的工程量按照调整单价11元/m^3结算。工程量的变化未发生39.6款规定的施工组织和进度计划调整引起的价格调整。

[问题]

（1）"事项1"所述情况，监理工程师是否应同意承包商的索赔？

（2）"事项2"所述情况，监理工程师是否应同意承包商的索赔？

（3）"事项3"所述情况，承包商是否有权得到费用补偿？承包商的行为是否符合合同约定？

（4）"事项4"所述情况，承包商是否有权延长工期？承包商有权得到多少土方开挖价款？

[案例分析]

1）"事项1"所述情况，监理工程师应拒绝承包商提出的索赔。合同条件规定，未经监理工程师指示，承包商不得进行任何变更。承包商自行安排造成工期延误和费用增加应由承包商承担。

2）"事项2"所述情况，监理工程师应拒绝承包商提出的索赔。合同条件规定，非异常气候引起的工期延误属于承包商风险。

3）"事项3"所述情况，属于业主提供资料不准造成的损失，承包商有权得到费用补偿。但是，承包商的行为不符合合同约定。依据合同原则，承包商不得因索赔处理未果而不履行合同义务。

4)"事项4"所述情况,土方实际完成工程量12万m³,虽然比工程量清单中的估计工程量10万m³多,但未超过（1+20%）×10万m³,因此不构成变更,承包商无权延长工期。承包商有权得到的土方开挖价款为:12万m³×10元/m³＝120万元

案例 10-17 合同解除后的结算

某工程项目,业主与承包商依据《水利水电工程标准施工招标文件》合同条款签订了施工承包合同,该工程的合同价汇总表见表10-10:

表 10-10 工程的合同价汇总表

项 目	金额（元）	价格比例分析（%）	
		占直接费	占有效合同价
1. 人工费	5 560 556	31.35	24.57
2. 设备费	4 688 018	26.43	20.72
3. 材料费	7 488 698	42.22	33.09
直接费	17 737 272		
4. 工地管理费	2 217 159	占直接费的 12.50	9.80
5. 总部管理费	1 496 582	占 1~4 项的 7.50	6.61
6. 利润	1 179 806	占 1~5 的 5.50	5.21
7. 有效合同价	22 630 818		
8. 备用金	2 500 000		
总报价	25 130 818		

合同中规定:

1)工程预付款的总额为合同价格的10%,开工前由业主一次付清;工程预付款扣还按合同条件32.1款中的公式

$$R = \frac{A}{(F_2 - F_1)S}(C - F_1 S)$$

其中 $F_1 = 20\%$, $F_2 = 90\%$。

2)业主从第一次支付工程进度款起按10%的比例扣保留金,直至保留金总额达到合同价的5%为止。

3)物价整差额系数法。合同执行过程中,由于业主违约合同解除。合同解除时的情况为:

① 承包商已完成合同金额1200万元。

② 合同履行期间价格调整差额系数为0.02。

③ 承包商为工程合理订购的某种材料尚有库存价值50万元。

④ 承包商为本工程订购的专用永久工程设备,已经签订了订货合同,合同价为50万元,并已支付合同定金10万元。

⑤ 承包商已完成一个合同内新增项目100万元（按当时市场价格计算的）。

⑥ 承包商已完成计日工10万元。

⑦ 承包商的全部设备撤回承包商基地的费用为20万元;由于部分设备用到承包商承包的其他工程上使用（合同中未规定）,增加撤回费用5万元。

⑧ 承包商人员遣返总费用为10万元。

⑨ 承包商已完成的各类工程款和计日工等，业主均已按合同规定支付。

⑩ 解除合同时，业主与承包商协商确定：由于解除合同造成的承包商的进场费、设备撤回、人员遣返等费用损失，按未完成合同工程价款占合同价格的比例计算。

[问题]

1. 合同解除时，承包商已经得到多少工程款？

2. 合同解除时，业主应总共支付承包商多少金额？（包括已经支付的和还应支付的）？

3. 合同解除时，业主应进一步支付承包商多少金额？

[参考答案]

1. 合同解除时，承包商已经得到的工程款 1 344.514 万元

（1）业主应支付的款项金额　1 585.508 万元

1）承包商已完成的合同金额 1 200 万元。

2）新增项目　　　　100 万元

3）计日工　　　　　10 万元

4）价格调整差额 （1 200+10)万元×0.02＝24.2 万元

5）工程预付款　　25 130 818 万元×10%＝251.30818 万元

（2）业主应扣款项的金额　240.994 万元

1）工程预付款扣还

累计扣回工程预付款

$$R = \frac{2\,513.0818 \times 10\%}{(0.9 - 0.2) \times 2\,513.0818} \times (1\,310 - 0.2 \times 2\,513.0818) \text{万元} = 115.34 \text{万元}$$

2）扣保留金

1 310 万元 × 10% = 131 万元 > 2 513.0818 万元 × 5% = 125.654 万元(保留金总额)

故已扣保留金　125.654 万元

承包商已经得到的工程款为：

应支付的款项金额 - 应扣款项的金额 = 1 585.508 万元 - 240.994 万元 = 1 344.514 万元

2. 合同解除时，业主应总共支付承包商金额 1 463.949 万元

1）承包商已完成的合同金额 1 200 万元。

2）新增项目 100 万元

3）计日工 10 万元

4）价格调整差额 （1 200+10)万元×0.02＝24.20 万元

5）承包商的库存材料 50 万元（一旦支付，材料归业主所有）

6）承包商订购设备定金 10 万元

7）承包商设备、人员遣返费损失补偿

　　　(2 513.0818 - 1 310) ÷ 2 513.0818 × (20 + 10) 万元 = 14.362 万元

8）利润损失补偿

　　　(2 263.0818 - 1 200) × [5.5% ÷ (1 + 5.5%)] 万元 = 55.387 万元

　　　　　或(2 263.0818 - 1 200) × 5.21% 万元 = 55.387 万元

3. 合同解除时，业主应进一步支付承包商金额：119.435 万元

　　　　　　总共应支付承包商金额 - 承包商已经得到的工程款

　　　　　　= 1 463.949 万元 - 1 344.514 万元 = 119.435 万元

案例 10-18 违约金及保留金

某工程合同价为 1 500 万元，分两个区段，有关情况如下表所示。合同规定，缺陷责任期为 1 年，逾期完工违约金最高限额为合同价的 5%。

区段	工程价（万元）	合同规定完工日期	实际竣工日期（已在移交证书上写明）	允许延长工期（天）	签发移交证书日期	扣保留金总额（万元）	缺陷责任期内业主已动用保留金赔偿（万元）	误期赔偿费率（万元）
Ⅰ	1 000	2016.3.1	2016.3.1	0	2016.3.10	50	15	3‰×1 000/天
Ⅱ	500	2016.8.31	2016.10.10	10	2016.10.15	25	0	2‰×500/天
总计	1 500	2016.8.31	2016.10.10	10		75	15	

[问题]

1. 该工程逾期完工违约金应为多少？

2. 按《水利水电工程标准施工招标文件》相关合同条款规定，所扣保留金应何时退还？应给承包商退还多少？

[参考答案]

1. Ⅰ区段不延误。

Ⅱ区段：

延误天数 = 40 天（时间为 2016 年 8 月 31 日至 2016 年 10 月 10 日）

允许延长 10 天，应支付逾期完工违约金的天数：40 天 - 10 天 = 30 天

$$赔偿金额 = 30 \times \frac{2}{1\,000} \times 500 \ 万元 = 30 \ 万元$$

$$最高限额 = \frac{5}{100} \times 1\,500 \ 万元 = 75 \ 万元$$

因为 30 万元 < 75 万元，故工程误期赔偿费为 30 万元。

2. 按《水利水电工程标准施工招标文件》相关合同条件规定，保留金退还如下：

2016 年 3 月 10 日后 14 天内，由监理人出具保留金付款证书，业主将区段Ⅰ保留金总额的一半支付给承包商（退还 25 万元）。

2016 年 10 月 15 日后 14 天内，由监理工程师出具保留金付款证书，业主将区段Ⅱ保留金总额的一半支付给承包商（退还 12.5 万元）。

2017 年 10 月 10 日监理工程师在本合同全部工程的保修期满时，出具为支付剩余保留金的付款证书。业主应在收到上述付款证书后 14 天内将剩余的保留金支付给承包商（退还 22.5 万元）。

思 考 题

1. 如何理解工程变更的概念？达到工程变更的条件是什么？

2. FIDIC 施工合同条件中工程变更价款的确定原则是什么？

3. 列举承包商对工程变更负主要责任的情况有哪些？

4. 如何理解施工索赔的概念？索赔发生的条件是什么？

5. 索赔程序有哪些步骤？索赔报告的主要组成部分是哪些？

6. 常见的工期索赔情形和计算是怎样的？

7. 费用索赔组成及计算方法如何？

第 11 章

工程合同争议与解决

学习目标

了解合同争议的原因，熟悉争议解决原则与方式，熟悉合同争议的和解与调解，熟悉争议调解组织的组成与评审程序，了解仲裁时效、程序以及仲裁裁决的执行与撤销，了解诉讼时效与争议案件的审理。

11.1 争议及其解决方式

在合同实施过程中，出现争议甚至争端是正常现象，因为合同双方都站在维护自己利益的角度审视合同中没有具体阐明的问题，对出现的合同问题持不同的观点。对合同管理者而言，无论是业主、承包商还是咨询（监理）工程师，都应该正视合同争议，仔细参阅合同文件中的有关条款及规定，及时而公正地提出解决意见，通过沟通、交流和谈判，争取达成一致，把合同争端消灭于萌芽状态。

避免合同争端的核心问题，是对出现的合同风险及其产生的经济损失进行合理再分配，让合同双方各自承担相应的份额，实现公正地解决。

11.1.1 产生争议的原因

产生合同争议的原因有很多，主要包括合同订立不完善引起的纠纷，在合同履行中因对约定理解有偏差而产生争议，因合同变更而产生利益分歧纠纷，解除合同而发生结算、补偿和保修纠纷等几个方面。

工程承包涉及的方面广泛且复杂，每一方面又都可能牵涉劳务、质量、进度、安全、计量和支付等问题。所有这一切均需在有关的合同中加以明确规定，以免合同执行中发生异议。尽管工程承包合同定得十分详细，但仍难免有某些缺陷和疏漏、考虑不周或双方理解不一致之处；而且，几乎所有的合同条款都同成本、价格、支付和责任等发生联系，直接影响业主和承包商的权利、义务和损益，这些也容易使合同双方为了各自的利益各持己见，引起争议是很难免的。

在工程项目建设过程中，合同双方由于对合同条件的含义理解不同，或在施工中出现重大的工程变更造成工程造价大量增加及工期显著延长，或对索赔要求长期达不成解决协议，都会引起合同争端。加之工程承包合同一般履行时间较长，特别是对于大型工程，工期往往持续几年甚至十多年，在漫长的履约过程中，难免会遇到国际和国内环境条件、法律法规和管理条例以及业主意愿的变化，这些变化又都可能导致双方在合同履行上发生争议。

11.1.2　常见的争议内容

许多争议事件表明，一般的争议常集中表现在业主与承包商之间的经济利益上，大致有以下几方面。

1. 关于索赔的争议

承包商提出的索赔要求，如经济索赔或工期索赔，业主不予承认；或者业主虽予以承认，但业主同意支付的金额与承包商的要求相去甚远，双方不能达成一致意见。

2. 关于违约赔偿的争议

业主提出要承包商进行违约赔偿，如在支付中扣除误期赔偿金，对由于承包商延误工期而造成业主利益的损害进行补偿；而承包商则认为延误责任不在自己，不同意违约赔偿的做法或金额，因而产生严重分歧。

3. 关于工程质量的争议

业主对承包商严重的施工缺陷或所提供的性能不合格的设备，要求修补、更换、返工、降价、赔偿；而承包商则认为缺陷业已改正，或缺陷责任不属于承包商一方，或性能试验的方法有误等，因此双方不能达成一致意见，甚至发生争议。

4. 关于中止合同的争议

承包商因业主违约而中止合同，并要求业主对因这一中止所引起的损失给予足够的补偿；而业主既不认可承包商中止合同的理由，也不同意承包商所要求的补偿，或对其所提的要求补偿的费用计算有异议。

5. 关于解除合同的争议

解除合同发生于某种特殊条件下，是为了避免更大损失而采取的一种必要的补救措施。对于解除合同的原因、责任，以及解除合同后的结算和赔偿，双方因持有不同看法而引起争议。

6. 关于计量与支付的争议

双方在计量原则、计量方法以及计量程序上的争议，双方对确定新单价（如工程变更项目）的争议等。

7. 其他争议

如进度要求、质量控制、试验等方面的争议。

11.1.3　解决争议的原则

1）争议应迅速解决，简单、方便、低成本地使合同争议得到解决。

2）合同争议的解决应公平合理。

3）符合合同和法律的规定。通常应在合同中明确规定争议解决程序的条款，这会使合同当事人对合同履行充满信心，减少风险，有利于合同的顺利实施。

4）解决结果应尽量使双方都能满意。

11.1.4　解决争议的方式

解决争议是维护当事人正当合法权益，保证工程施工顺利进行的重要手段。按我国《民法典》规定，解决争议的方式有：工程师裁定、和解、调解、评审、仲裁和诉讼。

1. 工程师裁定

对合同双方的争议，以及承包商提出的索赔要求，先由工程师做出决定。在施工合同中，作为第一调解人，工程师有权解释合同，并在合同双方索赔（反索赔）解决过程中决定合同价格的调整和工期（保修期）的延长。但工程师的公正性往往由于以下原因而常常不能得到保证。

1）工程师受雇于业主，作为业主的代理人，为业主服务，在争议解决过程中往往倾向于业主。

2）有些干扰事件直接是由于工程师造成的，如下达错误的指令、工程管理失误、拖延发布施工图和批准等。而工程师从自身的责任等角度出发往往会不公正地对待承包商的索赔要求。

3）在许多工程中，项目前期的咨询、勘察设计和项目管理由一个单位承担，这样做的好处是可以保证项目管理的连续性，但会对承包商产生极为不利的影响，如计划错误，勘察设计不全，出现错误或不及时改正，工程师会从自己的利益角度出发，不能正确对待承包商的索赔要求。这些都会影响承包商的履约能力和积极性。当然，承包商可以将争议提交仲裁，仲裁人员可以重新审议工程师的指令和决定。

2. 和解

和解是指双方当事人通过直接谈判，在双方均可接受的基础上，消除争议，达成和解。这是一种最好的解决争议的方式，既节省费用和时间，又有利于双方合作关系的发展。事实上，在世界各国，工程施工承包合同中的争议绝大多数都是通过和解方式解决的。

3. 调解

调解是指当事人双方自愿将争议提交给一个第三方（个人、社会组织、国家机构等），在调解人主持下，查清事实、分清是非、明确责任，促进双方和解，解决争议。对工程施工承包合同，业主与承包商间的争议，一般可请监理工程师或工程咨询单位进行调解；当双方同属一个系统时，也可请上级行政主管部门充当调解人。此外，还有仲裁机构进行的仲裁调解和法院主持的司法调解。

4. 评审

评审是由业主和承包商共同协商成立一个由一些具有合同管理和工程实践经验的专家组成的争议调解组来解决双方的争议，或者请政府主管部门推荐或通过行业合同争议调解机构来聘请相应的专家进行调解。

当出现争议时，利益受损方可以向调解组提交申诉报告，被诉方则进行申辩，由争议调解组邀请双方和工程师等有关人员举行听证会，并由争议调解组进行评审，提出评审意见。若双方都接受评审意见，则由工程师按评审意见拟定一份争议解决议定书，经双方签字后执行。

5. 仲裁和诉讼

争议双方不愿通过和解或调解，或者经过和解和调解仍不能解决争议时，可以选择由仲裁机构进行仲裁或由法院进行诉讼审判。

我国实行"或裁或审制"，即当事人只能选择仲裁或诉讼。当双方签订的合同中有仲裁条款或事后订有书面仲裁协议，则应申请仲裁，且经过仲裁的合同争议不得再向法院起诉。合同条款中没有仲裁条款且事后又未达成仲裁协议者，则通过诉讼解决争议。

在九部委联合颁布的《标准设计施工总承包招标文件》（2012年版）、FIDIC条款（2017年版）和世界银行规定中，均提出了一种介于调解和仲裁之间的解决合同争议的方式——评审。业主和承包商在签订协议书后，共同协商成立一个争议调解组（九部委条款），FIDIC条款中称争端仲裁委员会（Dispute Avoidance/Adjudication Board，DAAB），世界银行规定中称争议审议组（Dispute Review Board，DRB）。当业主或承包商之间发生合同争议，或对工程师做出的决定持有异议，又未能在工程师协调下取得一致而形成争议，任一方均可以书面方式提请此组评审解决。

上述几种合同争端解决途径的比较见表11-1。

表 11-1　合同争端解决途径比较表

序号	解决途径	争端形成时	解决速度	所需费用	保密程度	对协作影响
1	工程师裁定	随时进行	发生时，由工程师决定	无须花费	可以做到完全保密	工程师据理裁定，不影响协作关系
2	和解	随时进行	发生时，双方立即协商，达成一致	无须花费	纯属合同双方讨论，完全保密	据理协商，不影响协作关系
3	调解	邀请调解者，需时数周	调解者分头探讨，一般需1个月	费用较少	可以做到完全保密	对协作关系影响不大
4	评审	共同协商成立一个争议调解组	争议调解组提出评审决定，需1个月左右	成立争议调解组，费用较高	为内部评审，可以保密	有对立情绪，影响协作关系
5	仲裁	申请仲裁，组成仲裁庭，需1~2个月	仲裁庭审，一般4~6个月	请仲裁员，费用较高	仲裁庭审，可以保密	对立情绪较大，影响协作关系
6	诉讼	向法院申请立案，需时1个月	法院庭审，需时甚久	请律师等费用很高	一般属于公开审判，不能保密	敌对情绪，协作关系破坏

11.2　和解与调解

11.2.1　合同争议的和解

合同争议的和解，是指合同当事人在履行合同的过程中，对所产生的合同争议，由当事人双方自愿直接进行接触，友好磋商，相互做出一定让步，在彼此都认为可以接受的基础上达成和解协议，从而解决双方争议的一种方法。例如，在承包商递交索赔报告后，对业主（或工程师）提出的反驳、不认可或双方存在的分歧，可以通过谈判弄清干扰事件的实情，按合同条文辨明是非，确定各自的责任，再经过磋商，各自做出一定程度的妥协、让步，从而在自愿、互谅的基础上，通过谈判达成解决争议的协议。

在一般情况下，友好协商反映了双方的共同心愿。这样做节省时间、节省费用、气氛友好，有利于双方今后继续发展友好合作关系。在协商时，应坚持维护国家利益、集体利益和当事人合法权益的原则以及符合国家法律、法规要求的原则。同时，在协商中，需要有专业知识、经验并发挥谈判艺术，要能倾听对方的观点，识别对方当事人的需求和利益，清楚地表达自己的观点。

通常情况下，索赔争议首先表现在对索赔报告的分歧上，如双方对事实根据、索赔理由、干扰事件的影响范围、索赔值计算方法看法不一致。因此，承包商必须提交有说服力的、无懈可击的索赔报告，这样谈判地位才比较有利；同时准备做进一步的解释，提供进一步的证据。

在谈判中，有时对一些有争议的焦点问题需请专家咨询或鉴定，其目的是弄清是非、分清责任，统一对合同的理解，消除争议。例如，对合同理解的分歧可向法律专家咨询，对承包商工程技术和质量问题的分歧可请技术专家或者部门做检查、鉴定。

一般来讲，和解是解决合同争议最好的办法。这种解决办法通常对双方都有利，为将来进一步友好合作创造条件。在国际工程中，绝大多数争执都是通过协商解决的。即使在按 FIDIC 合同条款规定的仲裁程序执行前，也首先必须经过友好协商阶段。

但是另一方面，采用和解法解决合同争议也有很大的局限性。这是因为，有的争议本身比较复杂；有的争议的当事人之间分歧和争议很大，难以统一；还有的争议存在故意不法侵害行为等。在这些情况下，没有外界力量的参与，当事人自身很难自行和解并达成协议。在我国，如果正常的索赔要求得不到满足，或双方要求差距较大，难以达成一致，还可以找业主的上级主管部门进行申述，再度协商。此外，为了有效维护自身合法权益，在双方意见难以统一或者得知对方确无诚意和解时，就应及时采用其他解决争议的方法，避免"久商不成"。

11.2.2　合同争议的调解

如果合同双方经过协商谈判不能就索赔的解决达成一致，那么可以邀请中间人进行调解。合同争议的调解，是指当事人双方在第三者（即调解人）的主持下，在查明事实、分清是非、明确责任的基础上，对争议双方进行斡旋、劝说，促使双方相互谅解、进行协商，以自愿达成协议，消除纷争的活动。调解有三个特征：一是有第三方（国家机关、社会组织、个人等）主持协商，与无人从中主持、完全是当事人双方自行协商的和解不同；二是第三方（即调解人）只是斡旋、劝说，而不做裁决，与仲裁不同；三是争议当事人共同以国家法律、法规为依据，自愿达成协议，消除纷争，不是行使仲裁、司法权力进行强制解决。

需要指出的是，第三方的角色是积极的。调解人经过分析索赔和反索赔报告，了解合同实施过程和干扰事件实情，按合同做出自己的判断，提出新的解决方案。平衡和拉近当事人要求，并劝说双方再做商讨，都降低要求，达成一致，仍以友好的方式解决争执。调解人必须站在公正的立场上，不偏袒或歧视任何一方，按照国家法令、政策和合同规定，在查清事实、分清责任、明辨是非的基础上对争执双方进行说服，提出解决方案，调解结果必须公正、合理、合法。在合同实施过程中，日常索赔争执的调解人为工程师，是作为中间人和了解实际情况的专家，对索赔争执的解决起着重要作用。如果对争执不能通过协商达成一致，那么双方都可以请工程师出面调解。工程师在接受任何一方委托后，在一定期限内（FIDIC 规定为 84 天）做出调解意见，书面通知合同双方。如果双方认为这个调解是合理的、公正的且双方都接受，则在此基础可再进行协商，进而得到满意解决。因为工程师了解工程合同，参与工程施工全过程，了解合同实施情况，所以他的调解有利于争执的解决。对于较大规模的索赔，可以聘请知名的工程专家、法律专家、DAAB 成员、仲裁人，或请对双方都有影响的人做调解人。

此外，调解在自愿的基础上进行，其结果无法律约束力。如果当事人一方对调解结果不满，或对调解协议有反悔，则必须在接到调解书之日起的一定时间内，按合同关于争执解决的规定，向仲裁委员会申请仲裁，也可直接向人民法院起诉。超过这个期限，调解协议即具有法律效力。

如果调解书生效后，争执一方不执行调解决议，则被认为是违法行为。

实践证明，以调解方式解决争议，程序简便，当事人易于接受，解决过程迅速及时，不至于久拖不决，从而避免经济损失的扩大；也有利于消除当事人双方的隔阂和对立，调整和改善当事人之间的关系，促进了解，加强协作。还由于调解协议是在分清是非、明确责任、当事人双方共同提高认识的基础上自愿达成的，因此可以使争议得到彻底解决，协议的内容也比较容易全面履行。

合同争议的调解包括社会调解、行政调解、仲裁调解和司法调解。

1. 社会调解

社会调解是指根据当事人的请求，由社会组织或个人主持进行的调解。

2. 行政调解

行政调解是指根据一方或双方当事人申请，当事人双方在其上级机关或业务主管部门的主持下，通过说服教育、相互协商、自愿达成协议方式解决合同争议的一种方式。

3. 仲裁调解

仲裁调解是由仲裁机构主持的发生于仲裁活动中的调解。仲裁活动中的调解和仲裁是整个进程的两个不同阶段，又在统一的仲裁程序中密切相连。仲裁程序开始后，仲裁人员应首先对合同争议进行调解，调解不成才能进行仲裁。

4. 司法调解

司法调解又称诉讼调解，是在法院主持下发生于诉讼活动中的调解。它是一种诉讼活动，是解决争议、结束诉讼的一个重要途径。

无论采用何种调解方法，都应遵循自愿和合法两项原则。

自愿原则具体包括两个方面的内容：一是争议的调解必须出于当事人双方自愿。合同争议发生后能否进行调解，完全取决于当事人双方的意愿。如果争议当事人双方或一方根本不愿用调解的方式解决争议，就不能进行调解；二是调解协议的达成也必须出于当事人双方的自愿。达成协议、解决争议是进行调解的目的，因此，调解人在调解过程中要竭尽全力，促使当事人双方互谅互让、达成协议。其中包括对当事人双方进行说服教育、耐心疏导、晓之以理、动之以情，还包括向当事人双方提出建议方案等。但是，进行这些工作不能带有强制性。调解人既不能代替当事人达成协议，也不能把自己的意志强加于人。争议当事人不论对协议的全部内容有意见，还是对协议的部分内容有意见而僵持不下，协议均不能成立。

合法原则是合同争议调解活动的主要原则。国家现行的法律、法规是调解争议的唯一依据，当事人双方达成的协议的内容，不得同法律和法规相违背。

调解成功，制作调解书。由双方当事人和参加调解的人员签字盖章。对于重要争议的调解书，要加盖参与调解的单位的公章。但是，社会调解和行政调解达成的调解协议或制作的调解书没有强制执行的法律效力，如果当事人一方或双方反悔，不能申请法院予以强制执行，只能再通过其他方式解决争议；仲裁调解达成的调解协议和制作的调解书，一经做出便立即产生法律效力，如果调解书生效后，争执一方不执行调解决议，则被认为是违法行为，对方即可向法院申请强制执行。法院调解所达成的协议和制作的调解书，其性质是一种司法文件，也具有与仲裁调解书相同的法律效力。

司法调节有如下优点：

1）提出调解能较好地表达承包商对谈判结果的不满意和争取公平合理地解决争议的决心。

2）由于调解人的介入，提高了索赔解决的公正性。业主要顾忌对自己声誉等的影响，通常容易接受调解人的劝说和意见。而且由于调解决议是当事人双方选择的，因此一般比仲裁决议更容易执行。

3）灵活性较大，有时程序上也很简单（特别是请工程师调解）。一方面，双方可以继续协商谈判；另一方面，调解决定没有法律约束力，承包商仍有机会追求更高层次的解决方法。

4）节约时间和费用。

5）双方关系比较友好，气氛平和，不伤感情。

11.3　评审

11.3.1　争议调解组的组成

业主和承包商在签订协议书后，应共同协商成立争议调解组。该组一般由三（或五）名有合同管理和工程实践经验的专家组成，其中两（或四）名组员可由合同双方各提一（或两）名，并征得另一方同意，组长可由两（或四）名组员协商推荐并征得合同双方同意，或由业主与承包商共同协商后直接聘请。若双方未能就聘请专家达成一致，也可请政府主管部门推荐或通过行业合同争议调解机构聘请。合同双方应在签订合同时商定人选，并在工程开工后正式成立争议调解组，与专家签订协议，至合同终止时解聘。

11.3.2　争议的评审程序

争议的评审程序如图 11-1 所示。

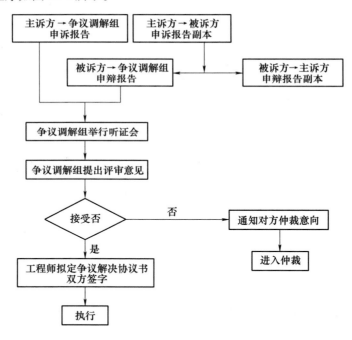

图 11-1　争议的评审程序

1）主诉方向争议调解组提交申诉报告，并将报告副本提交给被诉方。

2）被诉方收到申诉报告后 28 天内，向争议调解组提交申辩报告，同时将报告副本提交主诉方。

3）争议调解组接到双方报告后 28 天内，邀请双方和工程师等有关人员举行听证会。

4）听证会结束后 28 天内，争议调解组进行评审，提出评审意见，交业主和承包商并抄送工程师。

5）若双方都接受评审意见，则由工程师按评审意见拟定一份争议解决议定书，经双方签字后执行；若双方或任一方不接受评审意见，则可在收到评审意见后 28 天内，将仲裁意向通知对方，并抄送工程师。

案例 11-1　*解决合同纠纷的一个好办法*

1. 工程概况

一条沥青混凝土公路工程实行招标承包施工。公路总长度 121km，工作范围（Scope of Work）包括旧公路两侧树木砍伐，旧路基移迁清理，新旧涵洞的建设与修复，新路基的修筑，沥青混凝土路面的浇筑，通过城区道路两侧排水建筑物的修建，交通标志牌的制作与设立，道路标志画线，以及交叉路口的建设等。中标合同额为 3848 万美元，工期 4 年。

本工程项目的设计咨询公司负责公路工程的设计及施工咨询（监理）工作，由意大利和英国的两家外国公司及业主所属国的一家设计咨询公司组成联合体，共同完成设计和施工监理任务。中标承担施工任务的是中国的一家著名国际工程公司。

2. 项目特点和难点

项目实施中最突出的难点是：由于该公路系重要交通干线，业主要求承包商采取边施工、边使用的方式，建好一段就开放通行一段。由于过往车流量大，许多车辆又严重超载，致使最早开放的一段 42km 长的道路投入运行不久后便出现路面大面积开裂，问题严重。咨询（监理）工程师进行初步勘察后，决定承包商暂停施工，从而形成了严重的合同争端，业主开始追究承包商的合同责任，而承包商认为自己的施工过程完全符合合同文件的要求。

3. 合同争端的解决

作为一个有国际工程承包施工丰富经验的承包商，面对这一突发的合同纠纷，采取了周密而全面的对策。首先，成立了"42km 路段路面开裂问题解决小组"，由项目经理牵头负责，作为项目组当前最重要的工作来抓。第二，安排专人对停工的资源使用及闲置情况，以及相关财务开支做详细记录，以备日后索赔之用。第三，立即转移主要施工设备和人力，开始另一段公路的土方和基层的施工，以避免资源的闲置和浪费。第四，主动与咨询工程师沟通，向他们明确指出：此公路的设计工作是 10 年前完成的。而 10 年来，交通流量增长很快，过往运输车严重超载，从而导致路面破坏，这并不是承包商的施工质量问题，而是设计上的问题。

鉴于业主、咨询工程师和承包商之间的意见分歧甚大，经协商一致，同意聘请第三国（地区）的专家来做现场调查评判，进行考察实验并提出报告，作为理论依据。1998 年 2 月，美国公路专家、密歇根大学教授到达现场，经过一周的调查工作，提出了事故分析报告。

报告指出，沥青混凝土路面的破坏，根本原因是设计不足，无法满足现有的交通荷载，过早开放交通也是公路受损原因之一。报告建议：①承包商负责移除和重建破坏严重的 3km 路段，并对其他路面进行修补；②42km 路段全线加厚 7cm 沥青路面，以达到设计要求，加厚的费用由业主承担。

根据美国公路专家的调查报告，业主、工程师和承包商通过讨论达成一致意见：加厚 7cm 路面的费用由业主承担；承包商承担移除 3km 沥青路面的费用。由于路面加厚是一项新增加的额外工作，需要重新确定单价。

合同争端解决后，承包商继续按合同施工，在工期和质量方面均满足合同要求，最后被授予"最佳质量工程"的称号，并创造了比较好的经济效益。

11.4 仲裁

当争执双方不能通过协商和调解达成一致时，可按合同仲裁条款的规定采用仲裁方式解决。仲裁作为正规的法律程序，其结果对双方都有约束力。在仲裁过程中可以对工程师所做的所有指令、决定以及签发的证书等进行重新审议。在我国，按照《中华人民共和国仲裁法》，仲裁是仲裁委员会对合同争议所进行的裁决。仲裁委员会在直辖市和省、自治区人民政府所在地的市设立，也可在其他设区的市设立，由相应的人民政府组织有关部门和商会统一组建。仲裁委员会是中国仲裁协会会员。

11.4.1 仲裁机构和仲裁规则

仲裁机构应由当事人双方协议选定。仲裁不实行级别管辖和地域管辖。

我国的仲裁机构是在直辖市和省、自治区人民政府所在地的市以及根据需要在其他设区的市成立的仲裁委员会。

仲裁委员会由上述市的人民政府组织有关部门和商会统一组建。仲裁委员会独立于行政机关，与行政机关没有隶属关系，各仲裁委员会之间也没有隶属关系。

仲裁委员会由主任 1 人、副主任 2~4 人和委员 7~11 人组成。仲裁委员会应按不同专业设仲裁员名册。

我国实行一裁终局制度。裁决做出后，当事人就同一争执再申请仲裁或向人民法院起诉，不再予以受理。

对国际合同争议，很多国家的商会、非政府间的国际或地区行业协会，相继成立了常设仲裁机构并制定了相应的仲裁规则，形成了一系列的仲裁国际惯例，都可供选用。常设仲裁机构有巴黎国际商会仲裁院、联合国国际贸易法委员会（UNCITRAL）、瑞典斯德哥尔摩商会仲裁院、瑞士苏黎世商会仲裁院、纽约美国仲裁协会、罗马意大利仲裁院、东京日本国际商事仲裁协会、英国伦敦仲裁院、中国对外经济贸易仲裁委员会等。

仲裁地点的选择，按国际惯例一般是：当双方国家（或地区）都有国际性仲裁机构，则在被诉国仲裁；当一方国家（或地区）有国际性仲裁机构而另一方国家（或地区）没有，则在有仲裁机构的国家（或地区）仲裁；如对上述选择有异议，也可由双方协商，选择在第三国（地区）进行仲裁。

当采用 FIDIC 合同条款时，如果没有在第二部分专用条款中就仲裁规则和仲裁机构做出专门规定，则以国际商会仲裁规则为准，仲裁地点由国际商会仲裁庭选择。

11.4.2 仲裁时效与仲裁申请条件

1. 仲裁时效

仲裁时效，是指当事人获得、丧失仲裁权利的一种时间上的效力。权利人在此期限内不行使其权利，就不能再向仲裁机构申请仲裁。按照《民法典》第一百九十八条规定，"法律对仲裁时效有规定的，依照其规定；没有规定的，适用诉讼时效的规定"。

仲裁时效的开始，是自当事人知道或应当知道其权利被侵害之日起计算，而不是自当事人权利事实上被侵害之日起开始。仲裁时效的计算是指权利人连续地不行使其权利的时间。例如，债权人如果在对方违约不履行债务以后三年之内，不向仲裁机构申请仲裁，待到三年之后再申请，则仲裁机构便不能保护其权利。但是，如果在此三年中，虽然债权人未向仲裁机构申请仲裁，但向债务人主张了权利，可发生时效的中断。

　　2. 仲裁申请条件

　　合同仲裁是合同当事人双方自愿选择的一种解决合同争议的方法。合同争议是否通过仲裁解决，完全根据当事人双方的意愿决定。当事人申请仲裁，必须具有仲裁协议。仲裁协议可以是合同中订立有出现合同纠纷由仲裁解决的条款；或者是，在出现合同纠纷后，双方以其他形式达成请求仲裁的书面协议。没有仲裁协议的，仲裁机构不予受理。

　　仲裁协议是指当事人把经济合同纠纷提交仲裁解决的书面共同意思表示，包括共同商定仲裁机构及仲裁地点。当事人申请仲裁，应向仲裁委员会递交仲裁协议。

　　当事人申请仲裁，除仲裁协议外，还应向仲裁委员会递交仲裁申请书及副本。仲裁申请书应当载明下列事项：

　　1）当事人的姓名、性别、年龄、职业、工作单位和住所、法人或者其他组织的名称、地址和法定代表人或者主要负责人的姓名、职务。

　　2）仲裁请求和所根据的事实、理由。

　　3）证据和证据来源、证人姓名和住所。

11.4.3　仲裁程序

　　1. 申请和受理

　　1）当事人向选定的仲裁委员会递交仲裁协议、仲裁申请书及副本。

　　2）仲裁委员会收到仲裁申请书之日起五日内，认为符合受理条件的，应当受理，并通知当事人；认为不符合受理条件的，应当书面通知当事人不予受理，并说明理由。

　　3）仲裁委员会受理仲裁申请后，应在仲裁规则规定的期限内，将仲裁规则和仲裁员名册送达申请人，并将仲裁申请书副本、仲裁规则、仲裁员名册送达被申请人。

　　被申请人收到仲裁申请书副本后，应在仲裁规则规定的期限内向仲裁委员会提交答辩书。仲裁委员会收到答辩书后，应当在仲裁规则规定期限内将答辩书副本送达申请人。

　　当事人申请仲裁后，仍可以自行和解，达成和解协议，申请人可以放弃或变更仲裁请求，被申请人可以承认或者反驳仲裁请求。

　　2. 组成仲裁庭

　　1）仲裁庭可以由三名仲裁员或者一名仲裁员组成。当事人约定由三名仲裁员组成仲裁庭的，必须设首席仲裁员，并且应当各自选定或者各自委托仲裁委员会主任指定一名仲裁员，第三名仲裁员由当事人共同选定或者共同委托的仲裁委员会主任指定，第三名仲裁员是首席仲裁员。

　　当事人约定由一名仲裁员成立仲裁庭的，仲裁员的选定与上述首席仲裁员的选定方法相同，即应当由当事人共同选择或委托仲裁委员会主任指定。

　　2）仲裁庭组成后，仲裁委员会应将仲裁庭组成情况书面通知当事人。

　　3. 开庭和裁决

　　仲裁应按仲裁规则进行。

　　1）仲裁应开庭进行。仲裁委员会应在规定期限内将开庭日期及地点通知双方当事人，也可按当事人协议不开庭，而按仲裁申请书、答辩书及其他材料做出裁决。

　　2）申请人经书面通知，无正当理由不到庭或者未经仲裁庭许可中途退庭的，可以视为撤回仲裁申请。被申请人发生上述情况的，可以缺席裁决。

　　3）仲裁庭应将开庭情况记入笔录。笔录应由仲裁员、记录人员、当事人和其他仲裁参与人签名或盖章。当事人可以提供证据，仲裁庭可以进行调查，收集证据，也可以进行专门鉴定。仲裁人有权公开、审查和修改工程师或争议裁决委员会的任何决定。

4）仲裁庭做出裁决前，可先行调解。调解达成协议的，仲裁庭应制作调解书，调解书与裁决书具有同等法律效力。

5）仲裁庭调解不成，应及时做出裁决。裁决应当按多数仲裁员意见做出，自做出之日起产生法律效力。

工程竣工之前或之后均可开始仲裁，但在工程进行过程中，合同双方各自的义务不得因正在进行仲裁而有所改变。

6）裁决书应当写明仲裁请求、争议事实、裁决理由、裁决结果、仲裁费用的负担和裁决日期。裁决书由仲裁员签名，加盖仲裁委员会印章。对裁决持不同意见的仲裁员可以签名，也可以不签名。

7）裁决书自做出之日起发生法律效力。

11.4.4 仲裁裁决的执行与撤销

1. 仲裁的执行

合同争议经仲裁庭仲裁后，由仲裁庭做出裁决，裁决书自做出之日起发生法律效力。当事人应当履行裁决，一方当事人不履行的，另一方当事人可以请求人民法院强制执行。受申请的人民法院应当执行。

合同争议经仲裁后，当事人就同一争议再申请仲裁或向人民法院起诉，仲裁机构和人民法院不再受理。

涉外合同的当事人可以根据仲裁协议向中国仲裁机构或其他仲裁机构申请仲裁。为了解决各国在承认和执行外国仲裁裁决问题上的分歧，在1958年于纽约召开的国际商事仲裁会议上，通过了《承认及执行外国仲裁裁决公约》。1986年12月2日，我国第六届人大常委会第十八次会议通过了关于批准我国加入这一国际公约的决定。我国同其他国家一样，也对公约的适用范围做出了声明，即"互惠保留"和"商事保留"的声明。该声明表明，我国根据公约规定所承担的承认和执行外国仲裁裁决的义务，只是限于在公约缔约国做出的商事案件仲裁裁决。除此之外，还有我国政府和外国政府之间签订的条约、协定等，也是承认和执行仲裁裁决的法律保证。

案例 11-2　一项监理合同争端的仲裁

1. 监理合同概述

国际大厦工程业主委托新兴建设监理公司对其筹建的国际大厦进行施工监理。该工程的建筑面积达15万m^2，总造价4亿元人民币，是一项集办公、住宅、餐饮、娱乐等功能于一体的综合性建设工程，设计施工标准较高。

在监理合同中，合同双方当事人详细约定了相关的权利和义务以及监理服务的报酬：监理取费率按工程总造价的0.9%提取，并在合同生效后首先向监理公司支付60万元的预付款。监理费总额达360万元以上。

2. 争端的由来

工程开工后，由于基坑开挖的深度很大，监理工程师对承包商的降水工程的施工方案未及时审批，基坑施工验收工作准备不周，致使数次验收均未获通过，长期不能浇筑基础混凝土；又适逢雨期暴雨，基坑被淹，边坡倒塌，使工期被迫拖延1年以上，业主对此甚为遗憾。

监理工程师未能按规定在监理合同生效后 30 天内提交"监理工作规划"，监理人员又数度变化，影响了监理服务的质量。

在大厦工程施工过程中，业主未按监理合同的规定向监理工程师支付监理费，拖欠监理费达 200 万元。新兴建设监理公司多次催付未果，遂主动停止了监理工作。业主随即另聘别的监理单位继续监理工作。新监理工程师接手时，以前的所有工程技术资料及施工验收记录均在原监理工程师掌握中，未予移交。

由于此项监理合同争端双方不能协商解决，新兴建设监理公司遂报请工程所在市仲裁委员会，申请裁决：支付拖欠的 200 万元监理费，支付拖欠款的滞纳金，并承担此案的仲裁费。

3. 仲裁庭的裁决

由三位仲裁员组成的仲裁庭详细审阅了全部证据和资料，三次开庭审理，在合同双方不能协商调解此项争端的前提下，仲裁庭做出了终审裁决。

仲裁庭对此项监理合同争端的主要意见如下：

1）国际大厦工程业主方作为监理合同的委托方，有义务依照约定向监理方支付监理酬金，其所提出的部分合同条款无效或可撤销的理由不能成立，更不能成为拒绝支付监理酬金的理由。工程业主指控监理公司没有如约履行合同义务，导致巨大的经济损失，但没有提出充分证据，仲裁庭对此不予支持。

2）新兴建设监理公司作为施工监理单位，应在受委托的范围内运用其专业知识和技能进行监理工作，维护委托人的利益。但是，庭审结果表明，新兴建设监理公司并没有按照"正确履行"的原则履行自己的合同义务，没有按照《××市工程项目监理工作管理规定》第10条的规定：在监理合同缔结后 30 天以内提交"监理规划"，导致监理工作缺乏指导，不利于委托人利益的保护。频繁地更换监理人员，导致施工管理混乱。在地基工程降水方案实施过程中，监理工作懈怠，严重影响了委托人的利益。因此，仲裁庭认为，对新兴建设监理公司主张的监理工作酬金，不予全部支持。

3）关于监理酬金及其滞纳金问题，仲裁庭认为应给予适当支持，即被申请人（国际大厦工程业主）应向申请人（新兴建设监理公司）支付监理酬金 50 万元。对支持的监理酬金，应计付滞纳金，由被申请人向申请人支付滞纳金 2.5 万元。

4）关于工程文件及资料，是该工程施工中所必需的合同资料。仲裁庭对被申请人的主张给予支持。

根据以上意见，仲裁庭依法裁决如下：

① 被申请人向申请人支付所欠监理酬金 500 000 元。

② 被申请人向申请人支付欠款滞纳金 25 000 元。

③ 申请人向被申请人归还监理期间保存的所有有关工程文件和资料。

④ 驳回双方当事人的其他仲裁请求。

2. 仲裁的撤销

根据《中华人民共和国仲裁法》的规定，当事人提出证据证明裁决有下列情形之一的，可以向仲裁委员会所在地的中级人民法院申请撤销裁决：

1）没有仲裁协议的。

2）裁决的事项不属于仲裁协议的范围或者仲裁委员会无权仲裁的。

3）仲裁庭的组成或者仲裁的程序违反法定程序的。

4）裁决所根据的证据是伪造的。

5）对方当事人隐瞒了足以影响公正裁决的证据的。

6）仲裁员在仲裁该案时有索贿受贿、徇私舞弊、贪赃枉法裁决行为的。

人民法院经组成合议庭审查核实裁决有前款规定情形之一的，应当裁定撤销。人民法院认定该裁决违背社会公共利益的，应当裁定撤销。当事人申请撤销裁决的，应当自收到裁决书之日起六个月内提出。

11.5 诉讼

诉讼是运用司法程序解决争执，由人民法院受理并行使审判权，对合同双方的争执做出强制性判决。合同发生争议后，和解调解不成或当事人不愿通过和解、调解解决的，且在合同中没有订立仲裁条款，事后也没有达成仲裁协议的，可以向人民法院起诉，通过司法程序解决合同争议。

合同争议，由人民法院经济审判庭受理。合同争议的审理，依照法律规定的诉讼程序进行。

人民法院受理经济合同争执案件可能有以下情况：

1）合同双方没有仲裁协议，或仲裁协议无效，当事人一方向人民法院提出起诉状。

2）虽有仲裁协议，但当事人向人民法院提出起诉，未声明有仲裁协议；人民法院受理后另一方在首次开庭前对人民法院受理案件未提异议，则该仲裁协议被视为无效，人民法院继续受理。

3）仲裁决定被人民法院依法裁定撤销或不予执行。当事人向人民法院提出起诉，人民法院依据《民事诉讼法》（对经济犯罪行为则依据《刑事诉讼法》）审理该争执。法院在判决前再做一次调解，如仍达不成协议，可依法判决。

11.5.1 诉讼参与人及其权利和义务

合同争议案件诉讼活动必须有明确的原告和被告。经济组织与非经济组织参与争议案件的诉讼活动人应是法定代表人，即本单位的主要负责人，如厂长、经理等。

如果法定代表人不能参加诉讼活动，可以委托别人代办诉讼（可以委托本单位与争议有关的主管业务的负责人，也可以委托律师），但是必须向法院提交由本人亲自签名盖章的授权委托书。原告和被告的上级领导机关或单位，依法可以被邀请参与调解。

原告和被告在诉讼过程中有平等的权利和义务。双方都有申请回避、提供证据、进行辩论、请求调解、提起上诉、申请保全或执行、使用本民族语言诉讼的权利。双方也都具有遵守诉讼程序和自动执行发生法律效力的调解、裁定和判决的义务。

11.5.2 合同争议的诉讼时效

诉讼时效是合同争议诉讼人获得、丧失诉讼权利的一种时间上的效力。权利人在诉讼时效期间不提起诉讼，就丧失了实际意义上的诉讼权利，我国合同争议的诉讼时效在各种单项经济法律规范性文件中规定，其长短不一。

单项经济法律、法规没有明确规定的，合同争议诉讼时效适用《民法典》第一百八十八条的规定，即"向人民法院请求保护民事权利的诉讼时效期间为三年。法律另有规定的，依照其规定"。

诉讼时效期从当事人知道或者应当知道其权利被侵害时起算。法律另有规定的，依照其规定。但是，自权利受到损害之日起超过二十年的，人民法院不予保护，有特殊情况的，人民法院可以根据权利人的申请决定延长。

对超过期限的诉讼，法院一般不予受理，但是，当事人仍然享有程序意义上的诉讼权利，就是仍可以向法院提起诉讼。法院接到超过诉讼时效的诉讼，经审查有正当理由的，仍然可以受理，依法延长其诉讼时效，如无正当理由，法院驳回诉讼，不予受理。

11.5.3　合同争议案件的审理

我国实行两审终审制度。各级人民法院都有权审理第一审案件。争议案件当事人双方的任何一方，如果对第一审判决不服，有权向上一级人民法院上诉。上一级人民法院对不服第一审判决的案件的审理，称第二审。第二审将对第一审的判决或裁定进行审查，认定事实是否正确；引用法律是否得当；诉讼程序是否合法。第二审案件的判决、裁定是终审的，不准上诉。

按照民事诉讼法的规定，人民法院在对案件进行审理的过程中进行调解，在调解的过程中对案件进行审理，调解贯穿于整个诉讼活动的全过程。在诉讼开始以后到做出判决之前，当事人随时可以向人民法院申请调解，人民法院认为可以调解时也随时可以调解。也就是说，法院在对案件进行审理的过程中，不论在准备阶段还是在庭审阶段都可以进行调解，一审程序、二审程序和再审程序，均是如此。申请调解，是合同当事人的一项诉讼权利，人民法院在判决生效之前的任何阶段，都要注意贯彻"调解为主"的方针。

思　考　题

1. 试分析工程争议与索赔的关系。
2. 合同争执的解决通常有几种方法？各有什么适用条件？各有什么优缺点？
3. 分析工程师作为第一调解人，在解决合同争执时的公正性，合理性和有效性。
4. 评价争议解决方式的好坏的标准是什么？
5. 争议发生时，和解、调解、仲裁和诉讼这四种争议解决方式是当事人随机选用的吗？还是要按照一定的先后顺序使用？如果是后者，请给出使用它们的先后次序。
6. 请比较仲裁与诉讼两种方式的特点及优缺点。

第 12 章

国际工程合同管理

学习目标

了解国际工程合同管理的含义、中国海外市场的开拓以及国际工程管理的独特性；了解 FIDIC 系列合同条件、ICE 系列合同条件、JCT 系列合同条件、NEC 系列合同条件、AIA 系列合同条件；熟悉国际工程合同管理的目标与内容。

12.1 国际工程合同管理概述

12.1.1 国际工程合同管理的含义与形成

国际工程是指一个工程项目从咨询、融资、规划、设计、施工、管理、培训到项目运营等各个阶段的参与者来自不同的国家，并且按照国际通用的项目管理模式和方法进行管理的工程。各参与方通过协商谈判形成合作契约，即国际工程合同，指当事人为了实现某一国际工程项目的全部或部分交易而订立的关于各方权利、义务、责任以及相关管理程序的协议。

国际合同管理参与项目的各方均应在合同实施过程中自觉地、认真严格地遵守所签订合同的各项规定和要求，按照各自的职责，行使各自的权利，履行各自的义务，维护各方的权利，发扬协作精神，做好各项管理工作，避免出现严重的合同问题，使项目得到完整的体现。在国际工程实施过程中，每一项工程的合同文件内容甚多，它包括了通用合同条件、专用合同条件、标书、标书附录与投标保证协议书、协议书、技术条款、工清单、中标函等从准备投标文件到签订施工合同期间所有的正式文件及往来信函。因此，国际工程项目合同管理就显得更加重要。

国际工程合同管理是一项细致的工作，对合同各方都有重要的意义。国际上通用的合同管理方式是静态的招投标、动态的合同管理。如果不能熟练地掌握合同管理方法，不懂得利用合同条款维护自己的合法权益，承包商就可能会失去许多获得补偿的机会，并由此蒙受损失，甚至出现亏损，而业主则可能因不能保证正常的施工进度和施工质量而付出较大的经济代价。

12.1.2 国际工程承包市场和我国海外市场的开拓

第二次世界大战之后，世界进入相对稳定的经济发展阶段，全球建筑业投资规模呈持续上升趋势，逐渐形成了一个巨大的国际工程承包市场。根据美国《工程新闻记录》周刊和英国《国际工程周刊》对全球工程发包额的统计，亚太地区、欧洲地区和北美地区占据了国际工程发包的主要份额，而石油价格急剧波动的中东地区建筑投资增长很快。逐步摆脱金融危机阴影的拉美地区工程承包市场开始走出低谷，正在加大经济建设力度的非洲国家致力于基础设施的投资。随着世界经济的发展，各国和地区市场的开放程度越来越高，开放领域越来越广，国际工程承包市场多层次和宽领域的需求逐步形成，国际工程承包市场出现了前所未有的繁荣景象。大量发展中国家的承包商凭借劳动力成本低的优势加入一般工程市场的竞争，使得市场竞争越来越激烈；发达国家的承包商在技术、融资及管理方面具备优势，致力于高技术含量的工程项目的竞争，使各国承包商的利润水平普遍降低。在日益激烈的竞争中，工程建设企业要想在国际工程承包市场里保住市场份额并进一步发展，要想做好项目，尤其是做好大型项目，就必须要对工程项目进行有效的、系统的、统一的管理。

国际工程市场遍布全球，虽然每个地区的政治形势和经济形势不一定十分稳定，但就全球来说，尽管国际资本流向可能有所变动，但很大一部分投资是用于建设的，只要不发生世界性战争，国际工程市场总体就是稳定的。西方发达国家的企业曾凭借雄厚的资本、先进的技术、高水平的管理和丰富的经验占据了绝大部分国际工程市场。我国企业要想进入国际工程市场，特别是欧美发达国家的市场，就需要加倍付出努力。因此，从事国际工程的建设企业只有加强调查研究、善于分析市场形势、捕捉市场信息，不断适应市场形势变化，才能在竞争中立于不败之地。

国际工程承包是国际技术经济合作的形式之一，它通过国际性的市场竞争机制，以合同条款为纽带，实现各国在施工技术、施工管理、建设资金和劳务等方面的国际性交流。我国政府明确提出要实施"走出去"的开放战略，2000年，相关部委出台了《关于大力发展对外承包工程的意见》等一系列重要文件，建设部专门召开了对外承包工程座谈会；2001年我国加入WTO，国内建设市场逐步对外开放，外国的咨询设计公司和工程公司纷纷进入我国，也为我国建设企业走向国际市场创造了更好的条件；2013年，我国提出建设"丝绸之路经济带和21世纪海上丝绸之路"（以下简称"一带一路"）的愿景，大大推进了我国与亚欧国家的经济合作，我国在"一带一路"沿线国家的承包工程营业额约占对外承包工程总营业额的一半。如今，我国国际工程承包业的大环境好于此前任何一个历史时期。

2019年，我国对外承包工程业务完成营业额11 927.5亿元人民币，同比增长6.6%（折合1 729亿美元，同比增长2.3%），新签合同额17 953.3亿元人民币，同比增长12.2%（折合2 602.5亿美元，同比增长7.6%）。在我国国际工程承包事业迅速发展的同时，国际工程管理专业人才的缺口日益扩大，尤其是熟悉国际工程市场规则的商务合同管理专业人才。

12.1.3　国际工程管理的独特性

国际工程在建设目标、规模、技术复杂性等方面与普通工程差异不大，而在市场、技术标准、文化等地域环境因素方面表现出独特性，在进行国际工程合同管理时需特别关注。

1. 国际工程具有市场准入壁垒

国际法律意义上的市场准入是指一国允许外国货物、技术、服务和资本进入本国市场的范围和程度，体现的是国家通过运用各种法律和规章制度对本国市场对外开放程度的一种宏观掌握和控制。其具体内涵体现为：一国的市场自由度，国民待遇表现出来的市场自由准入，一国市场份额被瓜分的程度。

因此，建筑市场准入包括市场客体和主体两个方面。客体是规定什么样的项目可以进入市场交易（招标）并动工兴建。主体是规定具有不同资质等级的公司可以进入什么样的市场空间。市场空间是指针对工程类别、总分包角色和地域范围等条件所设定的壁垒。

一般说来，当目标国市场的进入壁垒很难跨越时，国际工程企业对于资源承诺高的进入模式往往采取谨慎态度。但是，只要国际工程企业成功突破了这一障碍，进入壁垒就成为国际工程企业在目标国市场上选择长期经营、避开激烈竞争的有力保障。因此，国际工程企业应当积极采取措施努力破解进入壁垒，并使之成为屏蔽竞争对手的有力途径。

2. 国际工程具有文化进入障碍

在国际工程承包项目中，不同的干系人来自五湖四海，说着不同的语言、站在各自的立场上考虑问题，势必把文化差异所造成的障碍不自主地带到项目实施的过程中，直接或者间接地影响项目的顺利开展。项目初期的识别干系人和规划干系人之间的沟通是必不可少的环节；项目进程中的沟通更是关系着项目成败，沟通是否顺畅在很大程度上决定了项目是否能顺利进行；工程实施过程中国际惯例和当地交易习惯的冲突也应充分考虑，确定其适用顺序。

（1）国际工程实施过程中文化融入的对象　在一个国际工程中，重要的干系人是文化融入的主要对象。

1）项目业主，（包括项目所在国相关的政府部门、机构以及业主聘请的业主工程师），这些人决定着项目的进程、款项的支付以及质量的把关。

2）项目分包商，也就是项目的施工单位、供货商和国际运输单位等，侧重商务方面的总承包单位与侧重技术方面的项目分包单位的沟通也是项目管理的重要工作，商务和技术上的对接和融合，对完成目标任务取得一致的认同，才能有效地提高执行力。

3）公司总部，虽然国际工程承包项目目前多实行项目经理责任制，但是仍然需要现场项目管理团队与所在国主管部门的沟通协调。公司层面政策上的支持，对呈报事项反应迅速程度都会制约着项目现场的进展。

4）项目部管理团队，是国际工程项目实施的一次性项目管理组织，它决定了项目部是一种以项目为中心，以承包项目为目标的短期性组织。其中，项目经理授权的短期性和临时性使得项目团队面临当地制度、文化和职员的更大挑战。项目经理需要将更多时间花费在与组织内团队成员和其他干系人的文化沟通上。

（2）跨文化沟通的障碍

1）语言差异引起的沟通障碍。在国际工程项目管理的各个阶段的所有活动都是人与人之间信息的交换和沟通，最重要的手段就是语言文字的交换以及口头表达。国际工程一般以英语或者业主所在国的语言作为交流语言，这样在语言沟通上业主所在国就占据了优势，而承包商的管理人员、专业技术人员虽然业务水平高，但是苦于语言表达能力欠缺，常常要依靠翻译，但是翻译人员的专业水平又有限，使得在沟通协调中很容易出现障碍。翻译的素质和能力对国际工程承包项目的进展具有重要的影响，直接决定了总包方与外界沟通的质量。作为一名优秀的翻译，应该具有综合的素质，既要在语言上过硬，又要在有关工程技术、建设流程、当地项目运作规范以及法律法规等方面融会贯通；另外还要有角色意识，所谓"角色意识"，就是说翻译不仅仅是把一方的话简单地转换成另一种语言传递给另一方，而是要把自己当作是被翻译对象来与对方沟通。成功的翻译要对整个事件的前因后果、各种背景了如指掌才能在翻译工作中进入角色、转换角色，充分理解要翻译的内容，再结合娴熟的语言技巧、专业的技术知识，最大限度地将问题朝向有利于总包方的方向解决，实现良好的沟通。另外，在国际工程中切忌频繁地更换主要翻译，翻译的更迭使得过往的渠道发生转换，会对沟通的连续性造成障碍。

2）思维模式引起的差异。纵观中西方思维模式的差异不难看出，西方文化强调严谨，而中方受到儒家思想的影响，一切都抱着"可以商量"的态度。这样的差异往往造成了在合同签订的时候，中方很容易妥协，为了急于达成一致拿到合同，很多事情都想着"以后可以商量"，结果却在执行合同的时候遇到强大的阻力。

（3）跨文化沟通的复杂性　众所周知，国际工程承包项目的干系人涉及项目业主、业主工程师、监理方、总承包商、国内分包商、国外分包商、项目所在国的政府部门、项目部内部成员等，只有充分了解各个干系人的期望，了解各方的文化差异，才能面对项目进展过程中由于文化异质性所带来的沟通复杂性。每一个国际工程承包都会遇到工程合同条件、技术规范和技术标准的差异性和复杂性，如果没有考虑到项目干系人所在国的不同文化背景，就会给工程带来很大的风险。一个项目在初期的时候，总包方更多的是考虑项目本身，成本的核算、利润的分析、汇率的风险自然会一一考虑在内，但是基于跨地域跨文化产生的差异会给项目带来额外的成本和费用常常不被考虑。例如，C公司在B国进行一个大型的工程项目，在项目初期没有考虑到B国对于项目的设计、施工以及竣工审查是需要本地化这一因素，也就是要符合B国的行业标准。在与业主的谈判和沟通中，虽然确定了使用C国的标准，但是同意了B国有关部门对文件进行本地化审查这一条件，并且没有对此所产生的时间以及成本进行考虑，导致了项目进行当中提交的文件均有不符合要求之处，且通过B国的审查需要相当长的时间，对项目的工期造成了严重的影响，并且为了尽快通过审查，造成了很大的费用，造成了项目成本的增加。

3. 国际工程具有市场支持差异

（1）国际工程项目融资能力的要求越来越高　目前，很多的国际工程项目都要求总承包商要有很强的融资能力，去满足项目的资金需求。从项目所在地高度集中的区域来看，只有中东地区的项目资金来源可以得到保证，而其他区域的项目大多需要靠融资来解决，这就对总承包商的资金能力提出了很高的要求，而对于总承包商来说也提高了项目运作的风险。而化解风险最好的方法就是分解风险程度，利益共同体共担风险，这也就势必要求分包商也要有一定的资金能力和承担风险的能力。

（2）国际工程项目的社会责任属性越来越强　目前，越来越多的国际工程项目不仅仅是以盈利为目的，而是要拉动项目所在地的经济发展，促动其他相关产业在当地的进步，借此提升原住民的生活水平。这是现在大多数项目需要承担的社会责任，而这种责任在非洲和中亚地区显得尤为突出。作为项目的总承包商不仅要担负起以上的社会责任，还要承担起项目建设所带来的环境治理、生态保护、人际交往等各种社会问题和社会责任。以期达到业主和承包商，经济与环境，人文与社会等各个方面的和谐与统一，尽量达到利益相关方利益诉求的高度统一，实现互惠互利、和谐共赢。

（3）国际工程的实施需要当地市场的支持　国际工程的实施离不开当地材料、技术和人力市场的支持，不仅是由于工程实施本地化的过程能够提高工程建造效率，还由于当地参与工程建设和运营的提供商能够提供社区和文化支持。后者对于国际工程的顺利实施具有重要的现实意义。

4. 国际市场具有技术应用壁垒

由于世界经济的持续低迷，各国都希望由项目带动本国经济更多、更快地发展。因此对项目建设提出的附加条件越来越多，项目技术壁垒也越来越多。技术壁垒主要是对项目的技术要求越来越高，对工程技术标准和实施规范要求的提高在促进技术提升的同时，也提高了承包商的成本、难度和风险。我国参与国际工程市场的竞争，已经逐步从成本优势转化为金融优势和技术优势，从劳务输出转变为资本输出和技术输出。

综上所述，国际工程由于技术、地域、人文和社会情况的不同千差万别，但最终的目的都是在获取最大的经济效益的同时，承担起尽可能大的社会责任。因此在认识到这个问题的基础上，承包商要认真分析自身的优劣，做出正确的判断和定位。

案例12-1　海外EPC项目前期风险防范的识别和应对——以中铁建沙特麦加轻轨项目为例

中国铁建股份有限公司（以下简称"中铁建"）作为最早一批从国内"走出去"的大型央企，经过多年市场耕耘，其业务范围已遍布欧、美、亚、非各大洲，对国内轨道交通工程的技术输出起到了关键作用。但是，2010年10月25日中铁建发布公告称，该公司承建的沙特麦加轻轨项目预计将发生巨额亏损，亏损总额约为41.5亿元人民币。消息一经发布即引起了业内的巨大振荡，并引发了人们对国内工程企业海外项目风险状况的担忧，也为国内工程企业海外EPC项目的风险管理拉响了警钟。

（1）项目概况

麦加轻轨是沙特国内50年来第一个轻轨铁路项目，是用于缓解每年数百万穆斯林在麦加朝觐期间交通压力的轨道交通工程，在阿拉伯乃至世界范围内都具有重大意义。线路全长18.25km，共设9座车站，往返于3个朝觐地区，是迄今世界上设计运能最大、运营模式最复杂、追踪间隔时间最短、系统集成化程度最高的轻轨项目之一。中铁建于2009年2月10日与沙特阿拉伯王国城乡事务部签署《沙特友加萨法至穆戈达莎轻轨合同》，约定采用EPC+O&M总承包模式（即设计、采购、施工加运营、维护总承包模式）。工期要求为：计划施工时间约22个月，2010年11月13日开通运营，达到35%运能；2011年5月完成所有调试，达到100%运能。合同总金额为66.50亿沙特里亚尔（约合17.7亿美元），按2010年9月30日的汇率，折合人民币120.70亿元。但是，该项目在实施过程中，因实际工程数量比签约时预计工程量大幅增加等原因，预计将发生大额亏损，按2010年9月30日的汇率折算，总的亏损额预计约为人民币41.53亿元。

（2）案例分析

在该项目中，中铁建投入了大量人力、物力和财力，确保了项目主体工程按期完工，满足了业主有关2010年11月开通运营的要求，充分体现出我国企业的责任意识和履约精神。但是，巨大的亏损也不得不让我们重新审视国内企业在项目风险管理上所暴露的重大问题。整体来看，造成此次亏损的原因包括政治、汇率、文化等风险因素，但是最重要的还是由于前期风险管理的意识不足以及缺少对于风险的准确识别和应对机制。具体体现在：

1）对市场环境和实施惯例的陌生。不同于国内EPC项目中由承包商主导设计分包、材料采购等的惯常做法，中东地区的工程项目中由于合同及规范都是由欧美国际咨询公司编制，因此合同中包含了非常详细的技术规范，技术规范对设备、材料参数、施工工艺也都做出了很详尽的要求，有的还在合同和规范中指定采购供应厂家、品牌，甚至是设计或施工的分包商。但是，中铁建在决策阶段并没有进行详尽的现场考察和市场调研，对于中东地区市场情况、实施惯例、运行机制的陌生为项目后来的巨额亏损埋下了隐患。

2）前期风险评估工作的缺失。本项目中，投标时业主只有概念设计，中铁建并没有针对性地结合自身设计技术对该项目的概念设计做出评估，从而较为准确地估计了总体工程量；也没有与设计要求结合起来认真分析业主提供的有关工程资料，以便预先发现设计与施工中可能出现的不利情况，从而采取相应的措施并反映在报价中。最终，该项目在实施过程中，由于业主提出新的功能需求及工程量的增加，且设计主导权也通过指定分包方式落入业主手中，因此导致合同预计总成本逐步增加。

3）合同风险防范意识的不足。根据中铁建关于本项目的公告所示：项目全面进入大规模施工阶段，实际工程数量比签约时预计工程数量大幅度增加，再加上业主对该项目的2010年运能需求较合同规定大幅提升、业主负责的地下管网和征地拆迁严重滞后、业主为增加新的功能大量指令性变更使部分已完工工程重新调整等因素影响，导致项目工作量的成本投入大幅增加，计划工期出现阶段性延误。而在FIDIC合同条件下，只有在业主提出的变更需求达到实质性变更标准时，承包商才有权提出索赔或补偿的要求。可见，苛刻的合同条件导致了中铁建在施工过程中面对业主的变更要求相对被动。

（3）经验总结

由上可知，中铁建在麦加轻轨项目上的折戟完全是由于自身前期对项目风险评估不足，盲目投标所造成的后果。同时也在提醒其他"走出去"的企业需要增强风险防范意识，提高海外项目风险识别和判断能力。

首先，对于初次进入的市场，出于风险控制的考虑，必须要对市场进行认真调研和考察。特别是在合同已对技术规范、指定分包等做出明确约定的情形下，应当按照业主提前设定的规范标准准确估计成本，并在投标时就要对材料和分包商进行逐项的询价。

其次，在投标阶段，结合项目历史资料中类似项目的信息对投标项目情况和业主提供的资料信息进行全方位的分析研究，充分了解招标文件和业主方的产出和功能需求。此外，报价应充分考虑：项目前期资料的不确切、不可预见情况、工程变更、物价上涨，以及原材料和设备的质量、数量和工期过短等因素，避免报价失误。

最后，在合同谈判和签约接单，应聘请相关法律专家对合同条款进行详细审度，避免合同中的陷阱。一方面，避免因业主过度使用对于设计分包和材料厂商或品牌的指定权利，实现EPC模式下承包商设计、采购和施工一体化的管理模式，利用综合优势保障其基本权益。另一方面，还应当就项目实施过程中业主方的变更权利和程序进行明确的限制性约定和可量化的变更标准，同时为承包商的变更索赔权利创造条件，通过优化的合同条件减轻项目实施过程中可能产生的风险。

12.2 国际工程合同文本及特征

12.2.1 FIDIC 系列合同条件

1. FIDIC 简介

FIDIC 是国际咨询工程师联合会（Fédération Internationale Des Ingénieurs-Conseils）的法文名称首字母缩写，中文简称"菲迪克"。该组织于 1913 年，由比利时、法国和瑞士的咨询工程师协会在比利时根特共同成立，编写了 FIDIC 合同范本和传统的《ICE 合同条件》，在国际工程市场上影响力最大、使用最广泛。

该组织组建的目的是共同促进成员协会的职业利益，向其他成员协会传播有益信息。1949年后，英国、美国、澳大利亚、加拿大等国相继加入，逐步发展出 60 多个成员方，下设多个地区分会，总部设在瑞士洛桑。1996 年，中国工程咨询协会正式加入 FIDIC 组织。

FIDIC 是最具权威的国际咨询工程师组织，在总结以往国际工程管理的成功经验和失败教训的基础上，发布了大量的项目管理有关文件和标准化的合同文本。FIDIC 成立 100 多年来，对国际上实施工程建设项目，以及促进国际经济技术合作的发展起到了重要作用。FIDIC 于 1957 年出版了《土木工程施工合同条件》（红皮书），1988 年出版了第四版。红皮书来源于 ICE 传统的合同条件，它们之间有很多相同的地方，它同样适用于传统的施工总承包模式，同样是单价合同类型。红皮书虽然被工程界称为工程领域的"圣经"，但是红皮书里工程师的角色也引起了不少争议，这促使 FIDIC 在 1996 年红皮书的增补本里引入了"争端裁决委员会"（Dispute and Judication Board，DAB），以替代工程师的准仲裁员角色，FIDIC 在 2017 版的红皮书中将 DAB 升级为 DA/AB（争议避免/裁决委员会）。值得注意的是，我国几种标准施工合同文本基本上都是以

FIDIC 红皮书为蓝本的，故必须重新考虑其中工程师（监理单位）的角色是否恰当的问题。另外，FIDIC 在 1990 年出版了《业主/咨询工程师标准服务协议书》（白皮书），在 1994 年出版了《土木工程施工分包合同条件》（与红皮书配套使用），在 1995 年出版了《设计一建造与交钥匙合同条件》（桔皮书）。这几个标准合同格式和 1987 年第三版《电气与机械工程合同条件》（黄皮书）共同构成了 1999 年以前的 FIDIC 合同条件。

1999 年国际工程师联合会根据多年来在实践中取得的经验以及专家、学者的建议与意见，在继承以往四个版本优点的基础上对合同结构和条款内容做了较大程度的修订，使其更适用于 21 世纪的工程建设领域。新的标准合同文本包括：《施工合同条件》（新红皮书）、《工程设备和设计-建造合同条件》（新黄皮书）、《EPC（设计-采购-建造）交钥匙合同条件》（银皮书）、《合同的简短格式》（绿皮书）。这四个新的合同条件和 1999 年以前的系列合同条件有着极大的不同，不仅在适用范围上大大拓宽，而且在具体的合同条件、形式、措辞上也有很大的不同，可以说它们是对原有 FIDIC 合同格式的根本性变革。"新红皮书"不仅可以用于土木工程，还可以用于机械和电器工程。"新黄皮书"和"银皮书"可以用于"设计-建造"和"EPC（设计-采购-建造）交钥匙"等情况。"绿皮书"则适用于各类中小型工程。

FIDIC 合同和协议文本，条款内容严密，对履约各方和实施人员的职责义务做了明确的规定；对实施项目过程中可能出现的问题也都有较合理的规定，以利于遵循解决。这些协议性文件为实施项目进行科学管理提供了可靠的依据，有利于保证工程质量、工期和控制成本，保障业主、承包商以及咨询工程师等有关人员的合法权益。此外，FIDIC 还编辑出版了一些供业主和咨询工程师使用的业务参考书籍和工作指南，以帮助业主更好地选择咨询工程师，使咨询工程师更全面地了解业务工作范围并根据指南进行工作。该会制定的承包商标准资格预审表、招标程序、咨询项目分包协议等都有很高的实用价值，在国际上得到了广泛承认和应用。

2. 1999 年版与 2017 年版 FIDIC 合同条件简介

（1）《施工合同条件》（红皮书） 新版《施工合同条件》用于由业主或其代表——工程师设计的建筑或工程项目。由承包商按照业主提出的设计进行工程施工，但该工程可以包含由承包商设计的土木、机械、电气和建筑物的某些部分。《施工合同条件》由通用条件、专用条件编写指南、投标函、合同协议书和争端裁决协议书格式构成，通用条件与专用条件各 20 条，另附录争端裁决协议书一般条件。《施工合同条件》适用于建设项目规模大、复杂程度高、业主提供设计的项目。新红皮书基本继承了原红皮书的风险分担原则，即业主愿意承担比较大的风险，因此，业主希望提供几乎全部设计（可能不包括施工图、结构补强等）。雇佣工程师管理合同、管理施工以及签证支付；希望在工程施工的全过程中持续得到全部信息，并能做变更等；希望支付根据工程量清单或通过的工作总价。而承包商仅根据业主提供的图样资料进行施工，当然，承包商有时要根据要求承担结构、机械和电气部分的设计工作。

（2）《设备和设计-建造合同条件》（黄皮书） 《设备和设计-建造合同条件》用于电气或机械设备借贷以及建筑或工程的设计与施工。通常情况是由承包商按照业主要求，设计和提供生产设备或其他工程，可以包括土木、机械、电气和建筑物的任何组合。该合同条件也是由通用条件、专用条件与投标函、合同协议书和争端裁决协议书格式三部分组成，其通用条件共 20 条 167 款。其中第 5 条"一般设计义务"和第 12 条"竣工后检验"与《施工合同条件》不同，其他通用条款相同。《设备和设计-建造合同条件》特别适合于设计-建造（design-construction）建设发包方式。该合同范本适用于建设项目规模大、复杂程度高、承包商提供设计且业主愿意将部分风险转移给承包商的情况。《设备和设计-建造合同条件》与《施工合同条件》相比，最大区别在于前者业主不再将合同的绝大部分风险由自己承担，而将一定的风险转移给承包商。

（3）《EPC 交钥匙项目合同条件》（银皮书）　《EPC 交钥匙项目合同条件》适用于用交钥匙方式为业主承建工厂或类似设施、基础设施项目或其他类型开发项目，这种方式是由承包商进行全部设计、采购和施工（EPC），提供一个配备完善的设施，业主接受钥匙即可运行。这种方式需满足以下条件与要求：

1）项目的最终价格和要求的工期具有更大程度的确定性。

2）由承包商承担项目的设计和实施的全部职责，业主很少介入。

合同条件由通用条件、专用条件编写指南与投标函、合同协议书和争端裁决协议格式三部分组成。其第一部分通用条件共 20 条 166 款，其通用条件第 3 条"业主的管理"、第 5 条"设计"、第 12 条"竣工后检验"，与新版《施工合同条件》相比有明显不同；其第二部分"专用条件编写指南"与专用条件相对应，也是 20 条；其第三部分"投标函、合同协议书和争端裁决协议书"的格式是通用、一致的。

EPC 是一种新型的建设履行方式。合同文本适用于建设项目规模大、复杂程度高、承包商提供设计、承包商承担绝大部分风险的情况。与其他合同文本的最大区别在于，在《EPC 交钥匙项目合同条件》下，业主只承担工程项目很小的风险，而将绝大部分风险转移给承包商。这是由于业主在投资这些项目（特别是私人投资的商业项目）前，关心的是工程的最终价格和最终工期，以便他们能够准确地预测该项目投资的经济可行性，因此他们希望尽可能少地承担项目实施过程中的风险，以避免追加费用和延长工期。

（4）《简明合同格式》（绿皮书）　《简明合同格式》用于投资金额较小的建筑工程项目，特别适用于简单或重复性的工程或工期较短的工程，通常情况是由承包商按照雇主或其代表提供的设计进行施工。《简明合同格式》由协议书、通用条件、裁决规则、指南注释四部分构成，一般不用任何专用条件即能满足使用要求，如项目要求对通用条款进行修改，或在合同中增加新的规定，修改或增加的内容应在专用条件标题下另行列出。《简明合同格式》第一部分协议书是由雇主与承包商之间签订，协议书由报价、接受、附录三部分组成；第二部分通用条件共 15 条 52 款；第三部分裁决规则由总则、裁决员的任命、任命条款、报酬与获得裁决员决定的程序 5 个方面共 23 条构成，并附裁决员协议书；第四部分为指南注释，非合同组成部分。

《简明合同格式》最大的特点就是简单，专用条件部分只有题目没有内容，仅当业主认为有必要时才加入内容；没有提供履约保函的建议格式。同时，文件的协议书中提供了一种简单的报价和接受方法以简化工作程序，即将投标书和协议书格式合并为一个文件。业主在招标时，在协议书上写好适当的内容，由承包商报价并填写其他部分，如果业主决定接受，就在该承包商的标书上签字，当返还的一份协议书到达承包商处的时候，合同即生效。

（5）《FIDIC 业主/咨询工程师标准服务协议书》（白皮书）　该文本用于业主与咨询工程师之间就工程项目的咨询服务签订协议书，适用于投资前研究、可行性研究、设计及施工管理、项目管理等服务；也分为通用条件和专用条件两部分。

（6）《设计-建造和交钥匙工程合同条件》（桔皮书）　该文本是为了适应国际工程项目管理方法的新发展而出版的，适用于设计-建造工程及交钥匙工程，我国一般将其作为总承包工程项目之用。该条件适用于总价合同。

（7）《设计施工和营运合同条件》　《设计施工和营运合同条件》（*Conditions of Contract for Design, Build and Operate Projects*, 2008 年第 1 版，又称"金皮书"），适用于承包商不仅需要承担设施的设计和施工工作，还要负责设施的长期运营，并在运营期到期后将设施移交给政府的项目。

（8）《土木工程施工分包合同条件》　《土木工程施工分包合同条件》（*Conditions of Subcontract for Work of Civil Engineering Construction*，1994 年第 1 版，又称"褐皮书"），适用于承包商与专业工程施工分包商订立的施工合同。

（9）《客户/咨询工程师（单位）服务协议书》《客户/咨询工程师（单位）服务协议书》（*Client/Consultant Model Services Agreement*，1998 年第 3 版、2006 年第 4 版、2017 年第 5 版，又称"白皮书"），适用于业主委托工程咨询单位进行项目的前期投资研究、可行性研究、工程设计、招标评标、合同管理和投产准备等咨询服务合同。

3. 2017 年版 FIDIC 合同条件的主要变化

1999 年版系列合同条件已经使用了多年，随着国际工程市场的发展和变化以及工程项目管理水平的提升，FIDIC 认为有必要针对 1999 年版合同条件在应用过程中产生的问题进行修订，以使其能更好地适应国际工程实践，更具代表性和普遍意义。2017 年 12 月，国际咨询工程师联合会在伦敦举办的国际用户会议上，发布了 1999 年版三本合同条件的第二版，分别是：《施工合同条件》（*Conditions of Contract for Construction*，又称"红皮书"）、《生产设备和设计-施工合同条件》（*Conditions of Contract for Plant and Design-Build*，又称"黄皮书"）和《设计-采购-施工与交钥匙项目合同条件》（*Conditions of Contract for EPC/Turnkey Projects*，又称"银皮书"）。

与 1999 年版相比，2017 年版的 FIDIC 对索赔、争议裁决、仲裁做出了更加明确的规定，给所有项目干系人带来了巨大的挑战，对承包商的项目实施、合同管理和风险管控提出了更高的要求。相关合同条件变化主要有：

1）通用条件结构略有调整。
2）通用条件内容大幅增加。
3）融入更多项目管理理念。
4）加强工程师的地位和作用。
5）区别对待索赔和争端。
6）强调合同双方对等关系。
7）其他重点的修订和调整。
8）增加专用条件五项黄金原则。

从合同性质来看，FIDIC 合同文本内容包括工程承包合同和工程咨询合同；从承包模式来看，FIDIC 合同文本内容包括施工合同和工程总承包合同；从编制思想上看，FIDIC 合同文本体现出了严谨的法律思维和实用型的项目管理思维。

4. FIDIC 合同文本特征

（1）标准化的合同文本 FIDIC 合同文本较为标准化，FIDIC 土木工程合同文本格式包括通用条件、专用条件和标准化的文件格式。标准化合同文本的优点主要有：

1）合同体系完整、严密、责任明确。
2）责任划分较为公正。
3）适用招标投标选择承包商。
4）适用单价合同。
5）建立以工程师为核心的现场管理模式。

（2）强调工程师的地位和作用 由于一个建设项目的发起人对于其面对的复杂的技术，商务以及法律事务并不熟悉，因此 FIDIC 合同体系非常重视咨询工程师的角色和作用。咨询工程师的独特作用主要体现在：一是咨询工程师是投标人是否投标、报价高低、合同管理的重要决策者。二是在合同履行过程中建立了以咨询工程师为核心的项目管理模式。三是咨询工程师是承包商能否正常施工、竣工和维修的关键人物。咨询工程师主要负责的工作：

1）完成发起人所构想的项目的技术设计，具体包括施工图、采用的材料、达到的工艺标准规范和编制工程量清单。

2）编制全套招标文件、分析标书和在选择承包商问题上为业主提出建议。

3）监督或检查承包商完成的工程以确保符合设计要求。

4）管理合同、处理突发事件、签发证书和裁决争端。

12.2.2 ICE 系列合同条件

1. 英国土木工程师学会简介

英国土木工程师学会（The Institution of Civil Engineer）创建于 1818 年，它是根据英国的法律具有注册资格的有关教育、学术研究和资质评定的团体，现已成为全球公认的资质评定组织及专业代表机构。

ICE 编写了《ICE 合同条件（工程量计量模式）》和 NEC/ECC 合同范本系列，在世界范围内产生了一定的影响，尤其是在英联邦国家和地区。FIDIC "红皮书" 的最早版本就源于 ICE 合同条件。ICE 合同属于普通法（Common Law）体系，即判例法，英文为 Case Law。判例法属于由案例汇成的不成文法，英、美及英联邦国家现行的都是判例法，因此这些国家对生效的典型判例非常重视。

2. ICE 合同条件简介

ICE 的标准合同条件具有很长的历史，它的《土木工程施工合同条件》已经在 1991 年出版了第 6 版。ICE 的这个标准合同格式属于单价合同，即承包商在招标文件中的工程量清单（Bill of Quantities）填入综合单价，以实际的工程量而非工程量清单里的工程量进行结算。此标准合同格式主要适用于传统的施工总承包的采购模式。随着工程界和法律界对传统采购模式以及标准合同格式的批评的增加，ICE 决定制定新的标准合同格式。1991 年 ICE 的 "新工程合同"（New Engineering Contract，NEC）征求意见版出版；1993 年 "新工程合同" 第一版出版；1995 年 "新工程合同" 又出版了第二版，第二版中 "新工程合同" 成了一系列标准合同格式的总称，用于主承包合同的合同标准条件被称为 "工程和施工合同"（Engineering and Construction Contract，ECC）。制定 NEC 的目的是增进合同各方的合作，创建团队精神，明确合同各方的风险分担，减少工程建设中的不确定性，降低索赔以及仲裁、诉讼的可能性。ECC 的一个显著特点是它的选项表，选项表里列出了 6 种合同形式，使 ECC 能够适用于不同合同形式的工程。

3. ICE 合同条件

ICE 合同条件由英国土木工程师协会、咨询工程师协会、土木工程承包商联合会共同设立的合同条件常设联合委员会制定，适用于英国本土的土木工程施工。现行的为 1991 年第 6 版在 1993 年 8 月校订的版本，全文包括合同条件 1991 年第 6 版原文，1993 年 8 月发行的勘误表，合同条件索引，招/投标书格式及附件，协议书格式和保证书格式。合同条件共 23 章、71 条，目录如下（二级条款从略）：

1）定义与解释，包括工程师和工程师代表的定义，工程师的义务和权利。

2）转让与分包，包括合同转让和分包的规定。

3）合同文件，包括文件相互解释，文件的供给，后续图、技术说明和指示。

4）一般义务，包括承包商的一般责任，合同协议，履约担保，信息资料的提交与解释；承包商雇员的免职，放线，钻孔与勘探挖掘，安全保卫，照管工程，工程等的保险，人身与财产的损害，第三方保险，人员的事故或受伤，保险证明和保险期限，发送通知与支付费用，1950 年公共设施街道工程法——定义，专利权，对交通和毗邻财产的干扰，避免损坏公路等，为其他承包商提供设施，化石等，竣工时的现场清理，劳务人员和承包商设备报告，等。

5）操作工艺和材料，包括材料和工艺质量及检测，进入现场，工程覆盖前的检查，不合格工程与材料的排除，暂时停工。

6）开工时间与延误，包括工程开始日期，现场占用与出入，竣工时间，延长竣工时间，夜间和星期日工作，施工进度。

7）误期损害赔偿，包括整个工程实际竣工的误期损害赔偿。

8）实际竣工证书，包括实际竣工通知。

9）未完工程与缺陷责任，包括工程未完，承包商进行调查。

10）变更、增加与省略，包括指令变更，指令变更的估价。

11）材料和承包商设备的所有权，包括承包商设备的归属；不在现场的货物和材料的归属。

12）计量，包括工程量，测量与估价，计量方法。

13）暂定与原始成本金额和指定分包合同，包括暂定金额的使用，指定分包商，对指定的反对。

14）证书与付款，包括月报表，缺陷改正证书。

15）补救措施和权力，包括紧急修理，承包商雇用的终止。

16）挫折，包括发生挫折时的付款。

17）战争条款，包括战争爆发时工程继续28天。

18）争议的解决，包括争议的解决方法和程序。

19）用于苏格兰，用于苏格兰的条款。

20）通知，包括给承包商的通知。

21）税务，包括劳务税的变动，增值税。

22）专用条件。专用条件没有具体的条文，仅说明任何专用条件都应合并于相应的合同条件之中，并予以编号，构成合同条件的一部分。

23）招/投标书及附件、协议书、保证书等格式有简单的说明，以指导正确使用。

12.2.3 JCT 系列合同条件

1. JCT 简介

在英联邦国家普遍适用的建筑合同是 JCT 系列合同。JCT 是英国建筑业多个专业组织的联合会，包括英国皇家建筑师学会（RIBA）、皇家注册测量师学会（RICS）、地区市政协会（Association of District Councils）以及咨询工程师协会（ACE）、建筑业主联合会（Building Employers Confederation），以及分包商的代表。所有参加者组成一个合同审定联合会（Joint Contract Tribunal，JCT），该联合会自 1931 年成立以来孜孜不倦于私人和公共建筑的标准合同文本的制定与不断更新。它出版的《建筑合同条件标准格式》对英国及许多其他国家的建筑业发展起到了很大的推动作用。

2. JCT 合同条件简介

JCT 标准合同条件的制定可以追溯到 1902 年。JCT 的"建筑工程合同条件"（即 JCT80）用于业主与承包商之间的施工总承包合同。同 ICE 的传统合同条件一样，JCT80 主要适用于传统的施工总承包，JCT80 属于总价合同，这是和 ICE 传统合同条件不同的地方。JCT 还分别在 1981 年和 1987 年制定了适用于 DB 模式的 JCT81，在 1987 年制定了适用于 MC 模式的 JCT87，即相当于美国的风险型建筑工程管理模式。其中最重要的文件是标准建筑合同，最新的 2005 年版在 1980

年版的基础上做了大量的修改和增补。在 JCT 标准文本中，建筑师负责工程的设计、工程量的确定和对整个合同的实施进行管理与协调。JCT 系列的标准合同门类齐全，具体分为 9 个类别：

1）标准建筑合同的不同形式（the Standard Form of Building Contract in Variants）。按照地方政府或私人投资、带工程量清单、不带工程量清单、带近似的工程量清单分为 6 种标准合同文本。

2）承包商负责设计的合同（Standard Form with Contractor's Design）。

3）固定总价合同（Fixed Fee Form of Prime Cost Contract（1987））。

4）总包标准合同（Standard Form of Prime Contract（1992））。

5）中等建筑合同格式（Intermediate Form of Building Contract（IFC84））。

6）小型工程合同（Agreement for Minor Works（MW80））。

7）管理合同（Management Contract（MC87））。

8）单价合同（JCT Measured Form Contract）。

9）分包合同标准文本（Standard Form of Sub-Contract），包括招标投标文件、分包特别条件、指定分包等不同情况所用的文本。

同 ICE 合同条件相比，JCT 合同条件具有以下特点：

1）对建筑师（相当于 ICE 合同条件中的工程师）的授权方面，JCT 合同对建筑师的授权较 ICE 对工程师的授权少一些。这是因为建筑工程在实施过程中的风险比土木工程的风险小一些，因此建筑师的临时决策权较少。

2）JCT 合同条件中的建筑师同 ICE 合同条件中的工程师一样，都负责工程项目施工现场监督。但 JCT 合同条件中的建筑师有的只承担定期的现场监督职责，而将日常不断的监督工作改由承包商负责。

3）JCT 合同条件通常采用总价合同的形式，包括对工程项目的描述，附有工程量表，要求承包商据此提出合同总价。

4）JCT 合同条件中包含一个《增值税补充协议书》，对税收做了详细规定。ICE 合同条件对税收问题的规定较 FIDIC 合同条件详细，但也仅作为一个条款对其进行规定。

12.2.4　NEC 系列合同条件

1. NEC 合同的产生

随着社会和经济的发展，建筑业活动变得日趋复杂，工程类型的界定也越来越难以定义。英国现行的标准工程合同条件已不能满足业主多样化的要求，也不便于对工程进行良好的管理和各方共同协作。同时，原有标准合同文本并不能解决工程频繁的争议及其不利影响。为此，英国不断发展的建筑业呼唤一种用于工程施工的一般合同形式，以满足专业人员能熟悉众多合同的不同格式、综合性、精确性和商业敏感性的需要。

随着工程界和法律界对传统采购模式以及标准合同格式批评的增加，ICE 决定制定新的标准合同格式。1985 年 9 月，英国土木工程师学会批准并开始编制新工程合同（New Engineering Contract，NEC）；1991 年 1 月，ICE 的《新工程合同》（NEC）征求意见版出版；1993 年 3 月，《新工程合同》第一版出版；1995 年，《新工程合同》又出版了第二版，采纳"符合现代合同原则"的建议；2005 年，出版第三版。第三版中，《新工程合同》成了一系列标准合同格式的总称，用于主承包合同的合同标准条件被称为《工程和施工合同》（*Engineering and Construction Contract*，ECC）。制定 NEC 的目的是增进合同各方的合作，建立团队精神，明确合同各方的风险分担，降低工程建设中的不确定性，降低索赔以及仲裁、诉讼的可能性。ECC 一个显著的特点是它的选项表，选项表里列出了6种合同形式，使ECC能够适用于不同合同形式的工程。

2. NEC系列合同简介

NEC系列合同包括：

1）工程施工合同（the Engineering and Construction Contract），用于业主和总承包商之间的主合同，也被用于总包管理的一揽子合同。

2）工程施工分包合同（the Engineering and Construction Subcontract），用于总承包商与分包商之间的合同。

3）专业服务合同（the Professional Services Contract），用于业主与项目管理人、监理人、设计人、测量师、律师、社区关系咨询师等之间的合同。

4）裁判者合同（the Adjudicator's Contract），用于指定裁判者解决任何NEC合同项下的争议的合同。

其中，工程施工合同包括：

1）核心条款，共分为9个部分，是所有合同共有的条款。

2）主要选项，针对6种不同的计价方式设置，任一特定的合同应该选择并且只应选择一个主要选项。

3）次要选项，在选定合同中当事人可根据需要选用部分条款或全部条款，或根本就不选用。

4）成本组成表，不随合同变化而变化的对成本组成项目进行全面定义，从而避免因计价方式不同、计量方式差异而导致的不确定性。

5）附录，用来完善合同。

工程资料、场地资料、认可的施工进度计划、履约保函等因上述1）~5）部分引用而成为构成合同的组成部分。这些组成部分和上述1）~5）部分共同构成了一份完整的合同，其中1）、2）、3）即通常所称的合同条件。

核心条款分为9个部分：总则；承包商的义务；工期；检测与缺陷；付款；补偿事件；所有权；风险和保险；争端和合同解除。无论选择何种计价方式，NEC的核心条款均是通用的。

主要选项条款是计价方式选择。NEC工程施工合同规定了6种计价方式：

1）含分项工程量表的总价合同。分项工程的总价固定，承包商承担价格风险和数量风险。

2）含工程量清单的单价合同。分项工程的总价固定，承包商承担价格风险，业主承担数量风险。

3）含分项工程量表的目标合同。按分项工程总价确定目标总价，价格风险和数量风险由双方按约分担。

4）含工程量清单的目标合同。按分项工程单价确定目标总价，数量风险由业主承担，价格风险由双方按约分担。

5）成本补偿合同。承包商风险小，其获取相对固定间接费而不关心实际成本的控制。

6）工程管理合同。承包商本人不必亲自施工，风险也小。

以上计价方式的不同主要是因为考虑到了设计的深度、工期的紧迫性、业主分担风险的意愿的不同。

3. NEC的主要特点

（1）灵活性　NEC可用于包括土木、电气、机械和房屋建筑在内的传统类型的工程或施工，也可用于承包商负有一部分、全部设计职责及没有设计职责的工程。NEC提供目前所有正常使用的合同类型，如要承包商报价的竞争招标、目标合同、成本补偿合同和管理合同。它可在英国使用，也很适合在其他国家使用。该特点是通过如下几方面来实现的：

1）所有合同中使用的核心条款和6种主要计价方式的选择，可使业主选择最适合某具体合同的付款机制。

2）次要选项与主要选项的任何组合，如对通货膨胀、保留金的价格调整等。

3）承包商可能设计的范围从0~100%。

4）可能的分包程度从0~100%。

5）可使用合同数据表，形成具体合同的特定数据。

6）在合同条件中省略了特殊领域的特别条款和技术性条款，而将这些条款放入工程信息中。

（2）清晰和简洁　NEC虽然是一份法律文件，但用常用语言书写，易于被母语为非英语的人员理解并翻译成其他语言。NEC尽量使用常用词，无冗长的句子，仅在保险部分保留了少量法律用语。NEC的安排和结构能帮助人们熟悉其内容。更重要的是，NEC对参与各方的行为有准确的定义，以使在谁做什么和如何做等方面的争议减少。该特点是通过以下几方面来实现的：

1）使用简单语言、简短句子以及避免使用法律术语。

2）合同使用现在时描述人的行为。

3）结构简单且使用条款编码系统，易于理解条款。

4）提供程序流程图。

5）条款数目少且相互独立。

6）尽量不使用模糊用词，避免歧义。

（3）促进良好管理　这是NEC最重要的特征。每个程序都专门设计，使实施有助于工程的有效管理。NEC是基于这样一种认识：参与各方有远见、相互合作的管理能在工程内部减少风险。该特点是通过以下几方面来实现的：

1）允许业主确定最佳的计价方式。

2）项目经理、监理工程师的管理作用简单、精确。

3）明确分摊风险。

4）补偿事件的评估程序是基于对实际成本和工期的预测结果，业主能根据自己兴趣选择解决途径，而承包商不在乎选择。

5）早期警告程序，承包商和项目经理都有责任互相警告和合作。

6）鼓励当事人在合作管理中发挥自己应有的作用。

12.2.5 AIA系列合同条件

1. 美国建筑师学会简介

美国建筑师学会（The America Institute of Architects）成立于1928年，编写了AIA系列合同条件，在美国建筑业以及美洲其他地区具有较大的影响力。

该机构致力于提高建筑师的专业水平，促进其事业的成功，并通过改善其居住环境提高大众的生活水准。AIA的成员总数达56 000名，遍布美国及其他国家和地区。AIA出版的系列合同文件在美国建筑业界及国际工程承包界，特别是在美洲地区，具有较高的权威性，应用广泛。

2. AIA系列合同条件简介

AIA从1911年起就不断地编制各种合同条件，到目前为止AIA已经制定出了从A系列到G系列完备的合同文件体系。其中，A系列是用于业主与承包商之间的施工承包合同，B系列是用于业主与建筑师之间的设计委托合同等。A系列合同文件的核心是"通用条件"（A201），采用不同的工程项目管理模式及不同的计价方式时，只需选用不同的"协议书格式"与"通用条件"。AIA 合同文件的计价方式主要有总价、成本补偿合同及最高限定价格法。AIA 合同文件涵盖了所有主要项目采购模式，如应用于"传统模式"（即施工总承包）的 A101、B141、A201，A101 是业主与承包商之间的协议书，B141 是业主与建筑师之间的协议书；应用于代理型 CM 的 B801/CMa、Al01/CMa、A201/CMa，CMa 即 CM agency；应用于风险型 CM 的 Al21/CMe、A201，CMc 即 CM constructor。由于小型项目情况比较简单，AIA 专门编制用于小型项目的合同条件。

参照 AIA 的文献提要（1997 年版），对各个系列的内容进行简介如下：

A 系列——用于业主与承包商的标准合同文件，不仅包括合同条件，还包括承包商资质报表、各类担保的标准格式等。

B 系列——用于业主与建筑师之间的标准合同文件，其中包括专门用于建筑设计、室内装修工程等特定情况的标准合同文件。

C 系列——用于建筑师与专业咨询人员之间的标准合同文件。

D 系列——建筑师行业内部使用的文件。

F 系列——财务管理报表。

G 系列——建筑师企业及项目管理中使用的文件。

其中，A201《施工合同通用条件》是 AIA 系列合同中的核心文件。与建筑施工合同直接相关的是 A、B、C 系列标准文件，表 12-1 列出了这三个系列的主要文件的编号以及名称。

表 12-1　AIA 主要合同范本一览表

编　号	名　称
A101—2007	业主与承包商协议书标准格式（固定总价）。其他业主与承包商协议书标准格式有：A102—2007（成本补偿，有最大价格保证），A103—2007（成本补偿，无最大价格保证），A105—2007（住宅与小型项目专用，包含通用条件），A107—2007（固定总价，用于有限范围项目）
A121—2014	业主与承包商长期业务合同
A132—2009	业主与 CM 经理协议书标准格式（CMa 专用）
A133—2009	业主与 CM 经理协议书标准格式（CMc 专用）。类似的标准格式有 A134—2009（成本补偿，无最大价格保证）
A141—2014	业主与设计-建造承包商协议书标准格式
A142—2014	设计-建造承包商与施工承包商协议书标准格式
A151—2007	业主与家具、装修及设备供应商协议书标准格式（固定总价）
A195—2008	业主与承包商使用集成化项目管理的协议书标准格式
A201—2007	施工合同通用条件，其他通用条件有：A232—2009（CMa 专用）
A221—2014	业主与承包商签订长期业务合同时使用的项目订单
A251—2007	家具、装修及设备合同通用条件
A295—2008	业主与承包商使用集成化项目时的合同通用条件
A401—2007	承包商与分包商协议书标准格式，类似文件有：A441—2014（设计-建造项目专用）
A503—2007	补充条件指南。类似文件包括：A533CMa—2009（CMa 专用）
B101—2007	业主与建筑师协议书标准格式。其他业主与建筑师协议书标准格式有：B102—2007（未规定建筑师的服务范围），B103—2007（大型复杂项目专用），B104—2007（限定范围的项目专用），B105—2007（住宅与小型公共项目专用）等

（续）

编 号	名 称
B132—2009	业主与建筑师协议书标准格式（CMa 专用）。类似的标准格式有 B144ARCH-CM—1993（建筑师提供 CMa 服务）
B133—2014	业主与建筑师协议书标准格式（CMc 专用）
B143—2014	设计-建造承包商与建筑师协议书标准格式
B152—2007	业主与建筑师协议书标准格式（室内设计专用）
B153—2007	业主与建筑师协议书标准格式（家具、装修及设备设计专用）
B195—2008	业主与建筑师协议书标准格式（集成化项目管理）
B200 系列	确定建筑师服务范围的标准文件
B221—2014	业主与承包商签订长期业务合同时发给建筑师的服务订单
B503—2007	业主与建筑师协议书内容修订指南
B161—2002	业主与咨询机构协议书标准格式（美国境外工程项目专用）类似文件有：B162—2002（简要格式）
C132—2009	业主与 CM 经理协议书标准格式（CMa 专用）
C141—2009	业主与 CM 经理协议书标准格式（CMa 专用）
C191—2009	业主与咨询机构协议书标准格式（设计-建造专用）
C195—2008	集成化项目管理联合体成立协议书
C401—2007	建筑师与专业咨询机构协议书标准格式。类似文件有：C727—1992（特殊服务专用）
C441—2014	建筑师与咨询机构协议书标准格式（设计-建造专用）

12.3 国际工程合同管理目标及内容

12.3.1 国际工程合同管理目标

国际工程合同的主要参与方有业主、承包商、分包商、供应商、设计师、设计师顾问、工料测量师、项目经理及建设经理等。因此，国际工程合同管理的目标是在确保工程按照各个干系人契约约定按时保质完成，同时保障公平公正达成各个干系人的利益目标。在此基础上，工程价值管理和工程风险管控是国际工程合同管理的核心目标。

1. 工程价值管理

价值工程即是运用系统理论和方法鉴别工程所需要的功能（function），以花费最低费用（cost）去实现它。

工程价值管理即是通过系统地对工程项目进行功能分析，用最低的全生命周期成本最大地实现项目的价值。

（1）优化设计 设计应以满足业主的需求为目标，无须提供更多功能或更高标准的设计。国际工程一定要加强对设计的控制，在设计合同里设置一个奖励机制和限额机制。如果没有很好的奖励机制，就可能没有人关心设计优化问题，完全为了应付而交付设计。设计优化并实施以后，总承包商与设计单位分享设计优化带来的收益，给设计分包商足够的激励，设计分包商才有足够的动力进行价值工程。

（2）价值竞争　在国际工程合同管理中，不应追求最低价，而应追求最有价值，避免低价竞争。在投标报价时，应充分考虑质量和进度等因素进行合理报价，不能为了拿下项目而降低报价，必要时要有放弃的决心。

2. 工程风险管控

（1）国际工程风险的识别　与一般工程相比，国际工程更容易受到社会环境、经济环境、工程管理建设环境等诸多因素变化的影响，在实施过程中存在很多的不确定性，其风险管理因而显得尤为重要。国际工程项目风险除具有客观性、不确定性、潜在性、可测性、双重性、根源性、行为相关性等风险的基本特征外，还具有多样性与多层次性、动态易变性等特点。风险识别的基础是信息、经验和洞察力。

国际工程项目的典型风险类型主要有：政治风险、社会风险、法律风险、经济风险等。

1）政治风险。政治风险是由于政治事件、东道国的政府或者社会强力组织（环保组织、工会等）的作为、不作为以及歧视性的行为，恶化或中断项目的商业环境，进而影响到企业的利润或其他商业目标的实现。国际工程的政治风险管控应重点关注东道国的政局稳定性、国际关系状况、国有化政策、没收与征用政策、恐怖袭击情况等。

2）社会风险。社会风险是指国际工程项目所在地的社会存在着形式各异的风俗、习俗、习惯、文化、秩序、宗教信仰、社会治安等引起的制约及阻碍项目实施的不稳定因素。国际工程的社会风险管控应重点关注东道国的文化差异、风俗习惯、宗教信仰、排外及仇外情绪、社会治安水平等。

3）法律风险。法律风险主要是指现行法律体系不支持有关权利的实现或项目合同所强调的义务。而涉及国际工程项目的法律法规、政府政策、宏观调控措施的变化则会引起权利、义务的变化，进而引起风险。国际工程的法律风险管控应重点关注东道国的法制健全程度、法律规章变化、法律适用性等。

4）经济风险。经济风险是指国际工程项目所在的外部经济环境对项目建设和经营生产的潜在不利影响。外部经济环境包括世界经济环境、国家经济环境及相关行业经济环境。国际工程的政治风险管控应重点关注东道国的通货膨胀、汇率变动、利率风险等。

（2）国际工程风险的分析与评估　风险分析和评估主要包括下列活动：

1）确定单一风险因素发生的概率值。

2）分析各种风险因素的风险结果。

3）考虑多种风险因素对项目目标的综合影响。

（3）国际工程风险的防范与应对

1）单一因素的风险度量。单一因素的风险度量可以用风险度来衡量。风险度 R

$$R = f(O, P)　　　　　　　　　　　　　　　　　　　(12\text{-}1)$$

式中　R——某一风险事件发生后影响项目管理目标的程度，即风险度；

　　　　O——该风险因素的所有风险后果；

　　　　P——对应于所有风险结果的概率。

2）整体风险的分析与评价。项目整体风险的分析与评估，常用的分析方法有：调查打分法、决策树法、敏感性分析方法、蒙特卡洛法等。

3）国际工程风险分担。风险的分担，即确定风险的归属权，恰当地分摊风险能大量节约项目费用和时间。分担风险的指导原则有：

第一，所有风险本身都应该是业主方的，除非以一合理的代价转移给另一方或由另一方承担。

第二，若风险强加给一方，且该方恰当处理了该风险，应存在回报该方的机会。

第三，风险应分摊给处于最有利控制该风险地位并以较小代价控制风险的一方。

第四，应采取措施保证风险实际分摊方法与期望的分摊方法一致。

（4）国际工程风险防范与应对　风险管理的目标主要有：降低风险管理成本、减少忧虑心理、履行有关义务、降低损失、获利稳定、履行社会责任等。风险的应对策略主要有风险管理规划、风险规避、风险转移、风险减轻、风险共担、风险自担等，具体选择什么策略取决于企业自身的实力、决策者对风险的态度、决策者对风险的判断。

1）风险管理规划。国际工程风险管理规划主要包括预防计划、灾难计划、应急计划等。

2）风险规避。风险规避是处理项目风险最强有力、最彻底的手段之一，可以在风险事件发生之前完全消除其造成损失的可能，但是由于风险规避措施通常与放弃某项开发活动相联系，这虽然使承包商遭受损失的可能性降为零，但同时也使其失去了获得相关收益的可能性。风险规避主要使用于以下两种情况：一是某种特定的风险发生的概率和所导致的损失程度十分巨大且不能被转移或分散；二是采用其他风险处理方法无法处理，或成本会超过其产生的效益。

3）风险控制。风险控制是通过减少风险损失发生的机会，或通过降低所发生风险损失的严重性，来处理那些投资者不愿回避或转移的风险。风险控制主要是风险损失预防和风险损失减轻。

4）风险自留与利用。风险自留是指项目参与方自己承担风险带来的损失，并做好相应的准备工作。

风险利用是在识别风险的基础上，对风险的可利用性和利用价值进行分析。

5）风险转移。风险转移是企业将自己面临的风险转移给别人承担的风险管理方式，主要包括保险转移和非保险转移两种方式。

案例 12-2　国际工程中建筑材料价格的风险案例

1. 建筑材料的投标价格与市场价格背离的风险

某公路工程，2006年12月投标时当地水泥价格为187美元/t，到2009年7月（工程施工中后期）时已经上涨到265美元/t，平均上涨41.71%。材料价格大幅度上涨会造成施工成本大幅增加，从而大大降低国际工程承包商企业的盈利能力。

另外，许多工程所在国政府为了降低工程造价，常常对进口到本国的材料实施减免税的政策，承包商在报价时需要对减免税的建筑材料类别等做出详尽考虑，以免产生损失。如某国际工程，因当地无法提供足量的燃油，承包商只好进口，但在申请免税时却遭到拒绝，理由是燃油不属于建筑材料。

2. 工程变更与材料种类和需求量变化产生的风险

中国某大型国际工程公司在非洲某国承建的一条普通沥青表处道路项目，原设计中要求底基层为25cm厚的红土粒料与4%的普通水泥的拌合料，而基层为15cm厚机轧碎石，在底基层、基层工作施工开始前，业主及原设计单位担心15cm厚的基层无法满足刚性要求，因此提出变更，将底基层、基层的厚度均变为20cm。虽然底基层和基层的总厚度没有改变，但却增加了机轧碎石的需要量。由于道路沿线没有合格的山石，承包商无法自建石料场生产机轧碎石，必须从100km外的当地商业料场购买碎石。当地石料是卖方市场，基层施工进度及成本完全受石料供应商的制约，而该变更使得基层工程量增加30%。由于此项工作仅是量上的变化，按合同规定将直接采用合同中的碎石单价对该变更工作定价，但合同中的碎石单价低于目前的市场价格，因而导致承包商亏损。

3. 材料采购决策风险

仍以上述公路项目为例，承包商担心国际原油价格会继续上涨，从而导致沥青价格的上扬，在 2008 年 6 月就提前订购了沥青，但 2008 年下半年国际原油价格一路走低，市场上的沥青价格随其走低，提前订购极高价格的沥青让承包商付出了沉痛的代价。

另外，选择工程所在地采购，还是在中国或第三国采购，选择何种交货方式，一次采购还是多次采购等都会影响建筑材料的采购成本，也是需要认真考虑的因素。

4. 建筑材料开采地变化产生的风险

某公路工程招标文件中列明，沿公路有两个开采建筑砂石的地点，承包商可免费从这两个地点开采工程所需要的砂石，但同时说明，这两个取料点仅供承包商参考，承包商可自己选择另外的开采地。我国承包商在施工方案中选择招标方推荐的这两个开采地进行投标报价并中标。在实施工程过程中发现，其中的一个砂石开采地无法开采出合格的砂石料，不得不更换其他的取料点，结果新的取料点不仅路途远，而且还必须向当地政府交纳一笔费用才允许开采。

从此案例可以看出，如果招标文件列出了建议的开采地，并说明仅供承包商参考，承包商应在现场考察中对是否能开采出符合合同要求的材料做出客观的评判，必要时可开展少量试验，以得到可靠的结果，使得报价更加准确。

12.3.2 国际工程合同管理内容

1. 招标投标

（1）我国承包商的国际招标投标问题　我国大多数承包商在参与资格预审和国际投标时，未能正确理解和遵循世界银行等贷款机构与业主的有关规定，主要体现在：一是对资格预审文件与招标文件理解不全面；二是资料填报不完整，未能反映本身的实际能力等，从而导致投标费用高、中标机会低、难于吸取经验教训等问题。

（2）国际工程招标投标的指导原则

1）投标过程的各个方面都必须在行业的各个层面以诚实和公平的方式进行。

2）各方必须遵守所有法律义务。

3）在投标过程中使用或创造的知识产权的所有权，并确保这些权利不受侵犯。

4）各方在没有坚定意向的情况下，不得寻求或提交投标书。

5）当事人不得从事使一方对另一方有不正当利益的行为。

6）投标方不得从事任何形式的串谋行为，并必须准备证明其诚实。

7）任何特定项目的投标条件，必须与每个投标人相同。

8）客户必须在投标文件中明确要求，并注明评审标准。

9）对投标人的评价，必须以招标文件中规定的选择标准为依据。

10）所有在招标过程中提供的资料，必须保密。

（3）国际工程的招标类型

1）非限制性竞争性公开招标。非限制性竞争性公开招标通常应当公开发布招标通告，招标具有广泛性和公开性。

2）非限制性竞争性选择招标。非限制性竞争性选择招标由招标单位向有承担能力的三个以上企业发出招标邀请书及招标文件。

3）议标。招标单位与几家潜在的投标商就招投标事宜进行协商，达成协议后将工程委托承包。

4）两阶段竞争性招标。对于 DB 等模式，事先要求准备好完整的技术资料是不现实的，此时可采用两阶段招标。

5）双信封招标。对某些项目，业主可以要求承包商提交最合理的施工方案和提出替代的技术方案。

（4）东道国招标代理的业务范围

1）协助承包商申请资格预审并获得投标文件。

2）办理入境签证、工作证、居留证、驾驶证。

3）提供当地法律法规方面的咨询服务。

4）提供当地的市场资料。

5）提供当地商业和建筑活动的知识和经验。

6）申请设备、厂房和材料的进口许可证和海关手续。

7）在承包商和当地人民之间起到良好的协调作用。

2. 计量与估价管理

（1）国际工程计量　工程计量工作是一个循序渐进的过程，从工程预付款到最终的工程结算，合同双方要经历"互不信任—试探对方—相互磨合—彼此信任—共同合作"的过程。

在计量工作中要注意以下重要事项：

1）慎重选择大宗材料和重要设备的订购时机。

2）时刻留意项目累计计量资金流的增长速度。

3）对施工进度进行科学的预测。

4）建立准确及时的计量台账。

5）关于合同额折扣。

6）适当控制计量工作中发生的佣金。

国际上通用的工程量计量规则有两类：一类是通用的英国 SMM 计量规则；另一类是国际工程最常用的合同范本 FIDIC 的计量规则。

SMM7 将建筑工程的工程量计算划分为 23 个部分（即 23 个计算项目），并为各项目明确了计算内容和计算规则。

计算规则：

1）工程量以安装就位后的净值为准，且每一笔数字至少应量至接近于 10mm 的零数并四舍五入。

2）除有其他规定外，以面积计算的项目，小于 $1m^2$ 的空洞不予扣除。

3）最小扣除的空洞是指该计算面积的边缘之内的空洞为限；对位于计量面积边缘上的这些空洞，不论其尺寸大小，均须扣除。

4）以吨计算工程量的尺寸取至小数点后两位，其他数量计算应取全值。

5）小型的建筑物或构筑物可另行单独规定计量规则。

6）在说明中应标注尺度的一般顺位为：长、宽、高。

我国的分部分项工程量清单是按照五级编码设置的，由粗到细逐步编制。英国的项目设置种类更为细致，但不够宏观，我国的工程量清单项目设置从整体到局部，便于逐级进行核对。

SMM7 将建筑工程划分为 23 个分项工程，就每个部分分别列明具体的计算方法和程序。工程量清单根据设计图编制，清单的每一项都为要实施的工程写出简要文字说明，并注上相应的工程量。

（2）国际工程估价

1）国际工程估价的原则：要以合同方式为基础，要以招标文件为依据，要根据现场调查和市场信息情况，要依据建设计划、施工方案规划和技术规范。

2）国际工程的估价步骤：检查资料的完备性→浏览设计图→复核设计图→现场考核→投标人会议→保险条款核查→计算估价→制订开销清单→编制汇总表→核对标书。

除另有规定外，工程单价中应包括人工及其有关费用、材料与货物及其一切有关费用、机械设备的提供、临时工程、开办费与管理费及利润。

按照国际工程承包的计价方式，每一个项目的单价可以分解为工资、材料或货品费、施工机具使用费、各种管理费和一切其他费用、利润。由此可以看出，对工程单价有重大影响的因素主要有用工定额、材料消耗定额、施工机械台班定额、各种间接费用分摊系数等。国际工程投标报价的总费用包括直接费、间接费、利润和暂定金额。基本直接费包括人工费、材料或半成品和设备费、施工机械台班费。间接费用包括开办、现场管理费、其他待摊费用。

3）国际工程单价分析的方法和步骤主要有：

① 计算分项工程的单位工程量直接费单价。

② 计算整个工程项目的直接费。

③ 计算整个项目的总间接费。

④ 计算分摊系数和本分项工程分摊费。

⑤ 计算本分项工程的单价和合价。

⑥ 投标项目标价汇总。

3. 合作与冲突管理

（1）国际工程合同类型

1）按合同主体分类可分为业主签订的合同与承包商签订的合同。业主签订的合同主要包括咨询合同、勘察设计合同、监理合同、供应合同、工程施工合同、保险与担保合同等。承包商签订的合同主要包括分包合同、供应合同、运输合同、加工合同、租赁合同、劳务供应合同、保险与担保合同等。

2）按承发包方式可分为勘测、设计或施工总承包合同、单位工程施工合同和工程项目总承包合同。

3）按计价方式不同可分为固定总价合同、成本加酬金合同和单价合同。总价合同包括固定总价合同、调值总价合同、固定工程量总价合同和管理费用总价合同。成本加酬金合同形式包括成本加固定费用合同、成本加定比费用合同、成本加浮动酬金合同和成本加固定最大酬金合同。

（2）变更与索赔 在工程实践中，经常因为将变更与索赔混淆而导致处理不当。在确定是进入变更程序还是索赔程序前，首先要识别和确定是变更还是索赔，主要考虑以下两点：第一，是否对工程造成了实质性改变；第二，是否按第20条［业主和承包商的索赔］发出了索赔意向通知，或业主方是否已经发布了变更指令。

2017版FIDIC系列合同条件（红皮书第13.1条）中明确了以下情况可以变更：

1）合同中任何工作的工程量的改变（但此类工程量的变化不一定构成变更）。

2）任何工作的质量或其他特性的改变。

3）工程任何部位的标高、位置和（或）尺寸的变化。

4）任何工作删减，但删减未经双方同意由他人实施的除外。

5）永久工程所需的任何附加工作、生产设备、材料或服务，包括任何有关的竣工试验、钻孔、其他试验或勘测工作。

6）实施工程的顺序或时间安排的变动。

2017 版 FIDIC 系列合同条件中变更发起的三种途径:

1）业主或工程师直接发布变更指令，指示承包商进行变更。

2）业主或工程师要求承包商提交变更建议书，对建议书进行评估后再决定是否实施变更。

3）承包商主动提出的带有价值工程理念对合同双方都有利的变更建议，由业主方最终决定是否实施变更。如变更带来收益，合同双方可以商议一个利益分配比例。

2017 版 FIDIC 系列合同条件将 1999 版的业主向承包商索赔与承包商向业主的索赔程序合并为同一程序，并设置了两个索赔时效要求:

1）要求索赔方在规定的时间内发出索赔意向通知书。

2）要求索赔方在索赔事件的影响结束后规定的时间内提交索赔报告。

如果超过了规定的时间，索赔方仍可申诉理由;如果工程师（或业主代表）认为理由成立，索赔仍可视为有效，这加大了工程师或业主代表的权力，但也使索赔处理过程变得复杂且不确定。

案例 12-3　FIDIC 合同下的国际工程索赔管理案例

在非洲某国 112km 道路升级项目中，业主为该国国家公路局，出资方为非洲发展银行（ADF），由法国 BCEOM 公司担任咨询工程师，我国某对外工程承包公司以 1713 万美元的投标价格第一标中标。该项目旨在将该国两个城市之间的 112km 长的道路由砾石路面升级为行车道宽 6.5m，两侧路肩各 1.5m 的标准双车道沥青公路。项目工期为 33 个月，其中前 3 个月为动员期。项目采用 1987 年版的 FIDIC 合同条件作为通用合同条件，并在专用合同条件中对某些细节进行了适当修改和补充规定，项目合同管理相当规范。在工程实施过程中发生了若干件索赔事件，下面将对整个施工期间发生的三类典型索赔事件进行介绍和分析。

1. 放线数据错误

按照合同规定，工程师应在 6 月 15 日向承包商提供有关的放线数据，但是由于种种原因，工程师几次提供的数据均被承包商证实是错误的，直到 8 月 10 日才向承包商提供了被验证为正确的放线数据，据此承包商于 8 月 18 日发出了索赔通知，要求延长工期 3 个月。工程师在收到索赔通知后，以承包商"施工设备不配套，实验设备也未到场，不具备主体工程开工条件"为由，试图对承包商的索赔要求予以否定。对此，承包商进行了反驳，提出:在由多个原因导致工期延误时，首先要分清哪个原因是最先发生的，即找出初始延误，在初始延误作用期间，其他并发的延误不承担延误的责任。而业主提供的放线数据错误是造成前期工程无法按期开工的初始延误。在多次谈判中，承包商根据合同第 6.4 款"如因工程师未曾或不能在一合理时间内发出承包商按第 6.3 款发出的通知书中已说明了的任何施工图或指示，而使承包商蒙受误期和（或）招致费用的增加时……给予承包商延长工期的权利"，以及第 17.1 款和第 44.1 款的相关规定据理力争，此项索赔最终给予了承包商 69 天的工期延长。

2. 设计变更和施工图的延误

按照合同谈判纪要，工程师应在 8 月 1 日前向承包商提供设计修改资料，但工程师并没有在规定时间内提交全部施工图。承包商于 8 月 18 日对此发出了索赔通知，由于此事件具有延续性，因此承包商在提交最终的索赔报告之前，每隔 28 天向工程师提交一次同期纪录报告。项目实施过程中主要的设计变更和施工图延误情况记录如下:①修订的排水横断面在 8 月 13 日下发;②在 7 月 21 日下发的道路横断面修订设计于 10 月 1 日进行了再次修订;③钢桥施工图在 11 月 28 日下发;④箱涵施工图在 9 月 5 日下发。根据 FIDIC 合同条件第 6.4 款"施工图误期和误期的费用"的规定，"如因工程师未曾或不能在一合理时间内发出承包商按第 6.3 条发出的通知书中已说明了的任何施工图或指示，而使承包商蒙受误期和招致费用的增加时，则工程师在与业主和承包商做必要的协商后，给予承包商延长工期的权利"。承包商依此规定，在最终递交的索赔报告中提出索赔 81 个阳光工作日。最终，工程师就此项索赔批准了 30 天的工期延长。在有雨季和旱季之分的非洲国家，一年中阳光工作日（Sunny Working Day）的天数要小于工作日（Working Day），更小于日历天，特别是在道路工程施工中，某些特定的工序是不能在雨天进行的。因此，索赔阳光工作日的价值要远远高于索赔工作日。

3. 借土填方和第一层表处工程量增加

由于道路横断面的两次修改，造成借土填方的工程量比原 BOQ（工料测量单）中的工程量增加了 50%，第一层表处工程量增加了 45%。根据合同 52.2 款"合同内所含任何项目的费率和价格不应考虑变动，除非该项目涉及的款额超过合同价格的 2%，以及在该项目下实施的实际工程量超出或少于工程量表中规定之工程量的 25% 以上"的规定，该部分工程应调价。但实际情况是，业主要求借土填方要在同样的时间内完成增加的工程量，导致承包商不得不增加设备的投入。对此，承包商提出了对赶工费用进行补偿的索赔报告，并得到了 67 万美元的费用追加。对于第一层表处的工程量增加，根据第 44.1 款"竣工期限延长"的规定，承包商向业主提出了工期索赔要求，并最终得到了业主批复的 30 天工期延长。

（3）冲突管理　冲突是指阻碍或威胁对方实现目标的群体或个人由于预期、利益或价值观相互抵触而产生的不一致现象。冲突的来源有宗教信仰、法律制度、语言文字、风俗习惯、地理气候、思维方式等的不同，冲突具有多样性、复杂性、关联性、耦合性等特点。国际工程中常见的冲突类型有过程冲突、文化冲突、组织冲突、沟通冲突。过程冲突的主要来源有项目要素关系、履约和工程变更。文化冲突的主要来源有风俗习惯和宗教信仰、国际惯例、异国工程环境、不熟悉当地法律法规、不熟悉当地建筑市场、定型观念、沟通方式和语言不同等。组织冲突主要来源有项目内部主要领导之间、项目内部管理人员之间、管理人员与劳务人员之间、劳务人员之间的矛盾。沟通冲突主要来源有信息不对称、认知失调和沟通不畅等。

1）文化冲突的管理策略主要有：

① 提高认识，承认文化差异。

② 转变思路，冲破文化冲突。

③ 入乡随俗，消除文化冲突。

④ 加强策划，推行属地化战略。

⑤ 加强协调，履行社会责任。

2）技术标准冲突的管理策略主要有：

① 设计方为现场施工技术标准问题提供技术依据。

② 业主方技术标准作为主要技术标准。

③ 两国标准结合形成项目标准。

3）目标冲突的管理策略主要有：

① 采取顺从策略，合理设置工程建设项目的整体目标。

② 采取控制策略，在整体目标的约束下，合理设置工程的进度目标。

③ 严格执行目标管理体系。

（4）合作管理　因国际工程具有规模大、周期长、投资多、风险大、参与方多、复杂性强、不确定性高等特点，所以必然表现出合作与冲突并存，加强合作管理十分重要。在国际工程项目建立和处理合作关系中，必须正确分析合作伙伴，以互惠互利、自愿诚信为原则，灵活对待不同的合作情况，通过弱化市场对抗、转化竞争对象来降低经营风险，以保持和提高自身竞争力。通过战略合作实现规模优势最大化和运营风险最小化，还可以增加新的活性因素，造就新的文化内涵。建立国际工程合作体系的策略有以下几点：

1）树立共同整体开发建设的思维，积极与国际优秀同行进行互利共赢的合作，总结和吸纳国际先进技术和经验。

2）建立"中国+东道国+发达国家"联营体，积极与东道国进行更全面深入的经贸合作，向国际同行学习先进的经营管理经验。

3）夯实属地化可持续发展机制，加强市场领土的战略意识，融入当地社会发展，实现融资属地化。

4）健全高质量经济运行架构，加快形成促进高质量发展的指标体系、政策体系、标准体系、统计体系、评价体系、考核体系，创建和完善制度环境。

4. 现场管理

（1）设施、资源与组织管理

1）现场设施计划与平面布置。现场设施计划需要综合考虑生活临时设施、道路、施工用水用电供给、材料设备的运输路线、材料设备的堆放地点、大型施工机具放置位置、消防线路、预施工等。施工总平面布置的设计依据主要有项目情况、大件运输吊装方案、人力及机具动员计划、现场情况调查、现场总平面图等。施工总平面布置的一般设计程序如下：

① 根据建设项目的总工程量等条件，决定临时设施的种类和面积。

② 将需建的临时设施，在现场总平面图上给出初步的平面布置图，可提出多个方案。

③ 在平面布置图上布置道路和水电供给线路。

④ 考虑各项临时设施的资源进出方位和方式，完成初步的施工总平面布置图。

⑤ 对各个初步施工总平面布置图方案采用分项打分综合评分法选出最佳初步方案。

⑥ 征求业主和监理工程师意见，做出必要修改，开始施工总平面图的正式详细设计。

⑦ 施工总平面布置图依次由施工单位、监理工程师批准生效。

2）现场资源计划与资源动员。现场资源计划的内容主要包括劳动力、原材料和设备、周转材料、现场供排系统、后勤供应、资金、信息资源、管理和技术服务、专利技术和方法等。现场人员管理应注意配备专职人员负责外籍雇员管理，与当地劳动部门保持良好沟通，聘请律师负责当地劳工的法律咨询及诉讼事务，教育中方人员了解当地劳工法和税法基本知识，搞好对外关系等事项。现场材料管理应注意易损件要保管得当，执行严格的材料使用制度，控制材料消耗，做好入库出库记录，对已出库材料的去向进行现场监督等事项。现场设备管理应注意将使用，维护和保养相结合的全方位管理，在施工准备阶段做好设备选型配备工作，设备入场后做好设备验收工作，要求操作人员必须按照操作规程使用设备等注意事项。

3）现场组织结构与管理制度。组织结构的管理体系主要包括决策体系、目标体系、实施体系和基础工作体系，项目的组织机构常用的主要有直线职能式和矩阵职能式两种，承包商应根据项目情况、建设条件自身管理体制等方面的实际情况，优化项目组织机构。

（2）TQC 与 HSE 管理

1）TQC 管理，即工期管理、质量管理、成本管理。工期管理的目的是按照承包合同规定的工期要求完成工程建设任务。承包商工期管理的主要职责有：制订工期计划、组织实施工期计划、与业主和工程师保持密切沟通、监督分包商工作，并及时协调分包商之间的施工配合等。工期计划的表现形式主要有横道图、网络计划、线形图等。工期拖延的分析方法主要有因果关系分析图、影响因素分析表、工程量与劳动效率对比分析法等。质量管理的目的是建造符合相关国际技术规范和合同要求的工程项目实体。质量管理需要做好设计图绘制与管理，技术规范及标准管理，制定全面质量管理措施，并将质量保证标准化。成本管理的目的是在履行合同义务的同时，把项目成本控制在预算范围之内，以获取合理的利润。承包商的成本管理工作主要有编制成本计划、上报进度款报表、过程控制成本和加强财务管理等。国际工程成本管理的共同特征主要有详细的成本估算、严格准确的成本编码系统、全过程动态控制、量价分离的计价模式、发达的成本咨询服务业、完善的成本信息系统等。

2）HSE 管理，即健康保护、安全保护、环境保护方面的管理。健康保护要求必须按照工程所在地的法律保护劳务人员的健康。安全保护要求必须遵守法律和技术规范规定的操作流程。环境保护要求工程项目的环境影响必须低于法律和规范规定的较小值。国际工程现场 HSE 管理体系包括管理机构组成、责任制划分、监督检查和审核、安全保障措施、风险评价与危险管理、健康保障措施、环境保护措施、分包商的 HSE 管理要求、培训、应急计划及其他。国际工程现场 HSE 管理应注以下问题：加强培训和教育、配备应急资源、提高设备装备水平、落实环境保护措施、构建预警机制、强化风险管理意识。

5. 支付管理

（1）支付管理要点　2017 版 FIDIC 合同系列条件第 12 条【计量与估价】中对计量和支付相关问题进行了规定，有关要点主要包括：计量与估价，预付款，保留金，期中支付申请，延误的支付，竣工报表与最终支付，最终支付证书。

（2）支付主要流程

1）当达到合同约定支付条件时，根据合同实施部门审核同意的当期应支付合同金额，由合同当事人提交合同支付申请，合同实施部门应在合同支付单上予以审核签字。

2）支付单经各相关部门审核后，由财务部门根据合同约定，在综合考虑预付款扣回、扣除质保金后按时、足额进行合同支付。

3）合同完工并通过完工验收后，财务部门根据批准的合同结算书支付合同结算款。

4）合同实施部门应及时、准确地将合同支付信息录入合同管理信息系统。

5）应严禁虚拟结付或套结支付，不允许提前支付或无理由借款。

（3）支付注意事项

1）最大保证价（Guaranteed Maximum Price）。当工程总承包商难以控制设计时，例如设计分包商由业主指定，并且采用西方的标准来设计施工，就极易导致投资失控。此时，应要求业主一起来承担风险，与业主一同制衡设计分包商。或者当工程总承包商与业主对风险的范围存在较大认知差异时，应设置一个最大保证价，超出的部分由总承包商和业主共同承担。超出这些钱，业主至少应承担一半，以此来适当化解部分风险。

2）附加条件支付（Pay-If-Paied）。部分国家允许采用附加条件支付（Pay-If-Paied）条款，承包商应有足够的重视。总包商应该尽量与分包商签署这种条款。分包商应尽量避免签署这种条款。但如果工期非常紧时，应在分包商完成相应内容之后及时支付。如果工期宽裕，压力不大，可以采用附条件的支付条款，与分包商进行谈判。

6. 文档管理

工程项目文档作为一种信息传递的载体，其作用简而言之就是"记录现在，承上启下"国际工程项目合同实施过程复杂，涉及的相关方多，合同变更频繁，而且在履约过程中往来信函和资料也非常多。为了避免争议，能够有效地进行合同管理工作，进而顺利开展项目管理工作，必须加强合同文档管理，实现文档管理的档案化和信息化。

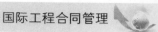

工程项目中的文档管理是指对工程各个环节形成的文件的审核、接收、维护、归档、使用等进行有效的、系统的控制与管理，进而实现文件、数据真实可靠，文档内容对工程进展具有推动作用，并能提供纠纷、索赔等事项的文档依据等目的。因此，文档管理也是个收集、存储、处理和利用信息的过程，能延伸到项目的合同管理、过程监督、完工后的验收查备等方面。

文档管理系统可以以分为下7个模块：

1）文档相关系统管理：包括项目管理、相关部门管理、相关人员管理、权限管理、用户与密码管理、工程日志管理等。

2）发文管理：包括文件拟定、文件审核、主管领导签批、文档分类、文件印制及发放、台账管理、收文登记等。

3）收文管理：包括收文部门的文档管理、收文台账管理、签办程序管理、承办反馈、领导或部门督办、文件查询管理等。

4）通知管理：包括各类通知的编写、通知核稿、通知下发、通知归档、通知承办、通知承办结果、档案查询等。

5）报表管理：包括对工程项目管理中涉及的各类既成表格的整理、统计与归档等。

6）日志管理：包括对工程日志的编制、签订、整理、检索和归档等。

7）档案管理：包括对档案进行编码、分类、收集、审定，对查询档案的权限进行分配，对档案的使用进行监督，对档案的上传、统计、目录等进行编订与整理等。

文档管理的一般流程可以归结为收集文档、整理文档、使用文档。归档过程中，还要对文档进行分类，其中重要的文档要永久保存。从图12-1中可以看到，文档控制系统处于多部门交叉的环节，部门之间的协调往往需要文档控制系统。图12-1中①②③④⑤⑥的属于文档处理的内容，A、B、C、D、E、F属于文档控制的内容。国际工程项目涉及的部门众多，需要对大量的文档信息进行交流与沟通，这就更需要文档控制系统在其中起到协调中枢的作用。

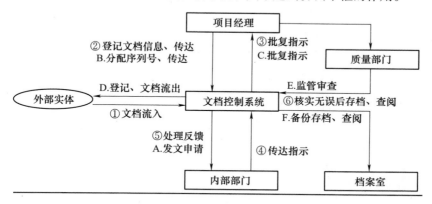

图 12-1　文档控制系统的地位

国际工程项目文档管理中，纸质文档所占比重较小，但往往能起到关键性的法律作用。在解决一些纠纷事件中，纸质文档更具有说服力。随着信息技术与通信技术的发展，视频、音频等电子文档作为重要的文档资料，也是文档管理人员需要重视的，一些影音资料虽然没有纸质文档上的负责人签字，但也能够作为补充资料，在处理纠纷或索赔中往往能起到关键作用。因此，在管理纸质文档与电子文档的过程中，要细化管理措施，制定不同的标准，切实利用好不同类型的文档。

思 考 题

1. 国际工程在管理上呈现出哪些独特性?
2. FIDIC 合同条件的种类及其适用范围怎样?
3. 《设计采购施工（EPC）／交钥匙合同条件》的特点主要有哪些?
4. FIDIC《施工合同条件》业主和承包商的责任和义务分别有哪些?
5. 国际工程合同的工程计量与估价有何特点?
6. 如何做好国际工程合同风险管控?
7. 简述 ICE、JCT 和 NEC 合同条件的特点。
8. 简述美国 AIA 系列合同条件的特点。

参 考 文 献

［1］王利明．合同法研究：第二卷［M］．北京：中国人民大学出版社，2003.

［2］佘立中．建设工程合同管理［M］．2版．广州：华南理工大学出版社，2005.

［3］王建东．建设工程合同法律制度研究［M］．北京：中国法制出版社，2004.

［4］刘晓勤．建设工程招投标与合同管理［M］．2版．上海：同济大学出版社，2014.

［5］万双喜．采用示范合同文本逐步实现规范化的合同管理：企业集团合同管理模式探讨［J］．水利水电
施工，2001（2）：31-32.

［6］上海市政局．采购合同管理如何入手［N］．中国财经报，2009-5-5（3）．

［7］周黎洁．合同管理严把政策落实关［N］．政府采购信息报，2007-5-14（1）．

［8］李艳芳．以案说法 合同法篇［M］．北京：中国人民大学出版社，2001.

［9］王利明．合同法要义与案例析解：总则［M］．北京：中国人民大学出版社，2001.

［10］万鄂湘．热点难点案例判解：民事类合同法总则［M］．北京：法律出版社，2007.

［11］王利明，姚欢庆，张俊岩．合同法教程［M］．北京：首都经济贸易大学出版社，2002.

［12］俞里江．合同法典型案例［M］．北京：中国人民大学出版社，2003.

［13］郭明瑞，张平华．合同法学案例教程［M］．北京：知识产权出版社，2003.

［14］崔建远．合同法总论：上卷［M］．北京：中国人民大学出版社，2008.

［15］邢建东．合同法（总则）：学说与判例注释［M］．北京：法律出版社，2006.

［16］刘宁．建设工程招标投标程式与践行［M］．北京：中国水利水电出版社，2004.

［17］王卓甫，简迎辉．工程项目管理模式及其创新［M］．北京：中国水利水电出版社，2006.

［18］吴福良，胡建文．中美建筑工程施工招标方法比较研究［J］．建筑经济，2001，4（7）：11-13.

［19］吴福良，仲伟周．建设工程招标的最低价中标法及其保证措施的理论研究［J］．当代经济科学，
2002，24（3）：49-56.

［20］李燕．电子市场的逆向选择及对策［J］．情报杂志，2005，4（3）：123-124.

［21］周其明，任宏．"围标"经济行为分析［J］．土木工程学报，2005，38（7）：127-130.

［22］龙鳌．工程招投标中"围标"现象分析［J］．四川建筑，2006，26（5）：156-159.

［23］陈兴明．对工程施工招投标中串标现象的几点思考［J］．浙江建筑，2005，22（4）：84-85.

［24］赵霖平，周云，钱叶钩．试析工程招投标过程中承包商之间的合谋［J］．企业经济，2005（2）：
44-45.

［25］宋媛媛．建设项目招投标中的围标与陪标行为分析［J］．建设管理现代化，2005（6）：43-45.

［26］彭泽英．东深供水改造工程：第一卷 建设管理［M］．北京：中国水利水电出版社，2005.

［27］王孟钧．建筑市场信用机制与制度建设［M］．北京：中国建筑工业出版社，2006.

［28］李开运．建设项目合同管理［M］．2版．北京：中国水利水电出版社，2001.

［29］彭泽英．东深供水改造工程开展劳动竞赛的探索和实践［M］．北京：中国水利水电出版社，2004.

［30］王卓甫，杨高升，肖亦林．建设工程合同激励机制的探讨［J］．建筑，2005（5）：34-36.

［31］牛永宏，于东温．国际工程合同管理程序指南［M］．北京：中国建筑工业出版社，2010.

［32］何伯森．国际工程合同与合同管理［M］．2版．北京：中国建筑工业出版社，2010.

［33］汪世宏，陈勇强．国际工程咨询设计与总承包企业管理［M］．北京：中国建筑工业出版社，2010.

［34］国际咨询工程师联合会．生产设备和设计-施工合同条件［M］．北京：机械工业出版社，2002.

［35］国际咨询工程师联合会，朱锦林．施工合同条件［M］．北京：机械工业出版社，2002.

［36］国际咨询工程师联合会．设计采购施工（EPC）/交钥匙工程合同条件［M］．北京：机械工业出版

社，2002.

［37］ 国际咨询工程师联合会 . 菲迪克（FIDIC）合同指南：中英文对照本［M］. 北京：机械工业出版社，2009.

［38］ 陈津生 . 建设工程保险实务与风险管理［M］. 北京：中国建材工业出版社，2008.

［39］ 中国建设监理协会 . 建设工程合同管理［M］. 北京：知识产权出版社，2006.

［40］ 李启明 . 工程项目采购与合同管理［M］. 北京：中国建筑工业出版社，2009.

［41］ 张水波，何伯森 . FIDIC 新版合同条件导读与解析［M］. 北京：中国建筑工业出版社，2019.

［42］ 刘力，钱雅丽 . 建设工程合同管理与索赔［M］. 北京：机械工业出版社，2007.

［43］ 成虎，虞华 . 工程合同管理［M］2 版 . 北京：中国建筑工业出版社，2011.

［44］ 李永光 . 合同管理与工程索赔［M］. 北京：中国建筑工业出版社，2007.

［45］ 中国建筑工程总公司培训中心 . 国际工程索赔原则及案例分析［M］. 北京：中国建筑工业出版社，1993.

［46］ 梁鑑 . 国际工程施工索赔［M］. 北京：中国建筑工业出版社，1996.

［47］ 王卓甫，杨高升，洪伟民 . 建设工程交易理论与交易模式［M］. 北京：中国水利水电出版社，2010.

［48］ 张水波，吕思佳 . 国际工程项目特征与商务合同管理者的专业知识结构：兼评 Lukas Klee 教授的新著《国际工程合同法》［J］. 国际经济合作，2015（4）：50-54.

［49］ 张文龙 . 水电工程合同管理案例分析［J］. 人民长江，2014，45（8）：31-33.

［50］ 刘允延，陈佳 . 对我国建筑工程合同范本编纂工作的建议［J］. 建筑技术，2004，35（3）：219-221.

［51］ 吉林省白山市中级人民法院 .（2015）白山民二初字第 37 号民事判决书［EB/OL］. http：//wenshu. court. gov. cn/website/wenshu/181107ANFZ0BXSK4/index. html？ docId = f3b5e1a2559b49339cb-3704bfe826fbe.

［52］ 刘鹏程，顾祥柏 . 工程合同分析与设计［M］. 北京：中国石化出版社，2010.

［53］ 李启明 . 土木工程合同管理实务［M］. 南京：东南大学出版社，2009.

［54］ 成虎 . 建设工程合同管理与索赔［M］. 4 版 . 南京：东南大学出版社，2008.

［55］ 王胜源，张身壮，赵旭升 . 水利工程合同管理［M］. 郑州：黄河水利出版社，2009.

［56］ 杨高升，杨志勇 . 工程项目管理：合同策划与履行［M］. 北京：中国水利水电出版社，2011.

［57］ 刘勇宏 . 国际工程中的计划管理：合同要求及索赔分析［J］. http：//bbs2. zhulong. com/forum/de-tail4335622_ 1. html，2007.

［58］ 全国一级建造师执业资格考试用书编写委员会 . 建设工程项目管理［M］. 2 版：北京：中国建筑工业出版社，2010.

［59］ 张浩 . 国际 EPC 合同中的银行保函研究［J］. 建筑经济，2014（4）：74-77.

［60］ 张琼 . EPC 合同条件下工程保险模式的选择［J］. 工程造价管理，2012（6）：23-25.

［61］ 潘福仁 . 建设工程合同纠纷［M］. 北京：法律出版社，2010.

［62］ 马跃龙 . 施工企业铁路项目变更索赔的策划与组织［J］. 建筑经济，2019，40（2）：77-79.

［63］ 马跃龙，涂用石 . 责任矩阵在项目变更索赔中的应用［J］. 建筑经济，2018，39（8）：72-74.

［64］ 罗书弟，王秀林，雷贵旗 . 梅家台滑坡治理工程变更索赔管理经验探讨［J］. 水利水电技术，2016，47（S1）：115-117.

［65］ 高山，黄长惠 . 大岗山水电站工程变更管理［J］. 人民长江，2011，42（14）：20-23.

［66］ 陈勇强，张水波 . 国际工程索赔［M］. 北京：中国建筑工业出版社，2008.

［67］ 陈勇强，吕文学，张水波，等 . FIDIC 2017 版系列合同条件解析［M］. 北京：中国建筑工业出版社，2019.

［68］ 黑世强，康世飞 . 浅谈泽蒙—博尔察大桥项目变更索赔实践与总结［J］. 公路，2016，61（9）：

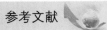
81-83.

［69］陈恩瑜．浅析巴基斯坦 N-J 水电工程土建施工技术管理［J］．人民长江，2014，45（23）：54-56.

［70］罗明清，吴泽斌．国际机电设备安装项目的项目管理浅析［J］．水力发电，2013，39（5）：78-79，83.

［71］杨权利，吕文学，代鹏飞．国际工程中的情势变更索赔［J］．国际经济合作，2011（4）：44-47.

［72］陈勇强，姚洪江，谢爽．新版 FIDIC 系列合同条件之工程师/业主代表问题［J］．国际经济合作，2019（1）：127-136.

［73］张水波，陈勇强．国际工程合同管理［M］．北京：中国建筑工业出版社，2011.